Werner-Ingenieur-Texte 37

Prof. Dipl.-Ing. Wolfgang Pietzsch

Straßenplanung

5., neubearbeitete
und erweiterte Auflage 1989

Werner-Verlag

1. Auflage 1973
    227 Seiten, 181 Abbildungen
2. Auflage 1976
    288 Seiten, 240 Abbildungen
3. Auflage 1979
    300 Seiten, 250 Abbildungen
4. Auflage 1984
    336 Seiten, 271 Abbildungen
5. Auflage 1989
    396 Seiten, 293 Abbildungen

Lizenzausgabe in Polen 1978
Lizenzausgabe in Brasilien (portug.) 1979
Lizenzausgabe in Griechenland 1979

CIP-Titelaufnahme der Deutschen Bibliothek

Pietzsch, Wolfgang:
Strassenplanung / Wolfgang Pietzsch. – 5., neubearb. u. erw.
Aufl. – Düsseldorf : Werner, 1989
(Werner-Ingenieur-Texte ; 37)
ISBN 3–8041–2949–8
NE: GT

ISB N 3-8041-2949-8

DK 625.7/.8 (075.8)
© Werner-Verlag GmbH · Düsseldorf · 1989
Printed in Germany
Satz: Satzwerkstatt Lehne, Kaarst
Gesetzt aus der Times Navy 2 Roman auf Satzsystem Autologic APSμ-5
Offsetdruck: RODRUCK GmbH, Düsseldorf
Bindearbeit: Weiss & Zimmer AG, Mönchengladbach
Archiv-Nr. 269/5–9.89
Bestell-Nr.: 02949

Vorwort zur 5. Auflage

Wieder ist es erforderlich, das Buch „Straßenplanung" in einer neuen Auflage herauszubringen. Dieses ist darauf zurückzuführen, daß das Buch im In- und Ausland so großes Interesse findet. Aber auch die Einführung weiterer neuer Richtlinien bedingt eine Aktualisierung des Inhalts.

Ziel dieser Neuauflage ist es, Bewährtes beizubehalten und neue Entwicklungen aufzunehmen. So sind die nunmehr vorliegenden weiteren Teile der „Richtlinien für die Anlage von Straßen (RAS)" eingearbeitet worden. Das gilt besonders für die RAS-K 1, die die beiden früheren Richtlinien RAL-K 1 und RAST-K 1 abgelöst hat. Aber auch alle anderen Abschnitte wurden, soweit nötig, überarbeitet und damit dem neuesten Stand angepaßt. Damit steht allen Studierenden und Praktikern das seit 15 Jahren bewährte Buch in bekannter, aber erneuerter Art zur Verfügung.

Für die aus dem Benutzerkreis eingegangenen Anregungen danken der Verlag und der Verfasser. Wo immer es möglich war, sind diese Anregungen eingearbeitet worden. Zuschriften mit Wünschen und Verbesserungsvorschlägen sind auch bei dieser Auflage wieder willkommen.

Dem Werner-Verlag gilt mein Dank für die hervorragende und immer reibungslose Zusammenarbeit, die ihren Anteil am Erfolg dieses Buches hat.

5800 Hagen-Berchum, September 1989   *W. Pietzsch*

Vorwort zur 4. Auflage

In den 11 Jahren seit Erscheinen der 1. Auflage hat das Buch einen festen Platz bei Studenten und Praktikern erreicht, wie aus den zahlreichen Zuschriften hervorgeht. Für alle diese Zuschriften und die darin zum Teil gewünschten Ergänzungen und Änderungen sei an dieser Stelle vielmals gedankt. Entsprechend den gegebenen Möglichkeiten sind diese Wünsche berücksichtigt worden.

In der jetzt vorliegenden 4. Auflage sind die neuen Entwicklungen und Richtlinien enthalten. Besonders wurden die mit Einführung der „Richtlinien für die Anlage von Straßen (RAS)" und gleichzeitigem Wegfall der RAL und RAST hervorgerufenen Änderungen eingearbeitet. Gleichfalls wurde der Abschnitt Lärmschutz neu bearbeitet und entsprechend erweitert. Außerdem finden die veränderten Schwerpunkte der Straßenplanung, also Erhalt und Ausbau der bestehenden Straßen sowie Anpassung an die entstandene Verkehrsbelastung, ihren Niederschlag. Wegen der gestiegenen Bedeutung sind die Angaben zum Radwegebau erweitert worden. Neu aufgenommen ist ein Abschnitt über den ruhenden Verkehr, für den im Rahmen der Straßenplanung ausreichend Platz geschaffen werden muß. Mit dieser auf den neuesten Stand gebrachten Auflage soll allen Studenten und Straßenplanern das bewährte Arbeitsmittel in aktueller Form in die Hand gegeben werden.

Wie bei den früheren Auflagen gilt auch jetzt wieder mein Dank dem Werner-Verlag für die hervorragende Zusammenarbeit, ohne die ein Buch nicht entstehen kann.

5800 Hagen-Berchum, März 1984 *W. Pietzsch*

Vorwort zur 1. Auflage

Die gewaltige Entwicklung, die der Straßenverkehr in den letzten Jahrzehnten genommen hat, erforderte größte Anstrengungen, um diesem Verkehr die entsprechenden und ausreichenden Straßen zu schaffen. Auch in Zukunft wird diese Entwicklung anhalten.

Diese Aufgaben waren und sind nur zu bewältigen, wenn allen denen, die daran mitwirken, das notwendige Rüstzeug in die Hand gegeben wird. Das besteht einmal darin, klare und umfassende Richtlinien zu erarbeiten, die eine Einheitlichkeit in Planung und Ausführung ergeben. Weiter muß der Einsatz aller technischen Hilfsmittel ermöglicht werden, um mit den zur Verfügung stehenden finanziellen Mitteln den größten Erfolg zu erzielen.

Die sinnvolle Anwendung der Richtlinien und aller technischen Hilfsmittel setzt deren Verständnis voraus. Dieses Buch will die Aufgabe erfüllen, indem es den Studierenden die notwendigen Erläuterungen gibt und das Verständnis durch Beispiele erleichtert. Es soll aber auch dem jungen Praktiker die Anwendung seines Wissens im Beruf erleichtern. Das Buch verzichtet deshalb weitgehend auf die Wiedergabe von Richtlinien und Vorschriften und widmet sich gezielt der Anwendung.

5801 Berchum, Februar 1973 *W. Pietzsch*

Inhaltsverzeichnis

1 **Aufgabe und Bedeutung der Straßen und des Straßenverkehrs**   1
   1.1   Das deutsche und ausländische Straßennetz   2
   1.2   Die Gliederung der deutschen Straßenverwaltung ...   5
   1.3   Die Straßenverkehrsmittel   7
   1.3.1   Einteilung und Abmessungen der Straßenverkehrs-
            mittel   7
   1.3.2   Fahrdynamische Grundlagen   13

2 **Grundlagen der Straßenverkehrsplanung**   14
   2.1   Richtlinien   15
   2.2   Straßennetz   18
   2.3   Einteilung der Straßen in Kategorien   19
   2.3.1   Funktionen der Straße   19
   2.3.2   Kategoriengruppen   21
   2.3.3   Verbindungsarten   24
   2.3.4   Straßenkategorien   29
   2.4   Maßgebende Geschwindigkeiten   36
   2.4.1   Entwurfsgeschwindigkeit V_e [km/h]   36
   2.4.2   Geschwindigkeit V_{85} [km/h]   37
   2.5   Arbeitsgang der Straßenverkehrsplanung   39
   2.5.1   Vorstudie für die Schaffung einer neuen Verbindung   40
   2.5.2   Verkehrsuntersuchung   41
   2.5.3   Vorplanung   42
   2.5.4   Vorentwurf   44
   2.5.5   Bauentwurf   49
   2.5.6   Bürgerbeteiligung bei der Planung von Bundesfern-
            straßen   50
   2.5.7   Planfeststellungsverfahren   52

3 **Querschnittsgestaltung**   56
   3.1   Querschnittsgruppen und Grundmaße   58
   3.1.1   Ausgangsmaße   62
   3.1.2   Bewegungsspielraum   62
   3.1.3   Fahrstreifengrundbreite   62

3.1.4	Gegenverkehrszuschlag	66
3.1.5	Verkehrsraum	66
3.1.6	Sicherheitsraum	67
3.1.7	Lichter Raum	69
3.2	Bestandteile des Straßenquerschnitts	69
3.2.1	Fahrstreifen	69
3.2.2	Zusatzfahrstreifen	70
3.2.3	Randstreifen	71
3.2.4	Trennstreifen	72
3.2.5	Befestigte Seitenstreifen	73
3.2.6	Bankette (unbefestigte Seitenstreifen)	73
3.2.7	Rad- und Gehwege	74
3.2.8	Hochborde und Entwässerungsrinnen	78
3.2.9	Ausbildung der Böschungen	79
3.2.10	Querschnittsausbildung im Bereich von Bauwerken .	81
3.2.11	Mindestquerschnitte, Querschnittsveränderungen ...	82
3.2.12	Anlagen für Omnibusse und Straßenbahnen	84
3.2.13	Querschnitte für Straßen mit Mehrfachnutzung	87
3.2.14	Regelquerschnitte	88
4	**Trassierung**	91
4.1	Grundlagen der Trassierung	91
4.2	Entwurfselemente im Lageplan	92
4.2.1	Gerade	94
4.2.2	Kreisbogen	95
4.2.3	Übergangsbogen	98
4.2.3.1	Einfacher Übergangsbogen	115
4.2.3.2	Scheitelklothoide	125
4.2.3.3	Wendelinie	136
4.2.3.4	Eilinie	147
4.2.3.5	Korbklothoide	156
4.2.4	Trassenverbesserungen beim Zwischenausbau	158
4.3	Entwurfselemente im Höhenplan	163
4.3.1	Straßenlängsneigung	164
4.3.2	Kuppen- und Wannenausrundung	167
4.3.3	Gradientenberechnung bei Zwangsbedingungen	170
4.3.3.1	Schnittpunkt zweier Längsneigungen	170
4.3.3.2	Tangenten an die Ausrundungen	172
4.3.3.3	Ausschaltung von Zwischengeraden	172
4.3.3.4	Einhaltung vorgegebener Höhen	174
4.3.3.5	Verbesserung von bestehenden Ausrundungen	174
4.4	Entwurfselemente im Querschnitt	177
4.4.1	Querneigung in der Geraden	177

4.4.2	Querneigung im Kreisbogen	179
4.4.3	Schrägneigung	182
4.4.4	Anrampung und Verwindung	182
4.4.5	Fahrbahnverbreiterung in der Kurve	192
4.4.6	Fahrbahnaufweitung	196
4.5	Entwurfselemente der Sicht	196
4.5.1	Haltesichtweite auf der Strecke	197
4.5.2	Überholsichtweite	199
4.5.3	Sicht am Knotenpunkt	202
4.5.3.1	Anfahrsichtweite	203
4.5.3.2	Annäherungssichtweite	204
4.5.3.3	Haltesichtweite	207
4.6	Grenzwerte der Trassierungselemente nach RAS-L	208
4.7	Einfügung der Trasse in die Landschaft	208
4.7.1	Schutz und Erhaltung des vorhandenen Bewuchses	208
4.7.2	Einbeziehung vorhandenen Bewuchses in die Planung	215
4.7.3	Bewuchs zur Sicherung des Verkehrs	217
4.7.4	Anpassung der Trasse an das Gelände	222
4.7.5	Straßenverkehr und Umweltschutz	224
4.7.5.1	Lärm – Schallpegel	225
4.7.5.2	Einfluß des Verkehrs auf den Lärm	225
4.7.5.3	Berechnung des Mittelungspegels aus Verkehrs- geräuschen	230
4.7.5.4	Lärmminderung durch Verkehrsregelungen	240
4.7.5.5	Lärmminderung durch Straßenplanung	241
4.7.5.6	Lärmminderung beim Fahrbahndeckenbau	245
4.7.5.7	Lärmminderung durch Bepflanzung	246
4.7.5.8	Lärmminderung durch Lärmschutzwälle	248
4.7.5.9	Lärmminderung durch Steilwälle	251
4.7.5.10	Lärmminderung durch Wände	261
4.7.5.11	Lärmminderung durch Tunnel und Einhausungen	266
4.7.5.12	Lärmminderung in und an Gebäuden	269
4.7.5.13	Bemessung von Lärmschutzbauwerken	270
4.7.6	Berücksichtigung der Geologie	272
4.7.7	Geländegestaltung im Zuge der Trassierung	274
4.8	Erarbeiten der Trasse	275
4.8.1	Aufsuchen einer Trasse im Lageplan mit Höhen- angaben	276
4.8.2	Freihandlinie der Trasse	277
4.8.3	Einpassen der Elemente in die Freihandlinie	280
4.8.4	Entwicklung einer räumlichen Linienführung	281
4.9	Elektronische Rechenanlagen als Hilfsmittel der Straßenplanung	287

5 Knotenpunkte 289
  5.1   Allgemeine Gesichtspunkte der Knotenpunkts-
              gestaltung 289
  5.1.1   Planungsgrundsätze für Knotenpunkte 291
  5.1.2   Geschwindigkeiten im Knotenpunkt 295
  5.1.3   Ausbauelemente der Knotenpunkte 296
  5.2   Plangleiche Knotenpunkte 299
  5.2.1   Grundformen der Knotenpunkte 300
  5.2.2   Von den Grundformen abweichende Knotenpunkte . 306
  5.2.3   Knotenpunkte mit zusätzlichen Knotenpunktsarmen 308
  5.2.4   Konstruktion der Knotenpunkte 308
  5.2.4.1 Linienführung 308
  5.2.4.2 Fahrstreifen 316
  5.2.4.3 Inseln 330
  5.3   Planfreie Knotenpunkte 332
  5.3.1   Grundsätze der Knotenpunktsgestaltung 333
  5.3.2   Knotenpunktsysteme 338
  5.3.2.1 Dreiarmige Knotenpunkte 339
  5.3.2.2 Vierarmige Knotenpunkte 342
  5.3.2.3 Mehrarmige Knotenpunkte 347
  5.3.2.4 Dreiarmige Anschlußstellen 348
  5.3.2.5 Vierarmige Anschlußstellen 349
  5.3.3   Einige Beispiele zusammengesetzter Knotenpunkte . 352
  5.3.4   Bemessung und Konstruktion 354
  5.3.4.1 Verbindungsrampen 354
  5.3.4.2 Ausfahrten 358
  5.3.4.3 Einfahrten 358
  5.3.4.4 Verflechtungsspuren 359

6 Anlagen des ruhenden Verkehrs 363
  6.1   Abstellflächen für Kraftfahrzeuge 363
  6.1.1   Flächenbedarf 363
  6.1.2   Parkmöglichkeiten am Straßenrand 367
  6.1.3   Parkmöglichkeiten außerhalb der Straßen 368
  6.2   Abstellanlagen für Fahrräder 370

Literaturangaben 373
  7.1   Fachbücher 373
  7.2   Fachzeitschriften 374
  7.3   Vorschriften, Richtlinien, Merkblätter und Erlasse .. 375

Stichwortverzeichnis 377

1 Aufgabe und Bedeutung der Straßen und des Straßenverkehrs

Die Urform der Straße ist der Pfad. Durch wiederholtes Begehen hebt er sich von der Umgebung ab. Bei stärkerer Benutzung wird er breiter und muß schließlich hergerichtet werden, damit er ständig benutzbar ist. Mit wachsender Besiedlung muß das Wegenetz besser und dichter werden. Die Entstehung der Straßen ist also unmittelbar verbunden mit der Geschichte der Besiedlung eines Landes, ja ganzer Kontinente.

Das Wort Straße stammt vermutlich von „via lapidipus strata", der mit Steinen bestreute, befestigte Weg. Obwohl schon die Ägypter, Babylonier, Perser u. a. vor ungefähr 4000 Jahren Straßen angelegt haben, müssen die Römer als die eigentlichen Meister des Straßenbaues im Altertum angesehen werden.

An den römischen Schulen gab es regelrechte Straßenbaukurse, und die römischen Straßenbauer verfügten über ein solides technisches Wissen. Über mehr als 80 000 km betrug die Gesamtlänge des mit Steinen fest ausgebauten Straßennetzes. Diese Straßenzüge sind auch in Deutschland zu finden, und manche sind, durch mehrfache Deckenüberbauten unsichtbar, unter heutigen Straßen noch vorhanden.

Mit dem Untergang des Römischen Reiches zerfiel auch das vorhandene Straßennetz, und die Straßenbaukunst geriet in Vergessenheit. Erst der gegen Ende des 18. Jahrhunderts einsetzende vermehrte Verkehr bedingte eine Verbesserung der Straßen und damit ein langsames Wiederaufleben der Straßenbautechnik. Schließlich gab die Erfindung des Kraftwagens Ende des vorigen Jahrhunderts den Anstoß zu verstärktem Straßenbau und zur Weiterentwicklung der Straßenbautechnik.

Die wirtschaftliche Entwicklung erfordert ein funktionsfähiges Verkehrsnetz, wozu auch gute Straßen gehören. Das Straßennetz muß deshalb parallel mit der Entwicklung der Wirtschaft und damit der Zunahme des Kraftfahrzeugverkehrs ausgebaut werden. Der Straßenbau hat somit die Aufgabe, sowohl neue Verkehrswege den Erfordernissen der Wirtschaft entsprechend zu schaffen, als auch bereits bestehende Straßen durch Ausbau den Verkehrsbedürfnissen anzupassen.

Der Straßenbau in Planung und Ausführung ist heute ein Fachgebiet, bei dem durch die stürmische technische Entwicklung ständig eine Berücksichtigung neuer entstehender Bedürfnisse erfolgen muß. Der Straßenbauer muß daher großes Verständnis für die Entwicklung der Wirtschaft, des Verkehrs und der Fahrzeuge haben und große Fähigkeiten in bezug auf eine Vorausschau des zukünftigen Verkehrsbedürfnisses entwickeln.

1.1 Das deutsche und ausländische Straßennetz

Alle Straßen eines Gebietes bilden zusammen ein Netz von Verbindungen. Da diese Verbindungen aber verschiedene Aufgaben erfüllen müssen und deshalb unterschiedliche Bedeutung haben, erfolgt eine entsprechende Einteilung. In Deutschland sind es Autobahnen, Bundesstraßen, Landesstraßen, Kreisstraßen und Gemeindestraßen. Ähnlich ist es in anderen Staaten. Fast immer richtet sich die Einteilung nach der verwaltungsmäßigen und finanziellen Zuständigkeit.

In der Bundesrepublik Deutschland unterscheidet man überörtliche (früher klassifizierte) Straßen und Gemeindestraßen. Als überörtliche Straßen werden die Straßen bezeichnet, die im wesentlichen (etwa 80 %) nicht dem innerörtlichen Verkehr, sondern dem Verkehr von Ort zu Ort dienen. Es sind dies die Autobahnen, Bundesstraßen, Landesstraßen (früher Landstraßen I. Ordnung), Kreisstraßen (früher Landstraßen II. Ordnung) und die Ortsdurchfahrten dieser drei letzten Gruppen.

Nach dem Stande vom 1. Januar 1988 hatte das Netz der überörtlichen Straßen im Bundesgebiet einschließlich Berlin (West) eine Länge von 173 590 km, davon entfielen auf:

Bundesautobahnen	8 618 km =	5,0 %
Bundesstraßen	31 196 km =	18,0 %
Landesstraßen, Staatsstraßen	63 393 km =	36,5 %
Kreisstraßen	70 383 km =	40,5 %

Zu diesen Straßen kommen noch die Gemeindestraßen mit einer Gesamtlänge von rd. 318 000 km.

Diese Zahlen ändern sich von Jahr zu Jahr, bei Bundesautobahnen besonders durch Neubauten, bei den anderen Arten auch durch Aufstufung und in selteneren Fällen durch Abstufung. Die Zahlen werden jeweils vom Bundesverkehrsministerium bekanntgegeben und in „Der Elsner" abgedruckt [12].

Die Straßen jeder Art erhalten einen Kennbuchstaben, und die einzelnen Strecken werden numeriert. Die Bundesautobahnen haben den Buchstaben A und eine 1- bis 3stellige Numerierung. Die von Nord nach Süd verlaufenden Strecken haben ungerade und die West-Ost-Strecken gerade Nummern (z. B. A 1 Fehmarn – Lübeck – Hamburg – Bremen – Münster – Hagen – Köln – Euskirchen – Trier – Saarbrücken; A 6 [Metz] – Saarbrücken – Mannheim – Heilbronn – Nürnberg – Amberg – [Pilsen]; A 45 Dortmund – Hagen – Siegen – Gießen – Aschaffenburg – Stuttgart).

Das Streckenverzeichnis der Bundesstraßen enthält die Nummern B 1 bis B 517 (z. B. B 1 Aachen – Düsseldorf – Dortmund – Paderborn – Hildesheim – Helmstedt; früher als Reichsstraße Nr. 1 weiter über Berlin bis Königsberg/Ostpr.). Die Landesstraßen haben den Buchstaben L und die Kreisstraßen den Buchstaben K.

Zu den Gemeindestraßen gehören die gemeindlichen und städtischen Straßen in der Unterhaltung und Baulast der Gemeinden, nicht jedoch die Ortsdurchfahrten überörtlicher Straßen und die Wirtschaftswege. Die Gemeindestraßen werden unterteilt in:

Innerortsstraßen mit	Hauptverkehrsstraßen, Verkehrsstraßen; Sammelstraßen, Erschließungsstraßen
Außerortsstraßen mit	Verbindungsstraßen zu überörtlichen Straßen, Verbindungsstraßen zwischen Gemeinden und Ortsteilen und sonstige Außerortsstraßen

Gemeinde- und Ortsverbindungsstraßen bilden eine Straßenart, die zwischen den überörtlichen Straßen und den Gemeindestraßen liegt. Sie werden meist bei zunehmendem Verkehr zu Kreisstraßen aufgestuft.

Bei der heutigen weiträumigen Verflechtung des Verkehrs ist es unumgänglich, die Straßenbaupläne der verschiedenen Staaten aufeinander abzustimmen. Schon nach dem ersten Weltkrieg wurde von verschiedenen Seiten ein einheitliches europäisches Straßennetz vorgeschlagen. Verwirklicht wurden diese Ideen aber erst 1950, als die Europäische Wirtschaftskommission der UNO eine Vereinbarung mit einer Liste von Europastraßen veröffentlichte. Die Bundesrepublik schloß sich 1957 dieser Vereinbarung an.

Die Vereinbarung legte ein Netz von Europastraßen fest, die in einem Streckenplan und einer Liste der einzelnen Strecken aufgeführt sind. Die insgesamt 49 925 km Europastraßen verteilen sich auf 100 einzelne Strecken. Die Hauptstrecken erhielten die Bezeichnung E 1 bis E 27, die Zubringer- und Verbindungsstrecken die Bezeichnungen E 31 bis E 103. Das Netz umfaßt auch den Ostblock einschließlich des europäischen Teils der UdSSR. Etwa ein Drittel der Netzlänge liegt in Frankreich, Italien und Deutschland.

In der Vereinbarung ist weiter festgelegt, welche Bedingungen diese Strecken erfüllen müssen und wie sie zu kennzeichnen sind. Sie erhalten ein grünes Schild mit weißem E und der Nummer. Wegen der Bedeutung der Europastraßen sollen diese in Deutschland als Autobahnen ausgebaut werden, soweit sie nicht ohnehin schon solche sind.

Zur Zeit der Formulierung und Veröffentlichung im Jahre 1950 war die Entwicklung der Motorisierung, die Bedeutung des Straßenverkehrs für die Volkswirtschaften der einzelnen Länder in Europa und schließlich die Hauptrichtungen des internationalen Verkehrs auch nicht annähernd vorauszusehen. Seither haben die nationalen Straßennetze der meisten europäischen Länder durch den Bau neuer und den Ausbau vorhandener Straßen eine Anpassung an die neuen Anforderungen erfahren. Eine gleiche Anpassung war für das Netz der Europastraßen erforderlich. Die in den vergangenen Jahren beschlossene Netzergänzung auf 125 Strecken mit rund 75 000 km Gesamtlänge war ein schwacher Versuch und führte zu einer wenig ausgewogenen Gesamtkonzeption des Netzes. Außerdem bereitete die Numerierung Schwierigkeiten. Für Hauptstrecken waren nur noch die E 28 bis E 30 frei, und das System der Nummerneinteilung insgesamt war weder leicht begreifbar noch übersichtlich.

Die Überarbeitung des gesamten Systems hatte zum Ziel, dieses flexibel für zukünftige Erweiterungen und Anpassungen zu machen. Außerdem soll die Numerierung ermöglichen, aus ihr die Himmelsrichtung der Europastraße zu erkennen und eine Orientierungshilfe für den jeweiligen Standort zu ermöglichen.

Folglich werden die Europastraßen in Zukunft nach dem Rastersystem eingeteilt und numeriert. So erhalten die in West-Ost-Richtung verlaufenden Strecken, ansteigend von Nord nach Süd, gerade Nummern, die Nord-Süd-Strecken von West nach Ost ansteigend ungerade Nummern. Die wichtigsten Strecken (E-Straßen des Hauptrasters) werden mit zweistelligen Nummern versehen, die auf 0 bzw. 5 enden. Zwischen zwei benachbarten Europastraßen des Hauptrasters lassen sich jeweils vier weitere Hauptverkehrsstraßen (E-Straßen des Zwischenrasters) unterbringen. Folglich wird eine Parallelstrecke zur E 45 westlich davon die Nummern E 41 und E 43 und östlich davon die Nummern E 47 und E 49 erhalten können.

Zusätzlich werden weitere Strecken, die als Abzweigungen, Zubringer oder Verbindungsstraßen bezeichnet werden, dreistellige Nummern erhalten, nach dem gleichen System wie vorstehend beschrieben.

Von den gegenwärtig 75 000 km E-Straßen verlaufen 5 763 km = 7,6 %

auf dem Gebiet der Bundesrepublik Deutschland. So führt die von Norwegen bis Sizilien verlaufende E 45 von Flensburg über Hamburg, Hannover, Nürnberg, München bis Kufstein über das Gebiet der Bundesrepublik Deutschland. Die Autobahn Oberhausen – Bad Oeynhausen lag bisher im Zuge der E 3 und wird in Zukunft die Bezeichnung E 36 erhalten.

Die zwischenstaatlichen Verbindungen in Mitteleuropa sind schon weitgehend gut ausgebaut, jedoch müssen besonders die einschneidenden topographischen Hindernisse noch durch leistungsfähige Verbindungen überwunden werden, das sind besonders der Ärmelkanal, Sund und Belt, die Alpen u. a.

Auch im regionalen Straßennetz ist die Abstimmung über die Staatsgrenzen hinweg notwendig. Das dient nicht nur der Entlastung der Europastraßen, sondern fördert auch den Verkehr in den Grenzbezirken.

1.2 Die Gliederung der deutschen Straßenverwaltung

Oberste Behörde der Straßenverwaltung ist das Bundesverkehrsministerium (BMV), geleitet vom Bundesminister für Verkehr, einem Staatssekretär und einem parlamentarischen Staatssekretär. Für die verschiedenen Aufgaben hat das Ministerium mehrere Abteilungen, so unter anderem die für Straßenbau (StB). Die Abteilung Straßenbau gliedert sich in zwei Unterabteilungen mit je acht Fach- bzw. Gebietsreferaten.

Dem Bundesverkehrsministerium angegliedert ist die „Bundesanstalt für Straßenwesen" (BASt) mit Sitz in Bergisch Gladbach bei Köln. Sie hat folgende Aufgaben:

1. Sammlung und Auswertung der Erkenntnisse des In- und Auslandes und Austausch von Erfahrungen auf allen Gebieten des Straßenwesens in Zusammenarbeit mit den Stellen des Auslandes, die gleichwertige Ziele verfolgen.
2. Wissenschaftliche, insbesondere angewandte Forschung auf allen Gebieten des Straßenwesens.
3. Nutzbarmachung der wissenschaftlichen Erkenntnisse in der Praxis. Vorbereitung von Entscheidungen und Weisungen, insbesondere von Vorschriften, im Straßenwesen.
4. Prüfung und Zulassung von Baustoffen, Bauteilen und Gegenständen der Straßenausrüstung.
5. Beratung der Verwaltung des Bundes, der Länder und sonstiger interessierter Stellen in allen Fragen des Straßenwesens.

6. Verbreitung der Erfahrungen und Erkenntnisse, insbesondere durch Fortbildung des Straßenbaupersonals und durch Veröffentlichungen.

Hinzu kommen einige aktuelle Aufgaben, auf die sich die Arbeit der BASt gegenwärtig konzentriert:

1. Entwicklung technisch richtiger und kostengünstiger Straßenkonstruktionen
2. Substanzerhaltung der Straßen
3. Erhöhung der Leistungsfähigkeit der Straßen und der Straßennetze
4. Verminderung der straßenbedingten Umweltbelastung
5. Kampf gegen Verkehrsunfälle

Zur Erfüllung dieser Aufgaben ist die BASt in vier Bereiche aufgeteilt, und diese gliedern sich wiederum in mehrere Abteilungen.
In den Straßengesetzen der Länder sind die Landesstraßenbaubehörden bestimmt, es sind die zuständigen Landesministerien. In Nordrhein-Westfalen ist es das Ministerium für Wirtschaft, Mittelstand und Verkehr mit Sitz in Düsseldorf. Darin befaßt sich die Abteilung VI mit dem Straßenwesen.
Zur Erfüllung der Aufgaben hat das Land Nordrhein-Westfalen die beiden Landschaftsverbände: Rheinland in Köln-Deutz und Westfalen-Lippe in Münster. In beiden Landschaftsverbänden befaßt sich die Abteilung Straßenbauverwaltung mit allen Aufgaben des Straßenbaues. In den anderen Bundesländern bestehen keine Landschaftsverbände.
Die Landesbaubehörden haben zur Bewältigung ihrer regionalen Aufgaben Landesstraßenbauämter und Straßenneubauämter. Die Landesstraßenbauämter unterhalten das vorhandene Straßennetz und führen die nötigen Umbauten durch. Die Straßenneubauämter planen und bauen Autobahnen und neue Bundesstraßen sowie die dazugehörigen Zubringer. Landesstraßenbauämter sind u. a. Darmstadt, Bielefeld, Hagen, Hannover, Karlsruhe, Nürnberg, Siegen; Straßenneubauämter u. a. Kaiserslautern, Münster, Neumünster, Northeim, Siegen, Soest. Jedes Landesstraßenbauamt unterhält mehrere Straßenmeistereien.
Die Betreuung der bestehenden Bundesautobahnen liegt in den Händen der Autobahnämter (z. B. Frankfurt/M., Hamm, Köln, Stuttgart), die jedes eine Anzahl von Autobahnmeistereien an den einzelnen Strecken haben: Hagen (an der Anschlußstelle Hagen Nord), Remscheid, Kamen, Lüdenscheid.
In den Landkreisen sind die Bauämter oder -abteilungen für den Straßenbau zuständig. Viele Landkreise haben diese Aufgaben den Länderstraßenverwaltungen vertraglich übertragen.

Die Städte und Gemeinden führen den Straßenbau in eigener Verwaltung durch. Vom Bund werden dazu finanzielle Beihilfen gewährt, besonders bei der Sanierung von Stadtgebieten und bei der Anlage unterirdischer Verkehrswege.

Für die einzelnen Straßenklassen sind folgende Behörden als Baulastträger zuständig:

Bundesautobahnen Bundesstraßen	Bundesverkehrsministerium
Landesstraßen Staatsstraßen	Straßenverwaltung der Länder
Kreisstraßen	Kreisverwaltungen
Gemeindeverbindungsstraßen Gemeindestraßen	Gemeinden

1.3 Die Straßenverkehrsmittel

Die Straßen sind Landverkehrswege, die allen Benutzern für den Gemeingebrauch zur Verfügung stehen. Als Benutzer kommen die verschiedensten Straßenverkehrsmittel, wie auch Fußgänger und Tiere in Frage. Zu den Straßenverkehrsmitteln gehören: Kraftfahrzeuge für den Personen und Güterverkehr, schienengebundene Bahnen, Radfahrer, bespannte Fahrzeuge und selbstfahrende oder gezogene Maschinen.

Da die verschiedenen Straßenverkehrsmittel die Straßen sehr unterschiedlich benutzen, ist anzustreben, jeweils getrennte Verkehrswege oder getrennte Fahrstreifen innerhalb eines Verkehrsweges anzulegen.

1.3.1 Einteilung und Abmessungen der Straßenverkehrsmittel

Über die vorhandenen Straßenverkehrsmittel und deren Benutzung werden in allen Staaten und bei überstaatlichen Organisationen umfangreiche statistische Unterlagen geführt. Amtliche Stelle für die Kraftfahrzeugstatistik in Deutschland ist das Kraftfahrt-Bundesamt in Flensburg. Es gibt monatlich statistische Mitteilungen heraus und unterscheidet dabei folgende Gruppen von Fahrzeugen:

Krafträder (Krd); dazu gehören Motorräder, Motorroller, Mopeds und Fahrräder mit Hilfsmotor. Die Unterteilung erfolgt nach dem Hubraum. Motorräder und Motorroller werden auch mit Beiwagen benutzt.

Personenkraftwagen (Pkw); hierzu zählen außerdem verschiedene Spezialfahrzeuge, wie Krankenwagen, Meßwagen der Post usw. Die

Unterteilung erfolgt ebenfalls nach dem Hubraum. Von Bedeutung ist vielfach der Unterschied europäischer und amerikanischer Personenkraftwagen.

Kombinationskraftwagen (Kombi); das sind Spezialfahrzeuge für Personen- und Warentransport, meist auf einem verstärkten Unterbau von Personenkraftwagen. Sie werden besonders als Kleinlieferwagen benutzt. Die Unterteilung erfolgt nach der zulässigen Nutzlast.

Lastkraftwagen (Lkw); diese lassen sich weiter untergliedern in Lieferwagen, normale Lastkraftwagen, Sattellastkraftwagen, Straßenzugmaschinen mit oder ohne eigene Ladefläche und Lastkraftwagen mit Lastanhänger als Lastkraftwagenzug. Die wichtigste Unterteilung erfolgt nach der zulässigen Nutzlast. Wegen der verschiedensten Verwendungszwecke und der dafür benutzten Aufbauten untergliedert man auch danach: z. B. Pritschenwagen, Kesselwagen für flüssige und staubförmige Stoffe, Kühlfahrzeuge, Tieflader, Behälterwagen usw.

Kraftfahrzeuganhänger (Anh); sie können eine oder mehrere Achsen und je nach Verwendungszweck unterschiedliche Aufbauten haben. Die Unterteilung erfolgt ebenfalls nach der Nutzlast. Einachsanhänger werden auch an Personenkraftwagen angehängt.

Kraftomnibusse (Bus oder Obus); sie werden je nach ihrem Verwendungszweck als Linien- oder Reiseomnibusse ausgestattet. Die Unterteilung erfolgt nach der Zahl der zulässigen Sitzplätze. Bei Reiseomnibussen werden teilweise einachsige Gepäckanhänger angehängt. Eine besondere Art des Linienomnibusses ist der Oberleitungsomnibus. Durch die Fahrleitung ist er an bestimmte Straßen gebunden, kann auf diesen aber, im Gegensatz zur Straßenbahn, seitlich in bestimmten Grenzen ausweichen.

Zugmaschinen: (Zgm); sie werden in besonders starkem Umfang von der Landwirtschaft benutzt und sind deshalb wegen ihrer geringen Geschwindigkeit besonders auf Straßen in ländlichen Gebieten zu berücksichtigen. Die Unterteilung erfolgt nach der Leistung in Kilowatt (kW).

Sonderkraftfahrzeuge; hierher gehören selbstfahrende Ernte- oder Baumaschinen, Kranwagen, Straßenkehrmaschinen, Elektrokarren, Kettenfahrzeuge usw. Diese Fahrzeuge sind zahlenmäßig am Gesamtverkehr gering beteiligt, jedoch haben sie wegen ihrer Fahrweise einen besonderen Einfluß.

Darüber hinaus sind noch am Straßenverkehr beteiligt:

Straßenbahnen als öffentliche Massenverkehrsmittel in Städten. Ihre Gleise liegen entweder in der Straße, wobei die Verkehrsfläche auch von nichtschienengebundenen Fahrzeugen benutzt werden kann, oder auf einem besonderen Gleiskörper. Straßenbahnen fahren als Einzelwagen oder als Züge.

Radfahrer sind besonders im Flachland in nennenswerter Zahl vorhanden und müssen dann sowohl bei Land- als auch bei Stadtstraßen beachtet werden. Gesonderte, auch an Kreuzungen geführte Radwege sind die beste Lösung.

Für den Straßenplaner ist es wichtig zu wissen, welche Entwicklung der Kraftfahrzeugbestand und die Herstellung der Kraftfahrzeuge nimmt. Über den zukünftigen Kraftfahrzeugbestand werden von Zeit zu Zeit durch verschiedene Stellen Prognosen aufgestellt. Die Schätzungen aus früheren Jahren haben sich bisher als zu niedrig erwiesen.

Aber nicht nur die Entwicklung des Kraftfahrzeugbestandes ist von Bedeutung, sondern auch der Verbrauch an Kraftstoff, denn daraus sind Rückschlüsse auf die Fahrleistungen möglich. Die Belastung der Straßen ergibt sich aus Kraftfahrzeugbestand und Fahrleistung.

Zeigte sich bis zum Jahre 1972 für Bestand und Fahrleistung eine starke jährliche Zunahme, so trat ab 1973 eine deutliche Verringerung der Zuwachsraten ein. Die Erhöhung nahezu aller Kostenarten vom Fahrzeugkauf bis zur Fahrzeugnutzung und die öffentliche Verteufelung der Pkw-Nutzung schufen die Basis für eine zurückhaltendere Pkw-Nutzung und geringere Pkw-Käufe. Die Erhöhung der Mineralölsteuer am 1. Juli 1973 und die Ölkrise ab Oktober 1973 lösten die Verstärkung dieser Entwicklung aus (Abb. 1).

Im September 1975, also zwei Jahre danach, war ein Rückblick möglich und führte zu folgenden Erkenntnissen. Der Rückgang im Pkw-Kauf betraf besonders die Erstanschaffungen, während die Ersatzkäufe weniger betroffen wurden. Die Einschränkung der Pkw-Nutzung hielt über ein Jahr an, obwohl Sonntagsfahrverbote und Geschwindigkeitsbegrenzungen längst vorbei waren. Erst 1975 ergaben sich bei Kauf und Nutzung wieder Steigerungen.

Darauf baute die Deutsche Shell AG folgende Prognose auf. Die schon früher erwartete Vollmotorisierung mit einer Sättigung von 570 Pkw je 1000 der 18- bis 65jährigen Einwohner kann in der Größe beibehalten werden, sie wird aber zu einem etwas späteren Zeitpunkt erreicht. Die Schockwirkung der Ölkrise wird mit der Zeit ausklingen. Die Verteufelung des Autos hat einer sachlicheren Betrachtung Platz gemacht.

Der Individualverkehr wird heute weniger als teures Spielzeug, sondern als für die öffentliche Hand relativ preiswerte Ergänzung zum öffentlichen Verkehr angesehen. Auch sieht man Individualverkehr und öffentlichen Nahverkehr nicht mehr als Kontrahenten, sondern als eine sich ergänzende Synthese. Die von keinem anderen Verkehrsmittel zu bietende Bequemlichkeit des Pkw wird zwar von den privaten Haushalten auch in Zukunft mit steigenden Kosten zu bezahlen sein. Trotzdem wird aus finanziellen Gründen ein Wechsel auf den öffentlichen Nahverkehr kaum erfolgen, besonders weil die Fahrpreiserhöhungen dort viel kräftiger sind. So betragen beim Verkehrsverbund Rhein-Ruhr (VRR) die Preissteigerungen von Januar 1980 bis Januar 1983 bei den meisten Fahrten 28 %, bei einigen sogar 40 %.

Im September 1977 veröffentlichte die Deutsche Shell AG eine Prognose, die für zwei Entwicklungsreihen aufgestellt wurde.
Die erste ist eine konservative Prognose, die davon ausgeht, daß künftig jeder Haushalt in der Bundesrepublik einen Pkw hält; und die zweite, statistisch bessere Prognose unterstellt, daß im Durchschnitt jeder Erwerbstätige einen Pkw besitzt.

Prognose 1977	1980	1985	1990
Konservative Prognose	21,4	23,0	23,4 Mill. Pkw
Statistisch bessere Prognose	22,0	24,6	25,9 Mill. Pkw

Diese als sehr optimistisch bezeichnete Prognose ist durch eine stürmische Entwicklung bei den Pkw-Neuzulassungen ganz wesentlich übertroffen worden. Jeweils am 1. Juli waren zugelassen:

1980   23,19 Millionen Pkw
1985   25,84 Millionen Pkw
1988   28,88 Millionen Pkw

Also wurde der in der statistisch besseren Prognose für Ende 1990 vorausgesagte Bestand schon Mitte 1985 erreicht.
Aufbauend auf der tatsächlichen Entwicklung und unter Berücksichtigung des konjunkturellen Wirtschaftsverlaufes veröffentlicht die Deutsche Shell AG alle zwei Jahre neue Prognosen. Darin wird angegeben, daß der Pkw-Bestand weiter zunehmen wird, aber der Kraftstoffverbrauch zurückgeht. Dieser verminderte Verbrauch beruht auf der Entwicklung sparsamerer Motoren, des veränderten Fahrverhaltens (Fahrgemeinschaften, keine überhöhten Geschwindigkeiten usw.) sowie eingeschränkter Nutzung.
Zu der Prognose von September 1983 wird festgestellt, daß nach der schweren Rezession 1982 im Jahre 1983 eine kontinuierlich nach oben gerichtete Entwicklung in Gang gekommen ist und der Bestand an Pkw kräftig zunimmt. Für die langfristige Entwicklung sind neben den hemmenden Faktoren, wie Arbeitslosigkeit, die günstigen Faktoren, wie der ungebrochene Wunsch zum eigenen Auto und das Vertrauen in die Wirtschaft, zu beachten. Weiter spielt eine Rolle, daß die volljährige

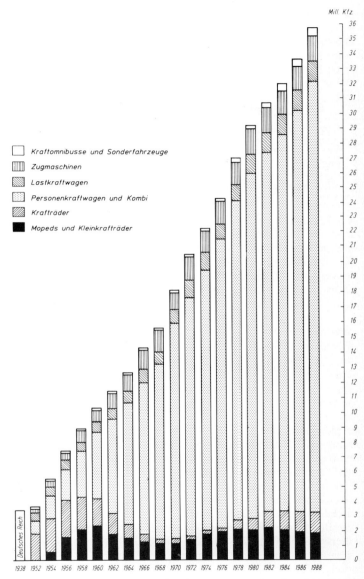

Mill Kfz

Kraftomnibusse und Sonderfahrzeuge

Zugmaschinen

Lastkraftwagen

Personenkraftwagen und Kombi

Krafträder

Mopeds und Kleinkrafträder

Abb. 1 Der Kraftfahrzeugbestand nach Fahrzeugarten im Bundesgebiet, jeweils am 1. Juli

Bevölkerung bis 1988 noch weiter ansteigt, aber danach zurückgehen wird.

Die Prognose 1987 geht wieder von zwei unterschiedlichen Entwicklungen aus: die erste bei Zusammentreffen der weniger günstigen Faktoren und die zweite bei Zusammentreffen aller günstigen Faktoren. Dafür werden die Bestandszahlen der Pkw am Jahresende vorausgesagt.

Prognose 1987	1985	1990	1995	2000
Weniger günstige Entwicklung	26,11	29,2	30,0	30,6 Mill. Pkw
Günstige Entwicklung	26,11	29,5	30,8	31,6 Mill. Pkw

Am 1. Juli 1988 waren 28,88 Mill. Pkw zugelassen, und damit ist zu erwarten, daß die in der Shell-Prognose für 1990 vorausgesagten Werte erreicht werden.

Die Abmessungen der Kraftfahrzeuge sind vorgeschrieben. Die Straßenverkehrszulassungsordnung (StVZO) enthält in § 32 und 34 die höchstzulässigen Abmessungen und Gewichte (vgl. auch Abschnitt 3.1.1). Diese betragen:

maximale Breite		2,50 m
maximale Höhe		4,00 m
maximale Länge	Einzelfahrzeug	12,00 m
	Sattelkraftfahrzeug	15,00 m
	Busse als Gelenkfahrzeug	18,00 m
	Züge	18,00 m

Im Straßenbau muß auf größte Fahrsicherheit bei geringster Beanspruchung der Straßendecke geachtet werden. Die Bauart und Bereifung des Wagens und seine Lage auf der Straße beeinflussen beides nachhaltig. Die Straßenlage eines Fahrzeuges ist um so sicherer, je tiefer sein Schwerpunkt liegt und je größer Radstand und Spurweite sind. Andererseits muß genügend Bodenfreiheit verbleiben, damit ein Aufsitzen des Fahrzeuges vermieden wird.

Die Bereifung ist gleichzeitig Lastenträger, Federungselement und Übertragungsorgan für Antriebs- und Bremskräfte. Die Luftreifen mit ihrem hohen Federungsvermögen und niedrigem spezifischem Bodendruck schonen Fahrzeug und Straßendecke. Die Radlast erzeugt bei Bereifung oder Fahrbahn oder auch bei beiden eine Formänderung, so daß zwischen Rad und Fahrbahn eine Berührungsfläche entsteht.

Für den Straßenbau sind besonders die Achslasten maßgebend, da diese für den Deckenbau entscheidend sind. Nach der StVZO beträgt die zulässige Achslast der Einzelachse 10,0 t und der Doppelachse 16,0 t. Diese Werte decken sich mit den Empfehlungen der EG von 1963. Im Saarland sind für den grenzüberschreitenden Verkehr 13 bzw. 21 t zugelassen. Ebenso sind in einigen anderen Staaten Einzelachslasten von 13,0 t zulässig. Eine Vereinheitlichung wird bei der Errichtung des europäischen Binnenmarktes ab 1. Januar 1993 erfolgen.

Für die Belastungsnachweise von Straßen- und Wegebrücken ist die DIN 1072 zu beachten.

1.3.2 Fahrdynamische Grundlagen

Für den Entwurf von Straßen müssen die Bedingungen bekannt sein, unter denen sich Fahrzeuge fortbewegen. Die Wechselwirkungen des Fahrzeugs auf die Straße und umgekehrt sind zu klären, um hieraus die in fahrtechnischer Beziehung bestmögliche Lage und Führung der Straße abzuleiten. Fahrdynamische Untersuchungen dienen dazu, das Fahrverhalten der Fahrzeuge auf Straßen theoretisch nachzuahmen. Sie werden meistens aus folgenden Gründen durchgeführt:

1. zur **Festlegung der Entwurfselemente** (Steigungen, Krümmungen, Querneigungen, Länge von Kriech-, Beschleunigungs- und Verzögerungsstreifen u. a.).
2. zur **Rekonstruktion des Fahrtablaufs** und zur Auswertung von Bremsspuren bei örtlichen Unfalluntersuchungen.
3. zur **Ermittlung der Betriebskosten** (Fahrtzeit und Brennstoffverbrauch) der Fahrzeuge auf bestehenden oder geplanten Straßen bei der Errechnung der Jahresverkehrskosten oder Durchführung einer Kosten-Nutzen-Rechnung. Häufigstes Anwendungsgebiet: volkswirtschaftlicher Vergleich mehrerer Trassenvarianten.

Die Fahrdynamik baut auf den Grundkenntnissen der Physik auf und ist ein wichtiger Teil der Straßenverkehrstechnik. Deshalb ist die eingehende Behandlung in der Straßenverkehrstechnik zu finden (*Mensebach:* „Straßenverkehrstechnik", WIT 45, Seite 4) [18].

2 Grundlagen der Straßenverkehrsplanung

Die hohen Investitionen, die der moderne Straßenbau erfordert, machen eine gewissenhafte und in allen Punkten durchgearbeitete und abgewogene Planung notwendig. Nur so ist es möglich, mit den zur Verfügung stehenden finanziellen Mitteln den größten Nutzen zu erzielen.

Die notwendigen Wirtschaftlichkeitsuntersuchungen müssen dabei sowohl die Bauausführung als auch die Benutzung durch den Kraftfahrzeugverkehr umfassen. Die Einsparung von Baukosten führt vielfach zu hohen Betriebskosten (Kraftstoffverbrauch, Zeitaufwand usw.) für die Benutzer der Straße. So kann zum Beispiel eine, zur Vermeidung großer Erdbewegungen, angeordnete starke Steigung dazu führen, daß die neue Straße vom Schwerverkehr nicht angenommen wird.

Von großer Bedeutung bei der Wirtschaftlichkeitsuntersuchung ist die Zunahme der Verkehrsbelastung. Mit steigender Belastung wachsen natürlich auch die Ersparnisse der Benutzer durch geringeren Betriebsstoff- und Zeitaufwand. Man darf diese Größen also nicht nur für das erste Jahr ermitteln und dann für alle Jahre gleich lassen. Selbstverständlich steigen mit zunehmender Belastung auch die Unterhaltungskosten.

In diesem Zusammenhang ist auch die Frage von Bedeutung, ob eine neue Kraftwagenstraße als Gebührenstraße oder frei von Benutzungskosten gebaut werden soll. Ein Vergleich der beiden Verfahren ist bei den europäischen Ländern mit dem größten Autobahnnetz möglich. Während in Deutschland die Benutzung der Autobahnen grundsätzlich gebührenfrei ist, werden in Italien überwiegend Gebühren verlangt.

Wenn eine private Gesellschaft auf ihre Rechnung Autobahnen baut, so ist sie darauf angewiesen, von den Benutzern Gebühren zu erheben, um das aufgewendete Geld zurückzugewinnen und zu verzinsen. Dabei wird diese immer bestrebt sein, so viel Geld wie möglich durch die Gebühreneinnahme zu verdienen.

Wenn der Staat seine Straßen aus Anleihemitteln finanziert, so könnte ebenfalls Anlaß bestehen, zur Verzinsung und Tilgung Gebühren zu erheben. Verwaltungsmäßig einfacher ist es, den Kapitaldienst über Kfz-Steuer und Mineralölsteuer mit Haushaltsmitteln zu tätigen.

Die Gebührenfrage spielt selbst in die Trassierung hinein. Baut der Staat eine Autobahn, so ist er bestrebt, möglichst viel Verkehr auf die neue Strecke zu ziehen, um damit die alten Straßen zu entlasten. Die gleiche Absicht wird auch eine private Gesellschaft haben. Wegen ihrer Einnahmen wird sie aber auch sorgfältig darauf achten, daß nicht durch eine andere Bahn einer konkurrierenden Gesellschaft ihre Einnahmen geschmälert werden. Das ist der wesentliche Grund, weshalb ein volkswirtschaftliches Interesse an gebührenfreien Autobahnen besteht.

Von den Befürwortern der Benutzungsgebühren in Italien wird folgendes vorgetragen: Der Notwendigkeit zur Verbesserung der Infrastruktur eines Landes stehen häufig die ungenügenden Mitteln der einzelnen Regierungen gegenüber. Es erscheine somit realistisch, private Gelder für Aufgaben der Infrastruktur zu mobilisieren, wie der Erfolg in Italien bzw. die schnelle Realisierung sonst unterbliebener Vorhaben beweise. Und trotz der Benutzungsgebühren sind die positiven Effekte, nämlich Verringerung der Transportkosten, stärkerer übergebietlicher Ausgleich und Erschließung neuer wirtschaftlicher Standorte, nicht zu übersehen.

Es darf aber auch nicht übersehen werden, daß die Benutzungsgebühren Geld kosten. Um Gebühren erheben zu können, sind an jeder Zu- und Abfahrt bauliche Anlagen erforderlich. Das sind: Verbreiterung des Querschnittes, Fahrgassen mit Inseln und Kassenhäuschen und Stauraum für wartende Fahrzeuge. Dann braucht man noch Personalraum und Abrechnungsbüro. Manches läßt sich zwar mit Automaten erledigen, aber auch die kosten Geld und Wartungspersonal.

Die Franzosen berichten von ihren Gebührenautobahnen über folgende Erfahrungen. Durch die baulichen Anlagen zur Gebührenerhebung erhöhen sich die Kosten einer Autobahn um 7 %. Umgerechnet betragen die Mehrkosten für eine Anschlußstelle allein gerechnet 100 % und mehr.

Auch das Kassieren der Gebühren erfordert einen Aufwand: 24stündige Besetzung der Zahlstellen, Vertretungspersonal für Urlaub, Erkrankung usw., Büropersonal. Ebenfalls nach französischen Erfahrungen werden dafür 7 % bis 10 % der Bruttoeinnahmen benötigt. Dieser Anteil steigt, weil Personalkosten stärker steigen als Sachkosten.

2.1 Richtlinien

Straßen sind langgestreckte Bauwerke – Fahrbahnbänder –, die über weite Strecken und oft alle Grenzen hinwegführen. Trotzdem erwartet der Benutzer immer und überall etwa gleiche Merkmale einer Straße.

Das macht es erforderlich, Planung und Bau nach festgelegten Grundsätzen, also Richtlinien, durchzuführen. Die ersten Straßen, die nach strengen Richtlinien einheitlich entstanden, waren die Autobahnen. Das übrige alte, gewachsene Straßen- und Wegenetz wurde erst später nach einheitlichen Gesichtspunkten geordnet.

Das ist der Grund, weshalb es eine Zeitlang drei unterschiedliche Richtlinien, nämlich für Autobahnen, Landstraßen und Stadtstraßen, gab. Die Zusammenfassung der Autobahnen und Landstraßen in eine und die Stadtstraßen in eine andere Richtlinie brachte schon eine wichtige Vereinfachung. Dafür wurden in den siebziger Jahren die „Richtlinien für die Anlage von Landstraßen (RAL)" und die „Richtlinien für die Anlage von Stadtstraßen (RAST)" geschaffen. Diese Unterteilung in Land- und Stadtstraßen (Außerorts- und Innerortsstraßen) ist zwar aus verschiedenen Gesichtspunkten begründet, besonders von der Zweckbestimmung her (Abb. 2).

Da aber beide Straßenarten von den gleichen Fahrzeugen und Fahrern benutzt werden, ist eine Zusammenfassung sinnvoll. So entstanden nach intensiven Beratungen in der Forschungsgesellschaft für das Straßen- und Verkehrswesen neue einheitliche Richtlinien, nämlich die „Richtlinien für die Anlagen von Straßen (RAS)", die jetzt Teil für Teil eingeführt werden und die bisherigen RAL und RAST ablösen (Abb. 2). Selbstverständlich muß darin eine Unterteilung der Straße nach ihrer Funktion und ihrer Lage zum Umfeld erfolgen.

Die RAS bilden die Grundlage für eine funktionsgerechte und verkehrssichere Ausbildung von Straßen. Alle Angaben sind durch theoretische Überlegungen, Forschungsergebnisse und durch praktische Bewährung abgesichert und entsprechen damit dem derzeitigen Stand der Technik. Obwohl die in den RAS getroffenen Regelungen vorrangig die Gestaltung des Fahrbahnbandes betreffen, wird durch eine differenzierte Festlegung von Entwurfselementen den Belangen

- der Raumordnung und Landesplanung,
- der Stadtplanung und Straßenraumgestaltung,
- der Wirtschaftlichkeit von Bau und Betrieb,
- der Energieeinsparung,
- des Immissionsschutzes,
- des Naturschutzes und der Landschaftspflege

Rechnung getragen. Ihre Anwendung soll sowohl die Einheitlichkeit gleichartiger Verkehrsanlagen fördern als auch durch unterschiedliche Regelungen für verschiedene Straßenkategorien ungleichartige Verkehrsanlagen deutlich unterscheidbar machen.

Die Richtlinien erfordern nach ihrem Inhalt und ihrer Zielsetzung keine starre Anwendung, sondern lassen einen Ermessensspielraum,

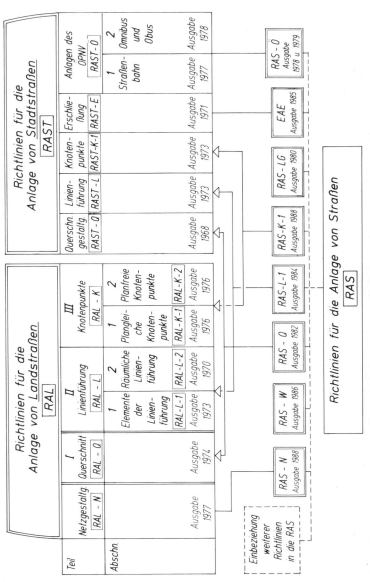

Abb. 2 Zusammenfassung von RAL und RAST zu „Richtlinien für die Anlage von Straßen (RAS)"

der bei der gebotenen Abwägung aller Belange ausgenutzt werden soll. Darum machen die in den Richtlinien getroffenen Feststellungen grundsätzlich eine sorgfältige planerische Überlegung im Einzelfall nicht entbehrlich, insbesondere dann nicht, wenn es sich um die Berücksichtigung von Belangen der Umwelt und deren Abwägung mit Sicherheitserfordernissen und Wirtschaftlichkeitsaspekten handelt. In solchen Fällen ist die planerische Aufgabe gerade darin zu sehen, Konfliktsituationen zwischen der Verkehrsnachfrage und sonstigen Belangen zu analysieren und unter Abwägung der verschiedenen Zielvorstellungen geeignete Lösungsmöglichkeiten zu erarbeiten.

Dabei können Zwangsbedingungen auch Abweichungen von den fahrdynamisch begründeten Grenzwerten erfordern. Solche Abweichungen bewirken eine Minderung des verkehrstechnischen Standards und können damit zu einer Minderung der Verkehrssicherheit führen. Bei Straßen der Kategoriengruppe B und C sind solche Minderungen des verkehrstechnischen Standards wegen städtebaulicher Zwangsbedingungen oft nicht zu vermeiden. Bei derartigen Abweichungen ist nach Abwägung der sich aus der Örtlichkeit ergebenden Konflikte und Lösungsmöglichkeiten zu begründen, daß die gewählte Lösung den konkurrierenden Belangen besser gerecht wird und hinsichtlich der Verkehrssicherheit vertretbar ist.

2.2 Straßennetz

Für alle Transportaufgaben, die durch die Wechselbeziehungen zwischen den verschiedenen Lebensbereichen (Wohnen, Arbeiten, Versorgen, Erholen usw.) entstehen, müssen entsprechende Verkehrssysteme zur Verfügung stehen. Die Verkehrssysteme sind wesentliche Elemente der Raumordnung, und deshalb muß jedes Raumordnungsprogramm Aussagen über den Umfang, die Verteilung und die Bewältigung der Transportaufgaben enthalten. Das trifft für alle Verkehrswege und Verkehrsträger zu. Während die Verkehrswege Schiene, Wasser, Luft und Leitungen dem Linienverkehr dienen, kommt der Straße zusätzlich noch die flächenhafte Verkehrserschließung zu. Dafür ist ein entsprechendes Straßennetz notwendig.

Die Straßennetzgestaltung ist eine wichtige Fachplanung für jeden Raum, die eine laufende Abstimmung mit den Planungen anderer Fachplanungsträger erfordert. Zweck der Planung ist es, Entscheidungsgrundlagen für den Bau und Betrieb der einzelnen Verkehrssysteme in Zusammenarbeit mit allen Beteiligten und Betroffenen zu erarbeiten. Das Ergebnis muß bei weitgehender Schonung der Umwelt eine Verbesserung der Lebensbedingungen der Menschen sein.

Der Planungsraum wird im allgemeinen durch Verwaltungsgrenzen bestimmt, aber mit Blick darüber hinaus, weil der Verkehr über alle Grenzen weiterläuft. Deshalb sollen auch die Planungsgrenzen nicht zu eng gefaßt werden, dafür sind die Planungsräume weiter in möglichst viele Verkehrszellen zu unterteilen, um das Verkehrsaufkommen und andere Daten möglichst genau zu erfassen.

Die Planung soll sich mindestens über einen Zeitraum von 20 Jahren erstrecken, wobei ein Fünfjahresrhythmus (1990, 1995 usw.) einzuhalten ist. Die Daten sind auf diese Jahreszahlen festzulegen und können so alle fünf Jahre fortgeschrieben werden, um sie der tatsächlichen Entwicklung anzupassen.

Die Planungsziele für die Gestaltung des Straßennetzes werden durch die sich ändernden gesellschaftspolitischen Wertvorstellungen bestimmt. Grundlagen des Planungszieles sind die Aufgaben und Funktionen, die das Straßennetz zu erfüllen hat. Dabei muß die Straße verkehrliche und nicht-verkehrliche Funktionen übernehmen. Die Straßennetz- und Straßenraumgestaltung hat die Aufgabe, Konflikte zwischen den Funktionsbereichen unter Beachtung der Verkehrssicherheit, der Umweltverträglichkeit und der Kosten zu lösen.

Wegen der negativen Auswirkungen des motorisierten Straßenverkehrs auf unsere Umwelt ist eine sehr sorgfältige Abwägung der beiden Interessen erforderlich. Besonders wichtig ist es, die Verkehrsgefahren, den Landschaftsverbrauch, die Eingriffe in den Naturhaushalt und das Landschafts- und Stadtbild sowie die Lärm- und Schadstoffimmissionen zu minimieren. Die erstrebte Verbesserung der Straßennetzgestaltung in den Siedlungsbereichen hat das zu beachten.

Unser bestehendes Straßennetz entstand zur Befriedigung der Verkehrsbedürfnisse, die sich aus der räumlichen Siedlungsstruktur, der Flächennutzung und der Geographie ergeben haben. In Zukunft wird die Straßennetzgestaltung sich nicht nur auf den sicheren und bedarfsgerechten Verkehrsablauf ausrichten, sondern mehr als bisher an der Schonung der Lebensgrundlagen und der Begrenztheit der Ressourcen. Daraus können sich sowohl Ausbaunotwendigkeiten als auch Rückbaumöglichkeiten ergeben.

2.3 Einteilung der Straßen in Kategorien

2.3.1 Funktionen der Straße

Die Straßennetzgestaltung hat zu unterscheiden zwischen verkehrlichen Funktionen (Verbindung und Erschließung) und nicht-verkehrlichen Funktionen (Aufenthalt bzw. Funktionen, die sich zusätzlich zur reinen Erschließung aus der Rand- und Umfeldnutzung ergeben). Auf einzelnen Straßenabschnitten können sich verkehrliche und nicht-verkehrliche Funktionen in vielfältiger Weise überlagern, so daß ein Straßenabschnitt oft Verbindungs-, Erschließungs- und Aufenthalts-funktionen in unterschiedlicher Mischung hat.

Verbindungsfunktion hat eine Straße zum Transport von Personen und Gütern. Für das national und international vielfach verflochtene ge-sellschaftliche Leben und die Erhaltung der wirtschaftlichen Lei-stungsfähigkeit sind ausreichende Verbindungsstraßen unerläßlich. Die Arbeitsteilung einer modernen Wirtschaft benötigt Verkehrsver-bindungen, die bei geringstem Zeit- und Kostenaufwand, leistungsfä-hige und sichere Transporte ermöglichen. Gleiche Eigenschaften wer-den von den Menschen für ihre tägliche Fahrten zur Arbeit, zum Ein-kauf und zu den Freizeiteinrichtungen erwartet. Bei der Erfüllung dieser Ziele darf der größtmögliche Schutz der Umwelt zu keiner Zeit außer acht gelassen werden.

Erschließungsfunktionen erfüllen Straßen innerhalb bebauter Gebiete als Zufahrt zu den anliegenden Grundstücken und Häusern. Die Er-schließung ist sichergestellt, wenn trotz gelegentlicher Behinderung die Zugänglichkeit für alle regelmäßig verkehrenden Fahrzeuge sowie für Fahrzeuge der Notdienste gewährleistet ist. Treten in einer Straße Er-schließungs- und Verbindungsfunktionen auf, so ergibt sich eine gegen-seitige Behinderung. Deshalb können Straßen die Erschließungsfunk-tion um so besser übernehmen, je geringer die Verbindungsfunktion ist.

Die Erschließungsfunktion eines Straßenabschnittes verursacht Quell- und Zielverkehr. Für diesen Verkehrszweck bestehen nur geringe An-forderungen an die Geschwindigkeit. Dafür erfordert der Quell- und Zielverkehr in der Regel ausreichende Flächen für den ruhenden Ver-kehr. Je intensiver eine Straße angebaut ist, d. h., je größer die Zahl der durch sie erschlossenen Wohngebäude, Betriebe oder Dienstleistungs-einrichtungen ist, um so deutlicher treten diese Merkmale der Erschlie-ßungsfunktion in den Vordergrund (Abschnitt 6).

Verbunden mit der Erschließungsfunktion ist eine mehr oder weniger starke Inanspruchnahme der Straße durch nicht-motorisierte Ver-kehrsteilnehmer. Dafür sind ausreichende Verkehrsflächen für Fuß-gänger und Radfahrer erforderlich. Die Nutzung der beiderseits der Straße liegenden Einrichtungen verlangt zusätzliche gute und sichere Möglichkeiten der Überquerung durch Fußgänger und Radfahrer. Diese Konfliktsituation zwischen Durchgangsverkehr und querendem Verkehr bedingt auch geringere Geschwindigkeiten des motorisierten Verkehrs.

Aufenthaltsfunktion und zugleich Kommunikationsfunktion ist ein ty-pisches Merkmal angebauter Straßen. Sie ergibt sich zusätzlich zur

Erschließung durch intensive Inanspruchnahme der beiderseitigen Bebauung. Dazu gehören das Spielen von Kindern, das Stehenbleiben, der Einkaufsbummel, der Spaziergang und vieles andere mehr. Auch der Zugang zu öffentlichen Einrichtungen (Behörden, Krankenhäuser, Schulen usw.) gehört hierhin. Diese ausgeprägten Aufenthaltsfunktionen bedingen sehr häufiges Überqueren der Fahrbahn. Das ist ein weiterer Konfliktpunkt zum durchfahrenden Verkehr.

Die Aufenthaltsfunktion erfordert ausreichende Flächen, die nicht immer im gewünschten Umfang zur Verfügung stehen. Aus diesem Grund sind bei ausgeprägten Aufenthaltsansprüchen auf eine umfeldverträgliche Begrenzung der Verkehrsbelastung und auf niedrige Fahrgeschwindigkeiten hinzuwirken. Aufenthaltsfunktionen stehen mit starken Erschließungsansprüchen im Zielkonflikt, mit höherrangigen Verbindungsansprüchen sind sie oft unverträglich.

Bei begrenzten Platzverhältnissen und besonders intensiver Aufenthaltsfunktion ist zu prüfen, ob die Fahrbahn ganz oder teilweise in die Aufenthaltsnutzung einbezogen werden kann. Die Sicherheitsfrage erfordert hier allergrößte Beachtung.

Treten mehrere Funktionen gleichzeitig auf, entstehen Konflikte, deren Lösung wesentlicher Inhalt der Straßennetz- und der Straßenraumgestaltung ist. Außerhalb bebauter Gebiete überwiegen Verbindungsfunktionen, während Erschließungsfunktionen nur selten vorkommen.

Innerhalb bebauter Gebiete sind Funktionsüberlagerungen der Regelfall. Werden für mehrere Funktionsbereiche hohe Qualitätsansprüche gestellt, ist eine gegenseitige Beeinträchtigung gegeben. In solchen Fällen ist auf eine Trennung der Verbindungs- und Erschließungsfunktion hinzuarbeiten. Ist dies nicht möglich oder nicht erwünscht, ist für die Straßengestaltung ein Kompromiß zu suchen.

2.3.2 Kategoriengruppen

Die Lage und die verschiedenen Nutzungsansprüche bedingen die Einordnung eines Straßenabschnittes in eine Kategoriengruppe. Bei angebauten Straßen werden die Ansprüche wesentlich von der Bebauungsart und deren Nutzung bestimmt. Unterschiede ergeben sich bei reiner Wohnbebauung, Mischbebauung mit Dienstleistungsbetrieben oder gewerblich-industrieller Bebauung und ganz besonders im Bereich öffentlicher Einrichtungen (Schulen, Kindergärten, Krankenhäusern usw.).

Die grobe städtebauliche Typisierung der Bebauung und ihrer Nutzung reichen für die Funktionsbestimmung nicht aus. Bei dem Bestreben nach planerischer und entwurfstechnischer Bewältigung dieser Nut-

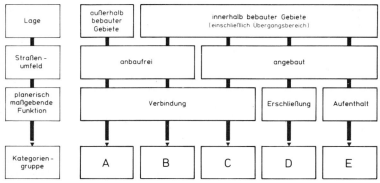

Abb. 3 Kategoriengruppen

zungskonflikte tritt deshalb im Rahmen der Kategorisierung an ihre Stelle die Ermittlung bzw. Festlegung einer planerisch maßgebenden Funktion. Die Zuweisung eines Abschnittes zu einer maßgebenden Funktion bedeutet jedoch nicht, daß die Ansprüche aus den beiden anderen Funktionen vernachlässigt werden dürfen. Die Zuweisung ist in vielen Fällen die Festlegung einer Reihenfolge für die verschiedenen Nutzungen.

Die Straßen werden daher abschnittweise nach folgenden Kriterien unterschieden:

– Lage außerhalb oder innerhalb bebauter Gebiete
– Nutzungsart des Straßenumfeldes (anbaufrei, angebaut bzw. anbaufähig) und
– planerisch maßgebende Funktion (Ergebnis der Abwägung der Nutzungsansprüche aus den drei Funktionsbereichen Verbindung, Erschließung und Aufenthalt).

Aufgrund dieser Kriterien werden die fünf Kategoriengruppen A bis E definiert (Abb. 3).

Die **Kategoriengruppe A** umfaßt in der Regel anbaufreie Straßen (Straßenabschnitte) außerhalb bebauter Gebiete, die vorwiegend der Verbindung von Gemeinden oder Gemeindeteilen dienen. Maßgebend für die Gestaltung dieser Straßenabschnitte sind die Qualitätsansprüche der Verbindungsfunktion. Die Erschließungsfunktion ist hier ebenso wie die Aufenthaltsfunktion nur in besonderen Fällen von Bedeutung.

22

Die **Kategoriengruppe B** umfaßt anbaufreie Straßen (Straßenabschnitte) im Vorfeld und innerhalb bebauter Gebiete mit vorwiegender Verbindungsfunktion. Die Anbaufreiheit gewährleistet, daß sich diese Verbindungsfunktion nur in geringem Umfang mit der Erschließungsfunktion überlagert. Maßgebend für die Gestaltung dieser Straßenabschnitte sind die Qualitätsansprüche der Verbindungsfunktion. Diese Ansprüche sind jedoch wegen der Lage innerhalb bebauter Gebiete geringer anzusetzen als bei Straßen der Kategoriengruppe A. Deshalb und wegen der begrenzten Flächenverfügbarkeit sowie der erwünschten geringen Trennwirkung von Straßen innerhalb bebauter Gebiete sind die Ausbaustandards deutlich reduziert.

Die **Kategoriengruppe C** umfaßt angebaute, auch anbaufähige, derzeit noch nicht angebaute Straßen (Straßenabschnitte), die sowohl Verbindungs- als auch Erschließungs- und Aufenthaltsfunktionen dienen. Maßgebend für die Gestaltung dieser Straßenabschnitte sind die Qualitätsansprüche aus der Verbindungsfunktion, die jedoch häufig durch Art und Maß anliegender Bebauung eingeschränkt sein können.

Die Entscheidung darüber, ob die Verbindungsfunktion maßgebend ist, bedeutet nicht, daß die Ansprüche aus den beiden übrigen Funktionsbereichen vernachlässigt werden dürfen. Je nach Intensität der Erschließungs- bzw. Aufenthaltsfunktion sollen daher auch in Straßen dieser Gruppe unter Umständen geschwindigkeitsdämpfende Maßnahmen in Betracht gezogen werden. Darüber hinaus ist anzustreben, gerade auf diesen zumeist hochbelasteten Straßen die umfeldbezogenen Nachteile des motorisierten Verkehrs durch eine verbesserte städtebauliche Integration zu mildern.

Die **Kategoriengruppe D** umfaßt angebaute, auch anbaufähige, derzeit noch nicht angebaute Straßen (Straßenabschnitte), die vorrangig der Erschließung von Grundstücken dienen. Zu bestimmten Tageszeiten können diese Straßen teilweise in erheblichen Umfang auch eine Verbindungsfunktion übernehmen. Bei gleichzeitiger Überlagerung mit einer Aufenthaltsfunktion treten deutliche Nutzungskonflikte auf. Maßgebend für die Gestaltung dieser Straßenabschnitte sind dann die Ansprüche aus der Erschließungsfunktion. Im Hinblick auf eine Konfliktreduzierung sind die Qualitätsansprüche aus der Verbindungsfunktion gering anzusetzen.

Da diese Straßen in verstärktem Maße von Fußgängern und Radfahrern genutzt werden, müssen deren Bedürfnisse mit den Erfordernissen der Erschließung für den Kraftfahrzeugverkehr abgewogen werden. Geschwindigkeitsdämpfende Maßnahmen sind daher in der Regel vorteilhaft. Aus Gründen der Verkehrssicherheit soll bei ausgeprägter Erschließungsfunktion oder Vorhandensein von Verbindungsfunktion eine Trennung der Verkehrsarten angestrebt werden. Bei erheblichem Überquerungsbedarf ist zu prüfen, ob die Überquerungen nicht durch bauliche und sonstige gestalterische Maßnahmen gesichert werden können.

Die **Kategoriengruppe E** umfaßt angebaute, auch anbaufähige, derzeit noch nicht angebaute Straßen (Straßenabschnitte), die vorrangig dem Aufenthalt dienen. Gleichzeitig übernehmen diese Straßen in gewissem Umfang auch Erschließungsfunktion. Maßgebend für die Gestaltung dieser Straßenabschnitte sind die Qualitätsansprüche aus der Aufenthaltsfunktion. Im allgemeinen hat der motorisierte Verkehr eine untergeordnete Bedeutung. Entwurfsprinzip ist häufig die Mischung der Verkehrsarten; sie ist durch entsprechende bauliche Elemente zu verdeutlichen.

2.3.3 Verbindungsarten

Die sich aus der Verbindungsfunktion einer Straße ergebenden Ansprüche an das Netz reichen zur Bestimmung der Kategoriengruppe allein nicht aus. Nach der Bedeutung der Verbindungsfunktion ist noch weiter zu unterscheiden. Hochrangige Verbindungen über weite Entfernungen müssen grundsätzlich eine höhere Verkehrsqualität haben als nachrangige Verbindungen über kurze Entfernungen.

Aus der gewünschten Verkehrsqualität, d. h. Reisegeschwindigkeit und Gleichmäßigkeit des Fahrtverlaufs, ergeben sich wichtige Grundlagen für den Straßenentwurf (Linienführung, Querschnitts- und Knotenpunktsgestaltung). Nach sorgfältiger planerischer Abwägung mit den Erfordernissen der Verkehrssicherheit, der Raumordnung, des Städtebaus, der Landschaftsgestaltung und des Umweltschutzes bestimmen sie wesentlich die maßgebenden Entwurfsgrundsätze (Abb. 4).

Die Bedeutung einer Straße mit maßgeblicher Verbindungsfunktion hängt wesentlich von der Bedeutung der Orte ab, die sie verbindet. Auch die Stärke der Verkehrsbeziehungen zwischen zwei Orten hat Einfluß auf die Verbindungsbedeutung.

In Übereinstimmung mit der Raumplanung im Bundesgebiet ist das System der zentralen Orte bestimmend für die Bedeutung überörtlicher Verbindungen. Zentrale Orte sind Gemeinden, die über den Bedarf ihrer Einwohner hinaus die Bevölkerung des Umlandes versorgen. Sie sind bevorzugte Wirtschafts-, Arbeitsplatz- und Infrastrukturstandorte. Entsprechend der Gemeindegröße, der Größe des Umlandes und der Bedeutung der zentralen Versorgungsfunktionen werden die zentralen Orte in Oberzentren, Mittelzentren und Grund- bzw. Unterzentren eingestuft. Je nach der zentralörtlichen Einstufung werden die Verbindungen zwischen den zentralen Orten differenziert und

Kategoriengruppe	Straßenkategorie		Entwurfsprinzip	Festlegung der V_{85}	Ausnutzung des radialen Kraftschlusses	Übergangsbogen	Radienrelation	Reaktions- und Auswirkdauer	Überholsichtweite
1	2		3	4	5	6	7	8	9
A anbaufreie Straßen außerhalb bebauter Gebiete mit maßgebender Verbindungsfunktion	**A I**	großräumige Verbindung	fahrdynamisch	zweibahnig: $V_{85} = V_e + 10$ km/h oder (je nach V_e): $V_{85} = V_e + 20$ km/h einbahnig: abhängig von Kurvigkeit und Fahrbahnbreite	50 % bei max q	erforderlich	erforderlich	2,0 s	erforderlich
	A II	regionale Verbindung							
	A III	zwischengemeindliche Verbindung			10 % bei min q				
	A IV	flächenerschließende Verbindung							
B anbaufreie Straßen im Vorfeld und innerhalb bebauter Gebiete mit maßgebender Verbindungsfunktion	**B II**	Schnellverkehrsstraße	fahrdynamisch	V_{85} = zul V	60 % bei max q	erforderlich	erforderlich	1,5 s	nicht erforderlich
	B III	Hauptverkehrsstraße							
	B IV	Hauptsammelstraße			30 % bei min q	erwünscht	erwünscht		
C angebaute Straßen innerhalb bebauter Gebiete mit maßgebender Verbindungsfunktion	**C III**	Hauptverkehrsstraße	fahrdynamisch	V_{85} = zul V	70 % bei max q	erwünscht	nicht erforderlich	1,5 s	nicht erforderlich
	C IV	Hauptsammelstraße			70 % bei min q				

Abb. 4 Entwurfsgrundsätze für Straßen im Geltungsbereich der RAS-L

25

Verbindungsfunktions-stufe		lfd. Nr.	Einstufungskriterien
I	großräumige Straßen-verbindung	1	Verbindung zwischen Oberzentren[1]
II	überregionale/ regionale Straßen-verbindung	1	Verbindung von Mittelzentren zu Oberzentren oder von innergemeindlichen Mittelzentren zu innergemeindlichen Oberzentren[1]
		2	Verbindung zwischen Mittelzentren[2], zwischen innergemeindlichen Mittelzentren oder zwischen Mittelzentren und inner-gemeindlichen Mittelzentren[1]
		3	Anbindung von Mittelzentren oder von inner-gemeindlichen Mittelzentren an Straßen der Verbindungsfunktionsstufe I[1]
		4	Anbindung der Zentren großräumig bedeutsamer Erholungsgebiete an Straßen der Verbindungsfunktionsstufe I
		5	Anbindung von Verkehrsknüpfungspunkten mit großräumig bedeutsamen Verkehrssyste-men (z. B. Flughäfen, Bahnhöfe für Fernver-kehr, Seehäfen und Häfen an Wasserstraßen I. Ordnung) an Straßen der Verbindungs-funktionsstufe I
III	zwischen-gemeindliche Straßen-verbindung[3]	1	Verbindung von Grundzentren (inner-gemeindliche Grundzentren) zu Mittelzentren (innergemeindlichen Mittelzentren)[1]
		2	Verbindung zwischen Grundzentren[2], zwischen innergemeindlichen Grundzentren oder zwischen Grundzentren und inner-gemeindlichen Grundzentren[1]
		3	Anbindung von Grundzentren oder von innergemeindlichen Grundzentren an Straßen der Verbindungsfunktionsstufe II oder höher[1]
		4	Anbindung der Zentren von überregionalen/ regionalen Erholungsgebieten an Straßen der Verbindungsfunktionsstufe II oder höher
		5	Anbindung von Verknüpfungspunkten mit überregionalen/regionalen Verkehrssystemen (z. B. Landeplätze, Häfen an Wasserstraßen II. und III. Ordnung, Bahnhöfe für überregio-nalen Verkehr und Regionalverkehr, Park-and-ride-Anlagen) an Straßen der Verbindungsfunktionsstufe II oder höher

Verbindungsfunktions-stufe		lfd. Nr.	Einstufungskriterien
IV	flächen-erschließende Straßen-verbindung[3])	1	Verbindung von Gemeinden ohne Zentren-funktion oder von Gemeindeteilen ohne Zentrenfunktion zu Grundzentren (innergemeindliche Grundzentren)
		2	Verbindung zwischen Gemeinden ohne Zentrenfunktion, zwischen Gemeindeteilen ohne Zentrenfunktion oder zwischen Gemeinden ohne Zentrenfunktion und Gemeindeteilen ohne Zentrenfunktion
		3	Anbindung von Gemeinden ohne Zentrenfunktion oder von Gemeindeteilen ohne Zentrenfunktion an Straßen der Verbindungsfunktionsstufe III oder höher
		4	Anbindung der Zentren von Naherholungsgebieten an Straßen der Verbindungsfunktionsstufe III oder höher
		5	Anbindung von Verknüpfungspunkten mit örtlichen Verkehrssystemen (z. B. Bahnhöfe, für den zwischenörtlichen Verkehr, Park-and-ride-Anlagen, Bike-and-ride-Anlagen) an Straßen der Verbindungsfunktionsstufe III oder höher
		6	Anbindung von punktuellen Verkehrserzeugern (z. B. Großsportanlagen, Messeplätze, Universitäten, Großbetriebe) an Straßen der Verbindungsfunktionsstufe III oder höher
V	untergeordnete Straßen-verbindung	1	Verbindung von Grundstücken zu Gemeinden oder zu Gemeindeteilen
		2	Anbindung von Grundstücken an Straßen der Verbindungsfunktionsstufe IV oder höher
VI	Wege-verbindung	1	Anbindung von Grundstücken (beschränkt für den Anliegerverkehr) an Straßen der Verbindungsfunktionsstufe V oder höher

1) Auch Straßenverbindungen zwischen zentralen Orten vergleichbarer Verkehrsbedeutung.
2) Straßenverbindungen, durchgehend über mehrere gleichrangige Zentren, können im Straßennetz eine herausgehobene Bedeutung haben. In diesen Fällen ist eine Zuordnung dieser Verbindungen zu einer höheren Verbindungsfunktionsstufe in Betracht zu ziehen.
3) Auch zwischenörtliche Verbindungen.

Abb. 5 Kriterienkatalog zur Bestimmung der Verbindungsfunktionsstufe

erhalten unterschiedliche Merkmale für die entwurfstechnische Gestaltung und den Betrieb.

Neben der Betrachtung der Verbindungen zwischen den Gemeinden als Ganzes muß sich die Straßennetzgestaltung auch mit den innergemeindlichen Verbindungen beschäftigen. In großen Gemeinden erfüllen die einzelnen Stadtteile unterschiedliche Versorgungsfunktionen. Ähnlich wie bei Orten als Ganzes unterscheidet man hier zwischen innergemeindlichen Oberzentren, innergemeindlichen Mittelzentren und innergemeindlichen Grundzentren. Großflächige Sondergebiete, wie große Industriegebiete, ausgedehnte Universitätsbereiche, Messe- und Kongreßzentren und Parkanlagen sind je nach ihrer Bedeutung den innergemeindlichen Zentren gleichzusetzen.

Zur funktionalen Gliederung des Straßennetzes innerhalb der Gemeinden werden deshalb Verbindungen festgelegt, die gleiche Aufgaben zu übernehmen haben wie Verbindungen zwischen den zentralen Orten.

Auch im innergemeindlichen Bereich bestehen Zielvorstellungen über angemessene Erreichbarkeiten. Erforderlich ist eine gewissenhafte Abstimmung der Aufgaben, die bestimmte Straßenverbindungen für den straßengebundenen ÖPNV, den motorisierten Individualverkehr, den Fahrrad- und den Fußgängerverkehr übernehmen sollen. Es sind also die Aufgaben aller Verkehrssysteme bei der Festlegung der Verbindungsfunktionen abzuwägen.

Neben den sonstigen Tätigkeiten gehört die Erholung zu den wichtigsten Lebensbereichen der Bevölkerung. Sie erreicht bei zunehmender Freizeit eine weiter steigende Bedeutung. Erholung findet sowohl in ausgesprochenen Urlaubs- und Fremdenverkehrsgebieten statt als auch in der unmittelbaren Umgebung, den Naherholungsgebieten.

Je nach Bedeutung der Erholungsgebiete für Reisen und Ausflüge setzt man die Gebiete den vorgenannten Zentren gleich. Die Erholungsgebiete sind an das Straßennetz anzubinden, wobei die Qualitätsansprüche der Anbindungsstrecken grundsätzlich geringer anzusetzen sind als für Verbindungsstrecken.

Eine besondere Bedeutung kommt ausgesprochenen Verkehrsschwerpunkten zu. Sie können innerhalb und außerhalb bebauter Gebiete liegen. Solche Verkehrsschwerpunkte sind die Verknüpfungspunkte mit großräumig bedeutsamen, überregionalen, regionalen oder örtlichen Verkehrssystemen. Dazu gehören mit unterschiedlicher Gewichtung: Flugplätze, Bahnhöfe, Häfen, auch Park-and-ride-Anlagen. Zu den Verkehrsschwerpunkten zählen auch besonders punktuelle Verkehrserzeuger, wie Messeplätze, Großbetriebe, Universitäten, Einkaufszentren und Großsportanlagen.

Bei der Straßennetzgestaltung werden diese Verknüpfungspunkte je nach ihrer Bedeutung den unterschiedlichen Zentren gleichgesetzt.

Auch hier gilt, daß die Qualitätsansprüche für Anbindungsstrecken grundsätzlich geringer anzusetzen sind als für Verbindungsstrecken. Die bauliche und betriebliche Gestaltung der Anbindung richtet sich nach ihren besonderen verkehrlichen Merkmalen. In ganz besonderem Maße sind die Belange des ÖPNV zu berücksichtigen.

Straßenverbindungen können an keiner staatlichen Grenze enden. Der internationale Verkehr verlangt leistungsfähige und sichere Verbindungen zwischen in- und ausländischen Oberzentren. Sie stellen die höchstrangigen grenzüberschreitenden Verbindungen des Straßennetzes dar und schließen auch Transitstrecken ein. Innerhalb Europas werden diese Straßenzüge im allgemeinen als Europastraßen ausgewiesen (Abschnitt 1.1).

Außer den vorgenannten Verbindungen über die Grenzen hinweg sind weitere nachrangige Verbindungen zwischen Mittel- und Grundzentren beiderseits der Grenze erforderlich. Gleichermaßen sind inländische und ausländische grenznahe Erholungsgebiete und die grenznahen Verkehrsschwerpunkte in die Straßennetzgestaltung einzubeziehen. Zusätzlich sind weitere Verbindungen für den sogenannten kleinen Grenzverkehr erforderlich.

Zur Festlegung der Ausbauqualitäten der einzelnen Straßenabschnitte werden die Straßenverbindungen entsprechend einem Kriterienkatalog in Verbindungsfunktions-Stufen eingeteilt (Abb. 5, Seite 26/27).

2.3.4 Straßenkategorien

Die Verbindungsfunktions-Stufen erlauben es nun, jeden Straßenabschnitt einer Straßenkategorie innerhalb der Kategoriengruppe (Abschnitt 2.3.2) zuzuordnen. Dabei gibt die Verbindungsfunktions-Stufe die verkehrliche Bedeutung des Straßenabschnittes im Netz an. Und die Kategoriengruppe kennzeichnet die Ansprüche, die dem Straßenabschnitt aus der Nutzung des Straßenumfeldes erwachsen. Die Straßenkategorie wird durch Verknüpfung der Verbindungsfunktions-Stufe mit der Kategoriengruppe bestimmt. Sie gilt jeweils für einen Abschnitt im Straßennetz (Abb. 6).

Rein theoretisch wären aus sechs Verbindungsfunktions-Stufen und fünf Kategoriengruppen dreißig Straßenkategorien möglich. Wegen der verschiedenartigen Ansprüche aus dem Straßenumfeld und der Verbindungsbedeutung eines Straßenabschnittes sind nicht alle möglichen Kombinationen zweckmäßig bzw. vertretbar. Eine Reihe von Kombinationen ergibt aufgrund ihrer Funktionsmischung in der Regel

Kategoriengruppe		außerhalb bebauter Gebiete	innerhalb bebauter Gebiete			
		anbaufrei	anbaufrei		angebaut	
Verbindungs-funktions-Stufe		Verbindung	Verbindung		Erschließung	Aufenthalt
		A	B	C	D	E
großräumige Straßenverbindung	I	A I	B I	C I		
überregionale / region. Straßenverbindung	II	A II	B II	C II	D II	
zwischengemeindliche Straßenverbindung	III	A III	B III	C III	D III	E III
flächenerschließende Straßenverbindung	IV	A IV	B IV	C IV	D IV	E IV
untergeordnete Straßenverbindung	V	A V	—	—	D V	E V
Wegeverbindung	VI	A VI	—	—	—	E VI

in der Regel nicht vorkommend   —
problematisch
besonders problematisch
nicht vertretbar

Abb. 6 Verknüpfungsmatrix zur Ableitung von Straßenkategorien

befriedigende Lösungen in baulicher und betrieblicher Hinsicht. Für diese 15 Straßenkategorien gibt die RAS-N die in einer Tabelle zusammengestellten Entwurfs- und Betriebsmerkmale an (Abb. 7).
Trotzdem kommen in der Praxis auch andere Straßenkategorien gelegentlich vor, jedoch bestehen bei ihnen zwischen den verkehrlichen und den nicht-verkehrlichen Nutzungsansprüchen häufig so gravierende Konflikte, daß sie durch straßengestalterische Maßnahmen nicht oder nur sehr schwer gelöst werden können. In diesen Fällen ist eine Trennung der Funktionsbereiche „Verbindung, Erschließung und Aufenthalt" anzustreben (Abb. 6).
Straßen mit höherer Verbindungsbedeutung verlaufen fast immer über größere Entfernungen und damit über mehrere Netzabschnitte. Bei derartigen Streckenabschnitten ist außerhalb bebauter Gebiete wegen der Verkehrssicherheit, wenn nicht Gründe der Topographie oder der Schutz von Landschaft und Naturhaushalt entgegensteht, eine Kontinuität im Ausbau, d. h. eine einheitliche Streckencharakteristik anzustreben. Mit Streckencharakteristik werden alle baulichen Merkmale einer Straße bezeichnet, die den Verkehrsablauf beeinflussen. Hiervon sind im Zusammenhang mit der Straßennetzgestaltung wichtig: Linienführung, Querschnitt, Gestaltung und Abstände der Knotenpunkte,

Zulässigkeit von Zufahrten. Unvermeidbare Wechsel der Streckencharakteristik sind aus Sicherheitsgründen für den Kraftfahrer rechtzeitig und deutlich erkennbar auszubilden.

Ortsdurchfahrten erfordern immer eine Änderung der Streckencharakteristik. Bei Straßen der Verbindungsfunktions-Stufe I führen Ortsdurchfahrten zu kaum lösbaren Situationen. Solche Straßen sind also ortsfern anzulegen. Bei den anderen Funktionsstufen ist je nach der Bedeutung der unterschiedlichen Nutzungsansprüche eine Ortsumgehung zweckmäßig oder zumindest eine Umlegung des Verkehrs auf andere Straßenzüge. Ist eine Verlagerung des Verkehrs nicht möglich, so ist die Ortsdurchfahrt durch geeignete Maßnahmen wie Geschwindigkeitsreduzierung, bessere Überquerbarkeit usw. der städtebaulichen Situation anzupassen.

Die Bestimmung der Straßenkategorie erfolgt schrittweise entsprechend einem Verfahrensschema (Abb. 8).

Die Forderung nach gleichwertigen Lebensbedingungen bedingt für die Verkehrswege, daß über sie die erforderlichen Ziele in einer angemessenen Zeit erreichbar sein müssen. Aus den unterschiedlichen Reisezeiten, in denen jeweils die Ober-, Mittel- und Grundzentren erreicht werden können ergeben sich die Zielgrößen für die Reisegeschwindigkeit (Abb. 9).

Die angestrebten Pkw-Reisegeschwindigkeiten sind Zielvorgaben für die Bemessung nach den RAS-Q und bilden einen Anhalt für die Wahl der Entwurfsgeschwindigkeit nach den RAS-L. Die Reisegeschwindigkeiten sollen auch bei starkem Verkehrsaufkommen erreichbar sein (Abschnitt 2.4).

Weiter bedingen die angestrebten Reisegeschwindigkeiten grundlegende Vorgaben an den Ausbaustand einer Straße, besonders Linienführung, Querschnittswahl und Knotenpunktsgestaltung. Alle für einen funktionsgerechten Straßenentwurf wichtigen Entwurfs- und Betriebsmerkmale sind in einer Tabelle zusammengestellt und bilden die Grundlage für die Anwendung der RAS-L, RAS-Q, RAS-K und EAE (Abb. 4 und 7).

Straßenfunktion — Entwurfs- und Betriebsmerkmale

Kategoriengruppe	Straßenkategorie	Verkehrsart	zul. Geschw. zul V [km/h]	Querschnitt	Knotenpunkte	Entwurfsgeschwindigkeit V_e [km/h]
1	2	3	4	5	6	7
A anbaufreie Straßen außerhalb bebauter Gebiete mit maßgebender Verbindungsfunktion	**A I** Fernstraße	Kfz	keine	zweibahnig	planfrei	120 100
		Kfz / Allg	≤ 100 (≤ 120)	einbahnig	(planfrei) plangleich	100 90 (80)
	A II überregionale/ regionale Straße	Kfz	keine (≤ 100)	zweibahnig	planfrei (plangleich)	100 90 (80)
		(Kfz) Allg	≤ 100	einbahnig	plangleich	90 80 (70)
	A III zwischengemeindliche Straße	Kfz	≤ 100	zweibahnig	(planfrei) plangleich	(90) 80 70
		Allg	≤ 100	einbahnig	plangleich	80 70 60
	A IV flächenerschließende Straße	Allg	≤ 100	einbahnig	plangleich	70 60 (50)
	A V untergeordnete Straße	Allg	≤ 100	einbahnig	plangleich	(50) keine
	A VI Wirtschaftsweg	Allg	≤ 100	einbahnig	plangleich	keine
B anbaufreie Straßen im Vorfeld und innerhalb bebauter Gebiete mit maßgebender Verbindungsfunktion	**B II** anbaufreie Schnellverkehrsstraße	Kfz	≤ 80	zweibahnig	planfrei (plangleich)	80 70 (60)
	B III anbaufreie Hauptverkehrsstraße	Allg	≤ 70	zweibahnig	plangleich	70 60 (50)
		Allg	≤ 70	einbahnig	plangleich	70 60 (50)
	B IV anbaufreie Hauptsammelstraße	Allg	≤ 60	einbahnig	plangleich	60 50

Straßenfunktion				Entwurfs- und Betriebsmerkmale		
Kategoriengruppe	Straßenkategorie	Verkehrsart	zul. Geschw. zul V' [km/h]	Querschnitt	Knotenpunkte	Entwurfsgeschwindigkeit V'_e [km/h]
1	2	3	4	5	6	7
C angebaute Straßen innerhalb bebauter Gebiete mit maßgebender Verbindungsfunktion	**C III** Hauptverkehrsstraße	Allg	50 (≤ 70)	zweibahnig	plangleich	(70) (60) 50 (40) keine
		Allg	50 (≤ 60)	einbahnig	plangleich	(60) 50 (40)
	C IV Hauptsammelstraße	Allg	≤ 50	einbahnig	plangleich	50 (40)
D angebaute Straßen innerhalb bebauter Gebiete mit maßgebender Erschließungsfunktion	**D IV** Sammelstraße	Allg	≤ 50	einbahnig	plangleich	keine
	D V Anliegerstraße	Allg	≤ 50	einbahnig	plangleich	keine
E angebaute Straßen innerhalb bebauter Gebiete mit maßgebender Aufenthaltsfunktion	**E V** Anliegerstraße	Allg	≤ 30 Schritt-geschw.	einbahnig	plangleich	keine
	E VI Anliegerweg	Allg	Schritt-geschw.	einbahnig	plangleich	keine

Abb. 7 Straßenkategorien mit Entwurfs- und Betriebsmerkmalen

33

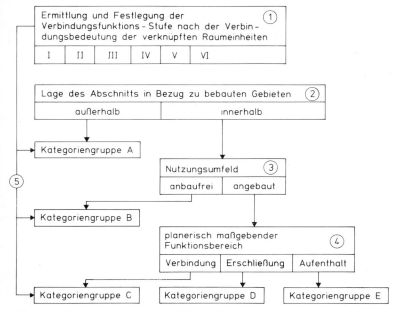

Abb. 8 Verfahren zur Bestimmung der Straßenkategorie

Fußnote und Bildunterschrift zu Seite 35.

[1] Die Unter- und Obergrenzen des Standardentfernungsbereiches entsprechen in etwa den 10%- bzw. 15%-Werten aus den Summenhäufigkeitsverteilungen der Zentrenentfernungen (Straßenkilometer der zeitkürzesten Routen, Entwicklungsstand 1985)

Abb. 9 Straßenkategorien und angestrebte Reisegeschwindigkeiten (mittlere Pkw-Reisegeschwindigkeiten)

Straßenfunktion				Zielgrößen für Reisegeschwindigkeiten [km/h] im				
				Werktagsverkehr			Urlaubsverkehr	Sonntagsverkehr
Kategoriengruppe	Straßenkategorie		Standard-Entfernungsbereich[1) [km]	Verbindung unterhalb	Verbindung im	Verbindung oberhalb		
					Standard-Entfernungsbereich			
1	2		3	4	5	6	7	8
A anbaufreie Straßen außerhalb bebauter Gebiete mit maßgebender Verbindungsfunktion	A I	Fernstraße	100–200	60–90	70–100	90–110	60–90	60–80
	A II	überregionale/regionale Straße	50–100	50–80	60– 90	70– 90	50–80	50–70
	A III	zwischengemeindliche Straße	25– 50	40–60	50– 80	60– 80	40–70	40–60
	A IV	flächenerschließende Straße	0– 25	–	40– 60	50– 70	40–60	40–50
	A V	untergeordnete Straße	–		keine		keine	keine
	A VI	Wirtschaftsweg	–		keine		keine	keine
B anbaufreie Straßen im Vorfeld und innerhalb bebauter Gebiete mit maßgebender Verbindungsfunktion	B II	Schnellverkehrsstraße	–		50– 70		40–60	40–50
	B III	Hauptverkehrsstraße	–		40– 60		30–50	30–40
	B IV	Hauptsammelstraße	–		30– 50		30–40	30
C angebaute Straßen innerhalb bebauter Gebiete mit maßgebender Verbindungsfunktion	C III	Hauptverkehrsstraße	–		30– 50		30–50	30–40
	C IV	Hauptsammelstraße	–		30– 40		30–40	30
D angebaute Straßen innerhalb bebauter Gebiete mit maßgebender Erschließungsfunktion	D IV	Sammelstraße	–		20– 30		20–30	20–30
	D V	Anliegerstraße	–		keine		keine	keine
E angebaute Straßen innerhalb bebauter Gebiete mit maßgebender Aufenthaltsfunktion	E V	Anliegerstraße	–		keine		keine	keine
	E VI	Anliegerweg	–		keine		keine	keine

2.4 Maßgebende Geschwindigkeiten

Da die Straßen unterschiedliche Bedeutung haben und von den verschiedensten Fahrzeugen und Verkehrsteilnehmern benutzt werden, sind Bestimmungsgrößen erforderlich, an denen sich die Planung zu orientieren hat. Das ist auch deshalb nötig, da die Straßenbenutzer aus Gründen der Verkehrssicherheit überall möglichst gleiche Voraussetzungen antreffen müssen. Diese Bestimmungsgrößen sind die Entwurfsgeschwindigkeit V_e und die Geschwindigkeit V_{85}.

2.4.1 Entwurfsgeschwindigkeit V_e [km/h]

Die maßgebliche Entwurfsgröße in Abhängigkeit von der Verkehrsbedeutung der Straße unter dem Gesichtspunkt der Wirtschaftlichkeit ist die Entwurfsgeschwindigkeit V_e. Die Verkehrsbedeutung der Straße ergibt sich aus der vorgegebenen Netzfunktion und der für diese Funktion unter Berücksichtigung des Fahrtzwecks angestrebten Qualität des Verkehrsablaufes. Schließlich sind die Belange der Landschaft und des Bewuchses, also der Umwelt, zu beachten.

Der Entwurfsgeschwindigkeit sind bestimmte Grenz- und Richtwerte der Trassierungselemente sowie zulässige Verhältniswerte für das Zusammenfügen der Einzelelemente zugeordnet. Das gilt besonders für die Kurvenmindestradien, die Höchstlängsneigungen und die Mindesthalbmesser für die Kuppenausrundung. Sie beeinflußt damit entscheidend die Güte der Straße, besonders bei den Straßen der Kategoriengruppen A und B, außerdem die Streckencharakteristik, die Qualität des Verkehrsablaufes und die Wirtschaftlichkeit.

Die Entwurfsgeschwindigkeit V_e wird in Abhängigkeit von der Straßenkategorie der Spalte 7 aus Abb. 7 entnommen. Dabei sollen je nach der angestrebten Verkehrsqualität und der Schwierigkeit des Geländes bzw. der Häufung der Zwangspunkte die höheren oder niedrigeren Werte der angegebenen Geschwindigkeiten gewählt werden.

Grundsätzlich soll die Entwurfsgeschwindigkeit auf längere Strecken konstant bleiben. Je länger die Strecke, desto höher der Wert der Straße. Muß auf einem größeren, zusammenhängenden Straßenabschnitt ein Wechsel der Entwurfsgeschwindigkeit erfolgen, so sind im Übergangsbereich die Entwurfselemente, sorgfältig aufeinander abgestimmt, in allmählicher Form zu verändern.

2.4.2 Geschwindigkeit V_{85} [km/h]

Die Geschwindigkeit V_{85} ist ein fahrdynamischer Wert für die geometrische Bemessung einzelner Entwurfselemente des Lageplanes, des Höhenplanes und des Querschnittes. Sie entspricht der Geschwindigkeit, die 85 % der unbehindert fahrenden Pkw auf sauberer, nasser Fahrbahn nicht überschreiten bzw. der zulässigen Höchstgeschwindigkeit. Damit werden die Querneigungen in der Kurve, die erforderlichen Haltesichtweiten und die Mindestradien bei negativer Querneigung bestimmt. Die Geschwindigkeit V_{85} kann über längere Strecken in festgelegten Grenzen variieren. Die Geschwindigkeit V_{85} wird abschnittsweise ermittelt.

Bei einbahnigen Straßen der Kategoriengruppe A sind die auf der entworfenen Straße zu erwartenden Geschwindigkeiten eine Funktion der Streckencharakteristik. Die Geschwindigkeit V_{85} wird als Mittelwert für beide Fahrtrichtungen abschnittsweise in Abhängigkeit von der Kurvigkeit und der Fahrbahnbreite aus Abb. 10 entnommen. Die Kurvigkeit ist die auf die Streckenlänge bezogene Summe der absoluten Richtungsänderungen. Dabei ist die zu untersuchende Strecke in Abschnitte ähnlicher Kurvigkeit zu unterteilen.

Bei zweibahnigen Straßen der Kategoriengruppe A liegen besonders für die niedrigen Entwurfsgeschwindigkeiten keine gesicherten Erkenntnisse über den Zusammenhang von Streckencharakteristik und Fahrgeschwindigkeit vor. Die Geschwindigkeit V_{85} wird daher bei diesen Straßen bis auf weiteres

$$V_{85} = V_e + 20 \text{ km/h} \qquad \text{für } V_e < 100 \text{ km/h und}$$

$$V_{85} = V_e + 10 \text{ km/h} \qquad \text{für } V_e \geq 100 \text{ km/h angesetzt.}$$

Bei Straßen der Kategoriengruppen B und C wird die Geschwindigkeit V_{85} gleich der zulässigen Höchstgeschwindigkeit gesetzt:

$$V_{85} = \text{zul } V$$

Die Entwurfsgeschwindigkeit V_e und die Geschwindigkeit V_{85} sollen in einem ausgewogenen Verhältnis zueinander stehen. Damit wird angestrebt, daß die Streckencharakteristik und das Fahrverhalten der Kraftfahrer aufeinander abgestimmt sind.

Die Geschwindigkeit V_{85} darf die Entwurfsgeschwindigkeit V_e um nicht mehr als 20 km/h überschreiten. Ist die Differenz

$$V_{85} - V_e > 20 \text{ km/h,}$$

so sollte entweder die Entwurfsgeschwindigkeit V_e des Streckenabschnittes angehoben oder die zu erwartende Geschwindigkeit V_{85} durch geeignete Maßnahmen gesenkt werden.

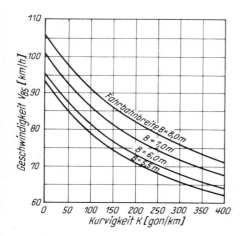

$$K = \frac{\sum\limits_{(i)} |\gamma_i|}{L}$$

K	[gon/km]	= Kurvigkeit
γ_i	[gon]	= Winkeländerung in der Kurve
		= $\tau_{1i} + \alpha_i + \tau_{2i}$
τ_i	[gon]	= Winkeländerung im Übergangsbogen
α_i	[gon]	= Winkeländerung im Kreisbogen
L	[km]	= Streckenlänge
B	[m]	= Fahrbahnbreite nach RAS-Q

Abb. 10   Zusammenhang zwischen Kurvigkeit, Fahrbahnbreite und Geschwindigkeit V_{85} bei einbahnigen Straßen der Kategoriengruppe A

Entlang der Fahrstrecke soll die Geschwindigkeit V_{85} möglichst stetig verlaufen. Dies wird vor allem durch die geforderten Radienverhältnisse nach Abb. 37 sichergestellt. Eine fahrdynamisch ausgewogene Elementenfolge innerhalb der Abschnitte mit gleicher Entwurfsgeschwindigkeit fördert insbesondere bei Straßen der Kategoriengruppe A eine gleichmäßige und wirtschaftliche Fahrweise. Auch bei Straßen der Kategoriengruppen B und C, bei denen die Fahrweise mehr durch die zulässige Höchstgeschwindigkeit als durch die fahrdynamisch richtige Wahl der Entwurfselemente beeinflußt wird, sollte auf das Prinzip der Ausgewogenheit aufeinanderfolgender Entwurfselemente nicht verzichtet werden, wenn dadurch für andere Zielsetzungen (Stadtgestaltung, Denkmalschutz) keine wesentlichen Nachteile entstehen. Unterscheiden sich die ermittelten Geschwindigkeiten V_{85} benachbarter Abschnitte um mehr als 10 km/h, so ist zu überprüfen, ob die Geschwindigkeitswerte der beiden Abschnitte einander angepaßt werden können oder ob durch einen zusätzlichen, vermittelnden Abschnitt ein allmählicher Übergang von einem Geschwindigkeitsniveau auf das andere bewirkt werden muß.

Beim Ausbau von Teilstrecken bestehender Straßen sind die Entwurfselemente der anschließenden Strecken zu beachten. Bei deutlichen Unterschieden in der Streckencharakteristik sind die Übergänge besonders sorgfältig zu gestalten.

2.5 Arbeitsgang der Straßenverkehrsplanung

Die Aufstellung einer Straßenplanung, die später zu einer in jeder Beziehung befriedigenden Straße führen soll, macht viele Vorarbeiten erforderlich, die in einer bestimmten Reihenfolge vorgenommen werden müssen. Dabei ist grundsätzlich zwischen der Planung eines vollkommen neuen Straßenzuges und dem Ausbau einer vorhandenen Verbindung zu unterscheiden.

Die Planung einer neuen Straße setzt umfangreiche Überlegungen und Untersuchungen über die zweckmäßigste Führung dieser Straße und ihre Einordnung in das bestehende Netz voraus. Die berechtigten Interessen der von der Planung betroffenen Gebiete sind mit denen des Verkehrs abzuwägen.

Beim Ausbau vorhandener Straßen können diese Vorarbeiten abgekürzt werden oder wegfallen. Es ist trotzdem zu untersuchen, welche Bedeutung die Straße nach ihrem Ausbau einnehmen soll und wird und in welchem Umfang Änderungen in der Trasse und Gradiente notwendig und wirtschaftlich vertretbar sind.

Es sind folgende Zustände des Ausbaues zu unterscheiden:

1. Der **Vollausbau** ist der entwurfsmäßige, bautechnisch und verkehrstechnisch endgültige Ausbau der Straße nach den einschlägigen technischen Vorschriften und Richtlinien.

2. Der **Teilausbau** oder stufenweise Ausbau entspricht einem Vollausbau, von dem jedoch einzelne Teile der bau- und verkehrstechnischen Gesamtanlage vorerst zurückgestellt bleiben. Ein Teilausbau wird sich in der Regel nur für zweibahnige Straßen empfehlen. Er ist so durchzuführen, daß beim endgültigen Ausbau nur geringe verlorene Aufwendungen entstehen.

3. Der **Zwischenausbau** ist ein vereinfachter Ausbau von Straßen durch Verbreiterung, Profilierung und Verstärkung des Oberbaues bei weitgehender Beibehaltung der Linienführung. Die Ausschaltung besonderer Gefahrenstellen, wie zu kleine Kurvenradien und

Kuppenhalbmesser, ist anzustreben. Soweit möglich, ist die Fahrstreifenbreite nach RAS-Q (Abschnitt 3.1) zu wählen (Abb. 13 und 14). Der Zwischenausbau kommt nur für zweistreifige Straßen in Betracht. Beispiele für Verbesserungen durch Zwischenausbau sind in den Abschnitten 4.2.4 und 4.3.3.5 zu finden.

4. Bei **Fahrbahndeckenerneuerungen** wird auf die beschädigte oder nicht ausreichend tragfähige Fahrbahn eine profilgerechte und für die entsprechende Verkehrsbelastung ausreichende Deckenbefestigung aufgebracht. Der vorhandene Querschnitt wird dabei nicht verändert.

2.5.1 Vorstudie für die Schaffung einer neuen Verbindung

Erfordert die wirtschaftliche Entwicklung die Schaffung einer Verbindung zwischen zwei Gebieten, so sind die Grundlagen durch eine Vorstudie zu klären. Dabei geht es in wirtschaftlich hochentwickelten Gebieten meist darum, für den gestiegenen und weiter steigenden Verkehr neue Wege zu schaffen. Anders in Entwicklungsgebieten, wo neue Straßen erst die Voraussetzung für eine wirtschaftliche Erschließung und damit für ein Verkehrsaufkommen schaffen müssen.

Die Vorstudie wird also erst die Wirtschaft und deren zukünftige Entwicklung genau untersuchen müssen. Dabei sind strukturelle Umstellungen zu berücksichtigen, wie auch die neue Straße strukturelle Änderungen auslösen kann. Aus diesen Untersuchungen ist das Verkehrsaufkommen zu ermitteln.

Auch die Beziehungen einer neuen Straße zu anderen Verkehrsmitteln und deren Weiterentwicklung sind im Rahmen der Vorstudie zu betrachten. So kann die Elektrifizierung einer Bahnstrecke und die damit verbundene Verbesserung des Zugverkehrs einen Teil des Verkehrsaufkommens auf sich ziehen. Dagegen wird der Bau eines Schiffahrtskanals keinen Fernverkehr von der Straße abziehen, aber regional wird ein Zubringerverkehr zu den Häfen des Kanals entstehen.

Damit die geplante Strecke dem Verkehr den größtmöglichen Nutzen bringt, ist es wichtig, wo diese an ihren Endpunkten in bestehende oder schon geplante Straßenzüge einmündet. So mußte die Studie über eine Autobahn Ostfriesland – Ruhrgebiet klären, ob diese über die Hollandlinie, die Hansalinie oder eine andere Einbindung ins Ruhrgebiet führen soll. Diese Klärung ist auch deshalb wichtig, damit der ankommende Verkehrsstrom sich zügig im Zielgebiet verteilt und keine Stauungen hervorgerufen werden.

Das gestiegene Umweltbewußtsein und ein Umdenken in der Verkehrs- und Straßenplanung (Ausbau statt Neubau) bedingen, daß die Bevölkerung im Bereich des Planungsraumes frühzeitig in alle Überlegungen einbezogen wird. Wenn das frühzeitig genug geschieht, können nicht nur die Argumente entstandener Bürgerinitiativen berücksichtigt werden, sondern es besteht die Möglichkeit, die Bildung von Bürgerinitiativen überflüssig zu machen.

Ein sehr treffendes Beispiel dazu bietet die Querverbindung über den Südschwarzwald. Die als „Schwarzwaldautobahn" geplante Querverbindung von Freiburg (A 5) nach Donaueschingen (A 81) hätte erhebliche Eingriffe in dem landschaftlich bedeutenden Gebiet ergeben. Deshalb ist eine umfangreiche Untersuchung in verkehrlicher, wirtschaftlicher und ökologischer Sicht erfolgt, bei der insgesamt 164 Varianten geprüft wurden. Unter Abwägung aller Gesichtspunkte wird als günstigste Lösung ein leistungsgerechter Ausbau der Höllentalstraße (B 31) vorgeschlagen. Diese Untersuchung ist ein gutes Beispiel dafür, daß die Straßenplanung Umweltbelange in alle Überlegungen einbezieht. Jedoch kann der große Aufwand (3,5 Mill. DM) in diesem Fall nicht bei jeder Planung wiederholt werden.

Wenn auch die Vorstudie nicht auf Einzelheiten der beabsichtigten Linien eingehen kann und die Strecke nur in Übersichtsplänen dargestellt wird, so muß doch auf größere topographische Hindernisse Rücksicht genommen werden. Es ist also zu klären, wo ein Gebirgszug oder größerer Fluß am besten gekreuzt werden kann.

Schließlich sind auch politische Fragen Gegenstand der Vorstudie. Es kann z. B. darum gehen, eine neue Verbindung durch ein Randgebiet zu führen, um diesem bessere wirtschaftliche Entwicklungsmöglichkeiten zu geben. Das ist bei der geplanten Autobahn Aachen – Trier der Fall. Oder es ist eine evtl. Verlängerung über eine Staatsgrenze zu erwägen, um eine internationale Verbindung zu schaffen.

In der wirtschaftlichen Betrachtung muß die Vorstudie auch die Möglichkeiten des stufenweisen Ausbaues berücksichtigen, um mit gegebenen Mitteln zeitgerecht ein Optimum an Verkehrsfläche zu schaffen.

Veranlasser und Auftraggeber derartiger Vorstudien sind in den meisten Fällen regionale Körperschaften wie Industrie- und Handelskammern, Landkreise, Städte, Gebietsgemeinschaften usw. Über diesen Weg ist die erste Autobahnstudie in Deutschland entstanden und auch viele der neuesten Studien entstehen so.

2.5.2 Verkehrsuntersuchung

Die Ergebnisse der Vorstudie können natürlich nur eine generelle Antwort darstellen. Es muß einer anschließenden eingehenden Verkehrsuntersuchung vorbehalten bleiben, genaue Zahlen über das zu erwartende Verkehrsaufkommen und den Verkehrsablauf zu erarbeiten.

Es wird also eine entsprechende Verkehrsuntersuchung mit Analyse und Prognose durchzuführen sein. Fast immer sind umfangreiche Verkehrszählungen erforderlich, es kann aber auch auf brauchbare vorhandene Unterlagen zurückgegriffen werden. Die Durchführung erfolgt nach den Grundsätzen der Straßenverkehrstechnik (*Mensebach: „Straßenverkehrstechnik"*, WIT 45) [18].

2.5.3 Vorplanung

Mit den Ergebnissen der Vorstudie und der Verkehrsuntersuchung können die ersten Planungsarbeiten begonnen werden. Dazu werden vorhandene Karten, etwa im Maßstab 1 : 5000 bis 1 : 25 000, verwendet und mögliche Linienführungen gesucht. Zu den im Lageplan entwickelten Trassen werden Höhenpläne aus den Höhenschichtlinien der Karten, ebenfalls in mehreren Varianten, entwickelt.

Daraus läßt sich schon ein erster Überblick über die Vor- und Nachteile jeder Variante gewinnen. So kann eine etwas längere Strecke, die weniger Steigungen und weniger Erdbewegungen erfordert, vorteilhafter sein als die etwas kürzere Strecke. Ein besonders wichtiger Punkt ist die Notwendigkeit oder Vermeidung großer Brückenbauwerke (Talbrücken) bei den einzelnen Varianten.

Mit der geplanten Straße müssen auch die Verbindungen zum vorhandenen Netz geprüft werden. Die Länge und Schwierigkeit der Anschluß- oder Zubringerstraßen sind also mit von Einfluß auf die Zweckmäßigkeit einer Variante.

Eine genaue Untersuchung muß die Auswirkungen auf die Umwelt und den Menschen feststellen. Dazu gehören Eingriffe in Landschaft und Untergrund, Vorflut und Grundwasser, Folgen für Tier- und Pflanzenwelt sowie Beeinträchtigungen durch Lärm und Abgase. Andererseits sind besonders bei Untersuchungen über Umgehungsstraßen auch die Vorteile für das Siedlungsgebiet und deren Bewohner aufzuzeigen, wenn die Verkehrsbelastung in der Ortsdurchfahrt geringer wird.

Solche Vorplanungen sind nicht nur bei Neubaumaßnahmen, sondern auch bei Aus- und Umbauten größerer Art erforderlich. Für die sehr stark belastete Bundesstraße 1 im Stadtgebiet Dortmund laufen diese Arbeiten schon längere Zeit. Es werden Verbesserungen in der jetzigen Lage, der Bau einer Entlastungsstraße, eine zusätzliche Hochstraße über der jetzigen Fahrbahn und eine längere Tunnellösung untersucht. Eine ganze Anzahl denkbarer Möglichkeiten haben sich bereits als unzweckmäßig oder unlösbar herausgestellt. Jetzt gilt es unter den praktikablen Vorschlägen die günstigste und finanziell vertretbare herauszuarbeiten.

Für die gefundenen Varianten müssen anschließend eingehende fahrdynamische Untersuchungen durchgeführt werden. Zu klären ist damit der Zeitvorsprung, den ein Fahrzeug gegenüber der Benutzung vorhandener alter Straßen erzielen kann. Weiter ist die Ersparnis an Betriebskosten zu ermitteln. Die Ergebnisse sind ein weiterer Teil der Grundlagen für die Wirtschaftlichkeitsberechnung.

Die Wirtschaftlichkeitsuntersuchung soll eine Antwort darauf geben, bei welcher Variante das bestehende und sich weiterentwickelnde Verkehrsaufkommen durch ein Minimum an Aufwand befriedigt werden kann. Als Aufwand müssen folgende Anteile berücksichtigt werden:

1. Planung und Bau der Straße einschl. Grunderwerb und Entschädigungen
2. Aufwand für Unterhaltung der Straße mit Nebenanlagen
3. Kosten für Steuerung und Überwachung des Verkehrsablaufes durch die Polizei
4. Einsparung an Betriebs- und Zeitkosten durch die Verkehrsteilnehmer

Auch die Verzinsung des aufgewandten Geldes sollte berücksichtigt werden, weil davon u. a. die Entscheidung abhängt, ob durch eine stärkere Bauausführung die späteren, lohnintensiven Unterhaltungsarbeiten verringert werden können. Damit werden die Kosten unter 1 höher, aber die unter 2 niedriger. Andererseits verführt die Vernachlässigung der Verzinsungsberechnung durch niedrige Baukosten zur „billigen" Straße, die aber später hohen Aufwand für Unterhaltung erfordert.

Unberücksichtigt bleiben folgende Sachen, weil diese entweder gering sind oder sich nicht in Geld ausdrücken lassen. Dazu gehören mittelbar entstehender Nutzen aus verbesserter Verkehrserschließung, Verbesserung des Reisekomforts, Verringerung der Unfallgefahr und damit des menschlichen Leids usw. (die finanziellen Unfallfolgen können erfaßt werden).

Im Straßenbau ergibt sich die Rentabilität aus der Summe der Ersparnisse aller Straßenbenutzer infolge der Investitionen, also durch den Unterschiedsbetrag der Aufwendungen für das Durchfahren einer Straßenverbindung zwischen zwei Punkten vor und nach ihrem Ausbau.

Sind die möglichen Trassen gefunden und dafür die technischen und wirtschaftlichen Bedingungen geklärt, muß eine Abstimmung mit allen an der Landesplanung und Raumordnung beteiligten Stellen erfolgen. Hier müssen die Ansichten und Wünsche der einzelnen Behörden aufeinander abgestimmt werden. Siedlungs- und Wirtschaftsförderungspläne sind zu berücksichtigen. Wegen des bei Neubauten umfangreichen Grunderwerbes ist fast immer eine Flurbereinigung notwendig.

Während der Vorplanung und den Besprechungen mit den Landesplanungsbehörden werden sich aus den verschiedenen Varianten ein oder zwei herausstellen, die allen Wünschen und Forderungen am weitesten entgegenkommen. Nur diese Varianten werden noch weiterverfolgt.

2.5.4 Vorentwurf

Die aus allen vorausgegangenen Untersuchungen resultierenden Ergebnisse werden in einem Vorentwurf dargestellt. Mit ihm werden die wesentlichen Merkmale einer Straßenplanung festgelegt. Da die Vor- und Nachteile der einzelnen Varianten bereits in der Vorplanung gegeneinander abgewogen worden sind, kann der Vorentwurf fast immer auf eine oder zwei Linien beschränkt werden.

Dem Vorentwurf kommt größte Bedeutung zu, denn er ist die Grundlage für die Aufstellung der Unterlagen zum Planfeststellungsverfahren (Abschnitt 2.5.7). Für Bundesfernstraßen ist der Vorentwurf dem BMV zur Genehmigung zuzuleiten. Er dient also der grundsätzlichen Beurteilung der Planung, insbesondere im Hinblick auf:

– die Zweckmäßigkeit der gewählten Lösung
– die Umweltverträglichkeit
– die Wirtschaftlichkeit, die sparsame Verwendung von Bundesmitteln, die Kostenbeteiligung Dritter und
– die Einhaltung der gesetzlichen Vorschriften und der Regeln der Technik

Der Vorentwurf muß nach den „Richtlinien für die Gestaltung von einheitlichen Entwurfsunterlagen im Straßenbau (RE 1985)" aufgestellt werden und folgende Unterlagen umfassen:

Der Erläuterungsbericht soll alle mit der Planung zusammenhängenden Fragen lückenlos und in möglichst übersichtlicher Form beantworten. Dazu ist die in den RE 1985 enthaltene Gliederung zu verwenden (Muster 1 der RE 1985).

Die Übersichtskarte soll einen Überblick über die Lage der Baumaßnahme im Straßennetz und über die topographischen Verhältnisse geben. Dazu werden vorhandene Karten verwendet, die je nach der erforderlichen Schwierigkeit des Projektes im Maßstab 1 : 25 000 bis 1 : 100 000 sein können.

In die Übersichtskarte ist die Baumaßnahme mit Baukilometern und Angabe der Straßenkilometer einzutragen. Auch untersuchte Varianten, wenn sie zur Beurteilung notwendig sind, müssen angegeben werden. Das überörtliche Straßennetz mit Nummern sowie wichtige Stadt- und Gemeindestraßen werden farbig hervorgehoben. Bei bedeutsamen Straßen- und Bahnstrecken sind die nächsten größeren Orte am Rand zu vermerken (Muster 2 der RE 1985).

Der Übersichtslageplan gibt einen Überblick über die Lage der Baumaßnahme und der untersuchten Varianten im engeren Planungsraum im Maßstab zwischen 1 : 5000 und 1 : 25 000. Zusätzlich zu den Angaben der Übersichtskarte werden alle Staats-, Gebiets- und Ortsdurchfahrtsgrenzen sowie alle wichtigen Landschafts- und Baugebiete und deren Besonderheiten eingetragen. Andere Verkehrswege und Leitungstrassen und die Blattgrenzen der Lagepläne sind anzugeben (Muster 3a und 3b der RE 1985).

Der Übersichtshöhenplan zeigt den Verlauf der Gradiente und des Geländes im Bereich der Trasse. Der Längenmaßstab entspricht dem des Übersichtslageplanes, die Höhen werden 10fach überhöht dargestellt.

Eingetragen werden die Höhen von Gelände und Straßenachse, die Längsneigungen, die Neigungsbrechpunkte und die Ausrundungshalbmesser. Weiter sind sämtliche kreuzenden Straßen, andere Verkehrswege, Leitungen und Gewässer mit Höhen anzugeben. Zu Brücken und Tunnels sind alle wichtigen Angaben einzutragen. Zur Beurteilung des räumlichen Verlaufes der Straße enthält der Übersichtshöhenplan das Krümmungsband (Muster 4a und 4b der RE 1985).

Der Straßenquerschnitt zeigt im Maßstab 1 : 50 die Regelausbildung der Straße im Schnitt rechtwinklig zur Straßenachse. Einzutragen sind die Abmessungen des Straßenkörpers, des Oberbaues, das Quergefälle, die Böschungsneigungen, die Lärmschutz- und alle Entwässerungseinrichtungen. Für Tunnel und andere besondere Streckenbereiche sind zusätzliche Straßenquerschnitte erforderlich (Muster 6a und 6b der RE 1985).

Eine Kostenberechnung ist nach den einschlägigen Richtlinien aufzustellen.

Der Lageplan gibt die Baumaßnahme im Grundriß an, und dafür wird außerorts ein Maßstab zwischen 1 : 1000 und 1 : 5000 gewählt. Bei Ortsdurchfahrten und besonders schwierigem Gelände können Pläne bis zum Maßstab 1 : 250 gefertigt werden. Die Pläne müssen Netzkoordinaten enthalten.

Die geplante Straße wird mit ihrer Achse, der Kilometrierung, den Trassierungselementen, den Neigungsbrechpunkten, den Kronen- und Böschungsrändern, den Lärmschutzbauwerken, Brücken und anderen Ingenieurbauwerken usw. eingetragen. Auch Rast- und

Nebenanlagen sowie Folgemaßnahmen an betroffenen Straßen, Wegen und Gewässern sind anzugeben. Bei Plänen im Maßstab 1 : 250 bis 1 : 2000 können noch weitere Einzelheiten dargestellt werden.

Für Brücken und Tunnel sind die lichte Höhe, die lichte Weite, die Brückenklasse, die Konstruktionshöhe, die Gesamtlänge, der Kreuzungswinkel usw. anzugeben. Maßnahmen des Naturschutzes und der Landschaftspflege und Hinweise auf Denkmale und zu schützende Objekte sind erforderlich.

Lärmschutzanlagen werden mit den Abmessungen eingetragen. Angaben zu Bauleitplänen, zu Leitungen, Seitenentnahmen und Seitenablagerungen werden aus dem Übersichtslageplan übernommen (Muster 7a, 7b, 7c und 7d der RE 1985).

Der Höhenplan erhält den gleichen Längenmaßstab wie der Lageplan, die Höhen werden aber 1 : 10 überhöht dargestellt. Die Kilometrierung erfolgt von links nach rechts. Die Teilpläne des Höhenplanes umfassen die gleichen Straßenabschnitte wie die Teilpläne des Lageplanes.

Im Höhenplan wird die Baumaßnahme im Aufriß dargestellt. Es sind alle Angaben aus dem Übersichtshöhenplan zu übernehmen. Zusätzlich sind einzutragen: die Tangentenlängen und die Stichmaße der Ausrundungen, die Gradientenhoch- und -tiefpunkte, alle kreuzenden und einmündenden Straßen, die wichtigsten Wasserstände der Gewässer und des Grundwassers, die wesentlichen Straßenentwässerungseinrichtungen, Leitungen mit Angabe der Sicherung oder Umlegung und alle Lärmschutzmaßnahmen. Bei Bedarf werden Bodenaufschlüsse eingetragen.

Für Brücken und andere Ingenieurbauwerke sind die laufende Bauwerks-Nummer, die Baukilometer, die lichte Höhe und Weite, der Kreuzungswinkel und alle anderen Angaben wie im Lageplan einzutragen.

Unter dem Höhenplan werden das Krümmungsband, das Querneigungsband und wenn notwendig die Sichtweitenbänder und das Geschwindigkeitsband mit V_{85} dargestellt (Muster 8a und 8b der RE 1985).

Bei Innerortsstraßen kann für Um- und Ausbaumaßnahmen der Höhenplan durch einen Deckenhöhenplan ersetzt werden.

Die Bodenuntersuchungen, bereits vorhandene und im Rahmen der Planung durchgeführte, sowie sonstige Aussagen zum Baugrund und Grundwasser sind den Entwurfsunterlagen beizufügen.

Das Bauwerksverzeichnis wird für Brücken und andere Ingenieurbauwerke unter Verwendung eines Formblattes aufgestellt (Muster 10.1 der RE 1985).

Eine Bauwerksskizze ist für Ingenieurbauwerke, deren besondere Größe, Konstruktion oder Gestaltung es erfordert, im geeigneten Maßstab anzufertigen. Diese „Skizze" ist eine Zeichnung in vereinfachter Form und wird vor Aufstellung des Bauwerksplanes hergestellt. Sie vermittelt einen ersten Eindruck über Ansicht, Grundriß und Querschnitt eines Bauwerkes sowie die maßgebenden Höhen und Begrenzungen der kreuzenden Anlagen (Muster 10.2 der RE 1985).

Der Bauwerksplan zeigt in geeignetem Maßstab Ansicht, Grundriß, Längsschnitt, Querschnitte und alle konstruktiven Details des Bauwerkes und enthält alle wichtigen Maße und Angaben (Muster 10.3 der RE 1985).

Die Ergebnisse der schalltechnischen Berechnungen werden in einem Formblatt dargestellt (Muster 11.1 der RE 1985).

Lageplan der Lärmschutzmaßnahmen. Mit der Straßenbaumaßnahme durchzuführende Lärmschutzmaßnahmen werden möglichst im Lageplan nach Muster 7a bis 7d eingetragen. Wird allerdings dadurch der Lageplan zu unübersichtlich oder sind die Lärmschutzmaßnahmen sehr umfangreich, so ist im gleichen Maßstab wie nach Muster 7 ein besonderer Lageplan der Lärmschutzmaßnahmen anzufertigen. Einzutragen sind nicht nur die Lärmschutzbauwerke und -pflanzungen, sondern auch die zu schützenden Gebiete und deren Grenzen. Für passiven Lärmschutz sind die Gebäudeseiten und -höhen anzugeben, bei denen die Immissionswerte nach der Berechnung überschritten wurden (Abschnitt 4.7.5).

Ein Höhenplan der Lärmschutzmaßnahmen wird nur erforderlich, wenn sich wie beim Lageplan die notwendigen Angaben nicht in den Höhenplan nach Muster 8 unterbringen lassen.

Der landschaftspflegerische Bestands- und Konfliktplan zeigt den Zustand von Natur und Landschaft und die Auswirkungen der geplanten Straßenbaumaßnahme.

Ein Lageplan der landschaftspflegerischen Maßnahmen ist nur erforderlich, wenn sich diese Angaben nicht im Lageplan nach Muster 7 unterbringen lassen. Das ist dann der Fall, wenn der Lageplan damit zu unübersichtlich wird, die Natur und die Landschaft wesentlich über die Trasse hinaus beeinträchtigt werden oder dies aus anderen Gründen zweckmäßig ist. Dieser Plan ist dann im gleichen Maßstab wie der Lageplan zu fertigen (Muster 12.2 der RE 1985).

Im Regelfall sind alle vorgesehenen Maßnahmen des Naturschutzes und der Landschaftspflege entsprechend den einschlägigen Richtlinien im Lageplan nach Muster 7 darzustellen.

Die Ergebnisse wassertechnischer Berechnungen zur Abführung des

Straßenoberflächenwassers werden in einer Tabelle oder Übersicht angegeben. Auch die errechneten Abmessungen für Entwässerungsanlagen, Regenrückhaltebecken, Versickerbecken und Leichtflüssigkeitsabscheider sind einzutragen.

Ein Lageplan der Entwässerungsmaßnahmen wird, wie beim Lärmschutz, nur erforderlich, wenn sich die Angaben nicht im Lageplan nach Muster 7 unterbringen lassen. Einzutragen sind die zu entwässernden Straßen- und Seitenflächen. Die Hoch- und Tiefpunkte der Straße müssen angegeben werden.

Als Höhenplan der Entwässerungsmaßnahmen dient der Höhenplan nach Muster 8. Nur bei umfangreichen Maßnahmen wird ein gesonderter Höhenplan erforderlich, der im gleichen Maßstab zu fertigen ist.

Der Grunderwerbsplan, im Maßstab des Lageplanes, zeigt die zu erwerbenden Flächen und Gebäude. Außer den Grundstücksgrenzen, den Flurstücksnummern, den Namen der Eigentümer, der Gemeinde, Gemarkung, Flur oder Gewann werden von der Straßenbaumaßnahme die äußeren Begrenzungslinien der zu erwerbenden und vorübergehend benutzten Flächen eingetragen. Abzubrechende Bauwerke, zu beseitigender Bewuchs und künftige Nutzungsbeschränkungen sind einzutragen. Ein Grunderwerbsverzeichnis unter Verwendung eines Formblattes ergänzt den Grunderwerbsplan (Muster 14.1 und 14.2 der RE 1985).

Die Knotenpunkte werden in eigenen Lageplänen und ggf. auch Höhenplänen dargestellt, wenn zur Beurteilung die Darstellung im Lageplan und Höhenplan der Straße nicht ausreicht. Anzugeben sind alle wichtigen Abmessungen und Entwurfselemente, die Sichtflächen, Lichtsignalanlagen und, wenn vorhanden, sind die Strombelastungspläne beizufügen.

Querprofile können zur besseren Darstellung einer Baumaßnahme notwendig sein. Diese können in regelmäßigen Abständen aufgenommen werden oder nur an besonderen Stellen, z. B. bei Zwangspunkten mit der Bebauung, kreuzenden Wasserläufen und Bahnlinien, kritischen Immissionspunkten und der dadurch notwendig werdenden Baumaßnahmen.

Rastanlagen, Rastplätze, Nebenanlagen und Nebenbetriebe werden im Lageplan nach Muster 7 eingetragen. Wenn es die Beurteilung erfordert, kann die Darstellung in einem gesonderten größeren Lageplan und evtl. auch Höhenplan zweckmäßig sein.

Sonderpläne können erforderlich werden, um das Straßenbauvorhaben besser erläutern und begründen zu können. Das sind Bestandskarten, Bauleitpläne, Generalverkehrspläne, verkehrstechnische und verkehrswirtschaftliche Untersuchungen, wassertechnische Untersuchungen, ökologische Untersuchungen, Leitungspläne sowie Pläne über die Markierung und die Beschilderung, die Straßenbeleuchtung, die Straßenentwässerung, die Deckenhöhen, die Gestaltung von Lärmschutzwänden, ferner Fotomontagen, perspektivische Darstellungen, Pläne zur Erläuterung der Verkehrsführung während der Bauzeit, Unfalldiagramme usw.

Zur Verbesserung der Anschaulichkeit werden bei besonders schwierigen Planungen Modelle angefertigt. Sie sind dann sehr nützlich, wenn den Bürgern die Planungsmaßnahme damit besser verständlich gemacht werden kann.

2.5.5 Bauentwurf

Der Bauentwurf stellt die baureife Ausarbeitung der im Vorentwurf festgelegten Straßenplanung dar. Er dient während der Bauausführung als Grundlage zwischen Auftraggeber und Auftragnehmer [11].

Da alle planerischen Einzelheiten einer Neu-, Um- oder Ausbaumaßnahme im Vorentwurf festgelegt und rechtlich abgesichert sind, kommt es jetzt darauf an, zusätzlich die Pläne aufzustellen, die einen reibungslosen Bauablauf ermöglichen.

Der Absteckungsplan muß alle Angaben enthalten, die für die einwandfreie Übertragung der Trasse in die Natur erforderlich sind. Die Absteckung baut auf den Netzkoordinaten auf, die bereits im Lageplan nach Muster 7 enthalten sind. Bei einer elektronischen Berechnung treten an Stelle des Planes z. T. entsprechende Tabellen.

Der Massenverteilungsplan zeigt die Unterbringung der abgebaggerten Massen aus Einschnitten und Fundamentbaugruben in Dammstrecken und zur Geländeprofilierung. Daraus ergibt sich auch die wirtschaftlich und ökologisch zweckmäßige Auswahl von Seitenentnahmen und -ablagerungen.

Im Bauzeitplan wird der folgerichtige Ablauf der einzelnen Teilbaumaßnahmen dargestellt. Aus ihm ergeben sich auch die erforderlichen Angaben für den Einsatz von Spezialunternehmen. Der Bauzeitplan muß mit dem evtl. schon vorhandenen Plan der Verkehrsführung während der Bauarbeiten abgestimmt werden.

Abgeleitet aus dem Bauzeitplan werden die Pläne für evtl. notwendige Winterbaumaßnahmen angefertigt.

Oft werden die Massenverteilungspläne, der Bauzeitplan und der Plan der Winterbaumaßnahmen erst in Zusammenarbeit mit der bauausführenden Firma aufgestellt.

Bepflanzungspläne legen die Rekultivierung der durch die Baumaßnahme geschaffenen Flächen fest. Dies ist besonders wichtig für die Teile, auf denen der Bewuchs zusätzliche Aufgaben für den Verkehr übernehmen muß (optische Linienführung, Blendschutz, Windschutz usw.). Aus den Bepflanzungsplänen werden die für die Pflanzenbeschaffung notwendigen Listen erstellt (Abschnitt 4.7.3).

2.5.6 Bürgerbeteiligung bei der Planung von Bundesfernstraßen

Die unangenehmen Nebenerscheinungen des Kraftfahrzeugverkehrs, Lärm und Abgase, sind in den letzten Jahren von den Bürgern immer mehr als belästigend empfunden worden. Als Folge trat eine Ablehnung jeglichen Straßenbaues auf, die sich in Form von Bürgerinitiativen mehr oder minder lautstark bis aggressiv artikulierte. Aber auch diese Bürger benutzen das Auto und können bzw. wollen nicht darauf verzichten.

Wenn wir also das Auto weiterhin nutzen wollen, weil es uns mehr Mobilität und Unabhängigkeit gebracht hat, können wir auf Straßen und deren Neu- und Ausbau nicht verzichten. Um Widerstände von den betroffenen Bürgern gegen Straßenbau abzubauen oder besser gar nicht erst entstehen zu lassen, ist es erforderlich, die Bürger schon sehr frühzeitig über die Notwendigkeit zu informieren und an der Entscheidungsfindung zu beteiligen.

Dies geschieht dadurch, daß schon bei der Vorplanung, also der Suche nach möglichen Linien eine Bürgerinformation aufgestellt und sehr weitgestreut an alle Bürger verteilt wird. Diese soll über die vorgesehene Maßnahme unterrichten und deren Notwendigkeit begründen. Durch die Angabe der Planungsbehörde ist für die Bürger ein Ansprechpartner gegeben. Die Möglichkeit, Pläne einzusehen und sich erläutern zu lassen, schafft die Voraussetzung, Verständnis für die geplante Maßnahme zu finden.

Danach ist bei organisierten Diskussionsveranstaltungen mit den Bürgern ein Kompromiß zwischen den Vorstellungen der Planer und den Wünschen der Bürger zu suchen. Dies geschieht vorwiegend in öffentlichen Ratssitzungen der berührten Gemeinden oder bei Bürgerversammlungen. Die Diskussion erfolgt mit Beteiligung von Vertretern der Straßenbauverwaltung.

Auch im weiteren Verlauf der Planung bestehen noch mehr Möglichkeiten der Bürgerbeteiligung. Je besser diese genutzt werden, um so weniger Widerstand gegen das geplante Vorhaben ist zu erwarten. Der Planungsablauf und die in verschiedenen Phasen möglichen Beteiligungen des Bürgers sind in einem Schema dargestellt (Abb. 11).

Planungsablauf für Bundesfernstraßen

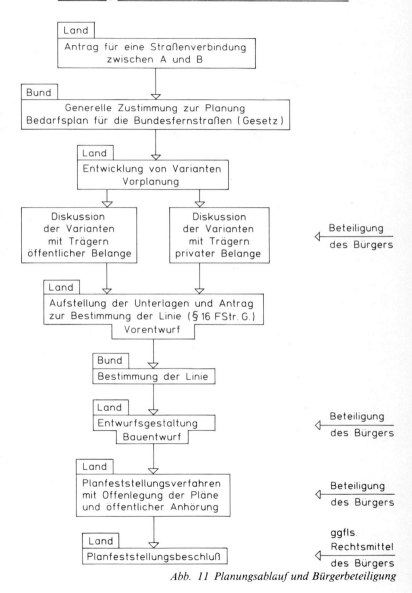

Abb. 11 Planungsablauf und Bürgerbeteiligung

Besonders bei geplanten Ortsumgehungen kommt es öfters vor, daß sich gleich zwei Gruppen der Bürger, ja sogar Bürgerinitiativen bilden. Die Bürger im Bereich der vorgesehenen Umgehung werden sich in der Ablehnung zusammenschließen, während sich die Anwohner der vorhandenen Durchgangsstraße mit der Befürwortung eine Entlastung im Ortsbereich erhoffen. Hier gilt es in gemeinsamen Bürgerversammlungen aufzuzeigen, daß durch geeignete Begleitmaßnahmen an der geplanten Umgehung die befürchteten Nachteile vermieden oder wesentlich gemildert werden können und daß die Verbesserungen im Ortskern erreichbar sind, zum Nutzen aller Bürger.

2.5.7 Planfeststellungsverfahren

Die Planfeststellung ist nach dem Bundesfernstraßengesetz (FStrG) vorgeschrieben [11]. In § 17 des FStrG heißt es:
„Bundesfernstraßen dürfen nur gebaut und geändert werden, wenn der Plan vorher festgestellt ist. Bei der Planfeststellung sind die von dem Vorhaben berührten öffentlichen und privaten Belange abzuwägen. In dem Planfeststellungsbeschluß soll auch darüber entschieden werden, welche Kosten andere Beteiligte zu tragen haben."
Das Verfahren ist notwendig bei Neubauten oder beim Umbau einer Bundesfernstraße und beim Bau bzw. bei wesentlicher Änderung einer Kreuzung zwischen Bundesfernstraße und einer anderen öffentlichen Straße. Die Planfeststellung kann unterbleiben, wenn die Änderung oder Erweiterung einer Bundesfernstraße von unwesentlicher Bedeutung ist.
Alle Straßenbauvorhaben greifen regelmäßig in vorhandene tatsächliche Verhältnisse ein und berühren bestehende Rechtsverhältnisse. Zweck der Planfeststellung ist es, alle durch das Vorhaben berührten öffentlich-rechtlichen Beziehungen zwischen dem Träger der Straßenbaulast und anderen Behörden sowie Betroffenen – mit Ausnahme der Enteignung – umfassend rechtsgestaltend zu regeln.
Die Planfeststellung ist von der Straßenbaubehörde schon während der Entwurfsbearbeitung vorzubereiten. Dazu gehören:

1. Kontaktaufnahme mit den betroffenen Behörden und Stellen (Gemeinden, Kreisen, Bundesbahn, Bundespost, Versorgungs- und Verkehrsunternehmen, Wasser- und Schiffahrtsverwaltung, Forst, Wehrbereichsverwaltung u. a.), ob und wieweit öffentliche Interessen und andere Planungen (Flächennutzungspläne, Bebauungspläne, Natur- und Landschaftsschutz o. ä.) berührt werden.

2. Ermittlung aller privaten Betroffenen; das Grundstücksverzeichnis und die Katasterkarten werden auf den neuesten Stand gebracht.
3. Mit den öffentlichen und privaten Beteiligten werden nach Möglichkeit Vereinbarungen getroffen, in denen Kosten, Kostenbeteiligungen und künftige Unterhaltung von Anlagen geregelt werden.
4. Die für das Verfahren notwendigen Planunterlagen werden in der erforderlichen Anzahl hergestellt.

Die von den Behörden und Dienststellen beschafften Unterlagen werden bei der weiteren Planbearbeitung berücksichtigt. Die Forderungen der Betroffenen sind zu prüfen und gegenüber den Belangen der Straßenplanung abzuwägen. Dabei ist nicht nur von den gegenwärtigen Verhältnissen auszugehen, sondern es ist auch auf die zukünftige Entwicklung innerhalb eines überschaubaren Zeitraumes (etwa bis zu 10 Jahren) Rücksicht zu nehmen. Bei weitergehenden Forderungen, deren Kostendeckung dem Straßenbaulastträger nicht zuzumuten ist, muß den Beteiligten die Aufbringung der Mehrkosten überlassen bleiben.

Besonderes Augenmerk ist darauf zu richten, daß die Planung eine Regelung der privaten Zufahrten enthält. Bei Veränderungen ist eine Vereinbarung über die Kosten der Änderung und die spätere Unterhaltung zu treffen. Kommen Vereinbarungen nicht zustande, so ist für das bevorstehende Anhörungsverfahren unter eingehender Darlegung der bestehenden und zu ändernden Verhältnisse ein Vorschlag zur Entscheidung der Planfeststellungsbehörde zu unterbreiten.

Das Planfeststellungsverfahren wird mit der Vorlage der Unterlagen durch die zuständige Straßenbauverwaltung bei der Anhörungsbehörde eingeleitet. Zu den Planungsunterlagen gehören: Erläuterungsbericht, Übersichtslageplan, Lageplan, Höhenplan, Ausbauquerschnitt, Pläne für Kunstbauwerke, Verzeichnis der Wege, Gewässer, Bauwerke und sonstiger Anlagen, Grunderwerbsverzeichnis, Grunderwerbsplan mit den Grundstücksgrenzen und Katasterbezeichnungen, Unterlagen zur Regelung wasserwirtschaftlicher Sachverhalte (Einleitung des Straßenoberflächenwassers in Vorfluter oder Untergrund), Landschaftsplan und andere Planungen des Umweltschutzes (Lärmschutz).

Alle Planunterlagen müssen nach RE aufgestellt und so klar sein (farbige Darstellung, alle Grenzen, abzubrechende Gebäude und in Anspruch genommene Flächen usw.), daß sich jedermann darüber unterrichten kann, ob und ggf. inwieweit er durch das Straßenbauvorhaben in seinen Belangen berührt wird.

Zur Vorlage sollen die Planunterlagen in so vielen Ausfertigungen übersandt werden, daß in jeder Gemeinde, auf deren Gebiet das Straßenbauvorhaben ausgeführt werden soll, eine Ausfertigung ausgelegt werden kann. Auch jede betroffene Behörde erhält eine, die Anhörungsbehörde mehrere Ausfertigungen.

Die Planunterlagen sind in den Gemeinden, in deren Gebiet das Straßenbauvorhaben liegt, auf die Dauer von vier Wochen zu jedermanns Einsicht auszulegen. Die Gemeinden geben eine Woche vorher ortsüblich bekannt, wo die Unterlagen während der Dienststunden ausliegen. Betroffene, die ihren Wohnsitz nicht in der Gemeinde haben, sollen rechtzeitig benachrichtigt werden. Bis zwei Wochen nach Ende der Auslegung hat jeder Betroffene die Möglichkeit, Einwendungen schriftlich oder mündlich zu Protokoll zu geben. Alle Einwendungen sind an die Anhörungsbehörde weiterzuleiten.

Die Anhörungsbehörde fordert die beteiligten Behörden zu Stellungnahmen zu den Einwendungen innerhalb einer entsprechenden Frist auf. Die Erörterung der Einwendungen erfolgt in einem Erörterungstermin, der möglichst in der Gemeinde durchzuführen ist, aus der die Einwendungen kommen. Er ist öffentlich bekanntzumachen. Die eingegangenen Einwendungen werden ausführlich besprochen, um nach Möglichkeit eine Einigung zu erzielen. Auch im Erörterungstermin noch vorgebrachte Einwendungen werden erörtert. Über die Erörterungen wird eine Niederschrift angefertigt.

Sind keine Einwendungen erhoben worden und haben auch die Behörden keine Bedenken vorgebracht, entfällt der Erörterungstermin.

Die Anhörungsbehörde nimmt anschließend zu dem Plan Stellung. Eine Durchschrift ihrer Stellungnahme und die Niederschrift über den Erörterungstermin gehen an die Straßenbaubehörde. Jeder, der Einwendungen vorgebracht hat, bekommt auf Antrag den entsprechenden Teil der Niederschrift. Soweit Einwendungen berücksichtigt werden sollen, hat die Straßenbaubehörde die Änderungen in Deckblättern zu den Planunterlagen einzutragen.

Die Anhörungsbehörde sendet dann alle Unterlagen an die Planfeststellungsbehörde. Diese prüft die Planunterlagen sowie Ablauf und Ergebnisse des Anhörungsverfahrens.

Die Planfeststellungsbehörde stellt den Plan fest, d. h., sie prüft, ob neben den Interessen der betroffenen Bürger insbesondere die Belange der Verkehrssicherheit, der Wirtschaftlichkeit, der Wasserwirtschaft, des Immissionsschutzes, des Natur- und Landschaftsschutzes einschließlich der ökologischen Zusammenhänge, der Denkmalpflege und die Belange anderer Verkehrsträger berücksichtigt sind. Die Planfeststellung kann mit Auflagen verbunden sein. Können einzelne öffentlich-rechtliche Beziehungen noch nicht abschließend geregelt werden, so werden sie aus dem Planfeststellungsbeschluß herausgenommen.

Der Planfeststellungsbeschluß wird als Verwaltungsakt mit seinem Zugang wirksam. Er ist den Beteiligten, über deren Einwendungen entschieden worden ist, mit Rechtsbehelfsbelehrung zuzustellen. Eine Ausfertigung des Beschlusses mit Rechtsbehelfsbelehrung und eine Ausfertigung des festgestellten Planes wird in den berührten Gemeinden zwei Wochen zur Einsicht ausgelegt. Ort und Zeit werden ortsüblich bekanntgemacht. Mit dem Ende der Auslegungsfrist gilt der Beschluß auch den übrigen Betroffenen gegenüber als zugestellt.

Der Planfeststellungsbeschluß kann durch Klage vor dem Verwaltungsgericht angefochten werden. Die Klage hat aufschiebende Wirkung, so daß Maßnahmen nicht auf den Planfeststellungsbeschluß gestützt werden können.

Die genauen Einzelheiten des Planfeststellungsverfahrens sind in den „Richtlinien für die Planfeststellung nach dem Bundesfernstraßengesetz" enthalten; abgedruckt in Straßenbau von A bis Z unter Bundesfernstraßengesetz [11].

3 Querschnittsgestaltung

Der Straßenquerschnitt gibt die Einteilung des Raumes an, der zur Benutzung für den Verkehr zur Verfügung steht. Darüber hinaus werden die baulichen Bestandteile festgelegt, die einen entsprechenden Gebrauch der Straße ermöglichen.

Die Gestaltung des Straßenquerschnittes und die Wahl seiner Abmessungen richten sich nach den verkehrlichen, baulichen und wirtschaftlichen Erfordernissen. Außerdem müssen mit besonderem Augenmerk die Belange des Natur- und Landschaftsschutzes, des Städtebaues und des Umweltschutzes berücksichtigt werden. In Ortschaften müssen die Anforderungen, die das städtische Umfeld an den Straßenraum stellt, mit den Forderungen des Verkehrs in Einklang gebracht werden. In angebauten Straßen sind Engstellen hinnehmbar, wenn dadurch erhaltenswerte Gebäude und Bäume geschont werden.

Ausreichende Leistungsfähigkeit und möglichst hohe Sicherheit sind die allgemeinen Erfordernisse des Verkehrs, nach denen der Straßenquerschnitt bemessen und gestaltet werden muß. Im einzelnen werden die Erfordernisse des Verkehrs nach der Art, der Geschwindigkeit und der Menge des Verkehrs bestimmt. Eine getrennte Führung der Kraftfahrzeuge, Radfahrer und Fußgänger ist aus Gründen der Verkehrssicherheit anzustreben.

Da die verschiedenen Kraftfahrzeuge unterschiedliche Geschwindigkeiten ermöglichen und jeder Fahrer sein Fahrzeug mit anderer Geschwindigkeit fährt, muß man eine Geschwindigkeit vereinbaren, die dem Straßenentwurf zugrunde gelegt werden soll. In den deutschen Vorschriften werden dafür die Entwurfsgeschwindigkeit V_e [km/h] und die Geschwindigkeit V_{85} [km/h] benutzt (Abschnitt 2.4).

Die Entwurfsgeschwindigkeit ist keine für den Verkehr bindende Fahrgeschwindigkeit. So können viele Fahrzeuge bei optimalen Voraussetzungen (gute Bereifung, trockene Fahrbahn, einwandfreie Fahrbahndecke, gute Sicht usw.) höhere Geschwindigkeiten noch sicher fahren. Dagegen können unter schlechten Voraussetzungen (Glatteis, Nebel usw.) die Entwurfsgeschwindigkeiten nicht im entferntesten erreicht werden.

Die baulichen Erfordernisse ergeben sich aus der Linienführung und Höhenlage der Straße. Der Straßenquerschnitt soll wohlabgewogene Maße und eine natürliche Eingliederung der Straßen in das Landschaftsbild erkennen lassen. Zur Vereinfachung sind nur durch 0,25 m teilbare Maße zu verwenden.

Die wirtschaftlichen Erfordernisse bedingen, daß entsprechend den verkehrlichen Bedürfnissen der Querschnitt so festgelegt wird, daß die finanziellen Möglichkeiten berücksichtigt werden. Mit den zur Verfügung stehenden Geldmitteln muß der größtmögliche Nutzen bei hoher Verkehrssicherheit für den Verkehr erzielt werden. Das bedeutet, daß ein geplanter Querschnitt u. U. vorerst teilweise ausgebaut wird.

Die starke Zunahme des Kraftfahrzeugverkehrs und die Entwicklung der Kraftfahrzeuge haben dazu geführt, daß die Querschnitte immer breiter wurden, um alle Forderungen zu erfüllen. Diese Tatsache läßt sich am anschaulichsten an den deutschen Autobahnquerschnitten aufzeigen, weil hier von Anfang an die Abmessungen festgelegt waren. Auch in allen anderen Ländern stellt man eine zunehmende Breite der Querschnitte fest (Abb. 12).

Diese Entwicklung hielt für die deutschen Autobahnquerschnitte bis 1970 an. Steigende Baukosten und knappere Finanzmittel zwangen zu Überlegungen, Einsparungen an den Querschnitten vorzunehmen. Dabei durften an der Leistungsfähigkeit und der Sicherheit keine Abstriche gemacht werden. Vielmehr sollten die Einsparungen am Querschnitt ein Mehr an Baulänge ermöglichen (Abb. 12).

Neu ist auch die Verringerung der Bankettbreite im Einschnitt, wodurch sich unterschiedliche Kronenbreiten bei Damm und Einschnitt ergeben. Für die Bezeichnung (RQ. . .) ist die Kronenbreite des Dammes maßgebend (Abb. 12 und 13).

Schon in den früheren Richtlinien für die Querschnitte waren es einzelne, bestimmten Zwecken dienende Bestandteile, aus denen die Querschnitte zusammengesetzt wurden. Gab es ursprünglich verschiedene Richtlinien für Autobahnen, Landstraßen und Stadtstraßen, so wurden diese 1974 zu zwei zusammengefaßt und die Zahl der Querschnitte wesentlich verringert. In den jetzt gültigen „Richtlinien für die Anlage von Straßen – RAS" gibt es für die Querschnitte nur noch eine Richtlinie, die RAS-Q (Ausgabe 1982).

Darin werden erstmals die Querschnitte für anbaufreie (bisher Außerortsstraßen) und angebaute Straßen (bisher Innerortsstraßen) zusammengefaßt. Das ist begründet, weil beide Straßenarten von den gleichen Fahrzeugen und Fahrern benutzt werden. Trotzdem sind die unterschiedlichen Zweckbestimmungen und Umweltbedingungen berücksichtigt. Diese Zusammenfassung bedeutet für Planung und Bauausführung eine wesentliche Vereinfachung.

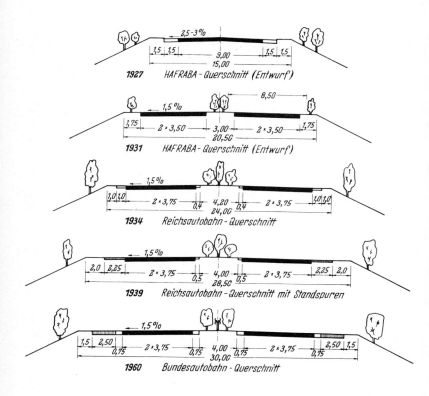

1927 HAFRABA - Querschnitt (Entwurf)

2,5 - 3%
1,5 1,5 9,00 1,5 1,5
15,00

1931 HAFRABA - Querschnitt (Entwurf)

1,5 %
8,50
1,75 2 x 3,50 3,00 2 x 3,50 1,75
20,50

1934 Reichsautobahn - Querschnitt

1,5 %
1,0 1,0 2 x 3,75 4,20 2 x 3,75 1,0 1,0
0,4 0,4
24,00

1939 Reichsautobahn - Querschnitt mit Standspuren

1,5 %
2,0 2,25 2 x 3,75 4,00 2 x 3,75 2,25 2,0
0,5 0,5
28,50

1960 Bundesautobahn - Querschnitt

1,5 %
1,5 2,50 2 x 3,75 4,00 2 x 3,75 2,50 1,5
0,75 0,75 0,75 0,75
30,00

Abb. 12 Deutsche Autobahnquerschnitte

3.1 Querschnittsgruppen und Grundmaße

Je nach ihrer maßgebenden Funktion, ihrer Lage außerhalb oder innerhalb bebauter Gebiete und ob anbaufrei oder angebaut, lassen sich die Straßen in die fünf Kategoriengruppen A bis E mit insgesamt 15 Straßenkategorien einteilen. Jeder Straßenkategorie sind bestimmte, durch entwurfstechnische und betriebliche Merkmale gekennzeichnete Straßentypen zugeordnet (Abb. 15).

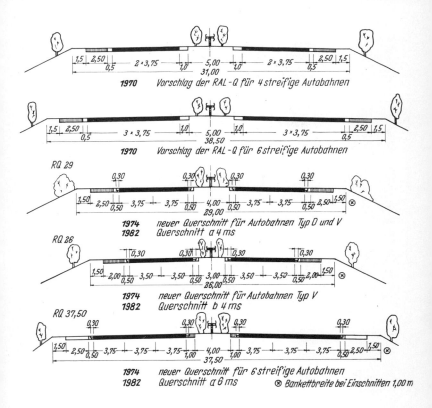

Abb. 12 Deutsche Autobahnquerschnitte (Fortsetzung)

Die RAS-Q gelten für die Querschnittsgestaltung der Gruppen A, B und C. Zahlreiche Regelungen der Gruppe C lassen sich sinngemäß auf Gruppe D übertragen; vorrangig sind jedoch die Empfehlungen für die Anlage von Erschließungsstraßen EAE 85 zu beachten. Für Straßen der Gruppe E gelten die EAE 85 allein.

Aus den verschiedenen Bestandteilen (Fahrstreifen, Randstreifen, Trennstreifen usw.) werden die Straßenquerschnitte (Regelquerschnitte) gebildet (Abschnitt 3.2.14). Nach ihrer Bedeutung werden sie in der RAS-Q in die Querschnittsgruppen a bis f eingeteilt (Abb. 13 und 14).

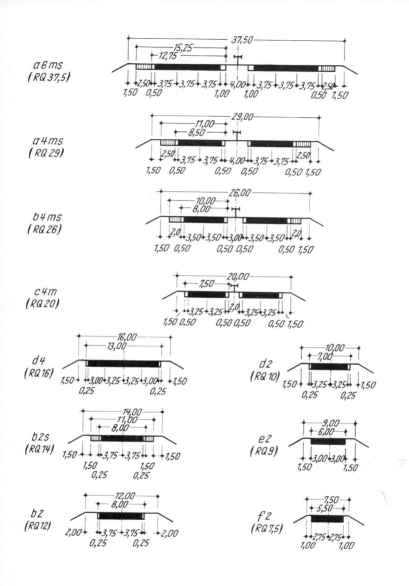

Abb. 13 Regelquerschnitte anbaufreier Straßen nach RAS-Q
(Die Zuordnung von Geh- und Radwegen richtet sich bei allen Regel-
querschnitten nach Abschnitt 3.2.7)

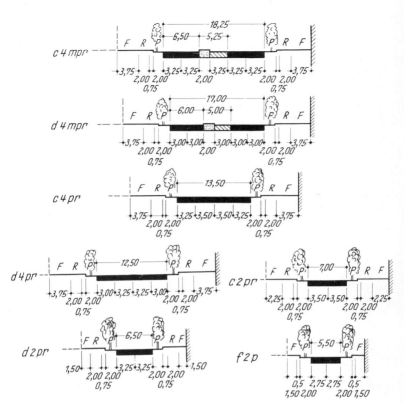

Abb. 14 Regelquerschnitte angebauter Straßen nach RAS-Q
(Die Zuordnung von Geh- und Radwegen richtet sich bei allen Regelquerschnitten nach Abschnitt 3.2.7)

Die Regelquerschnitte werden nach den Querschnittsbestandteilen bezeichnet. So bedeuten z. B. beim „a 6 ms":
    „a" die Querschnittsgruppe mit der Fahrstreifengrundbreite von
    3,75 m
    „6" die Zahl der Fahrstreifen für beide Fahrtrichtungen
    „m" eine bauliche Mitteltrennung (Mittelstreifen)
    „s" befestigte Seitenstreifen
Bei anderen Regelquerschnitten:
    „r" Radweg innerhalb des Querschnittes
    „p" Parkbuchten oder Parkstreifen am Fahrbahnrand

3.1.1 Ausgangsmaße

Für die Größenbestimmung aller Anlagen für den Kfz-Verkehr wird nur eine Fahrzeuggröße, das „Bemessungsfahrzeug", früher als Regelfahrzeug bezeichnet, mit 2,50 m Breite und 4,00 m Höhe zugrunde gelegt. Es ist das Fahrzeug, das ohne Sondergenehmigung auf allen öffentlichen Straßen verkehren darf (Abschnitt 1.3.1). Davon wird nur abgewichen bei Parkhäusern und ähnlichen Einrichtungen, die ausschließlich für den Pkw-Verkehr bestimmt sind (Abb. 16).
Für Anlagen des Rad- und Fußgängerverkehrs gelten als Regelmaße 0,60 m bzw. 0,75 m Breite und 2,00 m Höhe.

3.1.2 Bewegungsspielraum

Damit der Verkehr auf den einzelnen Streifen sicher abgewickelt werden kann, ist ein zusätzlicher Bewegungsspielraum erforderlich. Das ist der Raum, den ein fahrendes Fahrzeug zum Ausgleich von Fahr- und Lenkungsungenauigkeiten und als Sicherheitsabstand für überstehende Teile der Ladung, zusätzliche Spiegel usw. benötigt.
Auf die Breite des seitlichen Bewegungsspielraumes haben die zu erwartende Verkehrsgeschwindigkeit, die Verkehrsbelastung (Umfang der Begegnungs- und Überholvorgänge) und die Verkehrszusammensetzung (Lkw-Anteil) wesentlichen Einfluß. Bei angebauten Straßen sind auch der Busverkehr und der Anteil des ruhenden Verkehrs zu beachten.
Entsprechend diesen Bedingungen beträgt die Breite des seitlichen Bewegungsspielraumes bei der Straßengruppe a 1,25 m und vermindert sich um je 0,25 m bis auf 0,00 m bei der Gruppe f (Spalte 4 der Abb. 16). Für Radverkehr beträgt der seitliche Bewegungsspielraum 0,20 m nach jeder Seite, bei Fußgängerverkehr gibt es keinen seitlichen Bewegungsspielraum.
Der obere Bewegungsspielraum ist außer für Ladeungenauigkeiten besonders für die durch Fahrbahnunebenheiten bedingten Fahrzeugschwingungen erforderlich. Für Kraftfahrzeugverkehr beträgt er 0,20 m, für Fußgänger- und Radverkehr 0,25 m.

3.1.3 Fahrstreifengrundbreite

Aus dem Ausgangsmaß zuzüglich dem jeweiligen seitlichen Bewegungsspielraum ergeben sich die Fahrstreifengrundbreiten der einzelnen Querschnittsgruppen (Spalte 5 der Abb. 16).

Straßen-kategorie	Einsatzbereich			Straßentyp				
	Verkehrsbelastung [Kfz/h]	besondere Einsatzkriterien	Regel-quer-schnitt	Verkehrs-art	zul. Geschw. zul V [km/h]	Knotenpunkte	Entwurfs-geschwindigkeit V_e [km/h]	
1	2	3	4	5	6	7	8	
A I	3800 bei $\bar{V}$ = 90 km/h 2800 bei $\bar{V}$ = 110 km/h		a 6 m s	Kfz	–	planfrei	120 100	
	2400 bei $\bar{V}$ = 90 km/h 1800 bei $\bar{V}$ = 110 km/h		a 4 m s	Kfz	–	planfrei	120 100	
	2200 bei $\bar{V}$ = 90 km/h 1800 bei $\bar{V}$ = 100 km/h	bei geringem Lkw-Verkehr oder bei Zwangsbedingungen	b 4 m s	Kfz	–	planfrei	120 100	
	1700 bei $\bar{V}$ = 70 km/h 900 bei $\bar{V}$ = 90 km/h		b 2 s	Kfz	≦ 100 (120)	(planfrei) plangleich	100 90	
	1300 bei $\bar{V}$ = 70 km/h 900 bei $\bar{V}$ = 80 km/h	bei geringem Lkw-Verkehr	b 2	Kfz	≦ 100	(planfrei) plangleich	100 90	
	4100 bei $\bar{V}$ = 70 km/h 3400 bei $\bar{V}$ = 90 km/h		b 6 m s	Kfz	–	planfrei	100 90	
	2600 bei $\bar{V}$ = 70 km/h 2200 bei $\bar{V}$ = 90 km/h		b 4 m s	Kfz	–	planfrei	100 90	
A II	2300 bei $\bar{V}$ = 70 km/h 2100 bei $\bar{V}$ = 80 km/h	bei geringem Lkw-Verkehr oder bei Zwangsbedingungen	c 4 m	Kfz	≦ 100 (80)	planfrei (plangleich)	100 90 (80)	
	1700 bei $\bar{V}$ = 70 km/h 1400 bei $\bar{V}$ = 80 km/h		b 2 s	Kfz	≦ 100	plangleich	100 90 80	
	1600 bei $\bar{V}$ = 60 km/h 900 bei $\bar{V}$ = 80 km/h	bei geringem Lkw-Verkehr	b 2	Kfz	≦ 100	plangleich	100 90 80	
	1700 bei $\bar{V}$ = 60 km/h 900 bei $\bar{V}$ = 80 km/h	bei landwirtschaftlichem Verkehr > 10 Fz/h	b 2 s	Allg	≦ 100	plangleich	100 90 80	
	1300 bei $\bar{V}$ = 60 km/h 900 bei $\bar{V}$ = 70 km/h		b 2	Allg	≦ 100	plangleich	100 90 80	
	1000 bei $\bar{V}$ = 60 km/h 700 bei $\bar{V}$ = 70 km/h	bei geringem Lkw-Verkehr	d 2	Allg	≦ 100	plangleich	100 90 80	

Abb. 15 Einsatzbereiche, Regelquerschnitte sowie Entwurfs- und Betriebsmerkmale der Straßen nach RAS-Q (Einteilung und Entwurfsgrundsätze der Straßen enthält Abb. 7)

Einsatzbereich						Straßentyp	
Straßen-kategorie	Verkehrsbelastung [Kfz/h]	besondere Einsatzkriterien	Regel-quer-schnitt	Verkehrs-art	zul. Geschw. zul V [km/h]	Knotenpunkte	Entwurfs-geschwindigkeit V_e [km/h]
1	2	3	4	5	6	7	8
	VII ≤ 2600 bei $\bar{V}$ = 60 km/h VII ≤ 2100 bei $\bar{V}$ = 80 km/h		c 4 m	Kfz	≤ 80 (100)	(planfrei) plangleich	(100) (90) 80
	VII ≤ 2300 bei $\bar{V}$ = 60 km/h VII ≤ 1800 bei $\bar{V}$ = 80 km/h	bei geringem Lkw-Verkehr oder bei Zwangsbedingungen	d 4	Kfz	≤ 80	plangleich	80 70
A III	VII ≤ 1700 bei $\bar{V}$ = 60 km/h VII ≤ 900 bei $\bar{V}$ = 70 km/h	bei landwirtschaftlichem Verkehr > 10 Fz/h	b 2 s	Allg	≤ 100	plangleich	80 70
	VII ≤ 1600 bei $\bar{V}$ = 50 km/h VII ≤ 900 bei $\bar{V}$ = 70 km/h	bei starkem Lkw-Verkehr	b 2	Allg	≤ 100	plangleich	80 70
	VII ≤ 1300 bei $\bar{V}$ = 50 km/h VII ≤ 700 bei $\bar{V}$ = 70 km/h		d 2	Allg	≤ 100	plangleich	80 70 60
	VII ≤ 800 bei $\bar{V}$ = 50 km/h VI ≤ 700 bei $\bar{V}$ = 60 km/h	bei geringem Lkw-Verkehr	e 2	Allg	≤ 100	plangleich	80 70 60
	VII ≤ 1400 bei $\bar{V}$ = 40 km/h VII ≤ 1000 bei $\bar{V}$ = 60 km/h	bei starkem Lkw-Verkehr	d 2	Allg	≤ 100	plangleich	80 70 60
A IV	VII ≤ 900 bei $\bar{V}$ = 40 km/h VII ≤ 700 bei $\bar{V}$ = 60 km/h		e 2	Allg	≤ 100	plangleich	80 70 60
	VII ≤ 300	verkehrstechnische Bemessung nicht sinnvoll	f 2	Allg	≤ 100	plangleich	70 60
	VII ≤ 2800 bei $\bar{V}$ = 60 km/h VII ≤ 2400 bei $\bar{V}$ = 80 km/h	bei starkem Lkw-Verkehr	b 4 m s	Kfz	≤ 80	planfrei	80 70
B II	VII ≤ 2600 bei $\bar{V}$ = 60 km/h VII ≤ 2100 bei $\bar{V}$ = 80 km/h		c 4 m	Kfz	≤ 80	planfrei (plangleich)	80 70 (60)
	VII ≤ 2500 bei $\bar{V}$ = 50 km/h VII ≤ 2100 bei $\bar{V}$ = 70 km/h	bei geringem Lkw-Verkehr oder bei Zwangsbedingungen	d 4	Kfz	≤ 70	plangleich	70 (60)

Abb. 15 (Fortsetzung)

Straßen-kategorie	Einsatzbereich		Straßentyp				
	Verkehrsbelastung [Kfz/h]	besondere Einsatzkriterien	Regel-quer-schnitt	Verkehrs-art	zul. Geschw. zul V [km/h]	Knotenpunkte	Entwurfs-geschwindigkeit V_e [km/h]
1	2	3	4	5	6	7	8
B III	2500 bei $\bar{V}$ = 50 km/h 2100 bei $\bar{V}$ = 60 km/h VII VII	bei starkem Lkw-Verkehr	c 4 m	Allg	70 VII	plangleich	70 60
	2200 bei $\bar{V}$ = 50 km/h 1800 bei $\bar{V}$ = 60 km/h VII VII		d 4	Allg	70 VII	plangleich	70 60 (50)
	1400 bei $\bar{V}$ = 40 km/h 1000 bei $\bar{V}$ = 50 km/h VII VII		d 2	Allg	70 VII	plangleich	70 60 (50)
	900 bei $\bar{V}$ = 40 km/h 700 bei $\bar{V}$ = 50 km/h VII VII	bei geringem Lkw-Verkehr Linienbusverkehr eingeschränkt	e 2	Allg	60 VII	plangleich	60 (50)
	1400 bei $\bar{V}$ = 40 km/h 1000 bei $\bar{V}$ = 50 km/h VII VII		d 2	Allg	60 VII	plangleich	60 50
B IV	900 bei $\bar{V}$ = 40 km/h 700 bei $\bar{V}$ = 50 km/h VII VII	bei geringem Lkw-Verkehr Linienbusverkehr eingeschränkt	e 2	Allg	60 VII	plangleich	60 50
C III	≤ 2100 VII		c 4 m p r	Allg	50		(70) (60) 50
	≤ 2000 VII	bei geringem Lkw-Verkehr	d 4 m p r	Allg	50		(70) (60) 50
	≤ 1900 VII	Sonderfall des c 4 m p r bei Zwangsbedingungen	c 4 p r	Allg	50		(70) (60) 50
	≤ 1800 VII	Sonderfall des d 4 m p r bei Zwangsbedingungen	d 4 p r	Allg	50		(70) (60) 50
C IV	≤ 1700 VII		c 2 p r	Allg	50	plangleich	(60) 50 (40)
	≤ 1500 VII	bei geringem Lkw-Verkehr	d 2 p r	Allg	50	plangleich	(60) 50 (40)
	≤ 1000 VII	bei starkem Lkw-Verkehr	c 2 p r	Allg	50	plangleich	(60) 50 (40)
	≤ 1000 VII		d 2 p r	Allg	50	plangleich	(60) 50 (40)
	≤ 600 VII	Linienbusverkehr eingeschränkt	f 2 p	Allg	50	plangleich	50 (40)

Abb. 15 (Fortsetzung)

Quer-schnitts-gruppe	Anzahl der Fahrstreifen anbau-freie Straßen	Anzahl der Fahrstreifen ange-baute Straßen	Be-messungs-fahrzeug [m]	Be-wegungs-spielraum [m]	Grund-fahr-streifen [m]	Gegen-verkehrs-zuschlag [m]	Fahrstreifen ohne Gegen-verkehr [m]	Fahrstreifen am Gegen-verkehr [m]	Rand-streifen bei anbau-freien Straßen [m]
1	2a	2b	3	4	5	6	7a	7b	8
a	6 – 4	–	2,50	1,25	3,75	–	3,75	außen: – innen: –	außen: 0,50 innen: $\overline{1,00}$ 0,50
b	6 4 2	–	2,50	1,00	3,50	– – 0,25	3,50	3,75	0,50 $\overline{0,50}$ 0,25
c	– 4 2	6 4 2	2,50	0,75	3,25	0,25	3,25	3,50	$\overline{0,50}$ 0,25
d	– 4 2	6 4 2	2,50	0,50	3,00	0,25	3,00	3,25	0,25
e	2	2	2,50	0,25	2,75	0,25	–	3,00	0
f	2	2	2,50	0	2,50	0,25	–	2,75	0

Abb. 16 Breiten der Bestandteile des Straßenquerschnittes

3.1.4 Gegenverkehrszuschlag

Liegen bei einbahnigen Straßen Fahrstreifen mit Gegenverkehr neben-einander, so ist ein Gegenverkehrszuschlag von 0,25 m für jede Fahrt-richtung erforderlich (Spalte 6 der Abb. 16).

3.1.5 Verkehrsraum

Der Verkehrsraum für den Kfz-Verkehr setzt sich aus dem vom Bemes-sungsfahrzeug eingenommenen Raum, den seitlichen und oberen Be-wegungsspielräumen, dem Gegenverkehrszuschlag sowie den Räumen über den Randstreifen, befahrbaren Entwässerungsrinnen und den befestigten Seitenstreifen zusammen. Die Höhe beträgt 4,20 m (Abb. 17).

Mittelstreifen Linksabbieger nein [m]	Mittelstreifen Linksabbieger ja [m]	Stand-/ Mehrzweckstreifen [m]	Bankett wenn 10 vorh. [m]	Bankett wenn 10 nicht vorh. [m]	Bankett neben 12/14 15 [m]	Parkstreifen längs [m]	Parkstreifen schräg/ quer [m]	Seitentrennstreifen [m]	Radweg [m]	Gehweg bei angebauten Straßen (ohne Sicherheitsraum) [m]
9a	9b	10	11a	11b	11c	12a	12b	13	14	15
4,00	-	2,50	1,50	-	-	-	-	3,00	-	-
3,00	-	2,00 2,00 1,50	1,50	- - 2,00	-	-	-	3,00 3,00 1,75	- - 2,00	-
2,00	5,25	-	-	1,50	0,50	2,00	-	1,75	zweistreifig = 2,00 einstreifig = 1,00	3,75 3,75 2,25
anbaufrei angebaut 2,00	5,00	-	-	1,50	0,50	2,00	-	1,75	zweistreifig = 2,00 einstreifig = 1,00	3,75 3,75 1,50
-	-	-	-	1,50	0,50	2,00	5,00	1,25	zweistreifig = 2,00 einstreifig = 1,00	1,50
-	-	-	-	1,00	0,50	2,00	5,00	1,25	-	1,50

Abb. 16 Breiten der Bestandteile des Straßenquerschnittes (Fortsetzung)

Der Verkehrsraum für den Radfahrer ist je Fahrstreifen 1,00 m, für den Fußgängerverkehr je Gehstreifen 0,75 m breit und jeweils 2,25 m hoch. Für kombinierte Rad- und Gehwege ist der Verkehrsraum für den Radverkehr anzusetzen. Die Verkehrsräume für mehrere Streifen mit gleichem Verkehr grenzen unmittelbar aneinander.

3.1.6 Sicherheitsraum

Zusätzlich zum Verkehrsraum ist ein oberer und seitlicher Sicherheitsraum nötig. Der obere Sicherheitsraum beträgt für den Kfz-Verkehr 0,30 m und für den Rad- und Fußgängerverkehr 0,25 m. Die Breite des seitlichen Sicherheitsraumes wird vom Rand des Verkehrsraumes gemessen, ist von der Entwurfsgeschwindigkeit abhängig und beträgt für Straßen mit:

V_{zul} [km/h]	> 70	≤ 70	≤ 50
S_{sKfz} [m]	≥ 1,25	≥ 1,00	≥ 0,75

Neben Parkstreifen ist der seitliche Sicherheitsraum bei Gehwegen 0,50 m und bei Radwegen 0,75 m breit. Fehlen Randstreifen oder Hochbord, muß der seitliche Sicherheitsraum 0,25 m breiter sein.

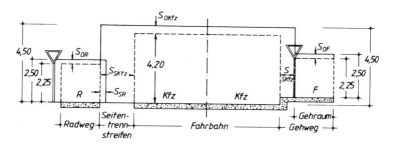

Abb. 17 Verkehrsraum und lichter Raum

Pfosten (∅ ≤ 8 cm) von Verkehrszeichen und -einrichtungen dürfen so aufgestellt werden, daß ihre Mittelachse mit der Grenze des lichten Raumes zusammenfällt. Schutzeinrichtungen und leicht verformbare Teile von Verkehrseinrichtungen dürfen bis zu 0,50 m an den Verkehrsraum heranreichen. In angebauten Straßen können Absperreinrichtungen und Parkuhren bis 0,25 m an den Verkehrsraum heranreichen. Hochborde bis 0,20 m Höhe dürfen bis an die Grenze des Verkehrsraumes hineinragen.

Für Radverkehr beträgt der seitliche Sicherheitsraum 0,25 m. Verkehrszeichen und -einrichtungen dürfen bis an die Grenze des Verkehrsraumes reichen.

Für Fußgänger ist kein seitlicher Sicherheitsraum nötig. Gehwege, die unmittelbar an andere Verkehrswege angrenzen, setzen sich aus dem Verkehrsraum für Fußgänger und dem zugehörigen Sicherheitsraum des angrenzenden Verkehrsraumes zusammen (Abb. 17 und 21).

Werden Streifen für verschiedene Verkehrsarten zu einem Gesamtquerschnitt zusammengefügt, dürfen sich die den einzelnen Verkehrsräumen zugeordneten seitlichen Sicherheitsräume überschneiden. Als Abstand zwischen zwei Verkehrsräumen ist der jeweils größere seitliche Sicherheitsraum maßgebend (Abb. 17).

3.1.7 Lichter Raum

Ähnlich dem Regellichtraum der Eisenbahn muß auch für Straßen ein lichter Raum von festen Hindernissen freigehalten werden. Für den Straßenquerschnitt ergibt er sich aus dem Verkehrsraum und dem Sicherheitsraum (Abb. 18). Für den Kfz-Verkehr beträgt die lichte Höhe über der Fahrbahnoberfläche 4,50 m. Eine Vergrößerung auf 4,70 m ist ratsam, um eine Erneuerung des Oberbaues im Hocheinbau zu ermöglichen.

Bei Rad- und Gehwegen ist die lichte Höhe auf 2,50 m festgelegt, jedoch dürfen Verkehrszeichen bei Rad- und Gehwegen von oben her bis an die Grenze des Verkehrsraumes in den lichten Raum hineinragen (Abb. 17 und 22).

Für den lichten Raum von Schienenbahnen, für Busstreifen und für Busbetrieb gemeinsam mit dem Individualverkehr gelten die RAS-Ö.

Ver-kehrsart	zul V	Ausgangs-maß Breite	Breite des seitl. Bewegungs-spielraumes	Breite des seitl. Sicher-heitsraumes S_S	Ausgangs-maß Höhe	Höhe des ob. Bewe-gungsspiel-raumes	Höhe des ob. Sicher-heitsraumes S_o	Höhe des lichten Raumes
	[km/h]	[m]	[m]	[m]	[m]	[m]	[m]	[m]
1	2	3	4	5	6	7	8	9
Kfz-verkehr	> 70	2,50	je nach Quer-schnitts-gruppe 0,00 bis 1,25 (s. Abb. 16)	1,25	4,00	0,20	0,30	4,50
	≤ 70	2,50		1,00	4,00	0,20	0,30	4,50
	≤ 50	2,50		0,75	4,00	0,20	0,30	4,50
Rad-verkehr		0,60	0,20	0,25	2,00	0,25	0,25	2,50
Fuß-gänger-verkehr		0,75	–	–	2,00	0,25	0,25	2,50

Abb. 18   Regelmaße des lichten Raumes

3.2 Bestandteile des Straßenquerschnitts

Der Straßenquerschnitt wird nach dem Baukastenprinzip aus verschiedenartigen Bestandteilen zusammengesetzt (Abb. 13, 14, 16 und 19).

3.2.1 Fahrstreifen

Auf den Fahrstreifen (früher Fahrspuren) wickelt sich der motorisierte Verkehr ab (Abb. 19). Fahrstreifen für den Verkehr in einer Richtung dürfen unmittelbar aneinanderstoßen, und deshalb entspricht die Fahrstreifenbreite in diesem Fall der Breite des Grundfahrstreifens. Bei nebeneinanderliegenden Fahrstreifen mit Gegenverkehr ist zusätzlich der Gegenverkehrszuschlag notwendig, und so bilden Fahrstreifengrundbreite und Gegenverkehrszuschlag zusammen die Fahrstreifenbreite (Spalte 7 der Abb. 16).

Die Fahrstreifen werden durch Fahrbahnmarkierungslinien auf der Fahrbahn markiert, um es den Fahrern zu ermöglichen, den benutzten Fahrstreifen genau einzuhalten. Die Fahrbahnmarkierungslinien sind unterschiedlich, je nachdem, ob der Fahrstreifen gewechselt werden darf oder nicht.

3.2.2 Zusatzfahrstreifen

Auf Streckenabschnitten mit stärkeren Steigungen ergibt sich aus dem Geschwindigkeits-Weg-Diagramm, daß die Leistungsfähigkeit der Strecke unmittelbar beeinträchtigt wird, da für bestimmte Lastwagen ein starkes Absinken der Geschwindigkeit zu erwarten ist. In diesen Fällen ermöglichen zusätzliche Fahrstreifen (früher Kriechspuren) die Entflechtung des schnellen und langsamen Verkehrs.

Für die Anordnung von Zusatzfahrstreifen sind als Einflußgrößen die Gradiente, die Verkehrsbelastung, die Verkehrszusammensetzung und – bei zweistreifigen Straßen – die Überholmöglichkeiten sowie als Zielgröße die gewünschte Verkehrsqualität maßgebend. Die „Richtlinien für die Anlage von Zusatzfahrstreifen an Steigungsstrecken" sind zu beachten [11].

Bei Gefällstrecken zweibahniger Straßen mit einem Gefälle $\geqslant$ 5,0 % können zur Vermeidung von Behinderungen durch langsamen Verkehr Zusatzfahrstreifen in Betracht kommen. Für zweistreifige Straßen ist bei Längsneigungen über 3,5 % und einer Höhendifferenz von mehr als 50 m (zwischen Wannentiefpunkt und Kuppenscheitel) zu prüfen, ob die Verkehrsstärke die Anlage eines Zusatzfahrstreifens auch in Talrichtung erfordert.

Um eine gleichmäßige Ausnutzung aller Fahrstreifen zu erreichen, werden Zusatzfahrstreifen bei zweibahnigen Straßen grundsätzlich auf der Innenseite der durchgehenden Fahrbahn angefügt.

Liegt auf einem Streckenabschnitt mehrmals hintereinander die Notwendigkeit für Zusatzfahrstreifen vor, kann man die öftere Beeinträchtigung beim Wiedereinfädeln am Ende der Zusatzstreifen vermeiden, indem man die Zusatzfahrstreifen durchgehend anordnet. So weist die A 45 (Sauerlandlinie) in der Bergrichtung jeweils drei Fahrstreifen auf, während die Gegenrichtung talwärts nur zwei Streifen hat. Der längste dreistreifige Abschnitt von der Ruhrniederung bis zu den Höhen bei Meinerzhagen ist mehr als 40 km lang.

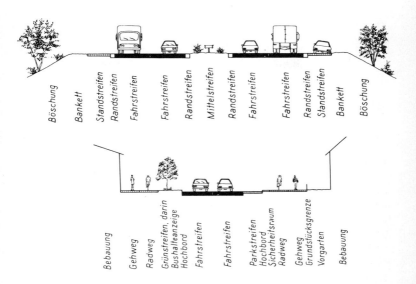

Abb. 19 Die Bestandteile des Straßenquerschnittes bei einer anbaufreien Straße (Autobahn) und einer angebauten Straße (Sammelstraße)

3.2.3 Randstreifen

Randstreifen werden bei den Straßen der Querschnittsgruppen a bis d angeordnet. Bei angebauten Straßen mit Hochborden und allen Straßen der Querschnittsgruppe e und f entfallen die Randstreifen. Auf den Randstreifen wird die Markierung auf der zu den Fahrstreifen gelegenen Seite aufgetragen; die verbleibende Restfläche wird als Sauberkeitsstreifen bezeichnet. Bei Straßen ohne Randstreifen erfolgt die Markierung auf den Fahrstreifen.
Die Randstreifenbreite beträgt 0,25 m, 0,50 m oder 1,00 m (Spalte 8 der Abb. 16). Der 1,00 m breite Randstreifen am Mittelstreifen von Straßen mit 6 Fahrstreifen dient in diesem Fall als „Fluchtstreifen", der zusammen mit dem freien Raum des Mittelstreifens bis zur Schutzplanke in Notfällen ein Abstellen von Pkw und ein Aussteigen der Insassen ermöglichen soll. Auch erleichtert er dem Autobahnbetriebsdienst Unterhaltungsarbeiten im Mittelstreifen.

Fahrstreifen und Randstreifen zusammen ergeben die Fahrbahn (Spalte 7 und 8 der Abb. 16).

3.2.4 Trennstreifen

Trennstreifen sind erforderlich, um die Flächen für unterschiedliche Verkehrsarten auseinanderzurücken und somit die Sicherheit des Gesamtverkehrs zu erhöhen. Die Mindestbreite der Trennstreifen richtet sich nach dem notwendigen seitlichen Sicherheitsraum (Abschnitt 3.1.6). Man unterscheidet Mittelstreifen und Seitentrennstreifen.

Die Mittelstreifen dienen der baulichen Trennung von entgegengesetzt befahrenen Richtungsfahrbahnen zweibahniger Straßen. Die Regelbreite von Mittelstreifen hängt von der Querschnittsgruppe ab und beträgt 4,00 bis 2,00 m (Spalte 9 der Abb. 16). Eine Vergrößerung dieser Regelbreiten ist vorzunehmen, wenn dies die Haltesichtweite für den inneren Fahrstreifen erfordert. Das Maß der Verbreiterung ergibt sich aus einer Sichtweitenanalyse nach RAS-L. In Ausnahmefällen ist bei der Querschnittsgruppe c auch eine Verringerung der Regelbreite für Mittelstreifen zulässig.

Um bei dichter Folge plangleicher Knotenpunkte mit Linksabbiegestreifen ein häufiges Verziehen des Mittelstreifens zu vermeiden, kann eine Verbreiterung des Mittelstreifens auf 5,25 m oder 5,00 m erfolgen. Dann lassen sich die Linksabbiegestreifen im Mittelstreifen unterbringen, ohne diesen aufzuheben.

Die Mittelstreifen sind zu bepflanzen, was aus Umweltgründen, aber auch wegen des Blendschutzes zu fordern ist (Abschnitt 4.7.3).

Neben der Richtungstrennung haben die Mittelstreifen auch die Aufgabe, Brückenpfeiler, Masten, Stützen- oder Schilderbrücken usw. aufzunehmen. Distanzschutzplanken im Mittelstreifen sichern den Verkehr gegen abkommende Fahrzeuge (Abb. 19). In besonderen Situationen werden auch Lärmschutzbauten im Mittelstreifen errichtet (Abschnitt 4.7.5.10, Abb. 170).

Zur Aufnahme von Fußgängern, zur Berücksichtigung von Umweltbelangen, wegen besonderer örtlicher Gegebenheiten oder aus Wirtschaftlichkeitsgründen können überbreite Mittelstreifen oder gestaffelte Richtungsfahrbahnen in Betracht kommen.

Um den durchgehenden Verkehr von einer Nebenfahrbahn oder von Rad- und Gehwegen zu trennen, werden Seitentrennstreifen angeordnet (Abb. 17 und 24). Die Regelbreite der Seitentrennstreifen (Spalte 13 der Abb. 16) beträgt für die einzelnen Querschnittsgruppen:

    a und b   3,00 m (Trennung zwischen zwei Kfz-Fahrbahnen)
    b, c und d 1,75 m (Trennung von verschiedenen Verkehrsarten)
    e und f   1,25 m (Trennung von verschiedenen Verkehrsarten)

An Engstellen und in anderen Ausnahmefällen sind geringere Breiten zulässig. Eine Verbreiterung zur umweltfreundlichen Gestaltung der Straße ist möglich. Der Seitentrennstreifen soll bepflanzt werden.

3.2.5 Befestigte Seitenstreifen

Diese Streifen werden für unterschiedliche Nutzungsarten bei einigen Querschnittsgruppen angeordnet und dienen vorrangig der Erhöhung der Verkehrssicherheit, aber auch zur besseren Verkehrsführung bei Bauarbeiten oder vorbei an Unfällen. Man unterscheidet Standstreifen, Mehrzweckstreifen und Parkstreifen.

Die Standstreifen sind bei Straßen der Querschnittsgruppe a 2,50 m und bei zweibahnigen Straßen der Querschnittsgruppe b 2,00 m breit. Sie bieten die Möglichkeit, in Notfällen seitlich auszuweichen und anzuhalten (Abb. 19). Bei Unfällen und an Baustellen können sie eine einseitige mehrstreifige Verkehrsführung ermöglichen.

Mehrzweckstreifen können nur an zweistreifigen, anbaufreien Straßen der Querschnittsgruppe b in einer Breite von 1,50 m angeordnet werden (Spalte 10 der Abb. 16). Sie dienen den langsamen Verkehrsteilnehmern (Radfahrern, Traktoren, selbstfahrenden Baumaschinen u. ä.), dem Betriebsdienst und dem Halten in Sonderfällen. Durch eine derartige Entflechtung des Verkehrs werden Verkehrssicherheit und Leistungsfähigkeit erhöht.

Längsparkstreifen an Straßen sind grundsätzlich 2,00 m breit (Abb. 19), für Busse und Lkw jedoch 2,50 m. In Wohngebieten ist bei beengten Verhältnissen an Straßen der Kategorie C IV eine Verringerung auf 1,75 m möglich. Für Busse und Haltestellen sind die RAS-Ö-2, „Anlagen des öffentlichen Personennahverkehrs", zu beachten (Abb. 31 und 32).

Parkstreifen und Parkbuchten ermöglichen ein Abstellen von Fahrzeugen am Straßenrand, bei deren Gestaltung mehrere Gesichtspunkte unterschiedlicher Gewichtung zu beachten sind (Abschnitt 6).

3.2.6 Bankette (unbefestigte Seitenstreifen)

Am äußeren Rand der Straßenkrone befindet sich das Bankett (Abb. 19). Seine Aufgabe besteht darin, der befestigten Fahrbahn einen seitlichen Halt zu geben, Leiteinrichtungen und Verkehrsschilder aufzunehmen und im Winter Platz zu bieten für den von der Straße abgeräumten Schnee. Bei fehlenden Gehwegen ist hier Platz für Fußgänger und auch Arbeitsraum für die Straßenunterhaltung.

Liegt ein Bankett unmittelbar neben der Fahrbahn, so beträgt seine Breite bei Straßen der Querschnittsgruppen:

b	2,00 m
c, d und e	1,50 m
f	1,00 m

Neben befestigten Seitenstreifen ist das Bankett in der Regel 1,50 m breit. An Straßen der Querschnittsgruppen a bis e können im Einschnittsbereich die Regelbreiten um 0,50 m verringert werden. Bankette mit 2,00 m Breite ermöglichen das Abstellen eines Pkw ohne größere Beeinträchtigung des fließenden Verkehrs. Neben Rad- und Gehwegen sowie Parkstreifen sollen die Bankette mindestens 0,50 m breit sein (Spalte 11 der Abb. 16).

Für die regelmäßige Benutzung durch Fußgänger und zum Abstellen von Fahrzeugen können die Bankette bis auf eine Restbreite von 0,50 m eine optisch von der Fahrbahn abweichende Befestigung erhalten.

3.2.7 Rad- und Gehwege

Eine wesentliche Erhöhung der Verkehrssicherheit ist zu erreichen, wenn unterschiedliche Verkehrsarten jeweils auf besondere Verkehrsflächen verwiesen werden. Deshalb sind überall dort, wo während des ganzen Tagesablaufes oder während einzelner Stunden des Tages ein regelmäßiger, ausgeprägter Rad- bzw. Fußgängerverkehr stattfindet und die Mitbenutzung der Fahrbahn für die Fußgänger bzw. Radfahrer infolge der Verkehrsbelastung oder infolge hoher Geschwindigkeiten des motorisierten Verkehrs nicht zumutbar ist, Anlagen für den Fußgänger- und Radverkehr vorzusehen. Dies ist speziell dann der Fall, wenn die Spitzenstunde des Fußgänger- bzw. Radverkehrs mit derjenigen des Kraftfahrzeugverkehrs zusammenfällt (Abb. 20).

Diese Tatsachen sind besonders für den Radverkehr in den letzten Jahrzehnten beim vorrangigen Ausbau der Straßen für den motorisierten Verkehr mißachtet worden. Früher vorhandene Radwege wurden beseitigt, um diese Flächen für Fahrstreifen des motorisierten Verkehrs zu nutzen, auf noch bestehenden Radwegen wird das Parken (widerrechtlich!) erlaubt. Die verbliebenen Radwegstücke bilden so kein zusammenhängendes Netz mehr und sind damit weitgehend wirkungslos und auch sehr gefährlich, weil sich die Radfahrer an jedem Ende in andere Verkehrsströme einordnen müssen.

Kfz-Verkehr (Kfz/24 h)	Radwege Radverkehr (Rad + Mofa/ Spitzenstunde)	Anlagen für den Fußgängerverkehr Fußgängerverkehr (F/Spitzenstunde)		Gemeinsame Geh- und Radwege Fußgänger- und Radverkehr (R+F/Spitzen- stunde)
		befestigtes Bankett	Gehweg neben Trennstreifen	
< 2 500	90	20	60	75
2500 – 5 000	30	10	20	25
5000 – 10 000	15	} immer	10	15
> 10 000	10	} erforderlich	5	10

Falls für Radfahrer und Fußgänger nur Tageszählungen vorhanden sind, ist die Spitzenstunde mit 20 % der Tageswerte anzusetzen. Unabhängig von der Zahl der Fußgänger, Rad- und Mofafahrer ist bei anbaufreien Straßen für den allgemeinen Verkehr, die mit $V_e \geq$ 80 km/h trassiert sind, i. d. R. ein Gehweg/Radweg erforderlich, soweit nicht attraktive Alternativwege vorhanden sind.

Abb. 20 Einsatzgrenzen für Geh- und Radweganlagen – die Angaben für Gehweganlagen gelten nur für anbaufreie Straßen

Der Fahrradverkehr gewinnt zunehmend an Bedeutung, weil er umweltfreundlich ist, keine Energiekosten verursacht, auf Kurzstrecken dem Kfz-Verkehr überlegen ist, nur geringe Abstellflächen erfordert (Abschnitt 6.2) und sein gesundheitsfördernder Einfluß für die Fahrer (Trimm dich) immer mehr erkannt wird.
Für die Notwendigkeit, Radwege im Querschnitt anzuordnen, ist die zu erwartende Zahl der Radfahrer maßgebend (Abb. 20). Ein Radweg ist außerdem dort vorzusehen, wo künftig ein regelmäßiger Radverkehr zu berücksichtigen ist. Das gilt auch dann, wenn nur mit Radfahrern im Freizeit-, Wochenend- und Erholungsverkehr zu rechnen ist. Weiterhin sind Radwege bei der Querschnittsgestaltung zu berücksichtigen, wenn gesicherte Radwegnetzkonzeptionen bestehen und die Ausbaustrecke Bestandteil eines geplanten Radwegnetzes ist. Vier- und mehrstreifige Straßen mit Radverkehr erfordern einen Radweg.
Radwege können als unabhängige Seitenwege geführt werden oder parallel zur Fahrbahn verlaufend und in diesem Fall durch Trennstreifen oder Borde räumlich von der Fahrbahn abgesetzt (Abb. 21 und 22). Mehrzweckstreifen (Abschnitt 3.2.5) oder land- und forstwirtschaftliche Wege können ebenfalls vom Fahrradverkehr benutzt werden.
Radwege sind einstreifig möglich, sollen aber zweistreifig sein. Die Abmessungen ergeben sich aus dem Verkehrsraum (Abschnitt 3.1.5) und dem lichten Raum (Abschnitt 3.1.7). Bei Radwegen, die zweistreifig in einer Richtung befahren werden, ist es bei beengten Verhältnissen möglich, das Regelmaß auf 1,60 m zu verringern (Abb. 22).

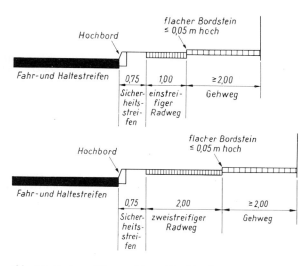

Abb. 21 Radwegeführung hinter Hochborden gemeinsam mit Fußwegen

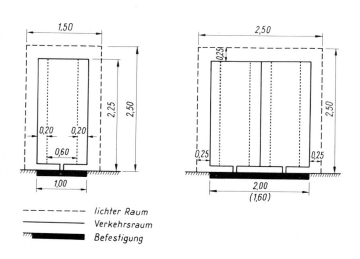

------- lichter Raum
——— Verkehrsraum
Befestigung

Abb. 22 Lichter Raum und Verkehrsraum eines und zweier nebeneinanderfahrender Radfahrer auf der Geraden

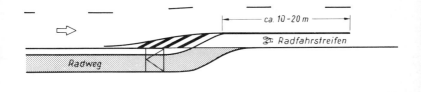

Abb. 23 Radwegende mit anschließendem kurzem Radfahrstreifen

Können Radwege nur an einer Seite des Querschnittes angelegt werden und sollen diese von den Radfahrern in beiden Richtungen benutzt werden, so soll die Breite 2,50 m betragen. Das Aufbringen einer unterbrochenen Mittelmarkierung wird empfohlen.

Bei neben Halte- und Parkstreifen geführten Radwegen ist darauf zu achten, daß Radfahrer nicht durch das Öffnen von Wagentüren gefährdet werden können. Deshalb ist bei Radwegen neben Hochborden ein Sicherheitsraum von 0,75 m Breite vom Verkehrsraum des Kfz-Verkehrs abzusetzen. Die flachen Bordsteine zur Abgrenzung gegenüber Gehwegen dürfen nicht höher als 0,05 m sein (Pedalfreiheit) (Abb. 21).

Besondere Sorgfalt ist dann aufzuwenden, wenn der Querschnitt einer Straße verändert werden muß, weil sich aus zwingenden Gründen der gesondert angelegte Radweg nicht weiterführen läßt. Hier ist genügend lang ein Radfahrstreifen auf der Fahrbahn zu markieren, der gegenüber dem Kfz-Verkehr durch eine abweisende Sperrfläche gesichert wird (Abb. 23).

Die sichere Trennung eines Gehweges von den Fahrstreifen des Kfz-Verkehrs kann bei angebauten Straßen durch Hochborde und bei nicht angebauten Straßen durch getrennte Führung hinter Seitentrennstreifen erreicht werden. Wenn eine Straße an beiden Seiten bebaut ist, sind auch beidseitig Gehwege anzulegen.

Für Gehwege, die durch einen Hochbord von der Fahrbahn getrennt sind, setzt sich die Breite aus dem Gehraum und dem seitlichen Sicherheitsraum für den Kfz-Verkehr zusammen. Die Regelbreiten können der Spalte 15 in Abb. 16 entnommen werden. Neben Seitentrennstreifen geführte Gehwege sollen wegen der besseren Unterhaltung mindestens 2,00 m breit sein.

Im Innenstadtbereich sind aus städtebaulichen und gestalterischen Gesichtspunkten, aber auch zur Unterbringung der zahlreichen Versorgungsleitungen größere Gehwegbreiten erforderlich. Bei starkem Fußgängerverkehr, also in Geschäftsstraßen, in der Nähe von Schulen,

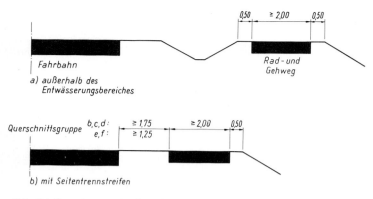

a) außerhalb des
Entwässerungsbereiches

Fahrbahn

Rad- und
Gehweg

Querschnittsgruppe b,c,d:
e,f:

b) mit Seitentrennstreifen

Abb. 24 Gemeinsame Rad- und Gehwege bei anbaufreien Straßen

Sport- oder Freizeiteinrichtungen, im Bereich von Haltestellen der
öffentlichen Verkehrsmittel und in Straßen mit mehrgeschossiger
Wohnbebauung sind ebenfalls ausreichend breite Gehwege anzulegen.
Vor Schaufenstern und an Haltestellen ist auch Platz für stehende
Personen zu berücksichtigen. Rad- und Gehwege werden oft gemeinsam, aber getrennt vom motorisierten Verkehr, angelegt. Neben ausreichender Breite ist eine optische Trennung von Rad- und Gehweg durch
andersfarbigen Belag oder durch flachen Bordstein vorzunehmen. Als
Mindestbreite sind 2,00 m nicht zu unterschreiten. Breiten von mehr
als 2,50 m sind zu vermeiden, weil der gemeinsame Rad- und Gehweg
sonst als allgemeiner Fahrweg angesehen wird (Abb. 24).
In Siedlungen außerhalb der Straße geführte selbständige Wege, die
nur dem Fußgängerverkehr dienen, sind so zu bemessen, daß die Fahrzeuge der Feuerwehr, des Krankentransportes, der Versorgungsbetrie-
be usw. sie notfalls benutzen können.
Gestalterische Gründe erfordern es, daß Rad- und Gehwege immer
ausreichend umpflanzt werden. Auch setzt dichter Bewuchs (Hecken
mit Bäumen) die Beeinträchtigungen durch den motorisierten Verkehr
herab. Bäume an Radwegen sollen mindestens 0,50 m entfernt sein,
gemessen vom Wegrand bis Mitte des Stammes.

3.2.8 Hochborde und Entwässerungsrinnen

Hochborde sind an anbaufreien Straßen möglichst nicht anzuordnen,
weil diese Straßen aus Umwelt-, Sicherheits- und Kostengründen

grundsätzlich offen entwässert werden sollen. Auch können Rad- und Gehwege hinter einem Seitentrennstreifen sicherer geführt werden als hinter einem Hochbord (Abb. 24). Ist in Ausnahmefällen ein Hochbord unvermeidbar, muß der Abstand zwischen Hochbord und Fahrstreifen mindestens 0,50 m betragen.

Bei angebauten Straßen haben die Hochborde die Aufgabe, dem Verkehr eine lineare, optische Führung zu geben. In diesen Straßen können sie unmittelbar an die Fahrbahn angrenzen. Weiter sollen sie den motorisierten Verkehr vom Fußgängerverkehr trennen und damit beiden mehr Sicherheit geben. Die üblichen Bordsteinhöhen können aber unerwünschtes Parken von Fahrzeugen auf Rad- und Gehwegen nicht verhindern. Schließlich sind sie wichtig für die geordnete Abführung des Niederschlagswassers in der Bordrinne.

Hochborde sind in der Regel 0,12 m hoch und dürfen in Ausnahmefällen bis zu 0,20 m hoch sein. So können sie an anbaufreien Straßen 0,20 m hoch sein, um Rad- und Gehwege gegen die Fahrbahn sicher abzugrenzen, ohne daß Schutzplanken vorhanden sind. Vor Schutzplanken dürfen Hochborde nicht höher als 0,07 m sein.

Im Bereich von Fußgängerüberwegen sind Hochborde auf $\leqslant$ 0,03 m abzusenken, wenn nicht Gründe der Verkehrssicherheit oder der Entwässerung dagegenstehen. Bei Radwegen sind für die Radfahrerfurten die Hochborde vollständig abzusenken.

Entwässerungsrinnen sind so zu führen, daß das Wasser von allen Verkehrsflächen auf kürzestem Wege und vollständig abgeführt wird. Die Straßeneinläufe sind entsprechend dem Gefälle und so anzuordnen, daß die Fußgängerüberwege pfützenfrei bleiben.

3.2.9 Ausbildung der Böschungen

Damm- und Einschnittsböschungen über 2,00 m Höhe erhalten eine einheitliche Regelneigung von $1 : n = 1 : 1,5$. Böschungshöhen unter 2,00 m werden nicht mit der Regelneigung, sondern mit gleichbleibender Böschungsbreite $b = 3,00$ m ausgebildet. Dadurch wird die Böschung mit abnehmender Höhe flacher. Die Böschungshöhe h rechnet von Kronenkante bis Schnittpunkt Böschung mit Gelände. Andere Böschungsausbildungen können aus erdstatischen Gründen oder zur Einpassung der Straße in die Landschaft notwendig werden (Abb. 25 und 26).

Der Übergang zwischen Böschung und Gelände wird mit einem Kreisbogen ausgerundet, der genügend genau durch eine quadratische Parabel ersetzt wird. Bei Böschungshöhen über 2,00 m beträgt die Tangentenlänge 3,00 m, bei Böschungshöhen unter 2,00 m 1,5 h. Die Länge

Böschungshöhe h	$h \geqq 2{,}0$ m	$h < 2{,}0$ m
Damm	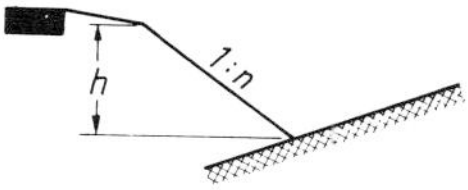	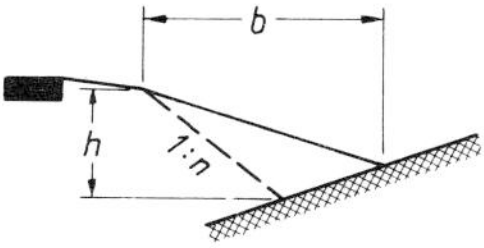
Regelböschung	1 : 1,5	$b = 3{,}0$ m
Allgemeine Böschungsmaße	1 : n	$b = 2\,n$
Tangentenlänge der Ausrundung	3,0 m	1,5 h

Abb. 25 Böschungsgestaltung bei Dämmen

Böschungshöhe h	$h > 2{,}0$ m	$h < 2{,}0$ m
Einschnitt	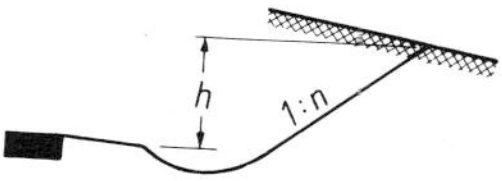	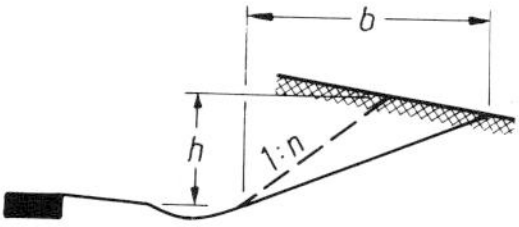
Regelböschung	1 : 1,5	$b = 3{,}0$ m
Allgemeine Böschungsmaße	1 : n	$b = 2\,n$
Tangentenlänge der Ausrundung	3,0 m	1,5 h

Abb. 26 Böschungsgestaltung bei Einschnitten

der Tangente wird horizontal gemessen. Bei beengten Verhältnissen oder wenn die Bepflanzung die Übergangsbereiche verdeckt, kann auf die Ausrundung verzichtet werden.

Bei hohen Böschungen (in der Regel über 10 m Höhe) kann die Anlage von Bermen zur Verbesserung der Standfestigkeit und zur Erleichterung der Unterhaltung zweckmäßig sein. Die Breite der Berme ist davon abhängig, ob diese begeh- oder befahrbar sein soll. Auch wird auf der Berme das über die Böschung ablaufende Niederschlagswasser gesammelt und geordnet einem Vorfluter zugeleitet.

Entwässerungsmulden sind nach den Grundsätzen der Straßenentwässerung anzubringen. Sie müssen bei Dämmen und Einschnitten am Böschungsfuß in gewachsenem Boden untergebracht werden. Beim Übergang zwischen Einschnitt und Damm ist die Mulde wegen ihrer unterschiedlichen Anordnung im Einschnitt- bzw. Dammquerschnitt schlank zu verziehen.

Zur besseren Einfügung der Böschungen in die Landschaft und zum Schutz gegen Erosion sind die Böschungen zu bepflanzen (Abschnitt 4.7.3). Bei Neupflanzung von Bäumen an anbaufreien Straßen ist ein Mindestabstand von 3,00 m Rand des Verkehrsraumes einzuhalten (Abschnitt 4.7.2). Bei besonderen Situationen ist in engen Kurven dieser Abstand auf 4,50 m zu vergrößern. Auf jeden Fall sind in Kurveninnenseiten die erforderlichen Sichtflächen von störendem Bewuchs freizuhalten. Radwege sollen mindestens 0,50 m entfernt von Bäumen geführt werden (Abschnitt 3.2.7). Zweige und Buschwerk dürfen nicht in den lichten Raum hineinragen. Einzelheiten der Bepflanzung sind der RAS-LG und der EAE 85 zu entnehmen [11].

3.2.10 Querschnittsausbildung im Bereich von Bauwerken

Die Straßenquerschnitte im Bereich von Bauwerken (Brücken, Stützwände, Tunnel) sollen in der Regel mit den Querschnitten der beidseitig anschließenden Straßenabschnitte übereinstimmen. Konstruktiv bedingte Besonderheiten der Bauwerke dürfen die Breite der befahrenen Flächen gegenüber den anschließenden Straßenabschnitten nicht einengen (Abb. 27).

Sind im anschließenden Straßenabschnitt Borde oder Schutzplanken vorhanden, so sind sie im Bauwerksbereich im gleichen Abstand zum Verkehrsraum weiterzuführen. Die Straßen der Querschnittsgruppen d, e und f erhalten im Bauwerksbereich zusätzliche Randstreifen von 0,25 m Breite zur Verbesserung der Entwässerung und optischen Wirkung.

Soweit nach den einschlägigen Richtlinien gefordert, sind auf Bauwerken abweisende Schutzvorrichtungen vorzusehen. Sind zwischen Schutzplanke und Bauwerksgeländer keine Rad- und Gehwege, muß ein Notgehweg von 0,75 m Breite angeordnet werden (Abb. 27a und 28). Auf und neben Bauwerken mit Schutzplanken erhält der Regelquerschnitt b2 zusätzlich einen 0,80 m breiten Nothaltestreifen (Abb. 27e und 28).

Für die Regelquerschnitte angebauter Straßen sowie für Rad- und Gehwege sind im Bauwerksbereich die Maße des lichten Raumes zu beachten (Abschnitt 3.1.7). Die Bankette sind im Tunnel als 1,00 m breite Notgehwege mitzuführen.

Für die Abstände fester Einbauten sind nicht nur der lichte Raum, sondern auch die erforderlichen Sichtweiten verbindlich. Aus psychologischen und gestalterischen Gründen sollen die Abmessungen größer gewählt werden, wenn dies wirtschaftlich vertretbar ist.

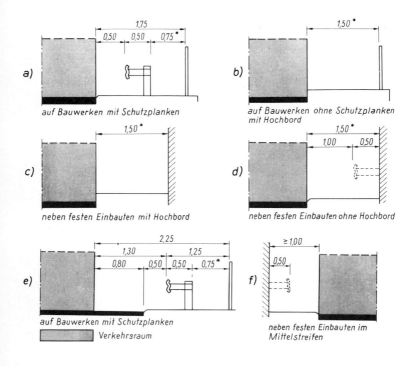

a) auf Bauwerken mit Schutzplanken

b) auf Bauwerken ohne Schutzplanken mit Hochbord

c) neben festen Einbauten mit Hochbord

d) neben festen Einbauten ohne Hochbord

e) auf Bauwerken mit Schutzplanken
Verkehrsraum

f) neben festen Einbauten im Mittelstreifen

* Ist ein Geh- oder Radweg vorgesehen, so sind die erforderlichen Breiten gemäß Abschnitt 3.2.7 zu ermitteln

Abb. 27 Querschnittsausbildung im Bauwerksbereich nach RAS-Q
a bis d für 1,50 m breite Bankette
e für 2,00 m breite Bankette

3.2.11 Mindestquerschnitte, Querschnittsveränderungen

Um das Straßennetz funktionsfähig zu erhalten, sind Unterhaltungsarbeiten und Reparaturen erforderlich. Bei den hohen Verkehrsbelastungen ist dazu eine Straßensperrung nur selten möglich. Deshalb muß unter Einschränkungen der Verkehr an Baustellen vorbeigeleitet werden. Neben Geschwindigkeitsbegrenzungen bestehen die Einschränkungen darin, daß Behelfsfahrstreifen mit geringerer Breite eingerichtet werden.

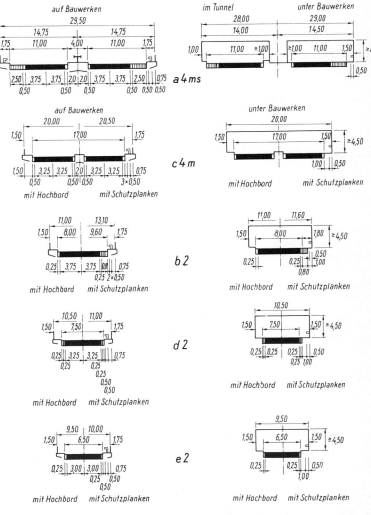

Abb. 28 Beispiele für die Ausbildung der Regelquerschnitte im Bauwerksbereich nach RAS-Q

Solche Behelfsfahrstreifen bei Fahrbahnen mit Gegenverkehr sind mindestens 2,75 m breit. Ist der Behelfsfahrstreifen nur für Fahrzeuge bis zu 2,00 m Breite bestimmt, reichen 2,50 m aus. Auf Autobahnen soll die Breite von Behelfsfahrstreifen, auf denen alle Kraftfahrzeuge fahren dürfen, 3,25 m, in Ausnahmefällen 3,00 m, nicht unterschreiten.

Wegen unterschiedlicher Verkehrsbelastungen oder bei Zusammenführung bzw. Trennung von Verkehrsströmen ist eine Änderung des Querschnittes erforderlich. Solche Querschnittswechsel sind möglichst im Bereich von Knotenpunkten vorzunehmen. Für die Gestaltung von Fahrbahnaufweitungen und -einengungen sind die Richtlinien für Linienführung (RAS-L) und Knotenpunkte (RAS-K) zu beachten.

3.2.12 Anlagen für Omnibusse und Straßenbahnen

Die gemeinsame Benutzung öffentlicher Straßen durch Individualverkehr und öffentlichen Personennahverkehr erfordert, daß gegenseitige Behinderungen wegen der unterschiedlichen Fahrweise auf ein Minimum beschränkt werden. Die beste Lösung sind separate Busfahrstreifen bzw. besondere Bahnkörper außerhalb der Fahrbahn. Dies ist aus Platzmangel bei angebauten Straßen meistens nicht zu verwirklichen.

Für Straßenbahnen erfordert die Gleisführung eine geringere Fahrstreifenbreite als beim Kfz-Verkehr. Wird aber der Streifen von beiden Verkehrsmitteln benutzt, bestimmt der Kfz-Verkehr die Breite. Die Mindestabstände für Gleise in der Fahrbahn zeigt die Abbildung 29. Die Regelbreiten besonderer Bahnkörper werden von der Spurweite bestimmt und sind unterschiedlich, je nachdem wie die Masten angeordnet sind oder ob diese fehlen können. Auch die Anordnung der Haltestellen spielt eine Rolle (Abb. 30). In Gleisbogen erhöht sich die Bahnkörperbreite entsprechend dem inneren und äußeren Verbreiterungsmaß. Mehrbreiten ergeben sich oft auch durch Fußgängerwarteflächen an Überwegen, Treppen zu Fußgängerunterführungen, Schutzplanken, Verkehrszeichen usw. Weitere Details sind der RAS-Ö zu entnehmen.

Wenn durch haltende Busse die Leistungsfähigkeit der Straße sowie die Sicherheit und Flüssigkeit des Verkehrs beeinträchtigt werden, sind Bushaltestellenbuchten anzuordnen. Wichtig ist, daß der Busfahrer beim Wiederanfahren den fließenden Verkehr beobachten kann. Ebenso soll der fließende Verkehr durch Haltestellenanlagen bzw. haltende Busse nicht in der Sicht behindert werden. Die Bushaltestellenbuchten müssen ein zügiges Ein- und Ausfahren der Busse erlauben.

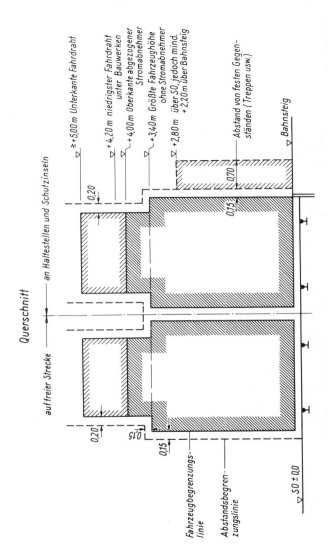

Abb. 29 Die Mindestabstände bei Gleisen in der Fahrbahn einer öffentlichen Straße nach BOStrab

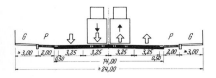

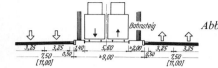

Abb. 30 Beispiele für die Gleisführung in der Fahrbahn und auf besonderem Bahnkörper in Straßenmitte

	V	t	a	b	a'	b'	R_1	R_2	R_3	R_4	I	L	L'
	km/h	m											
Normalbus											12,00	52,00	60,80
2 Normalbusse	50	3,00	25,00	15,00	4,80	4,00	80,00	60,00	20,00	40,00	25,00*)	65,00	73,80
Gelenkbus											18,00	58,00	66,80

*) $2 \times 12,00$ m + 1,00 m Sicherheitsabstand.

Abb. 31 Regelausbildung von Bushaltestellenbuchten

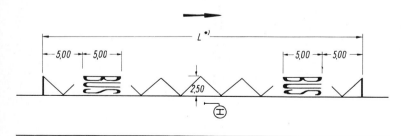

*) Die Länge sollte in der Regel 40 m betragen (für Normalbus), aber nicht kürzer als 30 m sein.

Abb. 32 Bushaltestelle am Fahrbahnrand

86

Die dafür notwendigen Abmessungen sind in der RAS-Ö, Abschnitt 2, enthalten (Abb. 31).

Kann wegen geringer Verkehrsbelastung auf eine Bushaltestellenbucht verzichtet werden oder fehlt bei beengten Stellen der Platz, so muß die Bushaltestelle auf der Fahrbahn markiert werden, damit dieser Bereich nicht durch parkende Fahrzeuge eingeengt wird (Abb. 32).

3.2.13 Querschnitte für Straßen mit Mehrfachnutzung

Bei Straßen innerhalb von Siedlungsgebieten treten neben verkehrlichen Forderungen mehr oder minder stark städtebauliche Ziele in den Vordergrund. Hinzu kommen die verschiedenartigen Nutzungen der Straßenräume durch die Menschen. Der Entwurf muß diese unterschiedlichen Anforderungen gegeneinander abwägen und daraus einen akzeptablen Kompromiß suchen.

Für den Verkehr wird bei verringerter Geschwindigkeit ein guter Verkehrsablauf gefordert. Die Wünsche nach hohen Geschwindigkeiten und kurzen Fahrzeiten treten zurück, weil sie bei begrenzten Fahrstrecken keine ausschlaggebenden Faktoren sind. Vielmehr muß der Verkehr flüssig gehalten werden, weil öfteres Anhalten und Anfahren die Umweltbelastungen (Lärm, Abgase usw.) vergrößert.

Zum motorisierten Individualverkehr kommen die anderen Nutzungen des Straßenraumes durch Fußgänger, Radfahrer, Aufenthalt und Kinderspiel. Getrennte Flächen für alle diese Nutzungen sind meistens aus Platzgründen nicht zu schaffen und in der Regel auch nicht erstrebenswert. Hier muß es das Ziel sein, für die gemeinsame Nutzung die größtmögliche Sicherheit für alle Verkehrsteilnehmer zu erreichen.

In diese Straßen gehört auch der ÖPNV, denn eine gute Anbindung mit Bus und Bahn ist für die Anlieger wichtig und mindert die Belastung durch den Individualverkehr. Diese Fahrzeuge erfordern gesonderte Berücksichtigung bei der Breite der Verkehrswege und in den Kurven. An den Haltepunkten sind ausreichende Flächen für die Fußgänger zu schaffen, ggf. sind Wartehäuschen mit Sitzmöglichkeiten unterzubringen.

Die Versorgungsfahrzeuge müssen diese Straßen ebenso benutzen können wie Möbelwagen, Müllfahrzeuge, Kehr- und Schneeräumdienst, ohne den anderen Verkehr übermäßig zu behindern. Schließlich muß die Feuerwehr mit ihren Fahrzeugen jederzeit alle Stellen erreichen können.

Nicht nur aus optischen Gründen, sondern auch wegen der vielen anderen Vorteile ist bei der Gestaltung von Straßenräumen auf die

Anordnung und den Erhalt von Pflanzflächen und Bäumen zu achten. Dabei müssen ausreichende Lebensbedingungen für Pflanzen und Bäume erhalten oder geschaffen werden. So benötigt ein Baum eine wasser- und luftdurchlässige Fläche von mindestens 4 m², besser sogar 9 m².

Mit in alle Planungen einzubeziehen sind die vielen Ver- und Entsorgungsleitungen. Jedes Leitungssystem erfordert eine bestimmte Breite, unterschiedliche Tiefe und evtl. einen genügenden Abstand untereinander. Zum Beispiel dürfen Fernwärmekanäle nicht neben den Wasserleitungen angeordnet werden. Auch ein genügender Abstand zum Wurzelbereich der Bäume ist zu beachten.

Da alle diese Wünsche und Forderungen mit den städtebaulichen Belangen in Einklang zu bringen sind, aber andererseits die Städte und kleineren Ortschaften jeweils andere Gestaltungen aufgrund ihrer geschichtlichen Entwicklung und ihrer Bebauungsart aufweisen, kann es keine allgemeingültigen Standardlösungen für den Straßenraum geben. Um Anregungen und Planungsgrundsätze aufzuzeigen, sind die „Empfehlungen für die Anlage von Erschließungsstraßen EAE 85"aufgestellt worden. Darin finden sich für die verschiedenen Teilbereiche von Siedlungsgebieten Tabellen der Querschnitte mit Angaben zum Entwurf. Als Beispiel sind hier diejenigen für Wohngebiete in Orts- und Stadtrandlage dargestellt (Abb. 33). Weitere Einzelheiten und Beispiele sind in der EAE 85 zu finden.

3.2.14 Regelquerschnitte

Um bei Entwurf, Bau und Betrieb von Straßen eine Einheitlichkeit zu erreichen, werden für alle Einsatzbereiche Regelquerschnitte angegeben, von denen nicht ohne Grund abgewichen werden soll (Abb. 15). Der jeweils zu verwendende Regelquerschnitt ergibt sich aus Verkehrsprognosen, den Ausbauplänen des Bundes und der Länder sowie den Generalverkehrsplänen der Gemeinden. Die Regelquerschnitte werden aus den Querschnittsbestandteilen, die in Abbildung 16 aufgeführt und in den Abschnitten 3.2.1 bis 3.2.7 beschrieben sind, zusammengesetzt (Abb. 13, 14, 16, 28 und 33).

Die Bezeichnung der Regelquerschnitte ergibt sich aus den Bestandteilen, aus denen sie zusammengesetzt sind, z. B. „a 6 ms" (Abschnitt 3.1). Die Regelquerschnitte für anbaufreie Straßen werden auch mit „RQ 37,5 " bezeichnet, wobei die jeweilige Zahl die Kronenbreite bei Dammführung angibt, z. B. „RQ 37,5" für „a 6 ms" (Abb. 13).

Straßen-/Wegetyp	maßgebende Funktion	Entwurfsprinzip	Begegnungsfall	Einsatzgrenzen		Querschnittsskizze
				Verkehrsstärke (Spitzenstunde)	angestrebte Höchstgeschwindigkeit	(Klammerwerte: Mindestmaße bei beengten Verhältnissen)
1	2	3	4	5	6	7
–	–	–	–	Kfz/h	km/h	7
HSS 1	V	3	Bus/Bus	≤ 1500	50 60	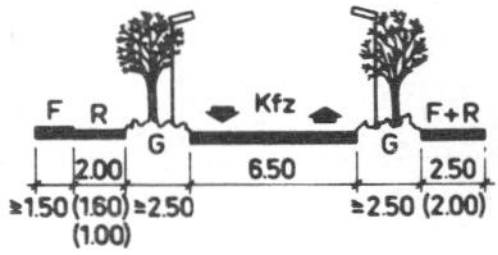
HSS 3	V	2	Bus/Bus	≤ 800	40 50	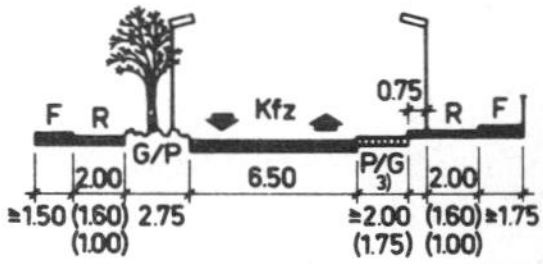
SS 2	E	2	Pkw/Pkw (Lkw/Lkw)	≤ 500	30 40	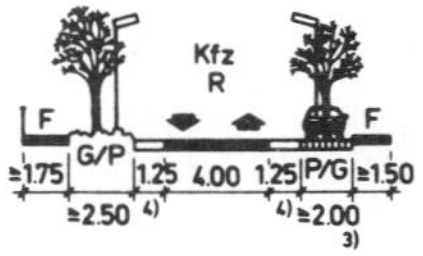
			Lkw/Lkw	≤ 500	30 40	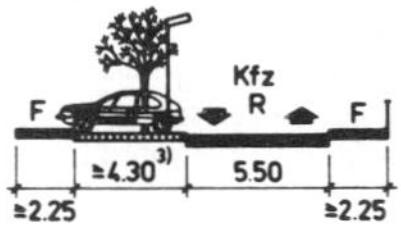
AS 2	E	2	Lkw/Pkw Lfw/Lfw	≤ 250	30 40	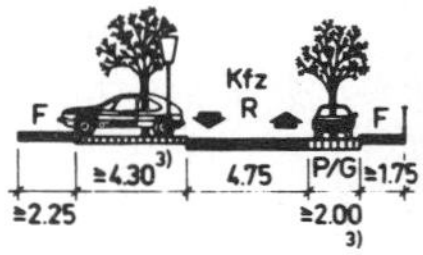

Abb. 33 Entwurfselemente in Wohngebieten in Orts- oder Stadtrandlage (Fortsetzung auf S. 90)

Straßen-/Wegetyp	maßgebende Funktion	Entwurfsprinzip	Begegnungsfall	Einsatzgrenzen		Querschnittskizze
				Verkehrsstärke (Spitzenstunde)	angestrebte Höchstgeschwindigkeit	(Klammerwerte: Mindestmaße bei beengten Verhältnissen)
1	2	3	4	5	6	7
–	–	–	–	Kfz/h	km/h	7
AS 3	E	1	Pkw/Pkw (Lkw/Lkw)	≤ 120	≤ 30	Neubau 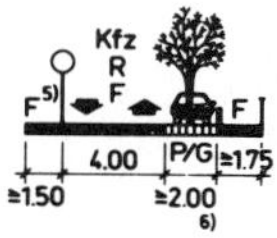
			Pkw/Pkw Lkw/R	≤ 150	≤ 30	Teilumbau 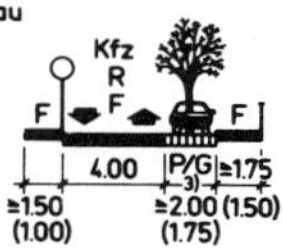
AS 4	A	1	Pkw/R (Lkw/Pkw) (Lfw/Lfw)	≤ 60	≤ 30	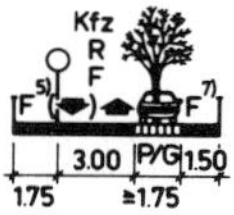
AW 1	A	1	Lkw/Pkw Lfw/Lfw	2)	≤ 30	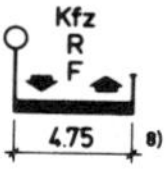
			Lkw Pkw/R	2)	≤ 30	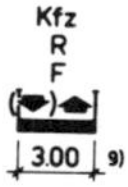

HSS   Hauptsammelstraße
SS   Sammelstraße
AS   Anliegerstraße
AW   Anliegerweg
F   Fußgänger

R   Radfahrer
Kfz   Kraftfahrzeug
G   Grünstreifen
P   Parkstreifen, Parkbucht

Abb. 33 (Fortsetzung)

90

4 Trassierung

Unter Trassierung versteht man das Erarbeiten einer Linienführung für einen Verkehrsweg. Im modernen Straßenbau muß die Linienführung stets räumlich betrachtet werden (Lageplan, Höhenplan, Querschnitt). Sie kommt durch das Zusammenfügen mehrerer Entwurfselemente zustande, die aufgrund der festzusetzenden Entwurfsgeschwindigkeit zu bestimmen sind.

4.1 Grundlagen der Trassierung

Bei der Trassierung von Straßen muß eine flüssige, fahrtechnisch günstige und fahrpsychologisch überzeugende Linienführung gefordert werden. Dabei steht das Bemühen im Vordergrund, diejenigen Kriterien herauszufinden, die es erlauben, mit wirtschaftlichem Aufwand angemessene, leistungsfähige und zugleich sichere Straßen auszubauen. Grundsätzlich besitzt eine Straße dann ein Höchstmaß an Sicherheit, wenn der Fahrer auf längeren zusammenhängenden Streckenabschnitten gleichmäßige, ihm vertraute Ausbaumerkmale vorfindet. Er kann dann seine Geschwindigkeit danach einrichten und ist nicht genötigt, wegen wechselnder Straßen- und Verkehrsbedingungen seine Geschwindigkeit ständig zu ändern.

Aus diesem Grunde soll eine Straße über einen zusammenhängenden Streckenabschnitt hinweg baulich nach gleichen Grundsätzen gestaltet werden, um eine einheitliche Streckencharakteristik zu erhalten. Die Linienführung soll harmonisch sein, und der Querschnitt soll unverändert mit gleichbleibenden Abmessungen in einer Strecke durchgeführt werden. Knotenpunkte und Einmündungen sowie Zufahrten zu den Anliegerflächen sollen in einem zusammenhängenden Streckenabschnitt nach gleichen Gesichtspunkten angeordnet werden. Linienführung, Querschnitt, Knotenpunktsgestaltung und Zufahrtsregelung untereinander müssen sich wiederum entsprechen.

In unserem gewachsenen Straßennetz, das im Laufe der letzten 60 Jahre nur allmählich den Bedürfnissen des Kraftfahrzeugverkehrs angepaßt werden konnte, sind längere Abschnitte gleicher, aufeinander abgestimmter baulicher Merkmale, d. h. gleicher Streckencharakteristik, immer noch nicht überall zu finden. Sie sind im wesentlichen nur auf den Autobahnen anzutreffen, nicht zuletzt deshalb, weil ihre bauliche Gestaltung stets einer straffen Norm unterworfen gewesen ist.

Neben diesen Forderungen nach sicherer und flüssiger Verkehrsführung dürfen in keinem Fall die Interessen des Landschaftsschutzes und des Städtebaues vernachlässigt werden. Die Straße ist nur ein Teil unserer Umwelt, und sie muß sich möglichst harmonisch in die Natur einfügen. Von einem Pionier des modernen Straßenbaues stammt der Ausspruch: „Das wichtigste an der Straße ist die Landschaft."

Die Linienführung im Lageplan und die Gradientenführung im Höhenplan müssen zueinander auch deshalb harmonisch abgestimmt werden, daß in der perspektivischen Erscheinung der Straße, so wie sie der Fahrer zu beobachten gewohnt ist, ein ästhetisch befriedigender Verlauf der räumlichen Trasse zustande kommt.

4.2 Entwurfselemente im Lageplan

Als Entwurfselemente im Lageplan dienen verschiedene geometrische Linien (Gerade, Kreis und Übergangsbogen). Die Gerade und der Kreis als Verbindung zweier Geraden bei Richtungsänderung sind die schon seit Beginn des Straßenbaues benutzten Elemente. Erst die Verwendung schneller Fahrzeuge erforderte einen allmählichen Übergang mit einer gleichmäßigen Krümmungszunahme von Gerade zu Kreis und umgekehrt. Außerdem ist durch einen Übergangsbogen der optische Eindruck eines Knickes an der Stoßstelle von Gerade und Kreis zu vermeiden.

Die erste Art eines Übergangsbogens war die Verwendung des doppelten Radius vor dem eigentlichen Kreisbogen. Das ergab aber keine gleichmäßige Krümmungszunahme, sondern eine Staffelung. Nach dieser Methode sind die deutschen Autobahnen in den ersten Jahren gebaut worden (Abb. 34).

Der Forderung nach einer gleichmäßigen Krümmungszunahme wird allein die Klothoide gerecht, während die Lemniskate und die kubische Parabel nur bei sehr großen Radien diese Forderung mit nur geringen Abweichungen gegenüber der Klothoide erfüllen (Abb. 35).

Die Darstellung der Krümmung, entsprechend den Abbildungen 34 und 35, wird im Straßenbau als Krümmungsband bezeichnet. Zu jedem Straßenentwurf gehört ein derartiges Krümmungsband, das immer unter dem Höhenplan aufgetragen wird. Mit Hilfe des Krümmungsbandes kann auf dem Höhenplan auch die Trassenführung erkannt werden.

Abb. 34 Krümmungsverhältnisse bei einer Kurve mit R = 300 m und einem Übergangsbogen mit R = 600 m

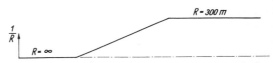

Abb. 35 Krümmungsverhältnisse bei einer Kurve mit R = 300 m und einem Übergangsbogen als Klothoide

Als Begründung für die Verwendung der Klothoide werden in der Fachliteratur die Lenkradbewegung, der Querruck, Fahrversuche, die Fahrbahnperspektive des Autofahrers usw. angeführt. Darauf soll hier verzichtet und eine einfachere Überlegung angestellt werden.
Ein Kreis ist bestimmt durch seinen Radius R. Der reziproke Wert des Radius ist die Krümmung $1/R$. Die Gerade hat die Krümmung Null, da deren Radius als unendlich groß angesehen werden kann ($R = \infty$).

$$\frac{1}{R} = 0$$

Für den Kreis mit dem Radius R ist die Krümmung konstant

$$\frac{1}{R} = C$$

Nun soll als Übergangsbogen die mathematisch nächsteinfache Kurve mit einem stetigen Krümmungswechsel als folgerichtige Ergänzung der für sich allein unzulänglichen Trassierungselemente Gerade und Kreis eingeführt werden. Die Krümmung soll linear mit der Bogenlänge L wachsen, daher muß

$$\frac{1}{R} = C \cdot L$$

sein. Diesem Krümmungsgesetz entspricht die Klothoide.

4.2.1 Gerade

Die Gerade ist die kürzeste Verbindung zweier Punkte. Das war ein Grund, weshalb man eine Zeitlang glaubte, Straßen möglichst mit langen Geraden trassieren zu müssen. Der andere Grund wurde darin gesehen, daß der Fahrer keine Lenkbewegungen ausführen und daher wenig Augenmerk auf die Fahrbahn legen mußte. Dies hat aber zum Nachlassen der Aufmerksamkeit beim Befahren der monotonen Strecken und damit zu einer starken Unfallgefahr geführt [9].

Die Römer hatten ihr Straßennetz meist über Dutzende von Kilometern schnurgerade angelegt, weil es beim Marsch zu Fuß oder mit Tieren sehr auf die kürzeste Entfernung ankam. Wir können heute noch Straßen aus der Eifel nachweisen, die von dort schnurgerade auf den Rhein bei Köln zuliefen.

Heute wird die Gerade im Straßenbau oft durch eine weitgeschwungene Linie ersetzt, weil die Gerade durch ihre strenge geometrische Form zu einem harten, unharmonischen Linienverlauf führen kann und weil sie nur wenig Anpassungsvermögen an die verschiedenen Landschaftsformen zeigt. Außerdem ermüden lange Geraden den Kraftfahrer, sie erhöhen die Blendgefahr und erschweren das Abschätzen der Entfernungen und Geschwindigkeiten anderer Fahrzeuge.

Trotzdem kann die Gerade als Entwurfselement vorteilhaft sein, so für Straßen der Kategoriengruppe A, wenn diese im Flachland oder in weiten Tälern trassiert werden, als auch im Bereich von Knotenpunkten wegen der besseren Erkennbarkeit und zur Schaffung der nötigen Überholsichtweite bei zweistreifigen Straßen. Ebenso, wenn sich die Trasse an Bahnlinien, Kanäle oder Grenzen anlehnt.

Wegen der vorgenannten Nachteile sollen beim Neubau von Straßen der Kategoriengruppe A längere Geraden mit konstanter Längsneigung vermieden werden. Die RAS-L begrenzt die Länge der Geraden [m] auf das 20fache der Entwurfsgeschwindigkeit V_e [km/h].

Bei allen Straßen der Kategoriengruppe A sollen die Geraden so mit Kreis- und Übergangsbögen kombiniert werden, daß unter gemeinsamer Betrachtung mit dem Höhenplan eine gute räumliche Linienführung entsteht (RAS-L 2).

Für Straßen der Kategoriengruppe B ist die Gerade vorteilhaft bei städtebaulichen Zwangsbedingungen und wieder im Bereich von Knotenpunkten. Schließlich kann sie für Straßen der Kategoriengruppe C uneingeschränkt verwendet werden.

Wird eine Gerade zwischen gleichsinnig gekrümmte Bogen gelegt, was nach Möglichkeit zu vermeiden ist, so sollte deren Mindestlänge [m] etwa das 6fache der Entwurfsgeschwindigkeit V_e [km/h] betragen, um eine gute optische Führung der Straße zu erreichen.

4.2.2 Kreisbogen

Der Kreisbogen stellte schon von jeher die Verbindung zweier Geraden her, wenn Richtungsänderungen vorgenommen werden mußten. Je größer die Fahrgeschwindigkeit ist, desto größer muß auch der Radius sein. Wenn nicht andere Bedingungen dagegenstehen, ist der größtmögliche Radius zu wählen. Der Mindestradius ist besonders von der Entwurfsgeschwindigkeit und dem Kraftschlußbeiwert abhängig und in der RAS-L festgelegt (Abb. 36).

	min R [m] bei Straßen der Kategoriengruppe					
	A		B		C	
$q =$	max q	min q	max q	min q	max q	min q
	7,0 %	2,5 %	6,0 %	2,5 %	5,0 %	2,5 %
$n =$	50 %	10 %	60 %	30 %	70 %	70 %
$V_e =$ 40 km/h	–	–	–	–	40	45
50 km/h	–	–	80	160	70	80
60 km/h	135	500	125	260	120	130
70 km/h	200	800	190	400	175	200
80 km/h	280	1100	260	550	–	–
90 km/h	380	1400	–	–	–	–
100 km/h	500	1800	–	–	–	–
120 km/h	800	3000	–	–	–	–

Abb. 36 Kurvenmindestradien in Abhängigkeit vom Kraftschlußbeiwert

Für Straßen der Kategoriengruppe A gilt die Bedingung, daß unter Berücksichtigung der jeweiligen Topographie möglichst große Radien gewählt werden, um kurze Baulängen und Fahrwege, ausreichende Überholsichtweiten sowie eine gleichmäßige Fahrweise zu erzielen. Andererseits sollen sie aber nur so groß gewählt werden, daß sie in Größe und Abfolge mit der Struktur des Geländes und der landschaftsprägenden Elemente, den Trassierungselementen des Höhenplanes und der Raumwirkung harmonieren sowie ein ausgewogenes Verhältnis zwischen den Geschwindigkeiten V_e und V_{85} erwarten lassen. Besonders beim Ausbau vorhandener Straßen der Kategoriengruppe A sind die Ansprüche des Landschaftsschutzes und bei Bau und Änderung von Straßen der Kategoriengruppen B und C die gegebenen städtebaulichen Randbedingungen sorgfältig in die Überlegungen einzubeziehen. Sie erfordern im Einzelfall bei der Festlegung der Radien eine

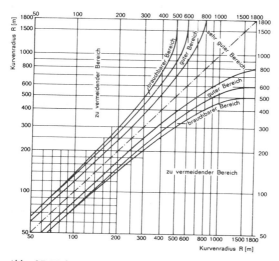

Abb. 37 Zulässige Radienfolge nach RAS-L

genaue Abwägung zwischen den Erfordernissen der angrenzenden Flächennutzung und einer harmonischen Linienführung.
Wichtig ist, daß die Radien aufeinanderfolgender gleich- oder gegensinniger Kreisbogen aus Gründen der Verkehrssicherheit in einem ausgewogenen Verhältnis stehen (Relationstrassierung). Auf keinen Fall dürfen in einem Straßenzug sehr große Radien und der zulässige Mindestradius unmittelbar hintereinanderfolgen. Die zulässige Radienfolge benachbarter Kreisbogen kann einem Diagramm entnommen werden (Abb. 37).

Die Einhaltung dieser Werte gilt für Straßen der Kategoriengruppe A und der Kategorie B II und soll nach Möglichkeit auch bei Straßen der Kategorien B III und B IV angestrebt werden. Dabei sollen die Radiengrößen benachbarter Kreisbögen bei Straßen der Kategorien A I und A II nur im sehr guten und guten Bereich liegen, bei Straßen der Kategorien A III, A IV und B II genügt auch der brauchbare Bereich. Wünschenswert ist die Radienfolge innerhalb des brauchbaren Bereiches auch bei Straßen der Kategorien B III und B IV.
Die vorstehenden Bedingungen führen beim Ausbau bestehender Straßen oft zu Konflikten mit landschaftspflegerischen oder städtebaulichen Zielen. Lediglich bei Straßen der Kategorien A III, A IV und B II darf nur dann auf die Einhaltung zulässiger Radienfolgen verzichtet werden, wenn besonders nachteilige Folgen vermieden werden können.

Bei der Folge Gerade – Kreisbogen sollen bei Straßen der Kategorien A I, A II und B II in Abhängigkeit von der Länge L [m] der Geraden folgende Kurvenradien angewendet werden, sofern die angestrebte Entwurfsgeschwindigkeit keine größeren Radien erfordert:

$L \leqslant 500$ m : $R \geq L$ [m]	$L > 500$ m : $R \geq 500$ m

Die Einhaltung dieser Bedingungen ist für die Straßen der Kategorien A III, A IV, B III und B IV wünschenswert.

Genau wie sich kurze Zwischengeraden zwischen langen Kurven störend auswirken, sind es kurze Bogen zwischen langen Geraden, besonders bei geringer Richtungsänderung. Hier kann selbst ein flacher Bogen nicht den optischen Eindruck eines Knickes ganz ausschalten. Deshalb sollte die Fahrt durch den Kreisbogen mit der Entwurfsgeschwindigkeit V_e mindestens zwei Sekunden dauern.

Sichthindernisse im Mittelstreifen zweibahniger Straßen (Blendschutzpflanzungen, Schutzplanken usw.) erfordern oft größere Radien oder eine Verbreiterung des Mittelstreifens. In Linkskurven ist deshalb die Haltesichtweite für den linken Fahrstreifen zu überprüfen (Abschnitt 4.5.1).

Ist es in Ausnahmefällen nicht möglich, die Kurvenmindestradien nach Abb. 36 und die erforderlichen Radienfolgen nach Abb. 37 einzuhalten, dann ist, besonders bei Straßen der Kategoriengruppe A, die entstehende Sicherheitsminderung durch andere Maßnahmen abzuschwächen, z. B. größeres Sichtfeld zur Verbesserung der Erkennbarkeit der Kurve. Zusätzlich wird es außerdem zweckmäßig sein, auf die Unterschreitung des Mindestradius oder der Radienfolge durch Bepflanzung, Leiteinrichtungen oder Verkehrszeichen hinzuweisen.

Bei Straßen der Kategoriengruppen A und B besteht in solchen Ausnahmefällen auch die Möglichkeit, die maximale Querneigung um 1 % zu erhöhen. Für Kreisbogen mit derart erhöhten Querneigungen können die Mindestradien der Abb. 85 entnommen werden.

Die Mindestradien in Kehren müssen in Zusammenhang mit der Kurvenverbreiterung festgelegt werden und sind deshalb unter Abschnitt 4.4.5 behandelt.

Im gleichen Krümmungssinn aneinanderstoßende Kreisbogen mit verschiedenen Radien, aber gemeinsamer Tangente im Stoßpunkt, bilden einen Korbbogen. Er darf bei Straßen der Kategoriengruppe A und den Kategorien B II und B III nur dann angewandt werden, wenn sich auf Grund der örtlichen Gegebenheiten kein Übergangsbogen einschalten läßt. Der dabei auftretende Radiensprung soll bei den Straßen der Kategorien A I und A II innerhalb des „sehr guten Bereiches", bei den

Kategorien A III, A IV und B II innerhalb des „guten Bereiches" und bei der Kategorie B III innerhalb des „brauchbaren Bereiches" des Diagrammes der Abb. 37 liegen. Korbbogen aus mehr als drei Kreisbogenstücken sind unzulässig.

4.2.3 Übergangsbogen

Der Übergangsbogen hat drei Aufgaben zu erfüllen. Er soll beim Übergang von einer Krümmung auf eine andere stetige Änderung der bei der Kurvenfahrt auftretenden Zentrifugalbeschleunigung ermöglichen. Er wird gleichzeitig als Übergangsstrecke für die Fahrbahnverwindung benutzt. Außerdem gewährleistet der Übergangsbogen durch seine allmähliche Krümmungsänderung einen flüssigen Linienverlauf und dient damit einer optisch befriedigenden Trassierung. Im Straßenbau ist der Übergangsbogen als Klothoide auszubilden.
Die Klothoide, zu deutsch „Spinnlinie", ist eine Kurve mit stetig zunehmender Krümmung von $1/R = 0$ bis $1/R = \infty$ (Abb. 38). Als Übergangsbogen im Straßenbau dient nur der erste Teil der Klothoide. Die rechtwinkligen Koordinaten der Klothoide sind *Fresnel*sche Integrale, deren Lösung mit Hilfe der Elementarmathematik nicht möglich ist. Nur der Tangentenwinkel τ läßt sich aus einer einfachen Beziehung berechnen.
Zur Ermittlung der Koordinaten x und y eines beliebigen Punktes auf der Klothoide ist die Anwendung der höheren Mathematik erforderlich. Um die dabei unvermeidlichen, umfangreichen Rechenarbeiten in der Praxis zu vermeiden, wurden die Klothoidenelemente tabelliert [14] [15].

Die Klothoide hat ein einfaches Bildungsgesetz

$$R \cdot L = A^2$$

R = Radius am Klothoidenende [m]
L = Länge der Klothoide [m]
A = Parameter der Klothoide [m]

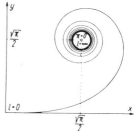

Abb. 38 Form der Klothoide

Eine Klothoide mit dem Parameter $A = 1$ nennt man die Einheitsklothoide. Die Einheitsklothoide ist als Grundform der Klothoide aufzufassen, aus welcher alle größeren oder kleineren Klothoiden durch einfache Multiplikation der Größenwerte mit dem Parameter abgeleitet werden.

Beispiele für verschiedene Stellen einer Klothoide:

$R = 2$	$L = 32$	$2 \cdot 32 = 8^2$	$A = 8$
$R = 4$	$L = 16$	$4 \cdot 16 = 8^2$	$A = 8$
$R = 8$	$L = 8$	$8 \cdot 8 = 8^2$	$A = 8$
$R = 16$	$L = 4$	$16 \cdot 4 = 8^2$	$A = 8$

Aus der angeführten Beziehung läßt sich jeweils ein fehlendes Glied einfach und genau errechnen.

Es gibt nur eine Form der gewöhnlichen Klothoide, aber verschiedene Größen derselben, die sich etwa durch fotografische Vergrößerung oder Verkleinerung ineinander überführen lassen. Das heißt: Alle Klothoiden sind einander geometrisch ähnlich. Daher treten bei allen Klothoiden an der gleichen Formstelle gleiche Richtungswinkel und gleiche Form- bzw. Verhältniswerte R/A, L/A usw. auf. Diese charakteristischen Stellen werden Kennstellen genannt.

Die Klothoide hat an jeder Stelle einen anderen Tangentenwinkel τ zur Grundtangente. Er nimmt bei ein und derselben Klothoide mit zunehmender Länge zu, und zwar nach der Gleichung:

$$\hat{\tau} = \frac{L}{2 \cdot R}$$

Abb. 39 Mit zunehmender Länge L und abnehmendem Radius R nimmt der Tangentenwinkel τ zu

Die Stelle der Klothoide, an welcher $R = L = A$ ist, ist eine Kennstelle. Sie liegt immer dort, wo der Tangentenwinkel $\tau = 31,8310$ gon, also $\hat{\tau} = 0,5$ ist. Kann man bei einer Klothoide diese Stelle durch Anlegen des Winkels genau genug bestimmen, so ist die dann eventuell feststellbare Größe des Radius an dieser Stelle oder die Länge des Bogens vom Anfangspunkt an bis zu dieser Stelle gleich der Größe des gesuchten Parameters. Außerdem ist es eine gute Stütze für die Vorstellung, zu wissen, daß an einer Klothoide bei der Länge $L = A$ der Radius $R = A$ ohne Berechnung bekannt ist und der Tangentenwinkel dort rund 30 gon beträgt.

Für den bei der Linienführung vorwiegend benutzten Bereich der Klothoide (etwa bis 50 gon) ist das Tangentenverhältnis immer nahezu 1 : 2, um so genauer, je kleiner τ ist.

Abb. 40 Kennstelle der Klothoide mit
$$R = L = A$$

Beispiel für die Einheitsklothoide:

τ gon	t_K	t_L	t_K : t_L
0,716	0,050	0,100	1 : 2,000
17,762	0,251	0,500	1 : 1,992
31,831	0,341	0,676	1 : 1,982
50,055	0,444	0,865	1 : 1,948
99,949	0,776	1,382	1 : 1,781

Klothoiden mit großem Parameter haben eine langsame Krümmungszunahme und eignen sich deshalb für schnelle Fahrt. Klothoiden mit
kleinem Parameter haben eine rasche Krümmungszunahme. Unabhängig davon verwendet man großparametrige Klothoiden zum Zweck
einer zügigen Linienführung auch dann, wenn es fahrtechnisch nicht
erforderlich ist.

Wiederholung der Winkel- und Bogenmaßbeziehungen

Der Vollwinkel ist ein Winkel, dessen zweiter Schenkel sich nach einer
Umdrehung mit dem ersten deckt. Als Zeichen für den Vollwinkel wird
pla (plenus angulus) benutzt.

1 Radiant (1 rad) ist der ebene Winkel, für den das Verhältnis der
Länge des zugehörigen Bogens zu seinem Halbmesser = 1 ist.

Ein Gon (bisher Neugrad genannt) mit dem Einheitenzeichen gon ist
der 400ste Teil eines Vollwinkels:

$$1 \text{ gon} = \frac{1}{400} \text{ pla} = \frac{\pi}{200} \text{ rad}$$

Umrechnungsfaktoren:

1 pla = 6,283185308 rad = 400,0 gon
1 gon = 0,015707963 rad = 0,002500 pla
1 rad = 0,159154943 pla = 63,66197723 gon

Beispiel: Gegeben der Winkel in gon = 15,3450
Gesucht das Bogenmaß
$0,015708 \cdot 15,345 = 0,241039$

Beispiel: Gegeben das Bogenmaß = 0,5875
Gesucht der Winkel in gon
$63,661977 \cdot 0,5875 = 37,4014$ gon

Aus den beiden Grundformeln für die Klothoide

$$R \cdot L = A^2$$
und
$$\hat{\tau} = \frac{L}{2 \cdot R}$$

lassen sich folgende weitere Beziehungen bilden:

$$R = \frac{A^2}{L} = \frac{L}{2\,\hat{\tau}} = \frac{A}{\sqrt{2\,\hat{\tau}}}$$

$$L = \frac{A^2}{R} = 2 \cdot \hat{\tau} \cdot R = A \cdot \sqrt{2\,\hat{\tau}}$$

$$\hat{\tau} = \frac{L}{2\,R} = \frac{L^2}{2\,A^2} = \frac{A^2}{2\,R^2}$$

$$A^2 = L \cdot R = \frac{L^2}{2\,\hat{\tau}} = 2 \cdot \hat{\tau} \cdot R^2$$

$$A = \sqrt{L \cdot R} = \frac{L}{\sqrt{2\,\hat{\tau}}} = R \cdot \sqrt{2\,\hat{\tau}}$$

Für die Einheitsklothoide mit dem Parameter $a = 1$ gelten hieraus die vereinfachten Beziehungen:

$$r = \frac{1}{l} \qquad\qquad l = \frac{1}{r}$$

$$l = 2 \cdot \hat{\tau} \cdot r \qquad\qquad l = \sqrt{2 \cdot \hat{\tau}}$$

$$l^2 = 2 \cdot \hat{\tau} \qquad\qquad 1 = r \cdot l$$

$$1 = 2 \cdot \hat{\tau} \cdot r^2 \qquad\qquad 1 = r\sqrt{2 \cdot \hat{\tau}}$$

Die Einheitsklothoidentafeln aus dem Buch *Kasper/Schürba/Lorenz,* „Die Klothoide als Trassierungselement", und aus dem „Klothoiden-Taschenbuch" von *Krenz/Osterloh* enthalten alle für den praktischen Gebrauch der Klothoide erforderlichen Werte [14], [15].

Während das erste Buch noch zahlreiche für die Entwurfsbearbeitung wertvolle Tafeln enthält – wie eine Tafel für Normklothoiden mit runden Parametern A und eine Tafel für runde Halbmesser R = 15 bis 10 000 und viele andere, besonders auch für Ei- und Wendelinien –, ist das Klothoiden-Taschenbuch für die Ermittlung der Absteckungswerte bequemer zu gebrauchen.

In den Einheitsklothoidentafeln sind folgende Werte enthalten, die bei *Kasper/Schürba/Lorenz* klein geschrieben, während sie im Klothoiden-Taschenbuch groß geschrieben sind [14], [15] (Abb. 54).

Klothoiden-Taschenbuch: *Krenz/Osterloh* [15]	*Kasper/ Schürba/ Lorenz* [14]	
L	l	Bogenlänge vom Anfang der Klothoide bis zu der betreffenden Stelle
τ gon	τ gon	Tangentenwinkel an der Stelle
R	r	Krümmungsradius der Klothoide an der Stelle
ΔR	Δr	Tangentenabrückung, das ist der Abstand des Krümmungskreises der Stelle von der Grundtangente der Klothoide
X_m	X_m	Abszisse des Krümmungskreismittelpunktes der betreffenden Stelle
–	y_m	= $r + \Delta r$ nicht abgedruckt; Ordinate des Krümmungskreismittelpunktes der betreffenden Stelle
X	X	Abszisse der Stelle $KE = \ddot{U}E = BA$
Y	y	Ordinate der Stelle $KE = \ddot{U}E = BA$

$\dfrac{L}{R}$	$\dfrac{l}{r}$	ein wichtiger Formwert der Stelle, welcher unabhängig von der Größe der Klothoide für die gleiche Formstelle aller Klothoiden gilt

$$\frac{l}{r} = 2\,\hat{\tau}$$

$\dfrac{\Delta R}{R}$	$\dfrac{\Delta r}{r}$	ebenfalls ein wichtiger Formwert der betreffenden Stelle, welcher unabhängig von der Größe der Klothoide für die gleiche Formstelle aller Klothoiden gilt
–	σ gon	Sehnenwinkel für die Stelle zur Absteckung nach Polarkoordinaten
T_K	t_K	kurze Tangente, das ist die Länge der Tangente an der Stelle bis zum Schnittpunkt mit der Grundtangente
T_L	t_L	lange Tangente, das ist die Länge der Grundtangente bis zum Schnittpunkt mit t_K

Bei *Kasper/Schürba/Lorenz* ist die Tafel für die Einheitsklothoide nach gleichen Abständen der Bogenlänge in Tausendstel von *l* abgestuft. Der Wert *l* gilt als Kennzeichen der Zeile.

Im Klothoiden-Taschenbuch sind die errechneten Werte für 877 Klothoiden niedergelegt, so daß zwischen den einzelnen Werten geradlinig interpoliert werden kann. Es ist hier von der Voraussetzung ausgegangen worden, daß man in den meisten Fällen den Radius R und den Parameter A abstimmt und L dann als Wert errechnet.

Die Einheitsklothoidentafel wird beim Entwurf nur benutzt, wenn die Normklothoidentafeln nicht zur Verfügung stehen oder wenn nichtgenormte Klothoiden verwendet werden müssen.

Da die Einheitsklothoide die Grund- oder Urform der Klothoide ist, gehen alle Aufgaben darauf zurück, von der verwendeten Klothoide auf die Urform und von der Urform auf die verwendete Klothoide zu schließen. (Als Vergrößerungs- oder Verkleinerungsfaktor wirkt bei der Klothoide der Parameter.)

Als Bestimmungsgrößen, die entweder gesucht oder gegeben sind, treten bei der Entwurfsbearbeitung überwiegend auf:

1. der Parameter A
2. der Krümmungsradius R
3. die Bogenlänge L
4. der Tangentenwinkel τ
5. die Tangentenabrückung ΔR

Es muß noch betont werden: Diese Größen können für jede beliebige Zwischenstelle eines Übergangsbogens gesucht oder gegeben sein. Es ist lediglich durch praktische Umstände bedingt, daß man meistens mit jenen Werten rechnet, die für das Ende des Übergangsbogens (Punkt $ÜE = KE$) gelten, also für jene Stelle, an welcher er in den Kreis übergeht.

Der Eingang in die Tafel erfolgt über die Formwerte. Der Ausgang aus der Tafel erfolgt durch Multiplikation des Einheitswertes mit dem Parameter A.

Nachfolgend wird gezeigt, wie man vorgeht, wenn jeweils zwei der oben genannten Bestimmungsgrößen gegeben sind. Drei solcher Größen vorschreiben zu wollen, würde eine Überbestimmung bedeuten.

1. Gegeben: R und L. Tafeleingang: $\dfrac{L}{R} = \dfrac{l}{r}$

   Größe der Klothoide aus der Formel $R \cdot L = A^2$

2. Gegeben: A und L. Tafeleingang über $l = \dfrac{L}{A}$

   Die Größe der Klothoide ist durch A bereits gegeben.

3. Gegeben: A und R. Tafeleingang über $\dfrac{A}{R} = l$

4. Gegeben: A und τ in gon. Tafeleingang über τ, sonst wie vor.

5. Gegeben: A und ΔR. Tafeleingang über $\Delta r = \dfrac{\Delta R}{A}$
   sonst wie vor.

6. Gegeben: R und τ in gon. Tafeleingang über τ.
   In der Zeile l nachlesen.
   Größe der Klothoide $A = R \cdot l$

7. Gegeben: L und τ in gon. Tafeleingang über τ.
   In der Zeile l nachlesen.

   Größe der Klothoide $A = \dfrac{L}{l}$

8. Gegeben: ΔR und r in gon. Tafeleingang über r.
   In der Zeile Δr nachlesen.

   Größe der Klothoide $\quad A = \dfrac{\Delta R}{\Delta r}$

9. Gegeben: R und ΔR. Tafeleingang über $\quad \dfrac{\Delta R}{R} = \dfrac{\Delta r}{r}$

   In der Zeile Δr oder r nachlesen.

   Größe der Klothoide $\quad A = \dfrac{\Delta R}{\Delta r}$ oder $\dfrac{R}{r}$

10. Gegeben: L und ΔR. Hierfür ist kein Tafeleingang vorgesehen.

   Man muß suchen, wo in der Tafel $\dfrac{l}{\Delta r}$ (aus den Spalten l und Δr entnommen) den gleichen Quotienten ergibt wie die Werte $\dfrac{L}{\Delta R}$.

   Der Tafeleingang ist an dieser Stelle. In der Zeile l oder r nachlesen.

   Größe der Klothoide dann $A = \dfrac{L}{l}$ oder $A = \dfrac{R}{r}$

Die Umrechnung von τ in gon auf $\hat{\tau}$ in Bogenmaß wird durch die Tafel sehr vereinfacht. Da $\hat{\tau} = \dfrac{L}{2R} = \dfrac{l}{2r}$,

ergibt der in der Tafel enthaltene Wert $\dfrac{l}{r} = 2\,\hat{\tau}$.

Die Hälfte dieses Wertes ist $\hat{\tau}$ für die betreffende Zeile, in der man den Wert für τ in gon nur nachzulesen braucht; desgleichen umgekehrt.

Beispiele: Gegeben $\tau = 16,046$ gon, gesucht $\hat{\tau}$. Der gegebene Wert steht in der Zeile $l = 0,710$. In der gleichen Zeile steht $\dfrac{l}{r} = 0,504100\ (= 2\,\hat{\tau})$

$\hat{\tau}$ ist daher $\dfrac{1}{2} \cdot 0,504100 = 0,252050$.

Klothoiden-Taschenbuch, Tafel I Nr. 510

Kasper/Schürba/Lorenz, E-Tafel, Eingang τ gon $= 16,046$ gon

Gegeben $\hat{\tau} = 0,3042$, gesucht τ in gon. Der die Zeile bestimmende Wert $\dfrac{l}{r} = 2\,\hat{\tau}$ ist $2\,\hat{\tau} = 2 \cdot 0,3042 = 0,6084$.

Dieser Wert steht in der Zeile $l = 0,780$; in der gleichen Zeile findet man den gesuchten Wert. $\tau = 19,3660$ gon (19,36597 gon).

Klothoiden-Taschenbuch, Tafel I Nr. 538

Kasper/Schürba/Lorenz, E-Tafel, Eingang $\dfrac{l}{r}$.

In dem Buch „Die Klothoide als Trassierungselement" von *Kasper/Schürba/Lorenz* sind Tafeln für Normklothoiden enthalten. Sie geben für Klothoiden bestimmter Parameter die fertig ausgerechneten Werte zum Nachschlagen und zur Auswahl an. Es stehen drei Arten von Tafeln zur Verfügung:

A-Tafeln
Das sind Normklothoidentafeln für runde Parameter A, geordnet nach rundem Radius R. Jede solche Einzeltafel enthält die Werte für eine einzige Klothoide bestimmter Größe. Die Tafeln sind geordnet nach runden Werten für R. Das Ende der Klothoide wird dort angenommen, wo man es wünscht.

L-Tafeln
Das sind Abstecktafeln der Normklothoiden, eingeteilt in runde Abschnitte von L. Jede solche Einzeltafel enthält die Werte L, X, Y für jede einzelne Klothoide bestimmter Größe zum Auftragen und Abstecken in runden Abschnitten von L.

R-Tafeln
Das sind Normklothoiden, zusammengestellt nach runden Endradien R. Diese Tafeln stellen nicht jede für sich eine bestimmte Klothoide dar, sondern sie enthalten in jeder Zeile eine andere Klothoide. Die Ordnung ist so getroffen, daß alle Klothoiden an der angeführten Stelle den am Kopf angegebenen gleichen Radius R haben.

Für Klothoiden mit den gebräuchlichsten runden Parametern sind Klothoidenlineale entwickelt worden. Sie bestehen aus einem zusammenhängenden Stück mit einem konvexen und konkaven Kurventeil, sie sind also als S-Kurven ausgeführt.

Auf ihrer Fläche ist außer der Wendetangente eine Auswahl rundzahliger Radien an den jeweils entsprechenden Stellen der Krümmung eingeätzt. Diese Radien dienen dem genauen Zusammenpassen des Klothoidenbogens mit den anschließenden Kreiskurven. Bei den neuesten Ausgaben der Klothoidenlineale sind auch anschließende Kreisbogen eingeätzt (Abb. 41).

Die Klothoidenlineale sind für den Maßstab 1 : 1000 beschriftet. Der angeschriebene Parameter gilt also in Metern, z. B. $A = 150$ m. Wie die Kreislineale kann man auch die Klothoidenlineale für andere

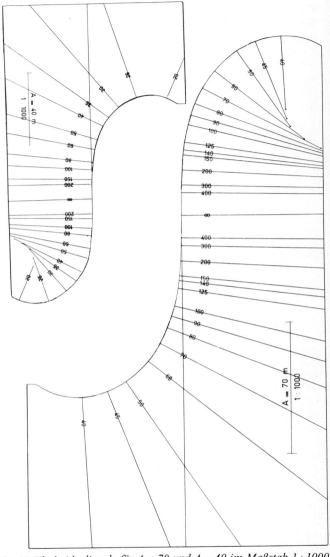

Abb. 41 Klothoidenlineale für A = 70 und A = 40 im Maßstab 1 : 1000

Maßstäbe verwenden. Für 1 : 2000 hat das obengenannte Lineal den Wert $A = 300$ m. Die wirkliche Größe der Lineale entspricht dem darauf angegebenen Parameter in Millimetern, also für 1 : 1 dem Wert $A = 150$ mm. Der Normalsatz enthält 22 Lineale 1 : 1000 für $A = 20$ bis 250. Außerdem gibt es über 100 Ergänzungslineale 1 : 1000 für $A = 10$ bis 10 000.
Mit dem Normalsatz können folgende Entwurfsbearbeitungen ausgeführt werden:

für Vorentwürfe	1 : 10 000	von $A = 200$ bis $A = 2500$
für Vorentwürfe	1 : 5 000	von $A = 100$ bis $A = 1250$
für Bauentwürfe	1 : 2 000	von $A = 40$ bis $A = 500$
für Bauentwürfe	1 : 1 000	von $A = 20$ bis $A = 250$
für Detailentwürfe	1 : 500	von $A = 10$ bis $A = 125$

also für alle Knotenpunkte und engeren Straßenkrümmungen.

Einige bemerkenswerte Beziehungen zwischen verschieden großen Klothoiden:

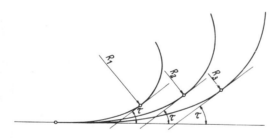

Abb. 42 Der gleiche Tangentenwinkel gehört bei verschieden großen Klothoiden zu verschiedenen Größenwerten

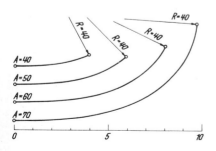

Abb. 43
Der gleiche Krümmungsradius ist bei verschieden großen Klothoiden an verschiedenen Formstellen

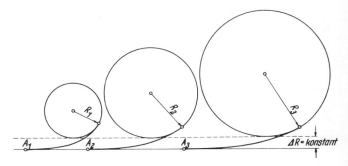

Abb. 44 Die gleiche Tangentenabrückung ist mit verschieden großen Kreisen möglich

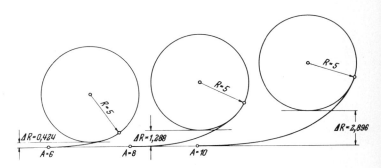

Abb. 45 Der gleiche Radius kann mit verschiedenen Tangentenabrückungen verwendet werden. Dies ist möglich, wenn man verschieden große Klothoiden benutzt.

Für die Verwendung der Klothoide ist zu beachten, daß der flache Anfangsteil aller Klothoiden nur eine kaum merkliche Richtungsänderung bringt. Die Form wird erst erkennbar bei einer Richtungsänderung von wenigstens 3 gon.

Der Übergangsbogen sollte daher wenigstens bis zu einer Stelle mit folgenden Werten reichen:

$$r = 3 \qquad\qquad R = 3\,A \qquad\qquad \tau = 3,5368 \text{ gon}$$

Eine obere Grenze für die Ausdehnung des Übergangsbogens besteht theoretisch nicht. Im allgemeinen reichen Übergangsbögen nicht weiter als bis zu einer Stelle mit den Werten

$r = 1$ $\qquad\qquad R = A$ $\qquad\qquad \tau = 31,8310$ gon

Aus diesen beiden grobgefaßten Anwendungsgrenzen ergeben sich für den Verwendungsbereich der Klothoide (von den Eilinien abgesehen) die Faustformeln

$R = A$ bis $3\,A$	bzw.	$A = \frac{1}{3}\,R$ bis R
$L = \frac{1}{3}\,A$ bis A	bzw.	$A = L$ bis $3\,L$

Für die Anwendung der Klothoide als Übergangsbogen nennt die RAS-L folgende Bedingungen:
Sie ist als Übergangsbogen bei Straßen der Kategoriengruppe A und den Kategorien B II und B III erforderlich und bei Straßen der Kategorien B IV, C III und C IV erwünscht (Abb. 4).
Gerade und Kreis können unmittelbar aneinandergefügt werden, wenn sich bei einer Zwangslage die zur Einschaltung des Übergangsbogens notwendige Tangentenabrückung ΔR nicht erreichen läßt. Ein Verzicht auf die verbindende Klothoide ist bei Straßen der Kategoriengruppe A sowie der Kategorien B II und B III jedoch nur zulässig, wenn die Kurvenmindestradien nach Abb. 122 nicht unterschritten werden.
Damit der Übergangsbogen optisch in Erscheinung tritt, muß der Richtungsänderungswinkel der Klothoide mindestens $\tau = 3,5$ gon betragen. Daraus folgt für Straßen aller Kategorien die Bedingung

$$\min A = \frac{R}{3}$$

Jedoch kann bei den Radien, die größer sind als die Mindestradien, bei denen der Übergangsbogen entfallen kann, der Parameter auch kleiner als $R/3$ gewählt werden (Abb. 122). Die Tangentenabrückung sollte aber mindestens $\Delta R = 0,25$ m betragen.
Die Fahrt durch den Übergangsbogen mit der Entwurfsgeschwindigkeit V_e sollte mindestens zwei Sekunden dauern. Daraus folgt für alle Straßen die Bedingung

$$\min A = 0,75 \cdot \sqrt{R \cdot V_e}$$

Aus diesen beiden Bedingungen ergeben sich für die einzelnen Entwurfsgeschwindigkeiten die Klothoidenmindestparameter (Abb. 122). Diese Werte sind bei den Straßen der Kategoriengruppe A und den Kategorien B II und B III erforderlich, bei den Straßen der Kategorien B IV und C III erwünscht.

Über die vorgenannten Bedingungen hinaus ist der Klothoidenparameter für die Straßen der Kategoriengruppe A und der Kategorien B II und B III mindestens so groß zu wählen, daß die gesamte Anrampung der Fahrbahnränder innerhalb des Übergangsbogens vollzogen werden kann, ohne daß die zulässigen Anrampungsneigungen max Δs (Abschnitt 4.4.4) überschritten werden. Bei Straßen der Kategorie B IV und der Kategoriengruppe C ist die Einhaltung dieser Bedingung wünschenswert, jedoch wird häufig, z. B. bei dem Verzicht auf die Anlage eines Übergangsbogens oder bei einer über den Vorbogen hinausgehenden Verwindungslänge, die Ausdehnung der Anrampung auf die anschließenden Elemente nicht zu umgehen sein.

Aus der Eigenschaft der zunehmenden bzw. abnehmenden Krümmung ergeben sich die Anwendungsmöglichkeiten der Klothoide in einem Trassenzug.

Übergangsbogen beim Übergang von einer Geraden auf einen Kreis und umgekehrt.

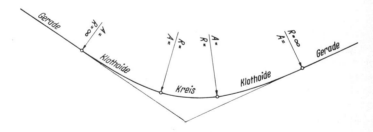

Abb. 46 Übergangsbogen

Grundsätzlich gilt dabei unter Beachtung der Grenzwerte, daß der Parameter um so größer sein soll, je kleiner der anschließende Kurvenradius ist. Dadurch wird ein langer und allmählicher Übergang erreicht. Gleiches gilt, je länger die Gerade und je breiter der Straßenquerschnitt sind. Soll der Kraftfahrer frühzeitig auf den nachfolgenden Kreisbogen hingewiesen werden, so empfiehlt sich ein kleiner Parameter ($A = R/3$). Der Übergang wird dadurch besser erkennbar.

S-Kurven, sehr anschaulich auch *Wendelinien* genannt

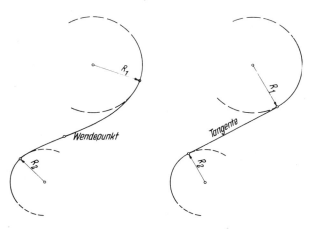

Abb. 47 Wendelinie

Eine Zwischengerade zwischen zwei entgegengesetzt gerichteten Kreisbogen ist nur ein sehr unvollkommener Ersatz für nicht vorhandene
Übergangsbögen. Die Übergangsbögen werden heute aus zwei entgegengesetzt gerichteten (antisymmetrischen) Klothoidenästen ohne
Zwischengerade gebildet.
Für jeden der beiden Klothoidenäste gelten die Bedingungen des einfachen Übergangsbogens. Im Interesse einer harmonischen Linienführung und einer gleichmäßigen Anrampung sollen beide Klothoidenäste
annähernd gleiche Parameter aufweisen. Bei ungleichen Parametern
ist für $A_2 \leqslant 200$ m bei Straßen der Kategorien A I und A II und nach
Möglichkeit auch bei A III, B II und B III folgende Bedingung einzuhalten:

$$\frac{A_1}{A_2} \leqslant 1,5$$

A_1 = größerer Parameter
A_2 = kleinerer Parameter

Für die Radienfolge der beiden Kreise der Wendelinie sind die Grenzen der Abb. 37 zu beachten.

Eilinie als Übergang zwischen zwei gleichgerichteten Kreisbögen

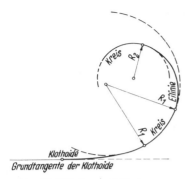

Abb. 48 Eilinie aus 2 Kreisen und einem Klothoidenstück

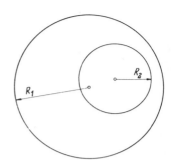

Abb. 49 Die Verbindung der beiden Kreise durch eine Tangente ist unmöglich

Der größere Kreisbogen muß hierbei den kleineren einschließen. Ist das nicht der Fall und die beiden Kreisbogen schneiden sich, kommt man nur mit einem Hilfskreis zu einer Lösung (Abb. 68 bis 70).

Zur Verbindung von zwei gleichsinnig gekrümmten Kreisbogen dient ein Klothoidenabschnitt, also kein Klothoidenstück vom Klothoidenursprung aus. Der Parameter der Klothoide in der Eilinie darf das für die betreffende Entwurfsgeschwindigkeit vorgeschriebene Maß A_{min} nicht unterschreiten (Abb. 122).

Damit die Eiklothoide optisch sichtbar wird, muß sie eine Richtungsänderung von $\tau_{\varepsilon i} \geqslant 3{,}5$ gon aufweisen. Für die Radienfolge der beiden Kreise gelten die Bedingungen der Abb. 37.

Scheitelklothoide aus zwei Klothoiden mit gleichgerichteter Krümmung ohne Zwischenkreis.

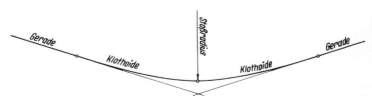

Abb. 50 Scheitelklothoide

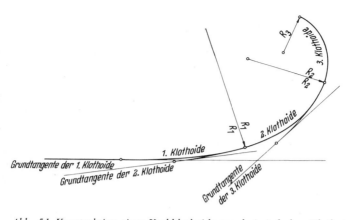

Abb. 51 Konstruktion einer Korbklothoide aus drei einfachen Klothoiden

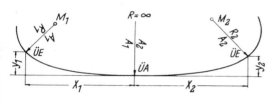

Abb. 52 C-Klothoide/C-Linie

Fehlt ein Kreisbogen zwischen zwei mit den gleichgerichteten gekrümmten Enden gegeneinanderstoßenden Klothoidenästen, so entsteht eine Scheitelklothoide. Sie ist nur anzuwenden bei flachen Krümmungen und muß bei schärferen strikt abgelehnt werden, weil die
unmittelbare Aufeinanderfolge von zunehmender und abnehmender
Krümmung fahrtechnisch schwierig wird (siehe Abschnitt 4.2.3.2). Die
Parameter der beiden Übergangsbogen einer Scheitelklothoide sollen
dabei insbesondere bei Straßen der Kategorien A I und A II nach Möglichkeit gleich sein ($A_1 = A_2$). Außerdem sind die in Abb. 122 aufgeführten Mindestwerte für den Parameter und den Kurvenradius in Abhängigkeit von der Straßenkategorie und der Entwurfsgeschwindigkeit V_e
zu beachten.

Die **Korbklothoide** besteht aus einer Folge gleichsinnig gekrümmter
Klothoidenstücke, die in den Stoßpunkten gleiche Radien und gemeinsame Tangenten aufweisen. Sie ist aus Gründen der Verkehrssicherheit
nach Möglichkeit zu vermeiden. Wenn bei beengten Verhältnissen auf
ihre Anwendung nicht verzichtet werden kann, sollen aus fahrdynami-

schen Gründen insbesondere bei Straßen der Kategorien A I und A II und nach Möglichkeit auch der Kategorien A III, B II und B III die Parameter der aufeinanderfolgenden Klothoiden nicht zu stark voneinander abweichen. Für den Parameter der kleineren Klothoide sind die Grenzwerte einzuhalten (Abb. 122).

Die **C-Klothoide oder C-Linie** ergibt sich, wenn gleichsinnig gekrümmte Klothoiden in ihrem Nullpunkt zusammenstoßen. Dabei entsteht optisch der Eindruck einer Abplattung, genau wie bei einer kurzen Zwischengeraden zwischen gleichgerichteten Bögen. Nach RAS-L ist sie zu vermeiden.

4.2.3.1 Einfacher Übergangsbogen

Die einfache Form des Übergangsbogens liegt vor, wenn mit der Klothoide eine gleichmäßige Zunahme der Krümmung von der Geraden auf den Kreis und wieder eine gleichmäßige Abnahme vom Kreis zur Geraden erfolgt. Es ergibt sich die Elementenfolge: Gerade – Klothoide – Kreis – Klothoide – Gerade. Haben die beiden Klothoiden den gleichen Parameter A, spricht man von einer symmetrischen Lösung. Werden aber zwei Klothoiden mit unterschiedlichem Parameter A benutzt, ergibt das den unsymmetrischen Fall (Abb. 46).

Zur Berechnung des Übergangsbogens liegt meist eine graphische Lösung der Trasse vor. Wenn kleine Abweichungen möglich sind, benutzt man für die Berechnung Klothoiden mit runden Werten für den Parameter. Das erleichtert sowohl die Berechnung als auch die Absteckung. Für runde A-Werte können die A-Tafeln im *Kasper/Schürba/Lorenz* benutzt werden [14].

Der Rechengang für den *symmetrischen Fall* bei der Verwendung *runder Parameter* wird an nachfolgendem Beispiel gezeigt.

In der graphischen Lösung der Trassierung schneiden sich zwei Gerade unter dem Winkel $\gamma = 66,6667$ gon. Die Entwurfsgeschwindigkeit beträgt $V_e = 80$ km/h. Nach RAS-L beträgt der Mindestradius für den Kreisbogen min $R = 260,0$ m. Für die Trassierung wird mit $R = 350,0$ m gerechnet.

$$\text{min } A = 0,75 \cdot \sqrt{R \cdot V_e} = 0,75 \cdot \sqrt{350 \cdot 80} = 125,5$$

$$\text{min } A = \frac{R}{3} = \frac{350}{3} = 116,7$$

Gewählt: $A = 150,0$
(nach RAS-L ist für $V_e = 80$ km/h min $A = 110$ m)

Die Lösung erfolgt mit der R-Tafel im *Kasper/Schürba/Lorenz* $R = 350,0$; es werden abgelesen:

A	L	τ gon	τ°	ΔR
150	64,286	5,8465	$5^\circ\ 15'\ 43''$	0,492
X_M	X	Y	T_K	T_L
32,134	64,232	1,967	21,446	42,876

Die gleichen Ergebnisse können in der A-Tafel für $A = 150$ im *Kasper/ Schürba/Lorenz* abgelesen werden.
Im Klothoiden-Taschenbuch erfolgt die Berechnung nach der Einheitsklothoide. Als Tafeleingang dient der Wert A/R

$\dfrac{A}{R} = \dfrac{150}{350} = 0,42857143$; dieser Wert befindet sich unter Nr. 367

$\dfrac{L}{R} = 0,1836734$ $\qquad$ daraus folgt $L = 64,2857$ m

$\dfrac{\Delta R}{R} = 0,001405$ $\qquad$ daraus folgt $\Delta R = 0,4918$ m

$\dfrac{X_m}{R} = 0,091811$ $\qquad$ daraus folgt $X_M = 32,1338$ m

τ gon $= 5,8465$ gon

$\tau^\circ = 5^\circ\ 15'\ 43''$

$\dfrac{X}{R} = 0,183519$ $\qquad$ daraus folgt $X = 64,2316$ m

$\dfrac{Y}{R} = 0,005619$ $\qquad$ daraus folgt $Y = 1,9666$ m

$\dfrac{T_K}{R} = 0,061274$ $\qquad$ daraus folgt $T_K = 21,4459$ m

$\dfrac{T_L}{R} = 0,122503$ $\qquad$ daraus folgt $T_L = 42,8760$ m

Der Mittelpunktswinkel des Hauptbogens

$\alpha = \gamma - (\tau_1 + \tau_2) = 66,6667 - (2 \cdot 5,8465) = 54,9737$ gon

Die Länge des Hauptbogens L_B errechnet sich zu (ρ = Umrechnungsfaktor für das Bogenmaß):

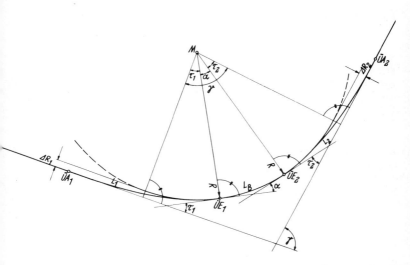

Abb. 53 Die Winkelbeziehungen beim einfachen Übergangsbogen

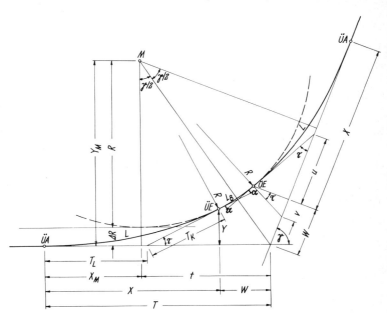

Abb. 54 Die Tangentenlängen beim symmetrischen Übergangsbogen

117

$L_B = \rho \cdot \alpha \cdot R = 0,015708 \cdot 54,9737 \cdot 350 = 302,234$ m

Die Gesamtlänge des Bogens von $\ddot{U}A_1$ bis $\ddot{U}A_2$ setzt sich aus den Längen der beiden Klothoidenstücke und der Länge des Hauptbogens zusammen.

$L = L_1 + L_B + L_2 = 64,286 + 302,234 + 64,286 = 430,806$ m

Für die Konstruktion ist noch die Berechnung der Tangentenlänge T erforderlich.

Für die Tangentenlänge gelten folgende Beziehungen:

$Y_M = R + \Delta R$

$t = Y_M \cdot \tan \frac{\gamma}{2} = (R + \Delta R) \tan \frac{\gamma}{2}$

$$T = X_M + t = X_M + (R + \Delta R) \tan \frac{\gamma}{2}$$

$W = T - X = (X_M + t) - X = \left[X_M + (R + \Delta R) \tan \frac{\gamma}{2} \right] - X$

In vielen Fällen sind auch folgende Werte noch von Nutzen:

Die Klothoidennormale $\quad n = \dfrac{Y}{\cos \tau} = T_K \cdot \tan \tau$

Die Subtangente $\qquad\qquad u = Y \cdot \cot \tau = T_K \cdot \cos \tau$

Die Subnormale $\qquad\qquad v = Y \cdot \tan \tau$

Für das Beispiel ergibt das folgende Werte:

$Y_M = 350,00 + 0,492 = 350,492$ m

$t \quad = 350,492 \cdot \tan 33,333$ gon $= 350,492 \cdot 0,57735 = 202,357$ m

T = 32,134 + 202,357 = 234,491 m

W = 234,491 – 64,232 = 170,259 m

n = $\dfrac{1,967}{\cos 5,8465 \text{ gon}}$ = $\dfrac{1,967}{0,99579}$ = 1,975 m

u 1,967 · cot 5,8465 gon = 1,967 · 10,858 = 21,358 m

v = 1,967 · tan 5,8465 gon = 1,967 · 0,0921 = 0,181 m

Die Berechnung einer symmetrischen Klothoide wird zweckmäßig in das Formular „Klothoidenberechnung, symmetrische Form" eingetragen. In Spalte 1 sind die Werte dieses Beispieles enthalten (Abb. 55).

Wenn ein Wert als Zwangspunkt vorgegeben ist, dann wird es erforderlich, den Parameter A danach zu errechnen, was fast immer zu einem unrunden Wert für A führt. In den meisten Fällen ist ΔR als Zwangsbedingung gegeben, und im nachfolgenden Beispiel wird der Lösungsgang für den *symmetrischen Fall* und *unrunden Parameter* aufgezeigt.
Aus der graphischen Lösung werden der Radius R = 250,00 m und die Zwangsbedingung ΔR = 0,60 m entnommen. Daraus muß zunächst der Parameter A errechnet werden.

$$\frac{\Delta R}{R} = \frac{0,60}{250,00} = 0,002400$$

Dieser Wert wird im Klothoiden-Taschenbuch, Tafel 1, unter der Nummer 403 gefunden

$$\frac{\Delta R}{R} = 0,002401$$

Steht der Wert nicht in einer Zeile, so muß entsprechend interpoliert werden.

$$\frac{A}{R} = 0,49000 \rightarrow A = 0,490 \cdot 250,00 = 122,50$$

Die weitere Berechnung erfolgt wie im vorhergehenden Beispiel für runde Werte des Parameters (Abb. 55, Spalte 2).

	Ein-heit	Bezeichnung	Zahlenwert	Zahlenwert	Zahlenwert	Zahlenwert	Zahlenwert
		Klothoidenberechnung (symmetrische Form) Bauvorhaben					
			1	2	3	4	5
1	gon	γ	66,6667	85,5000	54,0000	54,0000	
2	m	A	150,0	122,50	50,00	90,000	
3	m	R	350,0	250,00	120,00	150,00	
④	m	ΔR	0,492	0,600	0,151	0,809	
5	m	$R + \Delta R = ③ + ④$	350,492	250,600	120,151	150,809	
6	–	$\tan \gamma/2$	0,57735	0,79472	0,45152	0,45152	
7	m	$t = ⑤ \cdot ⑥$	202,357	199,157	54,251	68,093	
⑧	m	X_M	32,134	29,998	10,414	26,971	
9	m	$T = ⑦ + ⑧$	234,491	229,155	64,665	95,064	
⑩	gon	τ	5,8465	7,6426	5,5262	11,4592	
11	gon	$2\tau = 2 \cdot ⑩$	11,6930	15,2852	11,052	22,9184	
12	gon	$a = ① - ⑪$	54,9737	70,2148	42,948	31,0816	
13	–	$a \cdot 0,015708$	0,8635269	1,102934	0,67463	0,48823	
14	m	$L_B = ③ \cdot ⑬$	302,234	275,734	80,955	73,234	
⑮	m	L	64,286	60,025	20,833	54,00	
⑯	m	X	64,232	59,938	20,818	53,825	
⑰	m	Y	1,967	2,3995	0,603	3,232	
⑱	m	T_K	21,446	20,036	6,949	18,056	
⑲	m	T_L	42,876	40,047	13,894	36,061	
			6	7	8	9	10
1	gon	γ					
2	m	A					
3	m	R					
④	m	ΔR					
5	m	$R + \Delta R = ④ + ④$					
6	–	$\tan \gamma/2$					
7	m	$t = ⑤ \cdot ⑥$					
⑧	m	X_M					
9	m	$T = ⑦ + ⑧$					

Abb. 55 Klothoidenberechnung (symmetrische Form)

	Ein-heit	Bezeichnung	Zahlenwert	Zahlenwert	Zahlenwert	Zahlenwert	Zahlenwert
Klothoidenberechnung (symmetrische Form) Bauvorhaben							
			1	2	3	4	5
⑩	gon	τ					
11	gon	$2\,\tau = 2 \cdot$ ⑩					
12	gon	$a =$ ① $-$ ⑪					
13	–	$a \cdot 0{,}015708$					
14	m	$L_B =$ ③ $\cdot$ ⑬					
⑮	m	L					
⑯	m	X					
⑰	m	Y					
⑱	m	T_K					
⑲	m	T_L					

Abb. 55   Klothoidenberechnung (symmetrische Form)

Im *Kasper/Schürba/Lorenz* wird der Wert

$$\frac{\Delta R}{R} = 0{,}002400 \quad \text{in der E-Tafel unter } \frac{\Delta r}{r} = 0{,}002401 \text{ gefunden.}$$

Aus $l = \frac{A}{R} = 0{,}490$

wird der Parameter A berechnet, und dann werden die anderen Werte aus den Angaben dieser Zeile ermittelt.

Bis zu einem Tangentenwinkel von $\tau = 150$ gon kann man aus folgenden Näherungsformeln die Klothoidenwerte ableiten, um danach die geeignete Klothoide mit einem runden Wert A für die endgültige Rechnung zu wählen.

$$X_M \approx \sqrt{(6R - \Delta R) \cdot \Delta R}$$

Die vorstehende Formel kann nach R oder ΔR aufgelöst werden.

$$R \approx \frac{X_M^2 + \Delta R^2}{6 \cdot \Delta R}$$

$$\Delta R \approx 3\,R - \sqrt{(3R + X_{\mathrm{M}}) \cdot (3R - X_{\mathrm{M}})}$$

Ferner können τ gon und L näherungsweise berechnet werden.

$$\tau \text{ gon} \approx \rho \text{ gon} \sqrt{\frac{3 \cdot \Delta R}{2 \cdot R}\left(4 + \frac{\Delta R}{R}\right)}$$

$$L \approx \sqrt{(24R + 6\,\Delta R) \cdot \Delta R}$$

ρ gon = Umrechnungsfaktor in Gon

Sehr oft ist es notwendig, wegen Zwangspunkten bei den Übergangs-
bogen der Elementenfolge Gerade – Klothoide – Kreis – Klothoide –
Gerade für die beiden Klothoiden verschiedene Parameter A_1 und A_2
zu verwenden. Man spricht dann von der *unsymmetrischen Form des
Übergangsbogens.*
Bei der Berechnung müssen die beiden Übergangsbögen getrennt ermittelt werden. Ausgangspunkt ist auch hier die graphische Lösung der
Trassierung, aus der die Werte für γ, R, A_1 und A_2 entnommen werden.
Wenn statt der Parameter andere Werte aus der graphischen Lösung
entnommen werden und diese bindend sind, muß A errechnet werden,
wie dies bei der symmetrischen Form mit unrundem Parameter geschehen ist. Zur Vereinfachung versuche man aber runde Werte für A
zu verwenden.
Die Lösung geschieht genau wie beim symmetrischen Fall. Nur die
Tangentenlängen müssen nach anderen Formeln berechnet werden, da
durch die unterschiedlichen Tangentenabrückungen ΔR die Winkelhalbierende von γ nicht mehr durch den Tangentenschnittpunkt der
Trasse verläuft (Abb. 56).
Auch die Berechnung der unsymmetrischen Form des Übergangsbogens erfolgt zweckmäßig tabellarisch im Formblatt „Klothoidenberechnung, unsymmetrische Form". In Spalte 1 steht ein Beispiel für
den Fall, daß γ, R, A_1 und A_2 gegeben sind (Abb. 57).

$$T_1 = X_{\mathrm{M}1} + u = X_{\mathrm{M}1} + t_1 - d$$

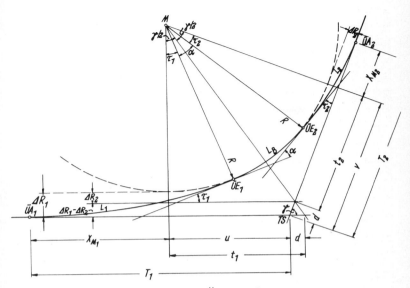

Abb. 56 Die unsymmetrische Form des Übergangsbogens

$$T_2 = X_{M2} + v = X_{M2} + t_2 + d$$

$$t_1 = (R + \Delta R_1) \tan \frac{\gamma}{2} \qquad\qquad t_2 = (R + \Delta R_2) \tan \frac{\gamma}{2}$$

$$d = \frac{\Delta R_1 - \Delta R_2}{\sin \gamma} \qquad\qquad \sin \gamma = \frac{\Delta R_1 - \Delta R_2}{d}$$

$$\alpha = \gamma - \Sigma \tau = \gamma - (\tau_1 + \tau_2)$$

$$L_B = \rho \cdot a \cdot R$$

Es ergibt sich somit, daß auf der Seite der größeren Tangentenabrückung die Tangentenlänge T um die Länge d kleiner wird, dagegen auf der anderen Seite um d größer wird.

	Einheit	Bezeichnung	Zahlenwert 1	Zahlenwert 2	Zahlenwert 3	Zahlenwert 4
		Klothoidenberechnung (unsymmetrische Form) Bauvorhaben				
1	gon	γ	66,6667			
2	m	A_1	350,0			
3	m	A_2	200,0			
4	m	R	400,00			
5	–	$\tan \gamma/2$	0,57735			
⑥	m	ΔR_1	9,719			
7	m	$Y_{M_1} = R + \Delta R_1 = ④ + ⑥$	409,719			
8	m	$t_1 = \tan \gamma/2 \cdot Y_{M_1} = ⑤ \cdot ⑦$	236,551			
⑨	m	ΔR_2	1,041			
10	m	$Y_{M2} = ④ + ⑨$	401,041			
11	m	$t_2 = ⑤ \cdot ⑩$	231,541			
12	–	$\sin\gamma$	0,86603			
13	m	$\Delta R_1 - \Delta R_2$	8,678			
14	m	$d = ⑬ : ⑫$	10,020			
15	m	$u = t_1 - d = ⑧ - ⑭$	226,531			
16	m	$y = t_2 + d = ⑪ + ⑭$	241,561			
⑰	m	X_{M_1}	152,380			
18	m	$T_1 = X_{M_1} + u = ⑰ + ⑮$	378,911			
⑲	m	X_{M_2}	49,974			
20	m	$T_2 = X_{M_1} + y = ⑲ + ⑯$	291,535			
㉑	gon	τ_1	24,3706			
㉒	gon	τ_2	7,9578			
23	gon	$\Sigma\tau = ㉑ + ㉒$	32,3284			
24	gon	$a = ① - ㉓$	34,3383			
25	–	$a \cdot 0,015708$	0,539336			

Abb. 57 Klothoidenberechnung (unsymmetrische Form)

	Klothoidenberechnung (unsymmetrische Form) Bauvorhaben					
	Ein-heit	Bezeichnung	Zahlenwert	Zahlenwert	Zahlenwert	Zahlenwert
			1	2	3	4
26	m	$L_B = ④ \cdot ㉕$	215,754			
㉗	m	L_1	306,250			
㉘	m	L_2	100,000			
㉙	m	X_1	301,792			
㉚	m	X_2	99,844			
㉛	m	Y_1	38,672			
㉜	m	Y_2	4,162			
33	m	T_{K_1}	103,530			
㉞	m	T_{K_2}	33,383			
㉟	m	T_{L_1}	205,756			
㊱	m	T_{L_2}	66,721			

(Abb. 57 (Fortsetzung)

4.2.3.2 Scheitelklothoide

Die Scheitelklothoide ist ein Sonderfall der Verbundkurve. Sind bei der Elementenfolge Gerade – Klothoide – Kreis – Klothoide – Gerade die Verhältnisse der Längen, also die Werte für L_1, L_B und L_2 vorgegeben, so spricht man von einer Verbundkurve. Ist der Wert für L_B gleich Null, so befindet sich zwischen den Klothoiden kein Kreisbogenstück, und damit entsteht die Scheitelklothoide (Abb. 50).

Für die Verbundkurve sind die Längen nach folgendem Verhältnis vorgegeben:

$$L_1 : L_B : L_2 = 1 : n : m$$

Also sind: $L_B = n \cdot L_1$ und $L_2 = m \cdot L_1$

Die Berechnung erfolgt über den Tangentenwinkel, denn für die einzelnen Bogenanteile sind die Winkel:

1. Klothoide $\quad \hat{\tau}_1 = \dfrac{L_1}{2\,R}$

Hauptbogen $\quad \hat{a} = \dfrac{L_B}{R} = \dfrac{n \cdot L_1}{R}$

2. Klothoide $\quad \hat{\tau}_2 = \dfrac{L_2}{2\,R} = \dfrac{m \cdot L_1}{2\,R}$

Diese Ausdrücke, in $\hat{\tau}_1 + \hat{a} + \hat{\tau}_2 = \hat{\gamma}$ eingesetzt, ergeben

$\dfrac{L_1}{2\,R}\,(1 + 2 \cdot n + m)\,\hat{\gamma}$, und unter Beachtung, daß $\tau_1 = \dfrac{L_1}{2\,R}$ ist:

$\tau_1\,(1 + 2 \cdot n + m) = \gamma$

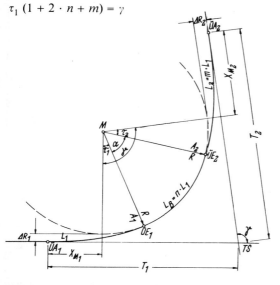

Abb. 58
Die Verbundkurve

Daraus ergeben sich die Winkel

$$\tau_1 \text{ gon} = \frac{\gamma \text{ gon}}{1 + 2 \cdot n + m}$$

$$\alpha \text{ gon} = 2 \cdot n \cdot \tau_1 \text{ gon}$$

$$\tau_2 \text{ gon} = m \cdot \tau_1 \text{ gon}$$

Mit den Werten für τ_1 gon und τ_2 gon geht man in die Tafel I des Klothoiden-Taschenbuches, liest A/R ab und errechnet A.

Im *Kasper/Schürba/Lorenz* geht man in die Winkeltafel oder in die Tafel der Einheitsklothoide, liest l ab und errechnet $A = R \cdot l$.

Der Rechengang soll an folgendem Beispiel gezeigt werden:

Zwei sich unter einem Winkel von $\gamma = 116{,}00$ gon schneidende Geraden sind durch einen Bogen zu verbinden. Der Hauptbogenradius soll $R = 180{,}00$ m betragen. Das Verhältnis der Längen ist mit

$$L_1 : L_B : L_2 = 1 : n : m = 1 : 1{,}5 : 2$$

vorgegeben. Die für die Absteckung des Bogens erforderlichen Werte sind zu ermitteln.

$$\tau_1 \text{ gon} = \frac{\gamma \text{ gon}}{1 + 2 \cdot 1{,}5 + 2} = \frac{116{,}00 \text{ gon}}{6} = 19{,}3333 \text{ gon}$$

$$\alpha \text{ gon} = 2 \cdot n \cdot \tau_1 = 3 \cdot 19{,}3333 = 58{,}0000 \text{ gon}$$

$$\tau_2 \text{ gon} = m \cdot \tau_1 = 2 \cdot 19{,}3333 = 38{,}6667 \text{ gon}$$

Im Klothoiden-Taschenbuch liegt der Wert τ_1 zwischen Nr. 537 und Nr. 538, die Tafeldifferenz ist 0,1102 und die Tafeldifferenz für $A/R = 0{,}0022222$.

$$
\begin{array}{l}
19{,}3333 \\
\underline{-\,19{,}2558} \\
0{,}0775
\end{array}
\qquad
\frac{0{,}0775}{0{,}1102} \cdot 0{,}0022222 = 0{,}0015628
$$

$$\frac{A_1}{R} = 0{,}7777778 + 0{,}0015628 = 0{,}7793406$$

$$A_1 = 0{,}7793406 \cdot 180{,}00 = 140{,}281$$

Der Wert für τ_2 liegt zwischen Nr. 630 und Nr. 631, die Tafeldifferenz ist 0,3695, und die Tafeldifferenz für A/R ist 0,0052632

$$
\begin{array}{l}
38{,}6667 \\
\underline{-\,38{,}5155} \\
0{,}1512
\end{array}
\qquad
\frac{0{,}1512}{0{,}3695} \cdot 0{,}0052632 = 0{,}0021537
$$

$$\frac{A_2}{R} = 1,1000000 + 0,0021537 = 1,1021537$$

$$A_2 = 1,1021537 \cdot 180,00 = 198,388$$

Im *Kasper/Schürba/Lorenz* wird τ in der Tafel der Einheitsklothoide aufgesucht. Es muß auch hier interpoliert werden; die Tafeldifferenz für τ_1 ist 0,04963

$$\begin{array}{c} 19,33333 \\ - \ 19,31634 \\ \hline 0,01699 \end{array} \qquad \frac{0,01699}{0,04963} \cdot 0,00100 = 0,0003423$$

$$l = 0,779 + 0,0003423 = 0,7793423$$

$$A_1 = 0,7793423 \cdot 180,00 = 140,282$$

Für τ_2 ist die Tafeldifferenz 0,07019

$$\begin{array}{c} 38,66667 \\ - \ 38,65568 \\ \hline 0,01099 \end{array} \qquad \frac{0,01099}{0,07019} \cdot 0,00100 = 0,0001566$$

$$l = 1,102 + 0,0001566 = 1,1021566$$

$$A_2 = 1,1021566 \cdot 180,00 = 198,388$$

In der Praxis werden nun die nächstliegenden runden Werte für die Parameter verwendet. Damit wird zwar das angestrebte Längenverhältnis geringfügig verändert, aber die Berechnung vereinfacht. Im Beispiel werden gewählt

$$A_1 = 140,00 \quad \text{und} \quad A_2 = 200,00$$

Die vergleichende Berechnung zeigt, daß die Abweichungen sehr gering sind und für die Trassierung keine Schwierigkeiten bedeuten. Im Beispiel ist nach genauer Berechnung

$$L_1 = 109,328 \quad \text{und} \quad L_2 = 218,655 \text{ m}$$

und für die gewählten runden Parameter

$$L_1 = 108,889 \quad \text{und} \quad L_2 = 222,222 \text{ m}$$

Die Berechnung aller weiteren Werte erfolgt wie beim einfachen Übergangsbogen (siehe Abschnitt 4.2.3.1). Ist $m = 1$, ergibt das die symmetrische Form der Klothoidenberechnung des Übergangsbogens, und diese kann in der Tabelle der Abb. 55 erfolgen. Beim $m \neq 1$ liegt die unsymmetrische Form vor, und für die Berechnung kann die Tabelle der Abb. 57 verwendet werden.

Die Scheitelklothoide als Spezialfall der Verbundkurve entsteht, wenn die beiden Klothoidenstücke am gemeinsamen Radius zusammenstoßen und somit $L_B = \alpha = n = 0$ ist. Damit werden die Beziehungen der Verbundkurve sehr vereinfacht. Je nach den vorgegebenen Bedingungen kann beim Längenverhältnis $L_1 : L_2 = 1 : m$ die Größe m gleich oder ungleich 1 sein. Bei $m = 1$ gibt das für die Klothoiden den gleichen Parameter, und man spricht von der symmetrischen Scheitelklothoide, während $m \neq 1$ zur unsymmetrischen Scheitelklothoide führt.

Die Anwendung der Scheitelklothoide wird oft aus zwei Gründen abgelehnt. Erstens, weil wegen des fehlenden Kreisbogens für den Kraftfahrer ein Ruhepunkt fehlt, denn die Lenkung muß im gemeinsamen Berührungspunkt unmittelbar von einem Drehsinn in den anderen übergehen. Zweitens wegen der Ausbildung der Anrampung. Bei Klothoiden erstreckt sich die Anrampung meist auf die ganze Länge L, und so wechselt die Anrampung unmittelbar vom Steigen ins Fallen. Dieser Wechsel kann besonders bei engen Kurven vom Auge als Knick wahrgenommen werden.

Bei großen Kurven mit $R_s > 500$ m und kleinem Richtungsänderungswinkel der Tangenten steht der Anwendung von Scheitelklothoiden nichts im Wege, da hier keines der beiden Gegenargumente einen wirklichen Sinn hat. Einmal ist in großen Kurven der Lenkungseinschlag sehr gering, und zum anderen ist die Anrampung so flach, daß kein Knick feststellbar ist. Außerdem ist bei der Anrampung der Abschnitt „Anrampung und Verwindung" in der RAS-L zu beachten. Für die *symmetrische Scheitelklothoide* werden die Beziehungen sehr einfach

$$L_1 = L_2 = L \qquad \tau_1 = \tau_2 = \tau = \frac{\gamma}{2} \qquad T_1 = T_2 = T \qquad A_1 = A_2 = A$$

Die Winkelhalbierende am Schnittpunkt der beiden Geraden fällt mit dem Endradius der Klothoidenäste zusammen, der gleichzeitig der Mindestradius min$R$ dieses Bogens ist und auch als Stoßradius R_s bezeichnet wird (Abb. 50 und 59).

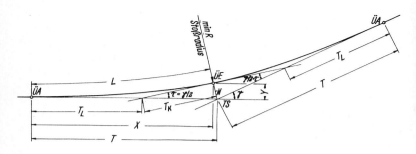

Abb. 59 Die Beziehungen bei der symmetrischen Scheitelklothoide

In der Praxis sind meist folgende Werte gegeben oder der graphischen Lösung entnommen:

1. Der Tangentenschnittwinkel τ und der Stoßradius min R.
   Entsprechend dem bekannten Verhältnis $\tau = \gamma/2$ wird der Winkel τ errechnet, mit dem man in die Tafel der Einheitsklothoide geht und alle Werte bestimmt. Wie aus der Zeichnung (Abb. 59) hervorgeht, kann die Tangentenlänge folgendermaßen berechnet werden:

$$T = X + Y \cdot \tan \gamma$$

oder

$$T = T_{\mathrm{L}} + \frac{T_{\mathrm{K}}}{\cos \tau}$$

Zahlenbeispiel.   Geg.: $\gamma = 29{,}092$ gon   min $R = 450{,}00$ m

$$\tau = \frac{\gamma}{2} = \frac{29{,}092}{2} = 14{,}546 \text{ gon}$$

Im Klothoiden-Taschenbuch liegt dieser Wert zwischen Nr. 491 und Nr. 492, es muß interpoliert werden.

$$\begin{array}{c} 14{,}546 \\ - \ 14{,}503 \\ \hline 0{,}043 \end{array} \qquad \frac{0{,}0430}{0{,}0828} \cdot 0{,}0019231 = 0{,}0009987$$

$$\frac{A}{R} = 0{,}675000 + 0{,}0009987 = 0{,}6759987$$

$$A = 0{,}6759987 \cdot 450{,}000 = 304{,}199$$

Die Berechnung aller anderen Werte erfolgt wie beim einfachen Übergangsbogen.
Im *Kasper/Schürba/Lorenz* wird für $\tau = 14{,}546$ der Wert $l = 0{,}676$ abgelesen.

$$
\begin{aligned}
A &= 0{,}676 &&\cdot\ 450{,}000 &&= 304{,}200 \text{ m} \\
L &= 0{,}676 &&\cdot\ 304{,}200 &&= 205{,}639 \text{ m} \\
\Delta R &= 0{,}012848 &&\cdot\ 304{,}200 &&= 3{,}908 \text{ m} \\
X_M &= 0{,}337413 &&\cdot\ 304{,}200 &&= 102{,}641 \text{ m} \\
X &= 0{,}6724794 &&\cdot\ 304{,}200 &&= 204{,}568 \text{ m} \\
Y &= 0{,}0512942 &&\cdot\ 304{,}200 &&= 15{,}604 \text{ m} \\
T_K &= 0{,}226460 &&\cdot\ 304{,}200 &&= 68{,}889 \text{ m} \\
T_L &= 0{,}451905 &&\cdot\ 304{,}200 &&= 137{,}470 \text{ m}
\end{aligned}
$$

$$
T = X + Y \tan \tau = 204{,}5682 + 3{,}6286 = 208{,}197 \text{ m}
$$

$$
T = T_L + \frac{T_K}{\cos \tau} = 137{,}4695 + 70{,}7273 = 208{,}197 \text{ m}
$$

Wenn der Stoßradius nicht genau vorgeschrieben ist, sondern nur als Richtwert dient, kann ein runder Wert für A gewählt werden; dann wird natürlich der Wert für R unrund.

Im Beispiel wäre für $A = 300{,}000$ der Stoßradius

$$
R = \frac{A}{l} = \frac{30{,}000}{0{,}676} = 443{,}787 \text{ m}
$$

Für die Berechnung der Scheitelklothoiden können die Formulare „Klothoidenberechnung (symmetrische Form)" und „Klothoidenberechnung (unsymmetrisehe Form)" benutzt werden (Abb. 55 und 57). Die Zeilen für den Kreisbogen bleiben dann leer.

2. Der Tangentenschnittwinkel γ und die Klothoidenlänge L.
Auch in diesem Fall geht man mit $\tau = \gamma/2$ in die Tafel der Einheitsklothoide und liest im Klothoiden-Taschenbuch L/R oder im *Kasper/Schürba/Lorenz* l ab. Daraus folgt R als der Stoßradius.
Mit A/R wird dann der Parameter A errechnet.

Zahlenbeispiel.   Geg.: $\gamma = 26{,}8972$ gon $L = 676{,}000$ m

$$
\tau = \frac{\gamma}{2} = \frac{26{,}8972}{2} = 13{,}4486 \text{ gon}
$$

Im Klothoiden-Taschenbuch steht dieser Wert unter Nr. 482 und im *Kasper/Schürba/Lorenz unter !* = 0,650

$$\frac{L}{R} = \frac{l}{r} = 0,422500 \qquad\qquad R = \frac{L}{0,422500} = 1600,000 \text{ m}$$

$$\frac{A}{R} = 0,650000 \quad A = 0,650000 \cdot 1600,00 = 1040,000 \text{ m}$$

Mit R und A errechnet man in gewohnter Weise alle anderen Werte.

Die gleiche Aufgabe kann auch mit der Formel $R = \frac{L}{2\hat{\tau}}$ gelöst werden.

$$\hat{\tau} = 0,015708 \cdot \tau \text{ gon} = 0,015708 \cdot 13,4486 = 0,2112506$$

$$R = \frac{676,000}{0,4225012} = 1600,000 \text{ m}$$

$$A = \sqrt{R \cdot L} = \sqrt{1600,0 \cdot 676,0} = \sqrt{1081600} = 1040,000$$

und dann weiter wie vor.

3. Der Tangentenschnittwinkel γ und die Tangentenlänge T.
   Im Klothoiden-Taschenbuch erfolgt der Tafeleingang mit $\tau = \gamma/2$, und dann sind aus dieser Zeile u. a. auch die Werte X/R und Y/R bekannt. Wie aus der Abb. 59 ersichtlich ist, lautet die Formel für die Tangentenlänge

$$T = X + Y \cdot \tan \tau$$

Dividiert man die Gleichung durch R, so ist

$$\frac{T}{R} = \frac{X}{R} + \frac{Y}{R} \cdot \tan \tau$$

Und nach der Umwandlung ergibt sich

$$R = \frac{T}{\dfrac{X}{R} + \dfrac{Y}{R} \cdot \tan \tau}$$

Da die rechte Seite aus bekannten Größen besteht, kann der Wert für R berechnet werden. Mit diesem R werden alle bereits ermittelten Tafelwerte multipliziert, womit die Aufgabe gelöst ist.

Im *Kasper/Schürba/Lorenz* besteht die Möglichkeit, unmittelbar den Parameter A zu bestimmen.

Die Beziehung $T = X + Y \cdot \tan \tau$

gilt ebenfalls für die Einheitsklothoide und lautet

$t = x + y \cdot \tan \tau$

Der gesuchte Parameter A läßt sich damit aus der Formel

$$A = \frac{T}{t} = \frac{T}{x + y \cdot \tan \tau}$$

errechnen.

Zahlenbeispiel: Geg.: $\gamma = 29{,}4373$ gon $T = 350{,}000$ m

$$\tau = \frac{\gamma}{2} = 14{,}71865 \text{ gon}$$

Dieser Wert findet sich im Klothoiden-Taschenbuch unter Nr. 494.

Es sind $\dfrac{X}{R} = 0{,}459934$ und $\dfrac{Y}{R} = 0{,}035500$, dann ist

$$R = \frac{T}{\dfrac{X}{R} + \dfrac{Y}{R} \cdot \tan \tau} = \frac{350{,}000}{0{,}459934 + 0{,}035500 \cdot 0{,}235410}$$

$$= \frac{350{,}000}{0{,}468291} = 747{,}399 \text{ m}$$

A	$= 0{,}680000$	$\cdot\ 747{,}399$	$=$	$508{,}231$ m
L	$= 0{,}462400$	$\cdot\ 747{,}399$	$=$	$345{,}597$ m
ΔR	$= 0{,}008892$	$\cdot\ 747{,}399$	$=$	$6{,}646$ m
X_M	$= 0{,}230789$	$\cdot\ 747{,}399$	$=$	$172{,}491$ m
X	$= 0{,}459934$	$\cdot\ 747{,}399$	$=$	$343{,}754$ m
Y	$= 0{,}035500$	$\cdot\ 747{,}399$	$=$	$26{,}533$ m
T_K	$= 0{,}154922$	$\cdot\ 747{,}399$	$=$	$115{,}789$ m
T_L	$= 0{,}309135$	$\cdot\ 747{,}399$	$=$	$231{,}047$ m

Im *Kasper/Schürba/Lorenz* findet man $\tau = 14,71865$ gon in der Zeile für $l = 0,680$ und liest ab:

$x = 0,6763742$ und $y = 0,0522055$

$$A = \frac{T}{x + y \cdot \tan \tau} = \frac{350,000}{0,6763742 + 0,0522055 \cdot 0,235410}$$

$$= \frac{350,000}{0,6886639} = 508,231 \text{ m}$$

$$R = \frac{A}{l} = \frac{508,231}{0,680} = 747,399 \text{ m}$$

Die *unsymmetrische Scheitelklothoide* besteht aus zwei Klothoidenästen mit verschiedenen Parametern, die in ihrem Endpunkt zusammenstoßen; hier haben beide den gleichen Radius und eine gemeinsame Tangente (Abb. 60).
Da bei der unsymmetrischen Scheitelklothoide $L_1 \neq L_2$ ist, müssen die Größen für L selbst oder das Verhältnis bekannt sein. Dann können über die vereinfachte Formel der Verbundkurve aus dem Tangentenschnittwinkel γ die Winkel τ_1 und τ_2 errechnet werden.

$$L_1 : L_2 = 1 : m \qquad \tau_1 = \frac{\gamma}{1 + m} \qquad \tau_2 = m \cdot \tau_1$$

Mit den Winkeln τ_1 und τ_2 geht man in die Tafel der Einheitsklothoide. Im Klothoiden-Taschenbuch [15] findet man die Parameter A_1 und A_2 aus dem Tafelwert A/R und im *Kasper/Schürba/Lorenz* [14] aus $A = l \cdot R$. So können auch alle anderen Werte errechnet werden.
Die Tangentenlängen werden mit Hilfe von T_K und T_L ermittelt. Die Hilfsgrößen Z_1 und Z_2 können mit dem Sinussatz bestimmt werden.

$$\frac{Z_1}{(T_{K_1} + T_{K_2})} = \frac{\sin \tau_2}{\sin (200 - \gamma)}$$

$$\sin (200 - \gamma) = \sin \gamma$$

$$Z_1 = \frac{\sin \tau_2 \, (T_{K_1} + T_{K_2})}{\sin \gamma}$$

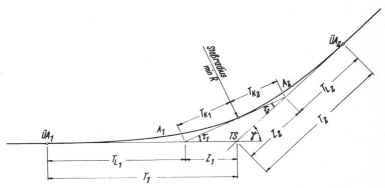

Abb. 60 Die Beziehungen bei der unsymmetrischen Scheitelklothoide

$$T_1 = T_{L_1} + Z_1 = T_{L_1} + \frac{\sin \tau_2 \, (T_{K_1} + T_{K_2})}{\sin \gamma}$$

In der gleichen Weise leitet sich die Formel für T_2 ab:

$$T_2 = T_{L_2} + Z_2 = T_{L_2} + \frac{\sin \tau_1 \, (T_{K_1} + T_{K_2})}{\sin \gamma}$$

Es können folgende Werte gegeben sein, wodurch sich die Aufgaben-stellung ergibt:

1. Das Längenverhältnis $L_1 : L_2 = 1 : m$, der Tangentenschnittwinkel γ und der Stoßradius min R.
   Es werden die Winkel τ_1 und τ_2 als Eingangswerte für die Tafel der Einheitsklothoide bestimmt und mit den dort abgelesenen Werten alle Größen errechnet.

   Zahlenbeispiel: Geg.: $L_1 : L_2 = 1 : 1,5$ $\gamma = 23,377$ gon

   $$\min R = 350,000 \text{ m}$$

$$\tau_1 = \frac{\gamma}{1 + 1,5} = \frac{23,377}{2,5} = 9,3508 \text{ gon}$$

135

$$\tau_2 = m \cdot \tau_1 = 1,5 \cdot 9,3508 \text{ gon} = 14,0262 \text{ gon}$$

2. Der Tangentenschnittwinkel γ und die Längen der Klothoiden L_1 und L_2.
In diesem Fall muß erst das Längenverhältnis $L_1 : L_2$ gebildet werden, und dann erfolgt die weitere Berechnung wie im vorherigen Beispiel Nr. 1.

3. Das Längenverhältnis $L_1 : L_2 = 1 : m$, der Tangentenschnittwinkel γ und eine Tangentenlänge (T_1 oder T_2).

Wie vorher ist $\tau_1 = \dfrac{\gamma}{1 \cdot m}$ und $\tau_2 = m \cdot \tau_1$

Für die Berechnung von A_1 und A_2 müssen die Formeln der Tangentenlängen aus dem unsymmetrischen Übergangsbogen benutzt werden.
Allgemeine Formeln für die Tangentenlängen:

$$T_1 = X_{M_1} + t_1 - d \qquad T_2 = X_{M_2} + t_2 + d$$

4.2.3.3 Wendelinie

Sind zwei Kreisbogenstücke mit gegensinniger Krümmung zu verbinden, so kann das nicht durch eine Gerade in Form der gemeinsamen Tangente geschehen, da dies zu einem unstetigen Krümmungsverlauf führt. Ein stetiger Übergang der Krümmung kann nur durch eine S-Kurve aus Übergangsbogen erreicht werden, die Wendelinie genannt wird. Sie wird gebildet durch Einschalten zweier antisymmetrisch zueinanderliegender Klothoidenäste, die mit ihren Ursprungspunkten ($R = \infty$) aneinanderstoßen (Abb. 47).
In den meisten Fällen benutzt man für die beiden Klothoidenäste der Wendelinie den gleichen Parameter. Es ist aber auch möglich, z. B. wenn Zwangspunkte gegeben sind, verschiedene Parameter zu verwenden. Zur Vollständigkeit sind noch die beiden Klothoiden nötig, die an die Kreisbogen nach außen anschließen. Damit entsteht die Elementenfolge Gerade – Klothoide – Kreis – Wendeklothoide – Kreis – Klothoide – Gerade (Abb. 61).
Nach außen können an die Kreisbogen aber auch wieder Wendelinien anschließen, was bei sehr geschwungener Trassierung oft der Fall ist.

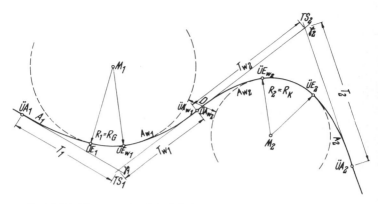

Abb. 61 Die Elemente der Wendelinie

Die Entwurfsaufgabe besteht darin, zu zwei Kreisbogen von bestimmter gegenseitiger Lage die geeignete Wendelinie zu finden oder für eine gewünschte Wendelinie die gegenseitige Lage der Kreise zu bestimmen.

Die Lage zweier gegebener Kreise zueinander ist eindeutig festgelegt durch ihren Mittelpunktsabstand M, der sich aus den beiden Radien und dem Kreisabstand D zusammensetzt: $M = R_1 + D + R_2$. Auch der Kreisabstand D allein genügt zur Kennzeichnung der gegenseitigen Lage der beiden Kreise. Bei den in der Praxis meistens verwendeten großen Radien sind die Kreismittelpunkte weder bei der Konstruktion noch bei der Absteckung zugänglich.

Wenn die Kreismittelpunkte nicht zugänglich sind, so kann die Verbindungslinie $M_1 - M_2$ mit Hilfe von Paßkreisen konstruiert werden. Der auf Folie gezeichnete Paßkreis wird von beiden Seiten so angelegt, daß er beide Kreisbogen tangiert. Die Mittelpunkte m der Paßkreise werden verbunden. Die Verbindungslinie wird halbiert und die Senkrechte errichtet. Sie ist die Verbindung $M_1 - M_2$, und auf ihr kann D abgegriffen werden (Abb. 62).

Der Wendepunkt der Klothoide ist auf der Wendetangente immer um die Strecke E vom Schnittpunkt der Verbindungslinie $M_1 - M_2$ mit der Wendetangente in Richtung zum Bogenanfang des größeren Kreises verschoben.

Für die weitere Berechnung besteht die Bedingung, daß R_1 größer ist als R_2. Wie aus der Abb. 63 zu ersehen ist, ergeben sich folgende Beziehungen:

$$\Sigma X_M = X_{M_1} + X_{M_2}$$

$$\Sigma Y_M = Y_{M_1} + Y_{M_2} = (R_1 + \Delta R_1) + (R_2 + \Delta R_2)$$

$$\tan \varepsilon \ \text{gon} = \frac{\Sigma X_M}{\Sigma Y_M}$$

$$E = (R_1 + \Delta R_1) \cdot \tan \varepsilon - X_{M_1}$$

$$E = X_{M_2} - (R_2 + \Delta R_2) \cdot \tan \varepsilon$$

$$C_1 = \frac{X_{M_1} + E}{\sin \varepsilon} \qquad C_2 = \frac{X_{M_2} - E}{\sin \varepsilon}$$

$$C_1 + C_2 = M = \frac{\Sigma X_M}{\sin \varepsilon}$$

$$D_1 = C_1 - R_1 \qquad D_2 = C_2 - R_2$$

$$D = D_1 + D_2 = M - (R_1 + R_2)$$

Die Bestimmung aller Konstruktionselemente der Wendelinie kann mit Tafelwerten für S-Linien, über ein Diagramm oder über Hilfswerte erfolgen. In der Praxis hat sich gezeigt, daß die meisten Aufgaben mit den genormten S-Linien gelöst werden können. Im *Kasper/Schürba/Lorenz* [14] sind für 19 runde Parameter die Werte D, E und ε tabelliert. Ist die Verwendung der genormten S-Linien nicht möglich, müssen alle Werte errechnet werden. Der Rechengang wird zweckmäßig in eine Tabelle eingetragen (Abb. 64).

Es ergeben sich folgende Lösungsmöglichkeiten:

1. Runde, in den Normen-S-Tafeln bei *Kasper/Schürba/Lorenz* enthaltene Parameter.
In den S-Tafeln sucht man für R_1 und R_2 den Wert D auf, der die Aufgabenstellung erfüllt oder dieser sehr nahe kommt. Dann liest man den runden Wert für den Parameter sowie E und ε gon ab.
Die anderen Werte für die Klothoide entnimmt man entweder der entsprechenden A-Tafel oder R-Tafel im *Kasper/Schürba/Lorenz*. Mit der Berechnung von C_1, C_2, D_1 und D_2 ist die Aufgabe gelöst.

Zahlenbeispiel: Geg.: $R_1 = 600{,}00$ m $R_2 = 450{,}00$ m
D soll etwa 20 m betragen

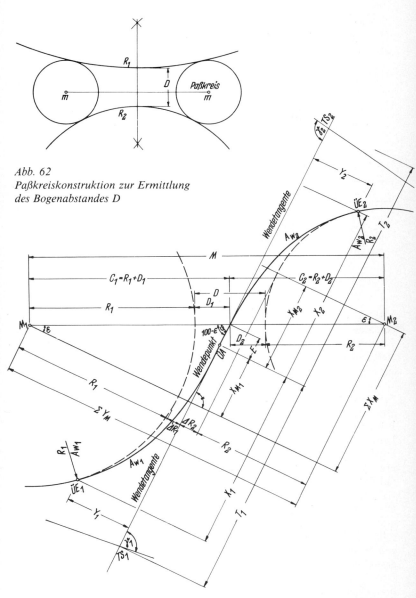

Abb. 62
Paßkreiskonstruktion zur Ermittlung
des Bogenabstandes D

Abb. 63 Die Konstruktion einer Wendelinie

139

In den S-Tafeln sucht man mit den beiden Radien nach einem D, das der Aufgabenstellung entspricht. In der S-Tafel für $A = 300$ findet man diese Bedingungen erfüllt und liest ab:

S-Tafel $A = 300$

R	450	500	550	600	650
400					
450				19,64 10,45 24,68	
500					

Die drei Werte bedeuten:

19,64 m	erste Zeile	Kreisbogenabstand D
10,45 gon	zweite Zeile	Hilfsgröße ε gon
24,68 m	dritte Zeile	Abstand E

Mit R_1, R_2 und A können nun alle Werte für die Wendelinie aus der A-Tafel im *Kasper/Schürba/Lorenz* entnommen werden. Im Klothoiden-Taschenbuch [15] können die Werte über den Tafeleingang A/R aus der Tafel der Einheitsklothoide errechnet werden. Die Zahlenwerte für dieses Rechenbeispiel finden sich in Spalte 1 der Abb. 64.

2. Runde, *nicht* in den Normen-S-Tafeln bei *Kasper/Schürba/Lorenz* enthaltene Parameter.

Findet man für die vorgegebenen Werte R_1, R_2 und D in den S-Tafeln keine passende Lösung, so muß der Parameter berechnet werden. Man kann den Parameter auch näherungsweise durch Klothoidenlineale graphisch ermitteln. Zweckmäßig für das Aufsuchen des Parameters ist ein Diagramm von *Osterloh,* da dieses sehr einfach zu handhaben ist. Aus den bekannten Größen $R_1 = R_g$, $R_2 = R_k$ und D bildet man die Quotienten R_k/R_g und D/R_g. Diese dienen als Eingang in das Diagramm von *Osterloh,* und am Schnittpunkt liest man in der Kurvenschar den Wert A/R_g ab. Auf die Stellenzahl hinter dem Komma ist genau zu achten. Der abgelesene Wert, mit R_g multipliziert, ergibt den gesuchten Parameter A der Wendelinie.

Nun kann man mit der A-Tafel, der R-Tafel oder den Tafeln der Einheitsklothoide alle weiteren Werte bestimmen. Die Werte trägt man zweckmäßig wieder in eine Tabelle ein (Abb. 64).

Zahlenbeispiel: Geg.: $R_1 = 600,00$ m $R_2 = 450,00$ m
$D = 50,00$ m

Man bildet

$$\frac{R_k}{R_g} = \frac{450,00}{600,00} = 0,75 \qquad \frac{D}{R_g} = \frac{50,00}{600,00} = 0,083333$$

Mit dem ersten Wert geht man in die horizontale Leiste des Diagrammes, mit dem zweiten in die senkrechte. Am Schnittpunkt liest man $A/R_g = 0,63$ ab.

Dann ist $A = 0,63 \cdot 600,00 = 378,00$ m

Besteht die Möglichkeit, für A einen runden Wert zu wählen (damit ändert sich D), kann man wieder alle Werte aus der A-Tafel entnehmen. Muß dagegen A in der errechneten Größe verwendet werden, sind alle Werte aus den Tafeln der Einheitsklothoide zu errechnen. Für den gewählten Parameter $A = 375,00$ finden sich alle Werte in Spalte 2 der Abb. 64. Für $A = 378,00$ sind die aus der Tafel der Einheitsklothoide errechneten Werte in Spalte 3 der Abb. 64 eingetragen. Die Abweichung des errechneten $D = 48,707$ von der Forderung $D = 50,00$ ist auf die Ablesegenauigkeit des Diagrammes zurückzuführen.

3. Unrunde Parameter, wenn D genau eingehalten werden muß.
Wenn keine genormte S-Kurve im *Kasper/Schürba/Lorenz* [14] gefunden wird und der Abstand D genau eingehalten werden muß, kann die Errechnung des Parameters über Hilfstafeln erfolgen. Die Hilfstafeln sind ebenfalls im *Kasper/Schürba/Lorenz* vorhanden. Als Tafeleingang müssen folgende Hilfsgrößen gebildet werden:

$$R = \frac{R_1 \cdot R_2}{R_1 + R_2}$$

$$k = \frac{10\,R}{R_1 + R_2}$$

$$\eta = \frac{D}{R}$$

Auch hier ist wieder $R_1 = R_g$ und $R_2 = R_k$. Mit η geht man im *Kasper/Schürba/Lorenz* in die Hilfstafel I und entnimmt d.

141

	Ein-heit	Bezeichnung	Zahlenwert 1	Zahlenwert 2	Zahlenwert 3	Zahlenwert 4
		Klothoidenberechnung (Wendelinie) Bauvorhaben				
			1	2	3	4
1	m	$R_g = R_1$	600,000	600,000	600,000	500,000
2	m	$R_k = R_2$	450,000	450,000	450,000	400,000
3	m	D	19,64	50,000	50,000	48,500
4	m	A_W	300,000	375,000	378,000	338,743
⑤	m	ΔR_1	1,562	3,810	3,933	4,381
⑥	m	L_1	150,000	234,375	238,140	229,494
⑦	gon	τ_1	7,9578	12,4340	12,6337	14,6100
⑧	m	X_{M_1}	74,961	117,039	118,914	114,546
⑨	m	X_1	149,766	233,483	237,204	228,288
⑩	m	Y_1	6,243	15,217	15,709	17,490
⑪	m	T_{K_1}	50,075	78,410	79,679	76,884
⑫	m	T_{L_1}	100,082	156,563	159,089	153,420
⑬	m	ΔR_2	3,697	9,003	9,294	8,533
⑭	m	L_2	200,000	312,500	317,520	286,867
⑮	gon	τ_2	14,1471	22,1048	22,4599	22,8282
⑯	m	X_{M_2}	99,836	155,624	158,103	142,821
⑰	m	X_2	199,015	308,753	313,591	283,200
⑱	m	Y_2	14,763	35,859	37,010	33,975
⑲	m	T_{K_2}	66,982	105,378	107,111	96,809
⑳	m	T_{L_2}	133,680	209,664	213,077	192,549
21	m	$Y_{M_1} = R_1 + \Delta R_1 = ① + ⑤$	601,562	603,810	603,933	504,381
22	m	$Y_{M_2} = R_2 + \Delta R_2 = ② + ⑬$	453,697	459,003	459,294	408,533
23	m	$\Sigma X_M = X_{M_1} + X_{M_2} = ⑧ + ⑯$	174,797	272,663	277,017	257,367
24	m	$\Sigma Y_M = Y_{M_1} + Y_{M_2} = ㉑ + ㉒$	1055,259	1062,813	1063,227	912,914
25	–	$\tan \varepsilon = ㉓ : ㉔$	0,16564	0,25655	0,26054	0,28192
26	m	$E ㉑ \cdot ㉕ - ⑧$	24,681	37,868	38,435	27,648
27	–	$\sin \varepsilon$	0,16341	0,24850	0,25213	0,27134
28	m	$X_{M_1} + E = ⑧ + ㉖$	99,642	154,907	157,349	142,194
29	m	$X_{M_2} - E = ⑯ - ㉖$	75,155	117,756	119,668	115,173
30	m	$C_1 = ㉘ : ㉗$	609,767	623,368	624,079	524,044
31	m	$C_2 = ㉙ : ㉗$	459,917	473,867	474,628	424,460
32	m	$M = C_1 + C_2 = ㉚ + ㉛$	1069,684	1097,235	1098,707	948,504
33	m	$D = ㉜ - ① - ②$	19,684	47,235	48,707	48,504
34	m	$D_1 = C_1 - R_1 = ㉚ - ①$	9,767	23,368	24,079	24,044
35	m	$D_2 = C_2 - R_2 = ㉛ - ②$	9,917	23,867	24,628	24,460
36		Berechnet mit	S-Tafel	Diagramm	Diagramm	Hilfswerte

Abb. 64 Klothoidenberechnung (Wendelinie)

	Einheit	Bezeichnung	Zahlenwert 1	Zahlenwert 2	Zahlenwert 3	Zahlenwert 4
1	m	$R_g = R_1$				
2	m	$R_k = R_2$				
3	m	D				
4	m	A_W				
⑤	m	ΔR_1				
⑥	m	L_1				
⑦	gon	τ_1				
⑧	m	X_{M_1}				
⑨	m	X_1				
⑩	m	Y_1				
⑪	m	T_{K_1}				
⑫	m	T_{L_1}				
⑬	m	ΔR_2				
⑭	m	L_2				
⑮	gon	τ_2				
⑯	m	X_{M_2}				
⑰	m	X_2				
⑱	m	Y_2				
⑲	m	T_{K_2}				
⑳	m	T_{L_2}				
21	m	$Y_{M_1} = R_1 + \Delta R_1 =$ ① + ⑤				
22	m	$Y_{M_2} = R_2 + \Delta R_2 =$ ② + ⑬				
23	m	$\Sigma X_M = X_{M_1} + X_{M_2} =$ ⑧ + ⑯				
24	m	$\Sigma Y_M = Y_{M_1} + Y_{M_2} =$ ㉑ + ㉒				
25	–	$\tan \varepsilon =$ ㉓ : ㉔				
26	m	$E =$ ㉑ · ㉕ – ⑧				
27	–	$\sin \varepsilon$				
28	m	$X_{M_1} + E =$ ⑧ + ㉖				
29	m	$X_{M_2} - E =$ ⑯ – ㉖				
30	m	$C_1 =$ ㉘ : ㉗				
31	m	$C_2 =$ ㉘ : ㉗				
32	m	$M = C_1 + C_2 =$ ㉚ + ㉛				
33	m	$D =$ ㉜ – ① – ②				
34	m	$D_1 = C_1 - R_1 =$ ㉚ – ①				
35	m	$D_2 = C_2 - R_2 =$ ㉛ – ②				
36		Berechnet mit				

Klothoidenberechnung (Wendelinie)
Bauvorhaben ....

Abb. 64a Klothoidenberechnung (Wendelinie)

Besonders zu beachten ist dabei die Interpolationsregel. Liegt das berechnete η in der Tafel näher an dem kleineren Tafelwert, so wird d geradlinig interpoliert. Liegt es genau zwischen beiden Tafelwerten oder näher am größeren, so kann man das d des höheren Tafelwertes direkt ohne Interpolation verwenden.

Nun muß der Tafeleingang δ für die Hilfstafel II bestimmt werden:

$$\delta = \eta - k \cdot d$$

Aus Hilfstafel II entnimmt man, evtl. über Interpolation, den Wert l und erhält A nach der bekannten Beziehung:

$$A = R \cdot l$$

Mit den nunmehr bekannten Werten R_1, R_2 und A können alle Größen der Klothoide wie üblich bestimmt werden.

Zahlenbeispiel: Geg.: $R_1 = 500{,}00$ m $R_2 = 400{,}00$ m
$D = 48{,}50$ m

Die Hilfsgrößen sind:

$$R = \frac{R_1 \cdot R_2}{R_1 + R_2} = \frac{500{,}00 \cdot 400{,}00}{500{,}00 + 400{,}00} = 222{,}2222 \text{ m}$$

$$k = \frac{10 \cdot R}{R_1 + R_2} = \frac{10 \cdot 222{,}2222}{500{,}00 + 400{,}00} = 2{,}4691$$

$$\eta = \frac{D}{R} = \frac{48{,}50}{222{,}2222} = 0{,}218250$$

η liegt in der Tafel zwischen 0,215881 und 0,221453 und damit näher dem kleineren Wert. Es muß interpoliert werden:

Hilfstafel I

l	0	1	2	3	4
1,4					
1,5			0,215881 $d = 1509$	0,221453 $d = 1592$	
1,6					

$$\begin{array}{lll} 0,218250 & 0,221453 & 0,001592 \\ -0,215881 & -0,215881 & -0,001509 \\ \hline 0,002369 & : \quad 0,005572 & = \quad 0,000083 \quad : \quad x \end{array}$$

$$x = \frac{0,002369 \cdot 0,000083}{0,005572} = 0,0000352884$$

$$d = 0,001509 + 0,000035 = 0,001544$$

Damit wird der Tafeleingang für die Hilfstafel II bestimmt.

$$\delta = \eta - k \cdot d = 0,218250 - 2,4691 \cdot 0,001544 = 0,214438$$

In der Hilfstafel II liest man ab.

Hilfstafel II

l	0	1	2	3	4
1,4					
1,5			0,212109 1,8643	0,217473 1,8325	
1,6					

In der zweiten Zeile jedes Tafelkästchens ist der Kehrwert der Tafeldifferenz angegeben, mit dem die Differenz zum berechneten δ-Wert nur multipliziert zu werden braucht, um den Interpolationsbetrag zu erhalten.

$$\begin{array}{r} 0,214438 \\ - \ 0,212109 \\ \hline 0,002329 \end{array} \qquad 0,002329 \cdot 1,8643 = 0,00434195$$

$$l = 1,52 + 0,004342 = 1,524342$$

$$A = R \cdot l = 222,2222 \cdot 1,524342 = 338,743 \ \text{m}$$

Die weitere Berechnung erfolgt mit der Tafel der Einheitsklothoide, wofür man die Tafeleingangswerte errechnet.

$$l_1 = \frac{A}{R_1} = \frac{338,743}{500,00} = 0,677486$$

$$l_2 = \frac{A}{R_2} = \frac{338,743}{400,00} = 0,8468575$$

Die Werte müssen durch Interpolieren gefunden werden.

$$
\begin{aligned}
L_1 &= \quad 0,677486 \cdot 338,743 = 229,494 \ \text{m} \\
\tau_1 &= \quad 14,58907 + 0,486 \cdot 0,04313 = 14,61003 \ \text{gon} \\
\Delta R_1 &= (0,012904 + 0,486 \cdot 0,000058) \cdot 338,743 = \quad 4,381 \ \text{m} \\
X_{M_1} &= (0,337908 + 0,486 \cdot 0,000496) \cdot 338,743 = 114,546 \ \text{m} \\
X_1 &= (0,6734533 + 0,486 \cdot 0,0009738) \cdot 338,743 = 228,288 \ \text{m} \\
Y_1 &= (0,0515211 + 0,486 \cdot 0,0002275) \cdot 338,743 = \quad 17,490 \ \text{m} \\
T_{K_1} &= (0,226802 + 0,486 \cdot 0,000341) \cdot 338,743 = \quad 76,884 \ \text{m} \\
T_{L_1} &= (0,452582 + 0,486 \cdot 0,000676) \cdot 338,743 = 153,420 \ \text{m}
\end{aligned}
$$

$$
\begin{aligned}
L_2 &= \quad 0,8468575 \cdot 338,743 = 286,867 \ \text{m} \\
\tau_2 &= \quad 22,78195 + 0,8575 \cdot 0,05389 = 22,82816 \ \text{gon} \\
\Delta R_2 &= (0,025114 + 0,8575 \cdot 0,000088) \cdot 338,743 = \quad 8,533 \ \text{m} \\
X_{M_2} &= (0,421201 + 0,8575 \cdot 0,000489) \cdot 338,743 = 142,821 \ \text{m} \\
X_2 &= (0,8352300 + 0,8575 \cdot 0,0009365) \cdot 338,743 = 283,200 \ \text{m} \\
Y_2 &= (0,0999966 + 0,8575 \cdot 0,0003506) \cdot 338,743 = \quad 33,975 \ \text{m} \\
T_{K_2} &= (0,285485 + 0,8575 \cdot 0,000355) \cdot 338,743 = \quad 96,809 \ \text{m} \\
T_{L_2} &= (0,567831 + 0,8575 \cdot 0,000689) \cdot 338,743 = 192,549 \ \text{m}
\end{aligned}
$$

Die weitere Berechnung ist in Abb. 64, Spalte 4 enthalten. Aus der

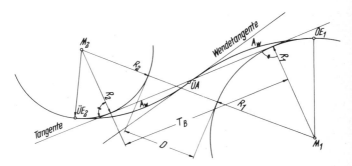

Abb. 65 Der Zusammenhang zwischen berührender Tangente T_B, Wendetangente und Kreisbogenabstand D

Berechnung ergibt sich der Wert D = 48,504 m in der geforderten Größe.

Ist anstelle des Abstandes D die Länge der Kreistangente T_B (berührende Tangente, nicht Wendetangente) bekannt, so ergibt sich daraus der Abstand D gemäß nachstehender Abbildung 65. Es ist

$$[D + (R_1 + R_2)]^2 = (R_1 + R_2)^2 + T_B^2$$

Daraus folgt die Beziehung:

$$D = \sqrt{(R_1 + R_2)^2 + T_B^2} - (R_1 + R_2)$$

4.2.3.4 Eilinie

Bei der Trassierung können lange Kurven wegen topographischer Hindernisse oder vorhandener Bebauung oft nicht mit einem einzigen Kreisradius ausgebildet werden. Wird aber der Radius gewechselt, so entsteht bei unmittelbarer Aneinanderfügung ein Korbbogen. Die Krümmung ist dann unstetig, was besonders bei kleineren Radien vom Auge und beim Befahren festgestellt wird. Zur Erzielung einer stetigen Krümmung schaltet man einen Übergangsbogen ein und bildet damit eine Eilinie (Abb. 48).
Die Eilinie besteht aus zwei gleichgerichteten Kreisbogen verschiedener Radien, die durch ein passendes Klothoidenstück verbunden sind. Die Verbindung ist nur möglich, wenn der kleinere Kreis vollkommen

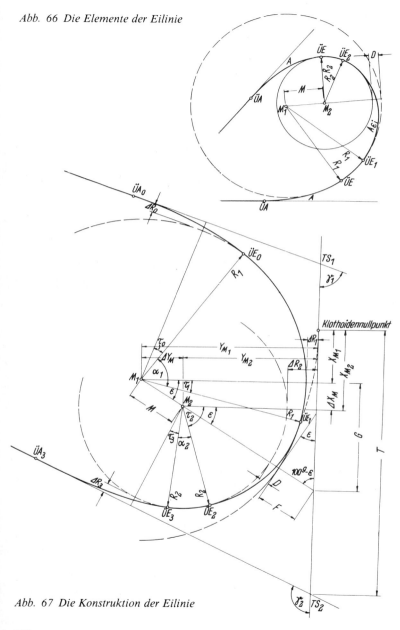

Abb. 66 Die Elemente der Eilinie

Abb. 67 Die Konstruktion der Eilinie

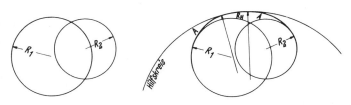

Abb. 68 Die Bogen R_1 und R_2 schneiden sich. Bildung der zweistufigen Eilinie mit einem äußeren Hilfskreis, der die beiden Bogen nicht berühren darf.

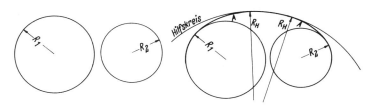

Abb. 69 R_1 und R_2 liegen nebeneinander. Äußerer Hilfskreis für eine zweistufige Eilinie.

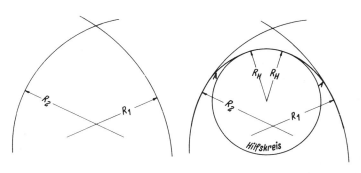

Abb. 70 R_1 und R_2 schneiden sich. Die zweistufige Eilinie kann mit einem inneren Hilfskreis gebildet werden.

innerhalb des größeren liegt, die beiden Kreise weder konzentrisch sind noch sich berühren (Abb. 49). Wie bei der Wendelinie wird der größere Radius mit R_1 und der kleinere mit R_2 bezeichnet. Im Gegensatz zur bisherigen Klothoidenanwendung wird hier das Klothoidenstück nicht von seinem Ursprung ($R = \infty$) an verwendet, sondern nur der Klothoidenteil zwischen den Radien R_1 und R_2 (Abb. 66).

An die beiden Kreise müssen auch nach außen Klothoiden anschließen, und damit ergibt sich folgende Elementenfolge: Gerade – Klothoide – Kreis – Klothoidenstück – Kreis – Klothoide – Gerade (Abb. 66 und 67).

Wenn es in der graphischen Lösung nicht möglich ist, die beiden Radien bedingungsgemäß ineinanderzulegen, d. h. wenn sie sich schneiden oder nebeneinanderliegen, bedient man sich eines Hilfskreises. Der Hilfskreis mit dem Radius R_H erfüllt dann zu den beiden Kreisbogen die Forderung, daß die Kreise ineinanderliegen. Somit wird eine zweistufige Eilinie gebildet (Abb. 68 bis 70).

Die gegenseitige Lage zweier laut Definition ineinanderliegender Kreise ist durch den Mittelpunktsabstand M eindeutig bestimmt. Daraus folgt der Peripherieabstand D. Es ist $D = R_1 - R_2 - M$. Wenn die Kreismittelpunkte nicht zugänglich sind, bedient man sich wie bei der Wendelinie zweier Paßkreise, um D abgreifen zu können.

Aus der Konstruktion der Eilinie leiten sich gemäß Abb. 67 folgende Beziehungen ab:

$$\Delta X_M = X_{M_2} - X_{M_1}$$

$$\Delta Y_M = Y_{M_1} - Y_{M_2} = (R_1 + \Delta R_1) - (R_2 \cdot \Delta R_2)$$

$$\tan \varepsilon = \frac{\Delta X_M}{\Delta Y_M} \qquad \sin \varepsilon = \frac{\Delta X_M}{M}$$

$$M = \sqrt{\Delta X_M^2 + \Delta Y_M^2}$$

$$D = R_1 - R_2 - M = R_1 - R_2 - \sqrt{\Delta X_M^2 + \Delta Y_M^2}$$

$$F = \frac{Y_{M_2}}{\cos \varepsilon} - (R_2 + D)$$

$$G = Y_{M_1} \cdot \tan \varepsilon$$

$$L_{Ei} = L_2 - L_1$$

Wie bei der Wendelinie können auch bei der Eilinie alle Konstruktionselemente mit Tafeln für Eilinien, über ein Diagramm oder über

	Ein-heit	Bezeichnung	Zahlenwert	Zahlenwert	Zahlenwert	Zahlenwert
		Klothoidenberechnung (Eilinie) Bauvorhaben				
			1	2	3	4
1	m	$R_g = R_1$	600,000	500,000	600,000	
2	m	$R_k = R_2$	400,000	350,000	350,000	
3	m	D	1,503	0,500	5,500	
4	m	A_{Ei}	500,000	375,000	530,0667	
⑤	m	ΔR_1	12,004	6,573	15,146	
⑥	m	L_1	416,667	281,250	468,286	
⑦	gon	τ_1	22,1048	17,9049	24,8434	
⑧	m	X_{M_1}	207,499	140,255	232,959	
⑨	m	X_1	411,671	279,033	461,205	
⑩	m	Y_1	47,812	26,219	60,255	
⑪	m	T_{K_1}	140,504	94,462	158,395	
⑫	m	T_{L_1}	279,553	188,283	314,718	
⑬	m	ΔR_2	39,815	18,994	73,216	
⑭	m	L_2	625,000	401,7686	802,776	
⑮	gon	τ_2	49,7359	36,5407	73,00905	
⑯	m	X_{M_2}	306,249	198,707	384,420	
⑰	m	X_2	587,916	388,749	703,432	
⑱	m	Y_2	155,801	75,082	279,231	
⑲	m	T_{K_2}	221,256	138,279	306,354	
⑳	m	T_{L_2}	430,817	272,630	577,402	
21	m	$Y_{M_1} = R_1 + \Delta R_1 =$ ① + ⑤	612,004	506,573	615,146	
22	m	$Y_{M_2} = R_2 + \Delta R_2 =$ ② + ⑬	439,815	368,994	423,216	
23	m	$\Delta X_M = X_{M_2} - X_{M_1} =$ ⑯ − ⑧	98,750	58,452	151,461	
24	m	$\Delta Y_M = Y_{M_1} - Y_{M_2} =$ ㉑ − ㉒	172,189	137,579	191,930	
25	–	$\tan \varepsilon =$ ㉓ : ㉔	0,57350	0,42486	0,78915	
26	m	$\Delta X_M^2 =$ ㉓ · ㉓	9751,562	3416,636	22940,435	
27	m	$\Delta Y_M^2 =$ ㉔ · ㉔	29649,052	18927,981	36837,125	
28	m	$M = \sqrt{㉖ + ㉗}$	198,496	149,481	244,494	
29	m	$D =$ ① − ② − ㉘	1,504	0,519	5,506	
30	–	$\cos \varepsilon =$ ㉔ : ㉘	0,86747	0,92038	0,78501	
31	m	$F =$ ㉒ : ㉚ − ② − ㉘	105,505	50,396	183,616	
32	m	$G = Y_{M_1} \cdot \tan \varepsilon =$ ㉑ · ㉕	350,984	215,223	485,442	
33	m	$L_{Ei} = L_2 - L_1 =$ ⑭ − ⑥	208,333	120,536	334,490	
34		Berechnet mit	0-Tafel	Diagramm	Hilfstafel	

Abb. 71 Klothoidenberechnung (Eilinie)

Hilfswerte ermittelt werden. Im *Kasper/Schürba/Lorenz* [14] sind für 25 runde Parameter und für runde R die Werte D, L_{Ei} und ε in den 0-Tafeln tabelliert. Wenn diese genormten Eilinien nicht verwendet werden können, müssen alle Werte errechnet werden. Für den Rechengang benutzt man eine Tabelle, in die alle Werte eingetragen werden (Abb. 71).

Es ergeben sich folgende Lösungsmöglichkeiten:
1. Runde, in den Normen 0-Tafeln bei *Kasper/Schürba/Lorenz* enthaltene Parameter.
Mit den gegebenen Werten R_1 und R_2 und dem ermittelten (abgegriffenen) Wert für D sucht man in den 0-Tafeln eine Lösung auf, die die Bedingungen genau oder ausreichend erfüllt. Hier liest man den Parameter A, ε gon und L_{Ei} ab.
Die anderen Konstruktionswerte kann man der A-Tafel oder der R-Tafel im *Kasper/Schürba/Lorenz* entnehmen. Mit der Errechnung von F und G ist die Aufgabe gelöst.

Zahlenbeispiel: Geg.: $R_1 = 600,00$ m $R_2 = 400,00$ m
D soll etwa 1,50 m betragen

In den 0-Tafeln sucht man nach einer genormten Eilinie, die der Aufgabenstellung entspricht. In der Tafel für $A = 500$ ist dies der Fall, und man liest ab:

0-Tafel $A = 500$

R	350	375	400	450
550				
600			1,503 33,1489 208,333	
650				

Die drei Werte bedeuten:

1,503	m	erste Zeile	= Kreisbogenabstand D
33,1489	gon	zweite Zeile	= Hilfsgröße ε gon
208,333	m	dritte Zeile	= Länge des Klothoidenstückes L_{Ei}

Mit A, R_1 und R_2 können alle Werte für die Eilinie der A-Tafel im *Kasper/Schürba/Lorenz* entnommen werden. Die Zahlenwerte dieses Beispiels sind in der Abb. 71, Spalte 1 eingetragen.

2. Runde, *nicht* in den Normen-0-Tafeln bei *Kasper/Schürba/Lorenz* enthaltene Parameter.

Wenn sich für die vorgegebenen Werte R_1, R_2 und D in den 0-Tafeln keine brauchbare Lösung findet, muß man den Parameter berechnen. Dazu kann man für die Eilinie ein ähnliches Diagramm von *Osterloh* benutzen, wie es bei der Wendelinie geschehen ist.

Aus den bekanntrn Größen $R_1 = R_g$, $R_2 = R_k$ und D bildet man die Quotienten R_k/R_g und D/R_g. Diese dienen als Eingang in das Diagramm für die Eilinie, und am Schnittpunkt liest man in der Kurvenschar den Wert A/R_g ab. Auf die Stellenzahl hinter dem Komma ist genau zu achten. Der abgelesene Wert, mit R_g multipliziert, ergibt den gesuchten Parameter A für die Eilinie.

Man kann nun mit der A-Tafel, der R-Tafel oder den Tafeln der Einheitsklothoide alle weiteren Werte bestimmen. Zweckmäßig trägt man diese in eine Tabelle ein (Abb. 71).

Zahlenbeispiel: Geg.: $R_1 = 500,00$ m $R_2 = 350,00$ m
$$D = \quad 0,50 \text{ m}$$

Man bildet

$$\frac{R_k}{R_g} = \frac{350,00}{500,00} = 0,70 \qquad \frac{D}{R_g} = \frac{0,50}{500,00} = 0,001$$

In der horizontalen Leiste des Diagrammes sucht man den ersten, in der senkrechten den zweiten Wert auf. Am Schnittpunkt liest man $A/R_g = 0,75$ ab.

Dann ist $A = 0,75 \cdot 500,00 = 375,00$ m.

Alle anderen Werte können wieder der A-Tafel oder der R-Tafel im *Kasper/Schürba/Lorenz* entnommen werden. Für dieses Beispiel sind die gefundenen Werte in Abb. 71, Spalte 2 eingetragen. Stehen die A-Tafeln und die R-Tafeln nicht zur Verfügung, muß man die Werte aus der Tafel der Einheitsklothoide mit dem Tafeleingang $l = A/R$ errechnen.

3. Unrunde Parameter, wenn D genau eingehalten werden muß.

Wenn keine genormte Eilinie in den 0-Tafeln im *Kasper/Schürba/Lorenz* gefunden wird und der Abstand D genau eingehalten werden muß, kann die Errechnung des Parameters über Hilfstafeln erfolgen. Die Hilfstafeln sind ebenfalls im *Kasper/Schürba/Lorenz* vorhanden. Als Tafeleingang müssen folgende Hilfsgrößen gebildet werden:

$$R = \frac{R_1 \cdot R_2}{R_1 - R_2}$$

$$k = \frac{R}{R_1 - R_2}$$

$$\eta = \frac{D}{R}$$

Auch hier ist wieder $R_1 = R_g$ und $R_2 = R_k$. Mit η geht man im *Kasper/Schürba/Lorenz* in die Hilfstafel III und entnimmt d.

Besonders zu beachten ist dabei die Interpolationsregel. Liegt das berechnete η in der Tafel näher an dem kleineren Tafelwert, so wird d geradlinig interpoliert. Liegt es genau zwischen beiden Tafelwerten oder näher am größeren, so kann man das d des höheren Tafelwertes direkt ohne Interpolation verwenden.

Nun muß der Tafeleingang δ für die Hilfstafel II bestimmt werden:

$$\delta = \eta + k \cdot d$$

Aus der Hilfstafel II entnimmt man, evtl. über Interpolation, den Wert l und erhält A nach der bekannten Beziehung:

$$A = R \cdot l$$

Mit den nunmehr bekannten Werten R_1, R_2 und A können alle Größen der Klothoide wie üblich bestimmt werden.

Zahlenbeispiel: Geg.: $R_1 = 600,00$ m $R_2 = 350,00$ m
$D = 5,50$ m

Die Hilfsgrößen sind:

$$R = \frac{R_1 \cdot R_2}{R_1 - R_2} = \frac{600,00 \cdot 350,00}{600,00 - 350,00} = 840,000 \text{ m}$$

$$k = \frac{R}{R_1 - R_2} = \frac{840,00}{250,00} = 3,360$$

$$\eta = \frac{D}{R} = \frac{5,50}{840,00} = 0,0065476$$

154

η liegt in der Tafel zwischen 0,006149 und 0,006554, also näher dem größeren Wert. Nach der Interpolationsregel kann der größere Wert für d ohne Interpolation verwendet werden. Es ist $d = 0,000015$.

Hilfstafel III

l	0	1	2	3	4
0,5					
0,6			0,006149	0,006554	
			13	15	
0,7					

Damit wird der Tafeleingang für die Hilfstafel II bestimmt.

$$\delta = \eta + k \cdot d = 0,0065476 + 3,360 \cdot 0,000015 = 0,006598$$

In der Hilfstafel II liest man ab:

Hilfstafel II

l	0	1	2	3	4
0,5					
0,6			0,006554	0,006980	
			23,474	22,422	
0,7					

In der zweiten Zeile jedes Tafelkästchens ist der Kehrwert der Tafeldifferenz angegeben, mit dem die Differenz zum berechneten δ-Wert nur multipliziert zu werden braucht, um den Interpolationsbetrag zu erhalten.

$$\begin{array}{r} 0,006598 \\ - \ 0,006554 \\ \hline 0,000044 \end{array}$$

$0,000044 \cdot 23,474 = 0,001032856$

$$l = 0,63 + 0,001033 = 0,631033$$

$$A = R \cdot l = 840,00 \cdot 0,631033 = 530,0677 \text{ m}$$

Die weitere Berechnung erfolgt mit der Tafel der Einheitsklothoide, wofür man die Tafeleingangswerte errechnet.

$$l_1 = \frac{A}{R_1} = \frac{530,0677}{600,00} = 0,883446$$

$$l_2 = \frac{A}{R_2} = \frac{530,0677}{350,00} = 1,514479$$

Die Werte müssen durch Interpolation gefunden werden.

$$
\begin{aligned}
L_1 &= 0,883446 \cdot 530,0677 = 468,286 \text{ m} \\
\tau_1 &= 24,81827 + 0,446 \cdot 0,05625 = 24,84336 \text{ gon} \\
\Delta R_1 &= (0,028531 + 0,446 \cdot 0,000096) \cdot 530,0677 = 15,146 \text{ m} \\
X_{M_1} &= (0,439273 + 0,446 \cdot 0,000487) \cdot 530,0677 = 232,959 \text{ m} \\
X_1 &= (0,8696744 + 0,446 \cdot 0,0009248) \cdot 530,0677 = 461,205 \text{ m} \\
Y_1 &= (0,1135046 + 0,446 \cdot 0,0003805) \cdot 530,0677 = 60,255 \text{ m} \\
T_{K_1} &= (0,298661 + 0,446 \cdot 0,000359) \cdot 530,0677 = 158,395 \text{ m} \\
T_{L_1} &= (0,593423 + 0,446 \cdot 0,000693) \cdot 530,0677 = 314,718 \text{ m}
\end{aligned}
$$

$$
\begin{aligned}
L_2 &= 1,514479 \cdot 530,0677 = 802,776 \text{ m} \\
\tau_2 &= 72,96286 + 0,479 \cdot 0,09642 = 73,00905 \text{ gon} \\
\Delta R_2 &= (0,138002 + 0,479 \cdot 0,000256) \cdot 530,0677 = 73,216 \text{ m} \\
X_{M_2} &= (0,725039 + 0,479 \cdot 0,000397) \cdot 530,0677 = 384,420 \text{ m} \\
X_2 &= (1,3268636 + 0,479 \cdot 0,0004113) \cdot 530,0677 = 703,432 \text{ m} \\
Y_2 &= (0,5263465 + 0,479 \cdot 0,0009115) \cdot 530,0677 = 279,231 \text{ m} \\
T_{K_2} &= (0,577664 + 0,479 \cdot 0,000605) \cdot 530,0677 = 306,354 \text{ m} \\
T_{L_2} &= (1,088839 + 0,479 \cdot 0,000961) \cdot 530,0677 = 577,402 \text{ m}
\end{aligned}
$$

Die weitere Berechnung ist in Abb. 71, Spalte 3 enthalten.

4.2.3.5 Korbklothoide

Die Korbklothoide entsteht durch die Hintereinanderschaltung mehrerer gleichsinnig gekrümmter Teile von Klothoiden unterschiedlicher Parameter. Notwendig wird die Korbklothoide bei beengten Verhältnissen, wobei fast nur die zweiteilige, höchstens die dreiteilige Korbklothoide verwendet wird. Laut RAS-L ist die Korbklothoide nach Möglichkeit zu vermeiden [11]. Eine dreiteilige Korbklothoide ist in Abb. 51 dargestellt.

Die Bildung der Korbklothoide erfolgt zuerst am besten graphisch. Da sie besonders bei beengten Verhältnissen benutzt wird, ist die graphische Lösung sehr sorgfältig auszuführen. Mit den verwendeten Parametern und dem Radius des anschließenden Bogens können alle Werte aus den Klothoidentafeln entnommen und die besonderen Größen der Korbklothoide errechnet werden.

Für die zweiteilige Korbklothoide ergeben sich, wie aus Abb. 72 ersichtlich ist, folgende Beziehungen:

$$\tau_{Ko} = \tau_a + \tau_c - \tau_b = \varepsilon + \tau_c$$

$$\varepsilon = \tau_a - \tau_b$$

$$\Delta R_{Ko} = Y_{Ko} - R\,(1 - \cos \tau_{Ko})$$

$$L_{Ko} = L_a + L_c - L_b$$

$$X_{Ko} = X_a - \sin \varepsilon\,(Y_c - Y_b) + \cos \varepsilon\,(X_c - X_b)$$

$$Y_{Ko} = Y_a + \sin \varepsilon\,(X_c - X_b) + \cos \varepsilon\,(Y_c - Y_b)$$

$$X_{M_{Ko}} = X_{Ko} - R \cdot \sin \tau_{Ko}$$

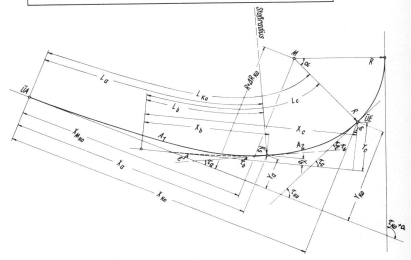

Abb. 72 Die Konstruktion einer zweiteiligen Korbklothoide

4.2.4 Trassenverbesserungen beim Zwischenausbau

Die Haushaltsansätze aller Straßenbauverwaltungen weisen einen immer höheren Prozentsatz der Mittel für die Straßenunterhaltung und für Ausbaumaßnahmen aus. Dafür sinkt der Anteil für Neubauten. Da gleichzeitig die Gesamtmittel kaum noch zunehmen, muß noch stärker als bisher auf Wirtschaftlichkeit höchster Wert gelegt werden. So muß beim Zwischenausbau mit dem geringsten Aufwand die größtmögliche Verbesserung für Leistungsfähigkeit und Sicherheit angestrebt werden. Während bisher die meisten Straßenbauingenieure mit der Planung neuer Straßen beschäftigt waren, werden sich in Zukunft viele Planer mit dem Problem des Ausbaues und der Unterhaltung befassen müssen. Dabei sind in größerem Umfang Zwangspunkte zu beachten, um Bestehendes zu erhalten und zu verbessern. Zwei Ziele stehen bei diesen Arbeiten im Vordergrund: Verbesserung der Leistungsfähigkeit und Erhöhung der Verkehrssicherheit.

Die Leistungsfähigkeit kann auf vielerlei Art verbessert werden:

1. Verbreiterung des Querschnittes unter Beibehaltung der Zahl der Fahrstreifen. Zahlreiche Straßen weisen noch alte Querschnitte auf, die nicht den Erfordernissen des modernen Straßenverkehrs entsprechen, und andere sind dem inzwischen gestiegenen Verkehrsaufkommen nicht mehr gewachsen. Die Verbreiterung darf sich nicht auf ein Hinzuaddieren einer bestimmten Straßenbreite beschränken, sondern muß auch Trassenverbesserungen einschließen (Abb. 73).

2. Erhöhung der Zahl der Fahrstreifen. Ist der Verkehr so angestiegen, daß die vorhandenen Fahrstreifen nicht ausreichen, so ist deren Zahl zu erhöhen. Dabei ist zu beachten, daß bei Erweiterung von zwei auf vier Fahrstreifen eine Richtungstrennung durch Mittelstreifen erfolgen muß und oft auch noch andere Umbauten notwendig werden, z. B. planfreie Knotenpunkte.

3. Anbau von Zusatzstreifen. Bei langen Abschnitten größerer Steigung kann die Anfügung eines Zusatzstreifens in Bergrichtung für den Schwerverkehr einen flüssigeren Verkehrsablauf erbringen. Dabei soll dieser Streifen zu Zeiten ohne Schwerverkehr (Wochenende) von anderen Fahrzeugen benutzt werden können (Abschnitt 3.2.2).

4. Verwendung größerer Radien bei Kurven. Die Beseitigung enger Kurven erhöht nicht nur die Leistungsfähigkeit, sondern trägt auch zu größerer Sicherheit bei. Auch lassen sich mehrere Kurven hintereinander oft zu einer Kurve mit größerem Radius umbauen.

Bei gleichzeitiger Straßenverbreiterung ist ein flacherer Bogen schon dadurch erreichbar, daß die gesamte Verbreiterung nur in den Innenbogen gelegt wird. Dazu ein Beispiel am Ende dieses Abschnittes.

5. Vorschalten von Klothoiden bei Kurven. Bei alten Straßen und selbst bei den Autobahnen, die in den dreißiger Jahren gebaut worden sind, haben die Kreisbogen keine Klothoide als Übergangsbogen. Die Vorschaltung von Klothoiden bringt nicht nur eine Verbesserung für den Verkehrsfluß, sondern auch für den optischen Eindruck der Straße, weil kein Knickpunkt mehr sichtbar ist.

6. Verminderung der Längsneigung in der Gradiente. Dies ist oft dadurch möglich, daß mehrere unterschiedliche Längsneigungen hintereinander zu einer Neigung zusammengefaßt werden. Die dadurch entstehenden Erdarbeiten stehen in keinem Verhältnis zu dem Vorteil, wenn so die Strecke für den Schwerverkehr annehmbar wird.

7. Kuppen- und Wannenausrundungen mit größeren Halbmessern. Bei Kuppen kann dadurch die Sicht verbessert werden, und bei Wannen wirkt es sich im Fahrkomfort aus. Oft können auch mehrere gleichartige Gefällewechsel zu einer Ausrundung zusammengefaßt werden, ohne daß dadurch erhebliche Erdarbeiten notwendig sind. Ein Beispiel dazu findet sich unter Abschnitt 4.3.3.5. Auf jeden Fall bringt die Verwendung größerer Halbmesser eine optische Verbesserung.

8. Anbau von Verzögerungs- und Beschleunigungsstreifen an Aus- und Einfahrten von Autobahnen und Knotenpunkten. Dadurch wird das den Verkehrsfluß hemmende Abbremsen ausfahrender Fahrzeuge in der Hauptfahrbahn vermieden, und das Einfädeln in der Zufahrt erfolgt reibungsloser.

Zur Erhöhung der Verkehrssicherheit tragen bei:

9. Verbesserung der Verkehrsführung an Knotenpunkten. Dazu gehören besonders die Anlage von Linksabbiegestreifen und der Einbau von Inseln. Auch die Vereinheitlichung der Knotenpunktsformen nach der RAS-K trägt zur Sicherheit bei. Wichtig ist auch die Anbringung von Vorwegweisern. Durch Bepflanzung kann die Erkennbarkeit des Knotenpunktes erleichtert werden.

10. Umbau von Knotenpunkten. Die Verbesserung der Führung der Straße in Verbindung mit anderer Einstufung im Straßennetz hat in manchen Fällen auch zur Folge, daß bisher plangleiche Knotenpunkte in planfreie umgebaut werden müssen.

11. Beseitigung schienengleicher Bahnübergänge. Bei jedem Straßenausbau sind noch vorhandene schienengleiche Bahnübergänge zu beseitigen, wenn sicher ist, daß die Eisenbahnlinie in Zukunft weiter betrieben wird.

12. Verbesserung der Sichtverhältnisse. Durch Zurücksetzen von Böschungen, Abbruch störender Bauwerke, Beseitigen von Buschwerk lassen sich die Sichtverhältnisse wesentlich verbessern. Auch die zur Steigerung der Leistungsfähigkeit unter 4 und 7 beschriebenen Maßnahmen tragen zu besseren Sichtverhältnissen bei.

13. Pflanzungen im Straßenbereich als Blendschutz, Windschutz und zur optischen Führung dienen nicht nur der Erhöhung der Verkehrssicherheit, sondern fügen die Straße auch besser in das Landschaftsbild ein. Einzelheiten dazu in Abschnitt 4.7.3.

14. Verbesserung der Straßenentwässerung. Ausreichendes Längs- und Quergefälle und Ableitung des gesammelten Wassers beseitigen die Gefahr des Aquaplaning.

Selbstverständlich erbringen auch die zur Leistungssteigerung unter 1 bis 8 aufgeführten Maßnahmen eine Erhöhung der Verkehrssicherheit.
In einem Beispiel soll gezeigt werden, wie durch geschickte Ausnutzung aller planerischen Möglichkeiten und geringsten Bauaufwand durch Umbau einer bestehenden Kurve eine günstigere Straßenführung erreicht werden kann.
Eine bestehende Straße hat eine befestigte Fahrbahn von 5,50 m und beiderseits Bankette von je 1,50 m, also eine Kronenbreite von 8,50 m. Zur Verbesserung der Leistungsfähigkeit und der Sicherheit muß die Straße ausgebaut werden und den RQ 12 erhalten. Die Verbreiterung soll weitgehend gleich nach beiden Seiten erfolgen, damit die neue Fahrbahn auf der bisherigen Kronenbreite liegt (Abb. 73).
Für eine Kurve ergab die Aufmessung einen Richtungsänderungswinkel γ = 54,00 gon und einen Radius von 120,00 m. Übergangsbogen waren nicht vorhanden. Bei einer ersten Neuberechnung wurde der Radius beibehalten und ein Übergangsbogen mit A = 50,0 vorgeschaltet. Die Ergebnisse der Berechnung finden sich in Spalte 3 der Abb. 55. Diese Lösung entspricht aber nicht den Anforderungen nach Straßenkategorie A III, nach der die ganze Strecke ausgebaut wird.
Entsprechend den Angaben der RAS-L erfolgt die Neuberechnung für V_e = 70 km/h mit R = 150,00 m und A = 90,00 m. Die Zahlenwerte dazu finden sich in Spalte 4 der Abb. 55.
Bei der bisher vorhandenen Kurve mit R = 120,0 m ergibt sich der Abstand der Achse vom Tangentenschnittpunkt zu

$$D_{\text{alt}} = \frac{R}{\cos \frac{\gamma}{2}} - R = \frac{120,00}{0,911403} - 120,00 = 11,665 \text{ m}$$

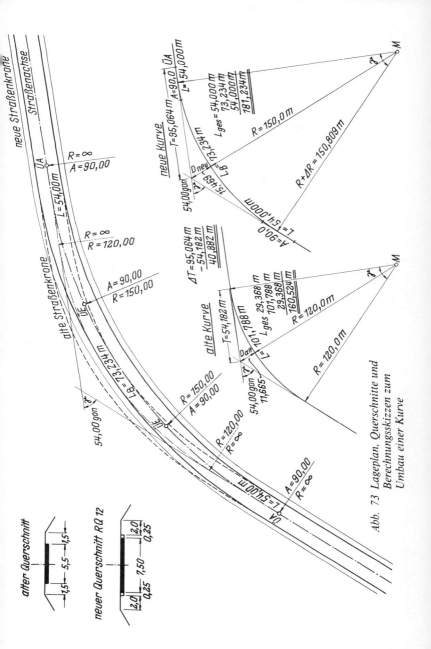

Abb. 73 Lageplan, Querschnitte und
Berechnungsskizzen zum
Umbau einer Kurve

alter Querschnitt

neuer Querschnitt RQ 12

161

Für die Neuberechnung mit $R = 150,0$ m und $A = 90,0$ m beträgt der Abstand

$$D_{\text{neu}} = \frac{R + \Delta R}{\cos \frac{\gamma}{2}} - R = \frac{150,809}{0,911403} - 150,00 = 15,469 \text{ m}$$

Der Unterschied beträgt $\Delta D = 15,469 - 11,665 = 3,804$ m. Davon gehen 1,75 m ab für einseitige Verbreiterung der Fahrbahn, und so verbleiben 2,054 m in der Außenkurve der alten Fahrbahn, die für die neue Kronenbreite nicht benötigt werden. Dieser Streifen ist erforderlich für eine Bepflanzung zur optischen Führung in der Kurve.
Bei der vorhandenen Kurve beträgt die Tangentenlänge

$$T_{\text{alt}} = R \cdot \tan \frac{\gamma}{2} = 120,00 \cdot 0,451517 = 54,182 \text{ m}$$

$$\Delta T = T - T_{\text{alt}} = 95,064 - 54,182 = 40,882 \text{ m}$$

Damit hat die alte Kurve zwischen den neuen Punkten $\ddot{U}A$ eine Länge von

$$
\begin{aligned}
L_{\text{ges (alt)}} &= \Delta T + \gamma \cdot 0,015708 \cdot R + \Delta T \\
&= 40,882 + 54,00 \cdot 0,015708 \cdot 120,00 + 40,882 \\
&= 183,552
\end{aligned}
$$

Die Länge der neuen Achse beträgt

$$
\begin{aligned}
L_{\text{ges (neu)}} &= L + L_B + L \\
&= 54,000 + 73,234 + 54,000 \\
&= 181,234 \text{ m}
\end{aligned}
$$

Die Längendifferenz $\Delta L = 183,552 - 181,234 = 2,318$ m

Die Berechnung zeigt, daß die neue Trasse auch in der Kurve nur den unbedingt notwendigen Grunderwerb erfordert, obwohl der Radius vergrößert wurde. Außerdem ist die neue Achse um 2,32 m kürzer als die alte (Abb. 73).
Ähnliche Verbesserungen lassen sich bei der Grunderneuerung von alten Autobahnen erzielen. Die Verwendung der Klothoide als Übergangsbogen gegenüber dem früher verwendeten doppelten Radius bringt nur geringfügige Veränderungen der Achse, aber Verbesserungen der Optik. Können bei einer Verbreiterung des Querschnittes auch

größere Radien und Parameter verwendet werden, ähnlich dem vorstehenden Beispiel, so läßt sich eine weitere Verbesserung erzielen.

In manchen Fällen können dann sogar bisher vorhandene Zwischengerade wegfallen und dafür Wende- oder Eilinien eingefügt werden.

Die Planung von Umbaumaßnahmen muß den vorhandenen Verkehr während der Baumaßnahme berücksichtigen. Dabei können drei Fälle unterschieden werden:

1. Durch Umleitung wird die Baustrecke vom Verkehr freigehalten.
2. Es braucht nur ein Streifen oder eine Richtung für den Verkehr offengehalten werden. Entweder Einbahnstraße im Baustellenbereich, oder der Verkehr wird durch Signalregelung wechselseitig aufrechterhalten.
3. Der Verkehr muß voll, allerdings auf eingeengten Fahrstreifen und bei begrenzter Geschwindigkeit, durch die Baustelle geleitet werden.

Für das Bauen unter Verkehr nach 2 und 3 sind zusätzliche Pläne für die einzelnen Bauphasen und die dazugehörigen Verkehrsregelungen aufzustellen. Oberstes Gebot ist dabei die größtmögliche Sicherheit sowohl für den Verkehr als auch für die Bauausführenden. Die Richtlinien für die Kennzeichnung und Verkehrsregelung bei Arbeitsstellen an Bundesautobahnen müssen beachtet werden. Sie können sinngemäß auch bei anderen Straßen benutzt werden [11].

4.3 Entwurfselemente im Höhenplan

Der Höhenplan gibt die Führung der Straße im Aufriß wieder. Die Darstellung erfolgt im Normalfall in der Achse der Straße, nur in Sonderfällen wird ein Fahrbahnrand gewählt. Bei getrennten Richtungsfahrbahnen kann auch für jede Richtung ein gesonderter Höhenplan in der Achse jeder Richtungsfahrbahn gewählt werden.

Die Abtragung aller Werte im Höhenplan erfolgt in der x- und y-Richtung des Koordinatensystems. Die Stationierung und damit die Länge der Straße wird nur aus der Trassenberechnung des Lageplanes ermittelt. Die Veränderung der Straßenlänge durch Steigung bzw. Gefälle bleibt unberücksichtigt, weil sie unbedeutend ist. Auch die Tangentenlänge T der Kuppen- und Wannenausrundung wird horizontal und nicht parallel zur Neigung der Gradiente abgetragen.

Der Höhenplan wird grundsätzlich im gleichen Längenmaßstab wie der Lageplan aufgetragen, aber die Höhen werden 1 : 10 überhöht dargestellt. In der Achse der Straße wird die Geländehöhe angegeben, und zwar an jedem Querprofil und zusätzlich an allen Geländeknickpunkten. Je bewegter das Gelände ist, desto dichter müssen die Punkte liegen. Besondere Genauigkeit ist bei kreuzenden Hindernissen, wie Eisenbahnen, anderen Straßen, Wasserläufen, Versorgungsleitungen, Hochspannungen usw., notwendig.

Die Geländehöhen werden beim Vorentwurf aus den Höhenangaben oder Höhenlinien der Karte entnommen. Beim Bauentwurf und besonders für die spätere Abrechnung der Massen sind die Höhen in der abgesteckten Trasse aufzumessen. Wird der Bauentwurf in Lageplänen der Luftbildvermessung mit engen Höhenlinien dargestellt, können diese benutzt werden. Über diesen Längsschnitt des Geländes wird die Gradiente der Straße gezeichnet, die aus geneigten Geraden und Ausrundungen zwischen diesen besteht. Dabei soll man aus Gründen der zügigen Verkehrsführung anstreben, gewählte Längsneigungen auf größeren Strecken durchzuführen und die Ausrundungen mit großen Bogen vorzunehmen.

Trotzdem muß zur Erhaltung des Landschafts- und Stadtbildes sowie zur Verminderung der Baukosten angestrebt werden, die Gradiente möglichst dem Gelände anzupassen.

4.3.1 Straßenlängsneigung

Die Längsneigung ergibt sich aus den Geländeverhältnissen, darf aber bestimmte Höchstmaße, die für die verschiedenen Entwurfsgeschwindigkeiten festgelegt sind, nicht überschreiten. Wenn auch bei größeren Neigungen das Wasser besser und schneller abläuft, so sind doch die Längsneigungen aus Gründen der Verkehrssicherheit, der Betriebskosten- und Energieeinsparung, der Emissionsminderung und der Qualität des Verkehrsablaufes möglichst niedrig zu halten (Abb. 122).

Tritt bei unvermeidbaren größeren Längsneigungen durch Absinken der Geschwindigkeit bei Lkw eine Behinderung des reibungslosen Verkehrsflusses ein, ist die Anlage von Zusatzfahrstreifen zu erwägen (Abschnitt 3.2.2).

Lassen sich bei den Straßen der Kategoriengruppen B und C infolge besonderer topographischer oder städtebaulicher Gegebenheiten weder Querschnitt noch Linienführung ändern oder sind die zwischen Kuppen- und Wannenausrundungen verbleibenden Strecken kurz, so können auch größere Längsneigungen zugelassen werden (Klammerwerte der Abb. 74).

Im Bereich plangleicher Knotenpunkte sind Längsneigungen von mehr als 4 % nach Möglichkeit zu vermeiden. Ebenso sollen in Tunnelstrecken bei Straßen der Kategoriegruppe A die Längsneigungen auf 4 % begrenzt werden. Bei langen Tunnelstrecken ist eine Längsneigung bis

	max s [%] bei Straßen der Kategoriengruppe	
	B	C
V_e = 40 km/h	–	8,0 (12,0)
50 km/h	8,0 (12,0)	7,0 (10,0)
60 km/h	7,0 (10,0)	6,0 (8,0)
70 km/h	6,0 (8,0)	5,0 (7,0)
80 km/h	5,0 (7,0)	–

(. . .) Ausnahmewerte

Abb. 74 Höchst-Längs-Neigungen für die Straßenkategorien B und C

höchstens 2,5 % anzustreben. Größere Längsneigungen im Tunnel erhöhen sowohl die Abgasemission als auch die Unfallgefahr und führen zum Absinken der Lkw-Geschwindigkeiten.

Bei Straßen ohne Borde ist im Verwindungsbereich eine Mindestlängsneigung von min s $\geq$ 0,7 %, besser min s $\geq$ 1,0 % anzustreben, um wasserabflußschwache Zonen zu vermeiden. Auf jeden Fall muß die Straßenlängsneigung so groß wie die Anrampungsneigung (Abschnitt 4.4.4) sein; aus Gründen der Verkehrssicherheit sollte jedoch eine Differenz von 0,2 %, besser 0,5 % angestrebt werden.

Kann die Mindestlängsneigung auch bei Verschiebung des Querneigungsnullpunktes gegenüber dem Klothoidennullpunkt wegen topographischer oder städtebaulicher Gegebenheiten nicht eingehalten werden, so sollte eine Schrägverwindung ausgebildet werden (Abschnitt 4.4.4).

Bei Straßen mit Borden soll eine Längsneigung von min s = 0,5 % für alle Bordrinnen vorhanden sein. Bei geringen Straßenlängsneigungen ist ggf. die Anlage von Pendelrinnen vorzusehen.

Die Längsneigung s wird aus dem Anfangs- und Endpunkt errechnet und in Prozent mit drei Stellen hinter dem Komma angegeben.

$$s = \frac{h_2 - h_1}{l_2 - l_1} \cdot 100\,\% = \frac{\Delta h}{\Delta l} \cdot 100\,\% \qquad [\%]$$

Wenn keine Zwangspunkte vorhanden sind, legt man gern runde Werte für die Längsneigung fest. Die Angabe, ob es sich um Steigung oder Gefälle handelt, erfolgt in Richtung der Stationierung, wobei die niedrigere Station auf jedem Plan immer links ist. Die Darstellung der Neigung erfolgt mit einem Pfeil in Richtung des Gefälles (Abb. 78). Bei

Neigungswechsel $\varphi = \alpha + \beta$

Neigungsänderung $\varphi = \alpha - \beta$

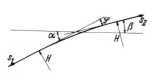 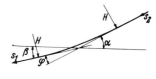

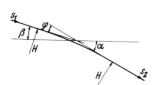 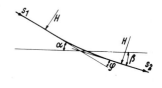

Abb. 75 Formen der
Kuppenausrundungen

Abb. 76 Formen der
Wannenausrundungen

der Festlegung der Längsneigung soll, wenn keine anderen Zwangspunkte eingehalten werden müssen, versucht werden, daß sich Abtragsmassen und Auftragsmassen in etwa ausgleichen. Ist dies nur auf langen Strecken möglich, so kann eine Seitenablagerung oder Seitenentnahme wirtschaftlicher sein als ein Transport der Massen über viele Kilometer. Bei den modernen Erdbaugeräten ist der Massenausgleich nicht mehr zwingend und tritt hinter anderen Forderungen zurück. Wichtiger ist eine flüssige und verkehrsgerechte Führung der Straße. Die Schnittpunkte der Längsneigungen müssen ausgerundet werden, wobei man Kuppen und Wannen unterscheidet. Eine Kuppe entsteht beim Übergang von Steigung in Gefälle, von starker Steigung in flache Steigung und von flachem Gefälle in starkes Gefälle (Abb. 75). Eine Wanne entsteht beim Übergang von Gefälle in Steigung, von flacher Steigung in starke Steigung und vom starkem Gefälle in flaches Gefälle (Abb. 76).

4.3.2 Kuppen- und Wannenausrundung

Die Ausrundung der Kuppen und Wannen erfolgt im Normalfall mit Kreisbogen, die genügend genau als quadratische Parabeln eingerechnet werden. Dabei wird man im Interesse einer geschwungenen Linienführung im Aufriß die Halbmesser möglichst groß wählen, wobei diese aneinanderstoßen können. Auf jeden Fall sind zu kurze Zwischengeraden zu vermeiden. Längere Zwischengeraden sind unbedenklich. In Ausnahmefällen können auch andere Kurven für die Ausrundung gewählt werden. Immer sind die Forderungen der räumlichen Linienführung zu beachten.

Die Mindestwerte für die Kuppenausrundung werden durch die erforderliche Haltesichtweite bestimmt, für die Wannenausrundung sind optische Gründe maßgebend (Abb. 122). Können diese Werte beim Ausbau vorhandener Straßen der Kategoriengruppen B und C wegen städtebaulicher Zwangsbedingungen nicht eingehalten werden, sind Geschwindigkeitsbegrenzungen zu erwägen.

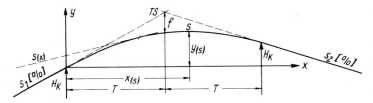

Abb. 77 Ausrundung einer Kuppe bei Neigungswechsel

Zur Berechnung der Ausrundungen werden folgende Formeln verwendet, wobei der Halbmesser mit H bezeichnet wird, um Verwechslungen mit dem Radius R des Lageplanes zu vermeiden (Abb. 77).

Die Tangentenlänge T

$$T = \frac{H}{2} \cdot \frac{s_2 - s_1}{100} = \frac{H}{2} \cdot \frac{m}{100} \qquad [\text{m}]$$

Der Bogenstich f

$$f = \frac{T^2}{2 \cdot H} = \frac{T}{4} \cdot \frac{s_2 - s_1}{100} = \frac{H}{8} \left(\frac{s_2 - s_1}{100}\right)^2 \qquad [\text{m}]$$

Die Ordinate y an der beliebigen Stelle x

$$y_{(x)} = \frac{s_1}{100} \cdot x + \frac{x^2}{2 \cdot H} \qquad \text{[m]}$$

mit der Vorzeichenregel:

Steigung:	positiv	$(+ s_1 \quad + s_2)$
Gefälle:	negativ	$(- s_1 \quad - s_2)$
Wannenhalbmesser:	positiv	$(+ H_w)$
Kuppenhalbmesser:	negativ	$(- H_k)$

H_k H_w Ausrundungshalbmesser [m] T Tangentenlänge [m]

s_1 s_2 Längsneigung der Gradiente [%] f Bogenstich [m]

$y_{(x)}$ Ordinate im beliebigen Punkt [m] y Ordinate [m]

$x_{(x)}$ Abszisse des Scheitelpunktes [m] x Abszisse [m]

M Ausrundungsmitte S Scheitelpunkt

TS Tangentenschnittpunkt

$s_{(x)}$ Längsneigung der Gradienten in einem beliebigen Punkt der Ausrundung [%]

Die Kuppen- und Wannenhalbmesser sollen mindestens so groß sein, daß in keinem Fall der Eindruck einer geknickten Linienführung entsteht. Das kann besonders dann auftreten, wenn nur geringe Längsneigungsdifferenzen vorliegen. Dafür schreibt die RAS-L die nachstehenden Mindestwerte für die Tangentenlänge T [m] vor.

Straßen der Kategoriengruppe	A	B	C
Mindesttangentenlänge T [m]	V_e [km/h]	$0,75 \cdot V_e$	$0,5 \cdot V_e$

Bei schwierigen Kuppen- und Wannenausrundungen und in allen Fällen, bei denen eine ästhetisch befriedigende Linienführung durch die Wahl entsprechender Konstruktionselemente in Lage- und Höhenplan nicht von vornherein sichergestellt ist, empfiehlt es sich, den Verlauf der Trasse durch Perspektiven, Gradientenmodelle und dgl. auf ihre optisch einwandfreie Wirkung zu überprüfen. Siehe dazu auch Abschnitt 4.8.4.

Beispiel einer Gradientenberechnung.
Gegeben sind die Stationen und Höhen der Gefällbrechpunkte eines Längenschnittes. Zu berechnen sind die Längsneigungen, die Ausrundungen und die Gradientenhöhen der gegebenen Zwischenpunkte

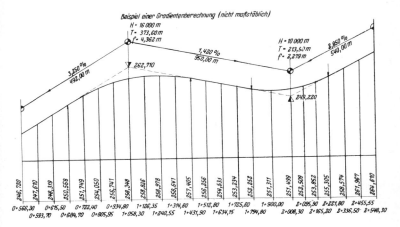

Abb. 78 Skizze zum Beispiel der Gradientenberechnung

(Abb. 78). Aus den Höhen- und Entfernungsdifferenzen werden zuerst die Längsneigungen ermittelt.

$$s_1 = \frac{h_2 - h_1}{l_2 - l_1} \cdot 100\,\% = \frac{262{,}71 - 246{,}72}{1058{,}3 - 566{,}30} \cdot 100\,\% = 3{,}250\,\%$$

$$s_2 = \frac{h_3 - h_2}{l_3 - l_2} \cdot 100\,\% = \frac{249{,}22 - 262{,}71}{2008{,}3 - 1058{,}3} \cdot 100\,\% = -1{,}420\,\%$$

$$s_3 = \frac{h_4 - h_3}{l_4 - l_3} \cdot 100\,\% = \frac{264{,}61 - 249{,}22}{2548{,}3 - 2008{,}3} \cdot 100\,\% = 2{,}850\,\%$$

Der negative Wert für s_2 zeigt an, daß es sich um Gefälle handelt, während positive Ergebnisse Steigungen bedeuten.

Als nächster Schritt folgt jetzt die Berechnung der Ausrundungen für Kuppen und Wannen. Mit dem Ziel einer großzügigen Ausrundung werden $H_k = 16\,000$ m und $H_w = 10\,000$ m gewählt.

$$T_1 = \frac{H}{2} \cdot \frac{m}{100} = \frac{16\,000}{2} \cdot 0{,}0467 = 373{,}60\ \text{m}$$

$$f_1 = \frac{T^2}{2H} = \frac{373{,}60^2}{2 \cdot 16\,000} = 4{,}362\ \text{m}$$

169

$$T_2 = \frac{10\,000}{2} \cdot 0{,}0427 = 213{,}50 \text{ m}$$

$$f_2 = \frac{213{,}50^2}{2 \cdot 10\,000} = 2{,}279 \text{ m}$$

Für die Stationen innerhalb der Ausrundungen sind noch die y-Werte zu berechnen, um die NN-Höhen der Gradiente zu ermitteln. Für Station 0 + 805,95 ist die Entfernung vom Ausrundungsbeginn $(0 + 684{,}70) \cdot x = 121{,}25$ m. Damit wird (Vorzeichenregel beachten):

$$y = \frac{3{,}25}{100} \cdot 121{,}25 - \frac{121{,}25^2}{32\,000} = 3{,}482 \text{ m}$$

Dieser Betrag ist zur NN-Höhe am Ausrundungsbeginn hinzuzuzählen. 250,568 + 3,482 = 254,050 m ist die NN-Höhe der Gradiente. In der gleichen Weise werden alle anderen Höhen berechnet. Da es sich um eine vielfach wiederholende Rechenoperation handelt, wird zweckmäßig mit Rechenprogramm gearbeitet.

4.3.3 Gradientenberechnung bei Zwangsbedingungen

Oft sind beim Entwurf des Höhenplanes Zwangspunkte oder bestimmte Neigungen vorgegeben. Die Aufgabe besteht dann darin, diese Bedingungen genau einzuhalten und die fehlenden Entwurfsteile daraus zu ermitteln.

4.3.3.1 Schnittpunkt zweier Längsneigungen

Immer wieder tritt der Fall auf, daß zwei Längsneigungen unabänderlich festliegen, aber die Werte des Schnittpunktes unbekannt sind. Es müssen also die Station des Schnittpunktes und die dazugehörige Höhe über NN errechnet werden.

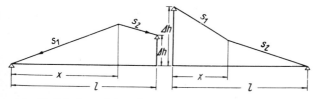

Abb. 79 Schnittpunktberechnung zweier Gradienten

$$x = \frac{l \cdot s_2 - 100 \, \Delta h}{s_2 - s_1} \quad [\text{m}]$$

s Straßenlängsneigung [%]
     bei Steigung (+), bei Gefälle (–) einsetzen

Δh Höhendifferenz [m]
     zunehmende Höhe (+), abnehmende Höhe (–) einsetzen

Zahlenbeispiel:

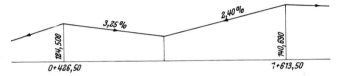

Die Station des Schnittpunktes liegt bei:

Δh = 140,690 – 124,500 = 16,190 m
l = 1613,50 – 426,50   = 1187,00 m

$$x = \frac{1187,0 \left(+ \dfrac{2,40}{100} \right) - 16,19}{\dfrac{+ 2,40 + 3,25}{100}} = \frac{28,488 - 16,19}{+ 0,0565} = 217,6637 \text{ m}$$

426,50 + 217,66 = 0 + 644,16

Der Schnittpunkt hat die Höhe:

$$h = 124,500 + x \left(- \frac{3,25}{100} \right) = 124,500 - 7,074 = 117,426 \text{ m}$$

Weitere Zahlenbeispiele zu diesem Abschnitt finden sich innerhalb des Beispieles unter Nr. 4.3.3.5.

4.3.3.2 Tangenten an die Ausrundungen

Für Knotenpunkte und Einmündungen, aber auch für die Entwässerung wird die Längsneigung an einem bestimmten Punkt der Kuppe oder Wanne gesucht (Abb. 77).
Diese Neigung s_x errechnet sich zu

$$s_{(x)} = s_1 + 100 \ \frac{x}{H} \qquad [\%]$$

Für die Entwässerung ist es äußerst wichtig, den Neigungswechsel bei einer Ausrundung genau ermitteln zu können. Bei einer Wanne muß dann an diesem Tiefstpunkt der Straßenablauf angeordnet werden, weil sonst dort unweigerlich eine Wasserlache entsteht. Die Station des Neigungswinkels $x_{(s)}$ errechnet sich nach folgender Formel

$$x_{(s)} = - \ \frac{s_1 \cdot H}{100} \qquad [m]$$

In Kuppen und Wannen treten im Bereich des Scheitels auf einer

Länge von $L = \dfrac{H}{100}$ Längsneigungen von $s \ \leq \ 0,5 \%$ auf.

In diesem Bereich sind die Entwässerungsmaßnahmen besonders sorgfältig zu planen.

4.3.3.3 Ausschaltung von Zwischengeraden

Ergeben sich bei der Ausrundung der Tangenten des Höhenplanes kurze Zwischengerade, dann ist anzustreben, diese dadurch zu beseitigen, daß man die Ausrundungen aneinanderstoßen läßt. Das geschieht, indem man eine Ausrundung beibehält und dann die Längendifferenz zwischen dieser Ausrundung und dem nächsten Tangentenschnittpunkt als Tangentenlänge für die andere Ausrundung benutzt. Daraus errechnet man den Ausrundungshalbmesser H, der dann allerdings ein unrunder Wert ist.

$$H = \frac{2 \cdot T}{\dfrac{s_2 - s_1}{100}} \quad [m]$$

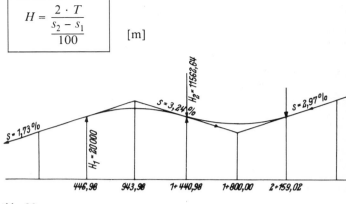

Abb. 80

Zahlenbeispiel:
Der vorgegebene Teil eines Höhenplanes soll für die Kuppe mit H_1 = 20 000 m ausgerundet werden. Die nachfolgende Wanne ist so auszurunden, daß beide Ausrundungen unmittelbar aneinanderstoßen (Abb. 80).

H_1 = 20 000 m

$$T_1 = \frac{H}{2} \quad \frac{s_2 - s_1}{100} = \frac{20\,000}{2}\,(0{,}0173 + 0{,}0324) = 497{,}00 \text{ m}$$

$$f_1 = \frac{T^2}{2H} = \frac{497{,}00^2}{2 \cdot 20\,000} = 6{,}175 \text{ m}$$

943,98 + 497,00 = 1440,98 m, also ist das Ende der Ausrundung der Kuppe bei Station 1 + 440,98.

$$T_2 = 1800{,}00 - 1440{,}98 = 359{,}02 \text{ m}$$

$$H_2 = \frac{2 \cdot T}{\dfrac{s_2 - s_1}{100}} = \frac{2 \cdot 359{,}02}{0{,}0324 + 0{,}0297} = 11\,562{,}64 \text{ m}$$

$$f_2 = \frac{359{,}02^2}{2 \cdot 11562{,}64} = 5{,}5738 \text{ m}$$

173

4.3.3.4 Einhaltung vorgegebener Höhen

Die Verbesserung bestehender Straßenzüge bringt vielmals die Forderung mit sich, bestimmte Höhen im Höhenplan beizubehalten. Das kann u. a. dann sein, wenn eine vorhandene Brücke in die Planung einbezogen werden soll, da sie die Forderungen der Neuplanung erfüllt. In diesem Fall ist die Höhe als f oder y in die Berechnung einzuführen, und daraus sind H und T zu ermitteln.

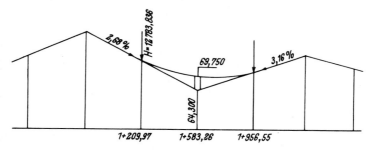

Abb. 81

Zahlenbeispiel:
Eine vorhandene Brücke soll in der Wanne des Höhenplanes berücksichtigt werden. Aus der Höhe im Tangentenschnittpunkt und der Höhe der Brückenoberkante errechnete sich f (Abb. 81).

$$f = 69,750 - 64,300 = 5,450 \text{ m}$$

$$T = \frac{4 \cdot f}{\dfrac{s_2 - s_1}{100}} = \frac{4 \cdot 5,450}{0,0268 + 0,0316} = 373,288 \text{ m}$$

$$H = \frac{2 \cdot T}{\dfrac{s_2 - s_1}{100}} = \frac{2 \cdot 373,288}{0,0268 + 0,0316} = 12\,783,836 \text{ m}$$

4.3.3.5 Verbesserung von bestehenden Ausrundungen

Beim Ausbau vorhandener Straßen stellt sich auch die Aufgabe, den Höhenplan zu überarbeiten. Dabei geht es besonders darum, die Kuppen und Wannen mit größeren Halbmessern auszurunden oder auch

174

mehrere Ausrundungen durch eine mit größerem Halbmesser zu ersetzen. Auf diese Weise lassen sich die Sichtverhältisse und der optische Eindruck der Gradienten wesentlich verbessern.

An einem Beispiel soll gezeigt werden, daß die Verwendung großer Ausrundungshalbmesser gegenüber den Mindesthalbmessern deutliche Verbesserungen bringt, ohne daß nennenswerte Höhenänderungen der Gradiente notwendig werden. Zwei Kuppen sind jeweils mit dem Halbmesser von 12 000 m ausgerundet. Die Mindestlänge für die Tangente T ist eingehalten. Zwischen den beiden Kuppen liegt eine Gerade von 300 m Länge (Abb. 82).

Für die gleiche Gradiente werden nun die Tangenten der Neigungen 2,85 % und 2,15 % zum Schnitt gebracht. Diese neue Kuppe wird mit einem größeren Halbmesser ausgerundet, hier zu $H = 22\,000$ m gewählt (Abb. 83).

Die Schnittpunktberechnung erfolgt nach der unter Abschnitt 4.3.3.1 beschriebenen Möglichkeit (Abb. 79).

$$x = \frac{(1544,0 - 420,0)\,(-2,15) - 453,4}{-2,15 - 2,85}$$

$$= \frac{(1124,0)\,(-2,15) - 453,4}{-5,0} = +574,00 \text{ m}$$

$$420,00 + 574,00 = 0 + 994,00$$

$$T = \frac{H}{2} \cdot \frac{s_1 + s_3}{100} = 11\,000\,(0,0285 + 0,0215) = 550,00 \text{ m}$$

$$f = \frac{T^2}{2H} = \frac{550,00^2}{2 \cdot 22\,000} = 6,875 \text{ m}$$

Die genaue Durchrechnung ergibt, daß die Abweichungen gegenüber der ursprünglichen Lösung + 43,3 cm bzw. − 75,7 cm betragen. Diese Abweichungen sind geringfügig gegenüber den Verbesserungen der Gradiente (Abb. 83).

Für die neue Ausrundung ist noch der Kuppenhöchstpunkt gesucht, an dem die Längsneigung Null ist. Ferner soll festgestellt werden, in welchem Bereich die Längsneigung weniger als 1,00 % beträgt, um durch entsprechende Maßnahmen für eine ausreichende Abführung des Niederschlagswassers sorgen zu können.

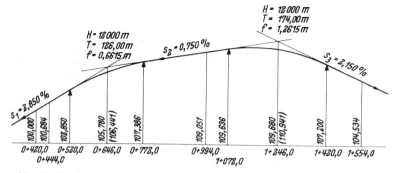

Abb. 82 Gradiente mit kleinen Ausrundungshalbmessern und Zwischengerade

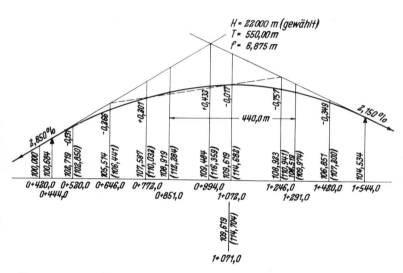

Abb. 83 Verbesserung der Gradiente der Abb. 82

Der Kuppenhöchstpunkt liegt bei

$$x_\mathrm{w} = \frac{s_1}{100} \cdot H = 0{,}0285 \cdot 22\,000 = 627{,}00 \text{ m},$$

also bei Station 444,00 + 627,00 = 1 + 0,7100.

Die Stationen mit einer Längsneigung von 1,00 % befinden sich bei

$$x = H \frac{s_1 - s_x}{100} = 22\,000\,(0,0285 - 0,0100) = 407,00\,\text{m}$$

444,00 + 407,00 ergibt Station 0 + 851,00

$$- x = H \frac{s_3 - s_x}{100} = 22\,000\,(0,0215 - 0,0100) = 253,00\,\text{m}$$

1544,00 − 253,00 ergibt Station 1 + 291,00

Der Bereich mit einer Längsneigung weniger 1,00 % befindet sich zwischen den Stationen 0 + 851,00 und 1 + 291,00, also auf einer Länge von 440,00 m (Abb. 83).

4.4 Entwurfselemente im Querschnitt

Zur Darstellung des Straßenentwurfes, für die Massenberechnung der Erdarbeiten und für die Absteckung müssen Querprofile aufgemessen werden. Der Abstand der Querprofile hängt von der Geländegestaltung ab und liegt bei maximal 25 m. Die Aufzeichnung erfolgt im Maßstab 1 : 100 [11].
Da die Anfertigung der vielen Querprofile einen hohen Aufwand erfordert, wird heute bei der Entwurfsbearbeitung mit elektronischen Rechenanlagen eine Liste ausgedruckt, die für jeden Punkt des Querprofils die Längen- und Höhenangaben enthält. Außerdem lassen sich die Querprofile von automatischen Zeichengeräten, die an den elektronischen Rechner angeschlossen sind, aufzeichnen.
Im Querschnitt wird die Fahrbahnfläche nicht vollkommen waagerecht gebaut. In jedem Fall ist eine Querneigung erforderlich, um das Niederschlagswasser rasch von der Fahrbahn zum Rand abzuleiten. In der Kurve wird die Querneigung je nach der Krümmung vergrößert, um einen bestimmten Teil der Fliehkraft aufzunehmen.

4.4.1 Querneigung in den Geraden

Die Querneigung einer Straße kann von der Mitte nach beiden Fahrbahnrändern fallen (Dachformneigung) oder einseitig von einem zum anderen Rand geneigt sein (Einseitneigung). Die Querneigung wird mit q bezeichnet und in Prozent angegeben.

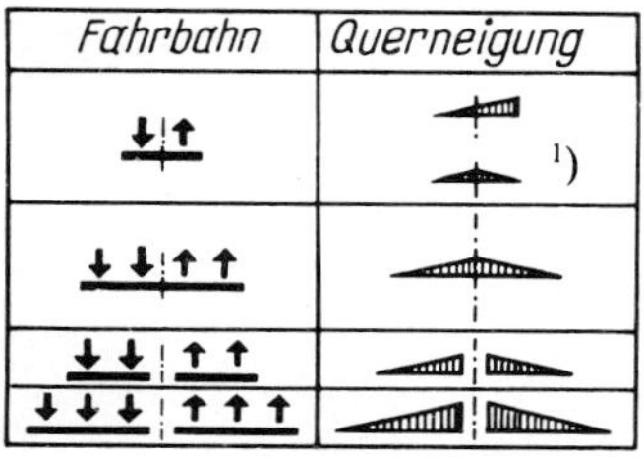

Fahrbahn	Querneigung
↓↓↑	◄▬
	◄▬ ¹)
↓↓↑↑	◣▬▬
↓↓ ↑↑	◣▬ ▬◥
↓↓↓ ↑↑↑	◣▬▬ ▬▬◥

¹) Bei Straßen der Kategoriengruppen A und B nur in Ausnahmefällen.

Abb. 84 Querneigungsformen in der Geraden

Bei zweistreifigen Straßen der Kategoriengruppen A und B wird in der Regel die Einseitneigung angeordnet. Beim Ausbau vorhandener Straßen und in Ausnahmefällen kann auch das Dachprofil wirtschaftlich sein. Bei Straßen der Kategoriengruppe C ist die Einseitneigung oder die Dachformneigung möglich. Vierstreifige Straßen ohne Mittelstreifen erhalten grundsätzlich Dachprofil. Bei Richtungsfahrbahnen wird die Einseitneigung angeordnet, entwässert wird im Normalfall nach außen (Abb. 84).

Die Einseitneigung hat gegenüber der Dachformneigung mehrere Vorteile. Die Profilierung der einzelnen Einbaulagen ist einfacher. Für die Tragschichten und den Deckenbau können Fertiger benutzt werden, die über die ganze Fahrbahn reichen. Zur Abführung des Niederschlagswassers ist nur an einer Fahrbahnseite eine Entwässerungseinrichtung notwendig.

Demgegenüber ist das Dachprofil günstiger, wenn seitlich zufließendes Wasser (z. B. von Parkstreifen oder Rad- und Gehwegen) nicht über die Fahrbahn fließen soll oder wenn entsprechende Zwangsbedingungen (z. B. Grundstückszufahrten oder Zugänge) bestehen.

Zur Fahrbahn gehören Fahrstreifen und Randstreifen. Befestigte Seitenstreifen und Zusatzfahrstreifen sollen nach Richtung und Größe die gleiche Querneigung wie die Fahrbahn aufweisen.

Die Mindestquerneigung in der Geraden beträgt sowohl bei der Einseit- als auch bei der Dachformneigung, unabhängig von der Deckenbauweise, min $q = 2,5 \%$.

Ist bei Straßen der Kategoriengruppe C durch die Deckenart (z. B. Pflasterdecken) eine hinreichende Entwässerung nicht gewährleistet, kann die Querneigung auf 3,0 bis 3,5 % erhöht werden.

Gegebenenfalls sind bei Festlegung der Querneigung die Anforderungen des schienengebundenen Verkehrs zu berücksichtigen.

Parkbuchten und Bushaltebuchten werden in der Regel mit $q = 2,5\%$ in Richtung zur Fahrbahn quergeneigt. Rad- und Gehwege erhalten ebenfalls eine Querneigung von $q = 2,5\%$. Bankette, über die die Fahrbahn entwässert wird, werden mit 12 %, sonst mit 6 % geneigt. Befestigte Bankette und Seitentrennstreifen erhalten eine Querneigung von 4 %.

4.4.2 Querneigung im Kreisbogen

Auch im Kreisbogen ist zwecks einwandfreier Entwässerung die gleiche Mindestquerneigung wie in der Geraden erforderlich: min $q = 2,5\%$. Aus fahrdynamischen Gründen ist die Querneigung bis auf nachfolgende Ausnahmen zur Kurveninnenseite anzulegen. Damit kann bei der Fahrt durch die Kurve ein Teil der auftretenden Zentrifugalbeschleunigung aufgenommen werden. Die Höchstquerneigung beträgt (siehe auch Abb. 122):

Straßenkategoriengruppe	A	B	C
max q [%]	7,0 (8,0)	6,0 (7,0)	5,0

Die Erhöhung um 1 % (Klammerwerte bzw. gestrichelte Linien in Abb. 85) kann erfolgen, wenn in in unvermeidbaren Ausnahmefällen die für die einzelnen Entwurfsgeschwindigkeiten festgelegten Kurvenmindestradien unterschritten werden müssen.

Die in Abhängigkeit von Kurvenradius und Geschwindigkeit V_{85} erforderlichen Querneigungen sind der Abb. 85 zu entnehmen. Die ermittelten Werte können auf 0,5 % aufgerundet werden.

Es gibt Ausnahmefälle, wo eine Querneigung zur Kurvenaußenseite (negative Querneigung) zugelassen werden kann. So zur Vermeidung von wasserabflußschwachen Zonen im Bereich ungenügender Längsneigung oder um bei Einseitneigung nicht die Entwässerungseinrichtungen von einer zur anderen Seite wechseln zu müssen. Sie beträgt in solchen Fällen in der Regel $q = -2,0\%$, da bei geringeren Querneigungen wegen der Spurrillenbildung entwässerungstechnische Schwierigkeiten nicht auszuschließen sind.

Negative Querneigung ist in der Regel bei Straßen der Kategoriengruppen A und B zu vermeiden. Sie ist nur in Ausnahmefällen bei Straßen der Kategoriengruppe C und auch bei zweibahnigen Straßen der Kategoriengruppen A und B zulässig. Dabei dürfen die Mindestradien der Abb. 86 nicht unterschritten werden.

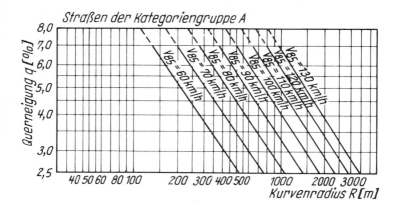

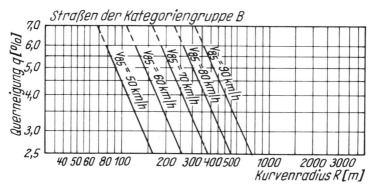

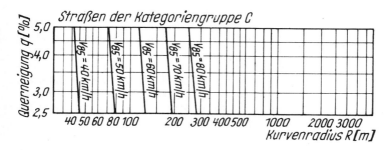

Abb. 85 Querneigungen in Abhängigkeit von der Geschwindigkeit V_{85} und den Kurvenradien

Bei einer gleichsinnigen Kurvenfolge darf die Richtung der Querneigung in keinem Fall wechseln.

| | min R in m bei Straßen der Kategoriengruppe | | |
	A	B	C
$q =$	– 2,0 %	– 2 %	– 2,5 %
$n =$	30 %	40 %	50 %
$V_{85} =$ 40 km/h	–	–	80
50 km/h	–	200	150
60 km/h	–	300	250
70 km/h	–	500	385
80 km/h	–	800	–
90 km/h	1750	–	–
100 km/h	2500	–	–
110 km/h	3500	–	–
120 km/h	5000	–	–
130 km/h	7000	–	–

Abb. 86 Mindestradien für die Anlage einer zur Kurvenaußenseite gerichteten Querneigung

Auch in der Kurve sollen zusätzliche Fahrstreifen und befestigte Seitenstreifen aus herstellungstechnischen und fahrdynamischen Gründen nach Richtung und Größe dieselbe Querneigung wie die Fahrbahn haben.

Abweichend von dieser Regel, nach der ein Ausfädelungsstreifen die gleiche Querneignng erhält wie die durchgehende Fahrbahn, wird im Endbereich des Ausfädelungsstreifens im Querschnitt ein Grat zugelassen, wenn die Unterbringung der Anrampung und Verwindung im Übergangsbogen der Ausfahrrampe dies erfordert. Die Summe der Absolutwerte der Querneigungen der durchgehenden Fahrbahn und des Ausfädelungsstreifens soll jedoch an der Sperrflächenspitze $\Delta q = 5$ % bei Straßen der Kategoriengruppe A und $\Delta q = 8$ % bei Straßen der Kategoriengruppe B nicht überschreiten. Die Verwindungsstrecke darf erforderlichenfalls so weit in den Ausfädelungsstreifen vorgezogen werden, daß am Beginn des Übergangsbogens im Ausfädelungsstreifen bereits die Querneigung $q = 0$ % erreicht ist. Gleiches gilt sinngemäß für Einfädelungsstreifen.

4.4.3 Schrägneigung

Die Schrägneigung p ist die Resultierende aus der Längs- und Querneigung der Straße. Sie verläuft in Richtung der sog. Fallinie. Ihre Größe kann aus der Formel bestimmt werden.

$$p = \sqrt{s^2 + q^2} \quad [\%]$$

s = Längsneigung [%]
q = Querneigung [%]
p = Schrägneigung [%]

Um ein Abrutschen von Fahrzeugen bei Winterglätte zu vermeiden, darf die Schrägneigung maximal 10 % betragen.

4.4.4 Anrampung und Verwindung

Beim Übergang von Gerade zu Kreis oder von Kreis zu Kreis im Lageplan ist in der Regel eine Änderung der Fahrbahnquerneigung erforderlich. Die Änderung wird auf einer bestimmten Übergangsstrecke vorgenommen, innerhalb der die Fahrbahnfläche eine Verwindung und die Fahrbahnränder eine Anrampung erfahren.

Die Änderung der Querneigung erfolgt in der Regel durch Drehung der Fahrbahnfläche um die jeweilige Fahrbahnachse = Bezugslinie (Abb. 87 Fall 1) bzw. um die Achsen der Richtungsfahrbahnen zweibahniger Straßen (Abb. 87 Fall 2). In Sonderfällen, z. B. bei schmalen Mittelstreifen, bei der Anlage plangleicher Knotenpunkte in Kurven oder bei Mittelstreifenüberfahrten, können zweibahnige Straßen um die Fahrbahnränder am Mittelstreifen (Fall 3) oder um die Straßenachse (Fall 4) gedreht werden.

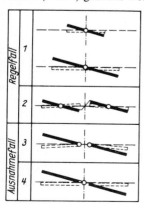

Abb. 87 Drehachsen der Fahrbahn zur Änderung der Querneigung in der Kurve

Bei Straßen mit Borden kann es zweckmäßig sein, die Verwindung durch Drehung um den Kurveninnenrand der Fahrbahn vorzunehmen, um die ausreichende Längsneigung der Bordrinne zu erhalten. Die Verwindung ist immer innerhalb des Übergangsbogens vorzunehmen, ganz gleich ob Einseit- oder Dachformneigung verwendet und um welche Bezugslinie die Drehung der Fahrbahnfläche vorgenommen wird. Eine Ausdehnung der Anrampung auf Gerade oder Kreisbogen ist zu vermeiden.

Aus optischen und fahrdynamischen Gründen soll die auf den Rand der Hauptfahrbahn bezogene Anrampungsneigung Δs (Längsneigung der Fahrbahnränder, bezogen auf die Achse der Fahrbahn) Höchstwerte in Abhängigkeit von der Entwurfsgeschwindigkeit bei den Straßen der Kategoriengruppen A und B nicht überschreiten (Abb. 88). Bei Straßen der Kategoriengruppe C ist die Einhaltung dieser Bedingungen erwünscht.

	max Δs [%] bei		min Δs [%]
	$a < 4,00$ m	$a \geq 4,00$ m	
$V_e = \ 40 - \ 50$ km/h	$0,50 \cdot a$	2,0	
$\quad\ \ 60 - \ 70$ km/h	$0,40 \cdot a$	1,2	$0,10 \cdot a$
$\quad\ \ 80 - \ 90$ km/h	$0,25 \cdot a$	1,0	($\leq$ max Δs)
$\quad 100 - 120$ km/h	$0,20 \cdot a$	0,8	

a [m]: Abstand des Fahrbahnrandes von der Drehachse

Abb. 88 Grenzwerte der Anrampungsneigung

Die Anrampungsneigung Δs ist die Differenz zwischen den Längsneigungen des Fahrbahnrandes und der Drehachse.

$$\Delta s = \frac{q_e - q_a}{L_v} \cdot a \qquad [\%]$$

Δs Anrampungsneigung [%]

q_e Querneigung der Fahrbahn am Ende der Verwindungsstrecke [%]

q_a Querneigung der Fahrbahn am Anfang der Verwindungsstrecke [%]

L_v Länge der Verwindungsstrecke [m]

a Abstand des Fahrbahnrandes von der Drehachse [m]

Bei der Verwindung von einer Einseitneigung in die andere durchläuft die Querneigung die horizontale Lage. Aus Gründen der Entwässerung darf, unabhängig von der Straßenlängsneigung, die auf den Rand der Hauptfahrbahn bezogene Anrampungsneigung im Wendepunkt der Querneigung den Wert $\Delta s = \min \Delta s$ nicht unterschreiten (Abb. 88). Diese Anrampungsneigung ist so lange beizubehalten, bis die Fahrbahnquerneigung $q = \min q$ beträgt. Auf der dann noch zur Verfügung stehenden Strecke des Übergangsbogens wird die restliche Anrampung bis zum Erreichen der vollen Querneigung am Beginn des Kreisbogens vorgenommen (Abb. 103).

Darüber hinaus sind Längsneigung und Anrampungsmindestneigung zur Gewährleistung ausreichender Entwässerung aufeinander abzustimmen (siehe auch Abschnitt 4.3.1). Deshalb muß grundsätzlich die Straßenlängsneigung mindestens so groß wie die Anrampungsneigung sein, günstiger ist eine Differenz von 0,2 % (besser sogar 0,5 %). Dadurch erhält keiner der beiden Fahrbahnränder eine zur Gradiente entgegengesetzte Neigung.

Läßt sich wegen besonderer Zwangslagen für den Bereich des Klothoidenwendepunktes keine ausreichende Längsneigung erreichen, so kann der Querneigungsnullpunkt bei Straßen der Kategoriengruppe A um die Länge $L = 0,1 \cdot A$, bei Straßen der Kategoriengruppen B und C um $L = 0,2 \cdot A$ gegenüber dem Klothoidenwendepunkt verschoben werden (Abb. 98). Dies gilt auch für die Folge Gerade – Klothoide – Kreis.

Eine weitere Möglichkeit zur Vermeidung abflußschwacher Zonen bietet die Schrägverwindung im Bereich von $+ \min q$ durch 0 bis $- \min q$ (Abb. 89). Sie kann so gestaltet werden, daß die Fahrbahnfläche – ausgenommen im Bereich der Gratausrundung – überall die für die Entwässerung günstige Mindestquerneigung von $\min q = 2,5 \%$ aufweist. Ihre Länge beträgt aus fahrdynamischen Gründen

$$\boxed{L_v = 0,1 \cdot B \cdot V_e} \quad [\text{m}]$$

L_v Länge der Schrägverwindungsstrecke [m]
B Fahrbahnbreite [m]
V_e Entwurfsgeschwindigkeit [km/h]

Für alle an die Fahrbahn angrenzenden befestigten Streifen erfolgt die Verwindung in der gleichen Weise. Dabei gibt es keine Grenzwerte für die Anrampungsneigungen. Für die Anrampung bei gleichzeitiger Fahrbahnaufweitung oder Fahrbahnverbreiterung ist die Anrampungsneigung der unverbreiterten Fahrbahn maßgebend, die Querneigung der Fahrbahn wird in die Verbreiterung verlängert.

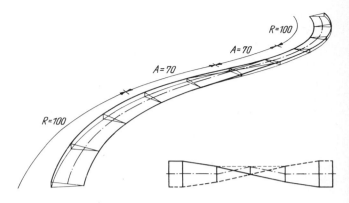

Abb. 89 Beispiel eines langen Verwindungsbereiches mit Schrägverwindung

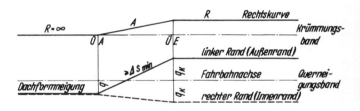

Abb. 90 Fahrbahnverwindung von der Dachformneigung zur vollen Querneigung der Kurve beim Übergangsbogen für $\Delta s \geq \Delta s_{min}$

Bei Scheitelklothoiden ergäbe die Anrampung, wenn sie nach den angegebenen Grundsätzen ausgeführt wird, an der Stelle des Stoßradius einen Knick. Deshalb muß am Scheitelpunkt die dem Stoßradius entsprechende Querneigung auf derjenigen Länge vorhanden sein, die in 2 Sekunden mit Entwurfsgeschwindigkeit durchfahren wird. Das gilt ebenso für Kurven mit kurzem Bogenstück (Abb. 99 bis 101).

Aus optischen und fahrdynamischen Gründen muß die Verwindung sehr sorgfältig geplant werden. An schwierigen Stellen, z. B. bei Kuppen, Wannen und Knotenpunkten, ist durch besondere Untersuchungen der zügige Verlauf der Fahrbahnränder zu prüfen. Das kann durch Längsprofile über die Fahrbahnränder, durch Perspektiven, Modelle o. ä. geschehen. Siehe dazu auch Abschnitt 4.8.4.

Die Anrampung und Verwindung werden im Höhenplan unter dem Krümmungsband dargestellt. Dazu wird die Fahrbahnachse als horizontale Linie gezeichnet. Maßstabsgerecht im Abstand werden oberhalb und unterhalb dieser Achse die Fahrbahnränder eingetragen, der

185

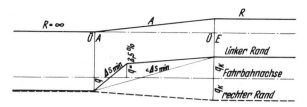

Abb. 91 Fahrbahnverwindung von der Dachformneigung zur vollen Querneigung der Kurve beim Übergangsbogen für $\Delta s < \Delta s_{min}$

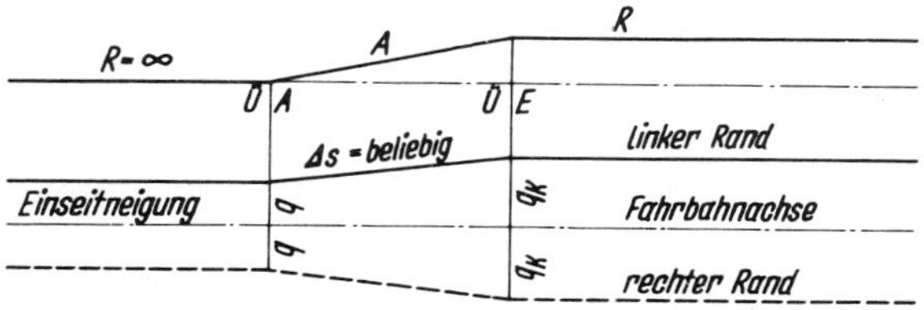

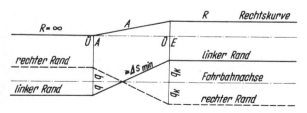

Abb. 92 Anrampung bei Vergrößerung der Querneigung beim Übergangsbogen; $\Delta s = $ beliebig

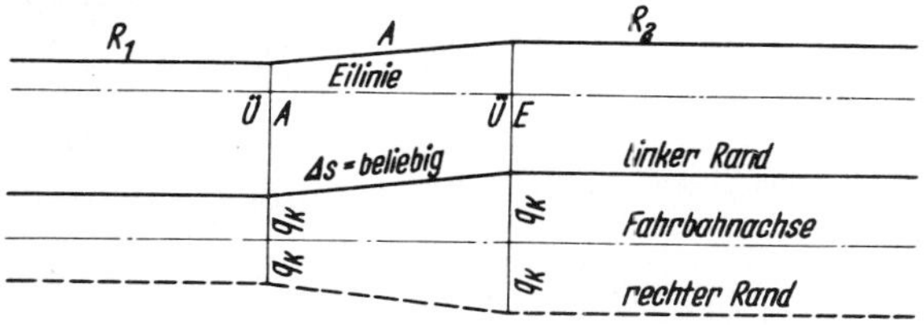

Abb. 93 Anrampung bei einer Eilinie; $\Delta s = $ beliebig

Abb. 94 Fahrbahnverwindung bei gegensinniger Querneigung beim Übergangsbogen; $\Delta s \geq \Delta s_{min}$

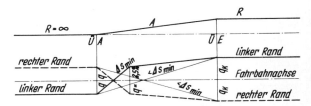

Abb. 95 Fahrbahnverwindung bei gegensinniger Querneigung beim Übergangs-bogen; $\Delta s < \Delta s_{min}$

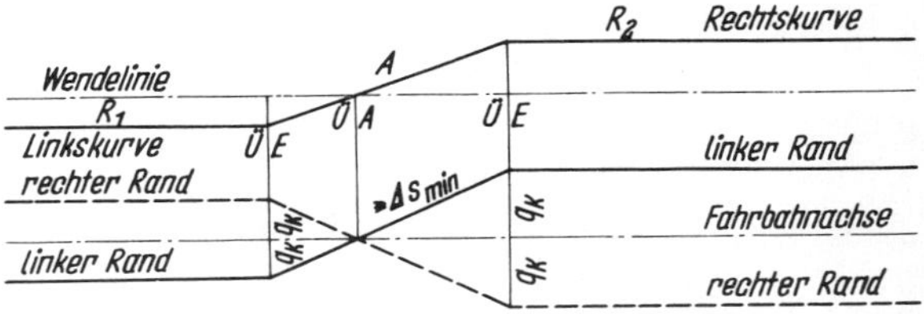

Abb. 96 Fahrbahnverwindung bei einer Wendelinie; $\Delta s \geq \Delta s_{min}$

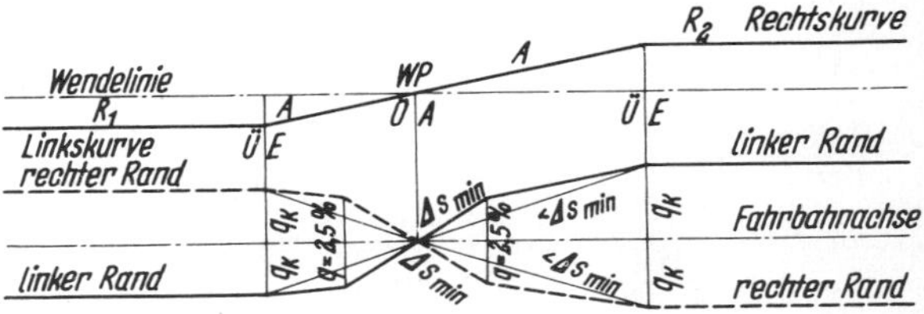

Abb. 97 Fahrbahnverwindung bei einer Wendelinie; $\Delta s < \Delta s_{min}$

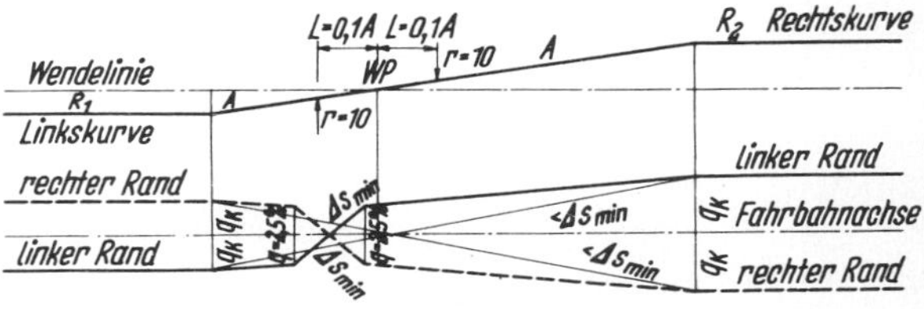

Abb. 98 Fahrbahnverwindung bei einer Wendelinie mit Verschieben des Wende-punktes der Querneigung; $\Delta s < \Delta s_{min}$

187

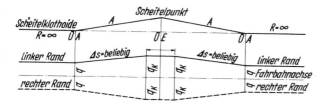

Abb. 99 Fahrbahnverwindung bei einer Scheitelklothoide mit gleichsinniger Querneigung; Δs = beliebig

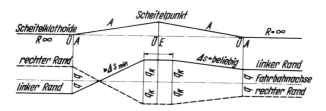

Abb. 100 Fahrbahnverwindung bei einer Scheitelklothoide mit gegensinniger Querneigung; $\Delta s \geq \Delta s_{min}$

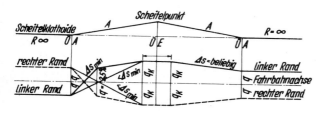

Abb. 101 Fahrbahnverwindung bei einer Scheitelklothoide mit gegensinniger Querneigung; $\Delta s < \Delta s_{min}$

linke Rand ausgezogen, der rechte gestrichelt. In der Darstellung muß dann der Kurvenaußenrand oben und der Kurveninnenrand unten sein. Die sich ergebenden Anrampungsformen sind in den Abbildungen 90 bis 101 dargestellt.

gegebene Wendelinie zum Rechenbeispiel

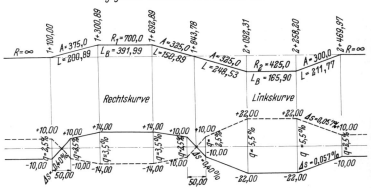

Abb. 102 Krümmungs- und Anrampungsband für eine Wendelinie (nicht maß-stabsgerecht)

Rechenbeispiel für die Anrampung und Verwindung:

Gegeben ist die in Abb. 102 skizzierte Elementenfolge einer Wendelinie. Der Entwurf wird für Straßenkategorie A III und V_{85} = 80 km/h aufgestellt. Die Fahrbahnbreite für Fahr- und Randstreifen beträgt 8,00 m. Bei Kilometer 1,10, entsprechend Station 1 + 100,00, ist eine einseitige Querneigung nach links mit q = 2,50 % vorhanden.

Für die gegebene Wendelinie sind das Krümmungs- und das Anrampungsband mit allen erforderlichen Maßangaben gesucht.

Um die Stationierung zu erhalten, werden zuerst die Längen der einzelnen Elemente ermittelt.

		L [m]	Station
			1 + 100,00
$R = 700,00$	$A = 375,0$	200,893	1 + 300,893
$0,015708 \cdot 700,0 \cdot 35,65$		391,993	1 + 692,886
$R = 700,0$	$A = 325,0$	150,893	1 + 843,779
$R = 425,0$	$A = 325,0$	248,529	2 + 092,308
$0,015708 \cdot 425,0 \cdot 24,85$		165,896	2 + 258,204
$R = 425,0$	$A = 300,0$	211,765	2 + 469,969

189

Die Querneigungen im Bereich der Kreisbogen werden der Abb. 85 entnommen. Für V_{85} = 80 km/h und R = 700,0 m sind das 3,5 %, und für R = 425,0 m sind das 5,1 %, aufgerundet auf 5,5 %. Innerhalb des Übergangsbogens A = 375,0 muß eine Verwindung erfolgen, da die Einseitneigung in der Geraden entgegen der notwendigen Kurvenquerneigung ist.

Die Anrampungsneigung bei einer Verziehung über die gesamte Übergangsbogenlänge beträgt

$$\Delta s = \frac{\Delta h}{L} \cdot 100\,\% = \frac{0,100 + 0,140}{200,893} \cdot 100\,\% = 0,119\,\%$$

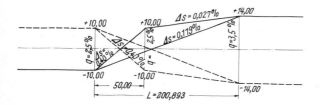

Abb. 103 Skizze zur Berechnung der Anrampung im Übergangsbogen A = 375

Im Wendepunkt der Querneigung muß die Anrampung mit Δs = min Δs erfolgen, bis die Mindestquerneigung von q = 2,5 % erreicht ist.
min Δs = 0,1 · a = 0,1 · 4,0 = 0,40 %. Die Länge der Verwindung bis zur Querneigung q = 2,5 % errechnet sich zu

$$l = \frac{\Delta h}{\Delta s} \cdot 100\,\% = \frac{0,100 + 0,100}{0,40} \cdot 100\,\% = 50,00\,\text{m}$$

Auf der restlichen Strecke beträgt die Anrampung

$$\Delta s = \frac{0,140 - 0,100}{200,893 - 50,00} \cdot 100\,\% = \frac{4,00}{150,893} = 0,027\,\%$$

Im Bereich der Wendelinie beträgt die Anrampungsneigung

$$\Delta s = \frac{0,140 + 0,220}{150,893 + 248,529} \cdot 100\,\% = 0,090\,\%$$

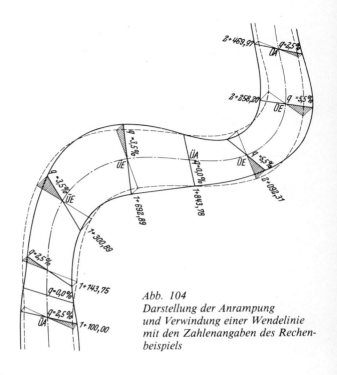

Abb. 104
Darstellung der Anrampung
und Verwindung einer Wendelinie
mit den Zahlenangaben des Rechen-
beispiels

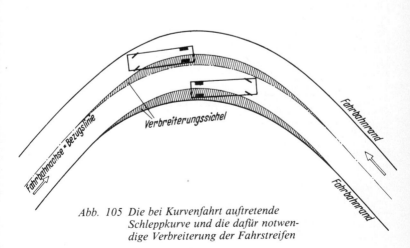

Abb. 105 Die bei Kurvenfahrt auftretende
Schleppkurve und die dafür notwen-
dige Verbreiterung der Fahrstreifen

Die Länge der Verwindung im Wendebereich bis zur Querneigung von $q = 2,5\%$ beträgt

$$l = \frac{0,100 + 0,100}{0,40} \cdot 100\% = 50,00 \text{ m}$$

Die Anrampung im Bereich des Übergangsbogens $A = 300$ von der Linkskurve zur Geraden mit Einseitneigung $q = 2,5\%$ beträgt

$$\Delta s = \frac{0,220 - 0,100}{211,765} \cdot 100\% = 0,057\%$$

Mit diesen Werten kann das Anrampungsband gezeichnet werden (Abb. 102).

Für dieses Beispiel wurden die Anrampung und Verwindung in Form einer durchsichtigen Modellzeichnung dargestellt (Abb. 104).

4.4.5 Fahrbahnverbreiterung in der Kurve

Durchfährt ein Fahrzeug eine Kurve, so beschreiben die Hinterräder einen engeren Bogen als die Vorderräder. Diesen Bogen der Hinterräder bezeichnet man als Schleppkurve. Entsprechend muß die Fahrbahnbreite in der Kurve größer sein als in der Geraden (Abb. 105).

Die im Kreisbogen erforderliche Fahrbahnverbreiterung i wird für Fahrstreifen n nach folgender Formel berechnet:

$$i = n \cdot (R - \sqrt{R^2 - D^2}) \qquad \text{[m]}$$

Bei Radien $R < 30$ m kann genügend genau mit nachstehender Formel gerechnet werden.

$$i = n \cdot \frac{D^2}{2 \cdot R} \qquad \text{[m]}$$

Für den Fahrzeugparameter *D* sind folgende Werte anzusetzen:

Personenkraftwagen	4 m
Lastzug	8 m
Bus 1 (Standardstadtbus)	8 m
Bus 2 (Schubgelenkbus)	9 m

Die Ermittlung der Fahrbahnverbreiterung ergibt sich für die unterschiedlichen Begegnungsfälle aus der Summe der Fahrstreifenverbreiterungen. Die anzusetzenden Begegnungsfälle können der Abb. 106 entnommen werden.

Straßen der Kategorie	Bus-verkehr	Empfohlener Begegnungs-fall	$\dfrac{D}{D}$	Fahrbahnverbreiterung [m] (bei *n* 2) für		
			$i =$		$B \leq 6{,}0$ m	$B > 6{,}0$ m
A I, A II, A III, A IV, B II, B III, C III	ja	Bus 2/Bus 2	$\dfrac{9}{9}$	$\dfrac{40 \cdot n}{R}$	$30 < R \leq 320$	$30 < R \leq 160$
	nein	Lz/Lz	$\dfrac{8}{8}$	$\dfrac{32 \cdot n}{R}$	$30 < R \leq 260$	$30 < R \leq 130$
B IV, C IV	–	Pkw/Bus 1	$\dfrac{4}{8}$	$\dfrac{20 \cdot n}{R}$	$30 < R \leq 160$	$30 < R \leq 80$

Abb. 106 Begegnungsfälle und Fahrbahnverbreiterung in Kurven

Rechnerische Fahrbahnverbreiterungen unter 0,25 m können bei Fahrbahnbreiten $B \leq 6{,}0$ m, solche unter 0,50 m bei Fahrbahnbreiten $B > 6{,}0$ m entfallen. Die für die Fahrbahnverbreiterung notwendigen Berechnungen beziehen sich für alle Fahrstreifen auf die Fahrbahnachse. Die Fahrbahnverbreiterung *i* erfolgt mit Ausnahme von Kehren am Kurveninnenrand, d. h. am inneren Fahrstreifen.

Der Übergang von der normalen Fahrbahnbreite in der Geraden auf den um das Maß *i* verbreiterten Querschnitt im Kreisbogen wird in allen drei Elementen vollzogen (Abb. 107).
Der Übergang von der normalen Fahrbahnbreite in der Geraden auf den um den Wert *i* [m] verbreiterten Querschnitt beginnt beim einfa-

Fahrbahnaufweitung:

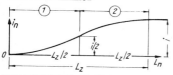

①	$i_n = \dfrac{2i\,L_n^2}{L_z^2}$	$0 < L_z < \dfrac{L_z}{2}$
②	$i_n = i - \dfrac{2i(L_n - L_z)^2}{L_z^2}$	$\dfrac{L_v}{2} < L_z < L_z$

Fahrbahnverbreiterung:

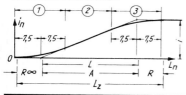

①	$i_n = \dfrac{i}{30\,L}\,L_n^2$	$0 < L_n < 15$
②	$i_n = \dfrac{i}{L}\,(L_n - 75)$	$15 < L_n < (L_z - 15)$
③	$i_n = i - \dfrac{i}{30\,L}\,(L_z - L_n)^2$	$(L - 15) < L_n < L_z$

L_z [m] = Verziehungslänge
L [m] = Übergangsbogenlänge
L_n [m] = Verziehungslänge bis zur Stelle n
i [m] = Fahrbahnverbreiterung
i_n [m] = Fahrbahnverbreiterung an der Stelle n

Abb. 107 Verziehung der Fahrbahnränder bei Fahrbahnaufweitungen und Fahrbahnverbreiterungen

chen Übergangsbogen bereits in der Geraden und reicht bis in den Kreisbogen. Bei der Wendelinie tritt eine Überschneidung der beiden Verbreiterungen ein, und bei der Eilinie wird die Veränderung der Verbreiterung im Bereich der Klothoide vorgenommen (Abb. 107 bis 109).

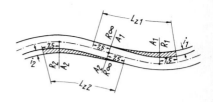

Abb. 108 Die Fahrbahnverbreiterung bei einer Wendelinie

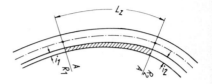

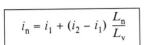

Abb. 109 Die Fahrbahnverbreiterung bei einer Eilinie

Für die im Bergland notwendigen Kehren sind wegen der engen Radien sehr große Fahrbahnverbreiterungen notwendig. Die Kehren werden deshalb nur nach der Fahrgeometrie und nicht nach der fahrdynamischen Bemessung der übrigen Strecke ausgebildet. Um Kraftfahrer frühzeitig auf die veränderte Streckencharakteristik hinzuweisen, sind Kehren möglichst mit einem Gegenbogen einzuleiten. Grundsätzlich ist ein ausreichendes Sichtfeld erforderlich.

Die Mindestradien sollen für die Fahrbahnachse min $R = 12,50$ m und für den Innenrand der Fahrbahn min $R = 5,30$ m nicht unterschreiten. Die vorstehend aufgeführten Regeln für den Übergang vom unverbreiterten auf den verbreiterten Querschnitt können bei Kehren nur bis zu einem Radius von $R = 25$ m angewendet werden. Für kleinere Radien bis zu $R = 12,50$ m wird eine Schleppkurvenkonstruktion erforderlich. Soll der maßgebende Begegnungsfall aufgrund der Verkehrsbedeutung der Straße auch innerhalb der Kehren möglich sein, so sind die Fahrbahnverbreiterungen für jeden Fahrstreifen getrennt auszuführen.

4.4.6 Fahrbahnaufweitung

Beim Wechsel des Querschnittes, beim Einfügen von Linksabbiege-
oder anderen Zusatzfahrstreifen, bei Änderung der Mittelstreifenbrei-
te und bei Anlage eines Fahrbahnteilers müssen die durchgehenden
Fahrstreifen entsprechend dem veränderten Querschnitt verzogen
werden. Um eine optisch befriedigende Führung der durchgehenden
Fahrstreifen zu erreichen, soll die Verziehung im Bereich kleiner Radien am Kurveninnenrand, im Bereich einer gestreckten Linienführung beiderseits der Straßenachse vorgenommen werden.
Die Fahrbahnränder sind nach Möglichkeit unabhängig von der Straßenachse selbständig zu trassieren oder mit zwei als S-Bogen zusam-
mengesetzten quadratischen Parabeln zu verziehen (Abb. 107). Dabei
gilt für alle Straßen:

$$L_z = V_e \cdot \sqrt{\frac{i}{3}} \qquad \text{[m]}$$

L_z Verziehungslänge [m]
i Verbreiterungsmaß [m]

Weitere Einzelheiten über die Länge und Ausbildung der Verziehung
können den Knotenpunktrichtlinien entnommen werden [11].

4.5 Entwurfselemente der Sicht

Die Leistungsfähigkeit und Sicherheit einer Straße hängen wesentlich
von guten Sichtverhältnissen ab. Besonders gefährlich ist der Wechsel
von übersichtlichen und unübersichtlichen Streckenabschnitten. Deshalb muß von einer guten Straßenplanung gefordert werden, daß sie
auf der ganzen Strecke gleichmäßig ausreichende Sichtweiten gewährleistet. Aus dem freizuhaltenden Sichtfeld müssen alle die Sicht beein-
trächtigenden Hindernisse entfernt werden. Lockere Baumreihen, einzelne Bäume und Büsche können in dem freizuhaltenden Sichtfeld
verbleiben, wenn ihre Sichtbehinderung unwesentlich ist und wenn sie
der optischen Verkehrsführung oder der landschaftlichen Einfügung
der Straße dienen (Abschnitt 4.7.3). Es ist auch darauf zu achten, daß
das geschaffene Sichtfeld nicht durch Verkehrszeichen und Hinweisschilder nachträglich beeinträchtigt wird. Dies gilt besonders an Kurven und an Knotenpunkten.
Auf der freien Strecke der Straße unterscheidet man zwischen der
Haltesichtweite und der Überholsichtweite. Von der Form des gewählten Querschnittes hängt es ab, welche dieser Sichtweiten für die Aufstellung des Entwurfes maßgebend ist.

4.5.1 Haltesichtweite auf der Strecke

Die Haltesichtweite ist für die Beurteilung der Sichtverhältnisse bei allen im Gegen- und im Richtungsverkehr benutzten Fahrbahnen aller

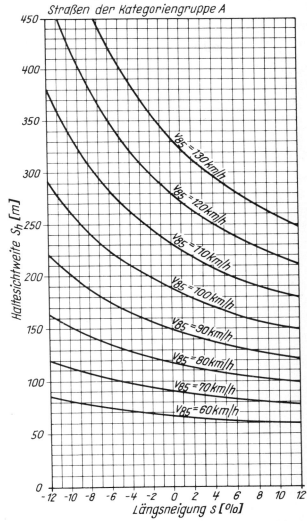

Abb. 110 Erforderliche Haltesichtweite S_h bei Straßen der Kategoriengruppe A

Kategoriengruppen maßgebend. Sie muß stets über die ganze Länge der Straße vorhanden sein.

Befindet sich auf einer Fahrbahn ein Hindernis, so muß der Fahrer in der Lage sein, nach Erkennen des Hindernisses vor diesem sein Fahrzeug anzuhalten. Die dafür erforderliche Haltesichtweite S_h muß der Strecke entsprechen, die ein mit der Geschwindigkeit V_{85} fahrender Fahrer benötigt, um sein Fahrzeug vor diesem unerwarteten Hindernis zum Halten zu bringen. Sie setzt sich zusammen aus dem Weg während der Reaktions- und Auswirkdauer und dem reinen Bremsweg.

Die RAS-L enthält die für die Ermittlung der erforderlichen Haltesichtweite notwendigen Formeln und Berechnungshinweise [11]. Dafür ist auch die Längsneigung der Straße zu berücksichtigen. In der Praxis ist von der mittleren Längsneigung auszugehen, die abschnittsweise zu ermitteln ist. Statt der Berechnung können die erforderlichen Haltesichtweiten S_h einfacher aus Diagrammen abgelesen werden (Abb. 110 und 111).

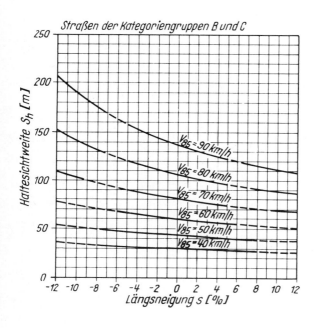

Abb. 111 Erforderliche Haltesichtweite S_h bei Straßen der Kategoriengruppen B und C

4.5.2 Überholsichtweite

Die Überholsichtweite ist zusätzlich zur Haltesichtweite für die Beurteilung der Sichtverhältnisse für zweistreifige, im Gegenverkehr benutzte Straßen maßgebend.

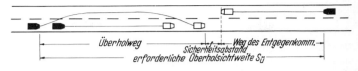

Abb. 112 Überholvorgang und Überholsichtweiten

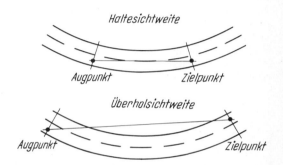

Abb. 113 Lage von Augpunkt und Zielpunkt für Haltesichtweite und Überholsichtweite

Um einen Überholvorgang ausführen zu können, muß der Fahrer eine entsprechende Strecke übersehen können, damit er unter Beachtung des Gegenverkehrs das Überholmanöver risikolos ausführen kann. Der kritische Überholvorgang beginnt mit der Geschwindigkeit des zu überholenden Fahrzeuges, wenn sich der Überholer unmittelbar hinter diesem befindet. Der Überholvorgang ist beendet, wenn der Überholer auf den eigenen Fahrstreifen zurückgekehrt ist.

Diese Wegstrecke zusätzlich der Strecke, die ein mit der Entwurfsgeschwindigkeit fahrendes, entgegenkommendes Fahrzeug während des Überholvorganges zurücklegt, und einem Sicherheitsabstand nennt man die Sichtweite für einen sicheren Überholvorgang. Sie wird als erforderliche Überholsichtweite $S_{\ddot{u}}$ bezeichnet (Abb. 112).

Die erforderliche Überholsichtweite $S_{\ddot{u}}$ ist von der Entwurfsgeschwindigkeit V_e abhängig und kann für Straßen der Kategoriengruppe A der nachstehenden Tabelle entnommen werden.

Entwurfsgeschwindigkeit V_e [km/h]	60	70	80	90	100
erforderliche Überholsichtweite $S_{ü}$ [m]	400	450	500	575	650

Für Straßen der Kategoriengruppen B und C läßt sich aus Gründen der Verkehrssicherheit (häufiger Kreuzungs- und Abbiegeverkehr) kein genereller Anspruch auf ausreichende Überholsichtweiten herleiten.
Die Ermittlung der vorhandenen Sichtweiten erfolgt anhand des Lageplanes, des Höhenplanes und der Querschnitte des aufgestellten Bauentwurfes. Dabei ist die räumliche Führung des Straßenzuges in Verbindung mit der Topographie (Böschungen) und der Bebauung (Brükken, Stützmauern) zu berücksichtigen.
Wichtig dafür sind einige Ausgangsgrößen, nämlich Augpunkt und Zielpunkt sowie die Achse des betreffenden Fahrstreifens. Diese Angaben werden den Abb. 113 und 114 entnommen.

	Augpunkt		Zielpunkt	
	Lage	Höhe h_A	Lage	Höhe h_z [m]
Halte-sichtweite	in der Achse des eigenen Fahr-streifens	1,0	in der Achse des eigenen Fahr-streifens	V_{85} = 40 km/h 0,05 50 km/h 0,10 60 km/h 0,15 70 km/h 0,20 80 km/h 0,25 90 km/h 0,30 100 km/h 0,35 110 km/h 0,40 120 km/h 0,45 130 km/h 0,50
Überhol-sichtweite	in der Achse des eigenen Fahrstrei-fens	1,0	in der Achse des Gegen-fahr-streifens	1,0

Abb. 114 Eingangsgröße für die Ermittlung vorhandener Sichtweiten

Das Wahrnehmungsvermögen des menschlichen Auges ist begrenzt, deshalb müssen Hindernisse auf der Fahrbahn eine Mindestgröße haben, um aus dem Abstand der Haltesichtweite erkannt zu werden. Die Mindestsichtgröße hängt von der menschlichen Sehleistung, den optischen Eigenschaften des Hindernisses und der Fahrbahn sowie den Licht- und Witterungsbedingungen ab. Deshalb wird bei der Bemessung der geforderten Sichtweite auch nicht von einer Hindernishöhe, sondern von einer Zielpunkthöhe gesprochen (Abb. 114).

Bei der Ermittlung der vorhandenen Sichtweiten muß vom gesamten Straßenraum ausgegangen werden. Deshalb sind auch alle Straßenausstattungsgegenstände wie Schutzplanken, vorhandene und vorgesehene Bepflanzung zu berücksichtigen. Für jede Sichtweitenart und für jede der beiden Fahrtrichtungen ist eine gesonderte Sichtweitenermittlung vorzunehmen.

Für überschlägliche Ermittlungen können bei allen Straßen die Fahrbahnachsen als Bezugslinien gewählt werden. In Grenzfällen sind bei Richtungsfahrbahnen die vorhandenen Sichtweiten für den jeweils kritischen Fahrstreifen zu ermitteln. Dies kann der linke Fahrstreifen sein, wenn in Linkskurven die Haltesichtweite durch Hindernisse auf dem Mittelstreifen (Bepflanzung, Blendschutzzäune, Brückenpfeiler) eingeschränkt ist.

Die erforderlichen Sichtweiten lassen sich im allgemeinen nicht von vornherein bei der Aufstellung eines Straßenentwurfes berücksichtigen. Daher müssen die vorhandenen Sichtweiten aus Lageplan, Höhenplan und Querschnitten des gefertigten Entwurfes ermittelt und für beide Fahrtrichtungen getrennt in Sichtweitenbändern dargestellt werden. Beim Vergleich mit den erforderlichen Sichtweiten S_h und $S_ü$ ist zu beachten:

1. Die Haltesichtweite muß bei allen Straßen auf der gesamten Streckenlänge uneingeschränkt vorhanden sein.

2. Die Überholsichtweite soll zusätzlich zur Haltesichtweite bei allen zweistreifigen Straßen der Kategoriengruppe A auf einem ausreichenden Streckenanteil vorhanden sein. Dieser Anteil ist nach Größe der Verkehrsbelastung, der Verkehrsmischung, der Längsneigung, der Kurvigkeit und der angestrebten Verkehrsqualität zu wählen. Für durchschnittliche Verhältnisse gelten 20 bis 25 %. Die Verteilung der Streckenanteile mit Überholmöglichkeiten über die Gesamtstrecke sollte möglichst gleichmäßig sein. Wegen notwendiger Überholverbote ist bei Straßen der Kategoriengruppen B und C die Vorhaltung ausreichender Überholsichtweiten entbehrlich, teilweise sogar unerwünscht. Wenn der vorhandene Anteil an Überholsichtweiten kleiner als der oben genannte Streckenmindestanteil ist und aus Gründen des Landschaftsschutzes oder der Wirtschaftlich-

keit durch eine Änderung der Linienführung nur schwierig hergestellt werden kann, dann können ausreichende Überholmöglichkeiten auch durch Zusatzfahrstreifen geschaffen werden.
3. Die Abnahme der Sichtweiten soll nur allmählich erfolgen; ein
   plötzlicher Sichtweitenabfall ist zu vermeiden. Die Zunahme der
   Sichtweiten darf sprunghaft sein, jedoch nicht in Abschnitten, in
   denen Geschwindigkeitserhöhungen oder die Einleitung von Über-
   holvorgängen unerwünscht sind. Außerdem sollte auf zweistreifigen
   Straßen bei einer Sichtweitenzunahme erkennbar sein, ob die vorhandene Sichtweite die Ausführung sicherer Überholvorgänge ermöglicht oder nicht.
4. Die Strecke soll gemäß den Ausführungen zur räumlichen Linienführung in ihrer Gesamtheit überschaubar und erfaßbar sein. Er-
   weisen sich bei dieser Gegenüberstellung die vorhandenen Sichtweiten als nicht ausreichend, so muß der Entwurf zur Schaffung der
   erforderlichen Sichtweiten nochmals überarbeitet werden. Maßnahmen hierzu sind die Vergrößerung der Radien im Lageplan, der
   Ausrundungshalbmesser im Höhenplan oder die Zurücksetzung der
   seitlichen Sichtfeldbegrenzung. Die Mindesthaltesichtweiten S_h jeweils für min R und die für einen sicheren Überholvorgang erforderlichen Überholsichtweiten $S_ü$ sind in Abb. 122 enthalten.

4.5.3 Sicht am Knotenpunkt

Genau wie auf der freien Strecke müssen auch am Knotenpunkt wegen
der Sicherheit und Leistungsfähigkeit des Verkehrs bestimmte Min-
destsichtweiten vorhanden sein. Entsprechend der Verkehrsregelung,
die sich nach der Bedeutung und Belastung der einzelnen Straßen
richtet, unterscheidet man an jedem Knotenpunkt zwischen übergeordneten oder bevorrechtigten Straßenzügen einerseits und untergeordneten oder nicht bevorrechtigten Straßenzügen andererseits. Für
die Bemessung der Sichtweite am Knotenpunkt wird zwischen Anfahrsichtweite, Annäherungssichtweite und Haltesichtweite unterschieden.
Aus dem freizuhaltenden Sichtfeld müssen alle Sichthindernisse entfernt werden. Einzelne Bäume und Büsche, die der optischen Führung
und Betonung des Knotens dienen, brauchen nicht entfernt werden.
Sie müssen aber im Stammbereich ausgelichtet werden, um in Augenhöhe des Fahrers freie Sicht zu gewährleisten. Die Augenhöhe des
Fahrers wird mit 1,00 m für Pkw-Verkehr und 2,00 m für Lkw-Verkehr
angenommen. Auf keinen Fall dürfen die Sichtverhältnisse durch Wegweiser o. ä. beeinträchtigt werden.

4.5.3.1 Anfahrsichtweite

Die Anfahrsichtweite ist notwendig, damit der am Rande der übergeordneten Straße stehende wartepflichtige Fahrer ausreichend Einblick
in die übergeordnete Straße hat. Er muß 3 m, besser sogar 10 m vor
dem Rand der übergeordneten Straße so weit Einsicht in diese haben,
daß er aus dem Stand heraus ohne nennenswerte Behinderung des
bevorrechtigten Verkehrs einen Kreuzungs- oder Einbiegevorgang ausführen kann. Eine ausreichende Anfahrsichtweite muß immer gegeben
sein (Abb. 115).

Die erforderliche Schenkellänge L des Sichtfeldes ist nach Linie A_1, A_2
bzw. B der Abb. 116 zu entnehmen. Sie sollte möglichst bereits in 10 m
Abstand vom Rand der übergeordneten Straße vorhanden sein. Bei der
Untersuchung der räumlichen Sichtverhältnisse und Verwendung der
Mindestwerte nach Linie A_2 aus Abb. 116 ist der Sichtweitenüberprü-
fung ein bevorrechtigter Pkw zugrunde zu legen.

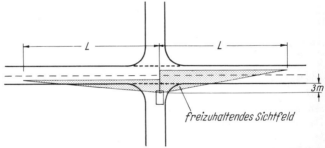

Abb. 115 Anfahrsichtweite

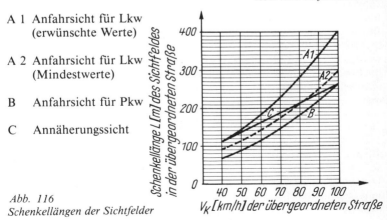

A 1 Anfahrsicht für Lkw
     (erwünschte Werte)

A 2 Anfahrsicht für Lkw
     (Mindestwerte)

B   Anfahrsicht für Pkw

C   Annäherungssicht

*Abb. 116
Schenkellängen der Sichtfelder*

203

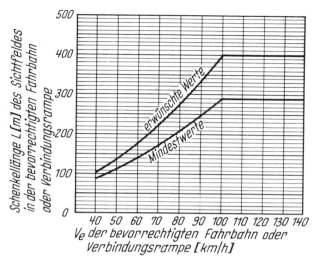

Abb. 117 Schenkellängen der Anfahrsicht

Bei zweibahnigen Straßen muß für Fahrer neben der Inselspitze oder auf dem Einfädelungsstreifen haltender Fahrzeuge so ausreichende Anfahrsicht gegeben sein, daß sie aus dem Stand ohne nennenswerte Behinderung bevorrechtigter Fahrzeuge einfädeln können. Die dafür notwendigen Schenkellängen L können der Abb. 117 entnommen werden.

Liegt die Einfahrt ausnahmsweise im Rechtsbogen der bevorrechtigten Fahrbahn, so kann die Sicht über den Rückspiegel behindert sein. Entweder muß dann der Rechtsbogen vergrößert oder das entstehende Sichtfeld muß von allem Bewuchs und allen Einbauten freigehalten werden (Abb. 118). Besonders genau sind die Sichtfelder in Kuppen zu überprüfen. Kann in Ausnahmefällen das erforderliche Sichtfeld nicht geschaffen werden, sind Geschwindigkeitsbeschränkungen vorzunehmen.

4.5.3.2 Annäherungssichtweite

Die Annäherungssichtweite ist die Sichtweite, die ein Fahrer auf der untergeordneten Straße aus 20 m Entfernung vom Rand der übergeordneten Straße aus Gründen der Übersichtlichkeit auf den bevorrech-

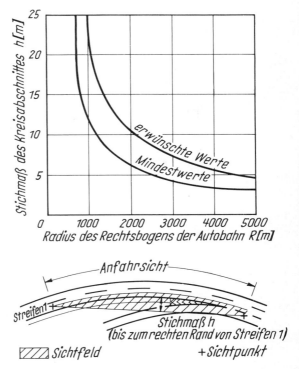

Abb. 118 Notwendige Radien und Stichmaße der Kreisabschnitte zur Gewährleistung der Anfahrsicht im Rechtsbogen

tigten Verkehr haben muß. Bei Kreuzungen ermöglicht die Freihaltung dieses Sichtfeldes einem mit mäßiger Geschwindigkeit auf der untergeordneten Straße ankommenden Fahrer die Entscheidung, entweder den Knoten geradeaus kreuzend ohne Änderung der Fahrgeschwindigkeit zu überqueren oder aber, falls dies nicht möglich ist, rechtzeitig sein Fahrzeug zum Stehen zu bringen.

Die erforderliche Schenkellänge L des Sichtfeldes ist aus Linie C der Abb. 116 zu entnehmen. Kann das so entstehende Sichtdreieck nicht freigehalten werden, so sollte die Anfahrsicht für Pkw (Linie B der Abb. 116) – zumindest außerhalb bebauter Gebiete – bereits in 10 m Abstand vom Rand der übergeordneten Straße vorhanden sein. Bei Einfahrrampen gilt die Sicht als Annäherungssicht, die für den einfah-

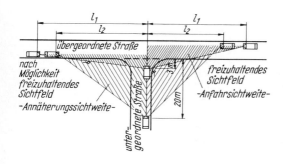

Abb. 119 Annäherungssichtweite

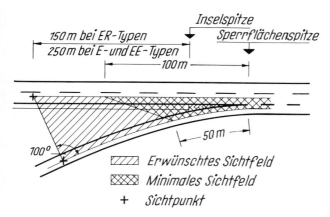

Abb. 120 Erwünschtes und minimales Sichtfeld für die Annäherungssicht

renden Fahrer auf die bevorrechtigte Fahrbahn oder Verbindungsrampe vor Erreichen des Einfädelbereiches vorhanden sein soll. Sie kann
durch direkte Sicht oder über den Rückspiegel gegeben sein.
Durch die Annäherungssicht soll der einfahrende Fahrer die bevorrechtigte Fahrbahn oder Rampe frühzeitig erkennen, sich über Ver-
kehrsmenge und Geschwindigkeit auf dieser Fahrbahn orientieren und
durch frühzeitiges Beschleunigen sein Fahrzeug zügig einfädeln können. Der Fahrer auf der bevorrechtigten Fahrbahn soll durch frühzeitiges Erkennen die Möglichkeit haben, gegebenenfalls den rechten Fahrstreifen freizumachen.

Anzustreben ist ein Blickwinkel von 100 gon (Abb. 120). Ist das nicht möglich, ist der Sichtpunkt in der Einfahrrampe weiter zur Inselspitze zu verschieben. Wird dabei der Blickwinkel größer als 150 gon, ist die Einfahrrampe in gleicher Höhe parallel zur bevorrechtigten Fahrbahn zu führen und mit einem Einmündungswinkel von 3 bis 5 gon an diese anzuschließen. Nur wenn das erwünschte Sichtfeld mit wirtschaftlich vertretbarem Aufwand nicht hergestellt werden kann, ist das minimale Sichtfeld vorzusehen (Abb. 120).

4.5.3.3 Haltesichtweite

Zusätzlich zur Anfahrsichtweite und zur Annäherungssichtweite ist in den Zufahrten eines Knotenpunktes ausreichende Sicht auf die vorfahrtregelnde Beschilderung notwendig, sie wird als Haltesicht bezeichnet.
Die Haltesichtweite ist die Entfernung, aus der für einen Fahrer auf der untergeordneten und der übergeordneten Knotenpunktzufahrt der Knotenpunkt und die Vorfahrtsregelung wahrnehmbar sein müssen, damit er erforderlichenfalls vor dem Knotenpunkt anhalten kann. Sie ist aus den Abb. 110 und 111 zu ermitteln.
Bei der Überprüfung des freizuhaltenden Sichtfeldes kann davon ausgegangen werden, daß die vorfahrtregelnden Verkehrszeichen notfalls auf der Tropfeninsel wiederholt werden können. Kann das für diesen Fall erforderliche Sichtfeld nicht freigehalten werden, so ist eine intensive Vorankündigung (zusätzliche Verkehrszeichen oder Signalanlagen, Vorwegweiser) notwendig.

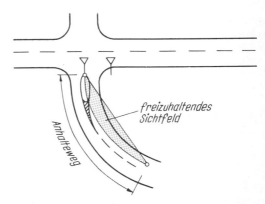

Abb. 121 Freizuhaltendes Sichtfeld für die Haltesicht in der Knotenpunktszufahrt

4.6 Grenzwerte der Trassierungselemente nach RAS-L

In Abhängigkeit von der maßgebenden Geschwindigkeit (Entwurfsgeschwindigkeit V_e oder Geschwindigkeit V_{85}) sind Grenz- und Richtwerte bestimmter Entwurfselemente sowie zulässige Verhältniswerte für das Zusammenfügen der Einzelelemente festgelegt (Abb. 122).

4.7 Einfügung der Trasse in die Landschaft

Wurden bisher die Verkehrs- und geometrischen Grundlagen der Trassierung behandelt, so soll jetzt auf die Anwendung dieser Grundlagen beim Aufsuchen der Trasse in der Landschaft eingegangen werden. Obwohl das Zusammenspiel von Trassierung und Landschaft eine Selbstverständlichkeit sein müßte, wurde darauf lange Zeit wenig Rücksicht genommen, und auch heute findet man immer noch Trassierungen, die nicht mit der Landschaft harmonieren.

Die gute Einpassung der Trasse in das jeweilige Landschaftsbild bringt so viele Vorteile mit sich, daß auch die größte dafür aufgewandte Mühe lohnt. Der durch den Bau einer neuen Straße unumgängliche Verlust an natürlicher Fläche kann durch geschickte Eingliederung in das Landschaftsbild weniger auffällig gemacht werden, und durch zusätzliche Maßnahmen kann der Zusammenhang der durchschnittenen Landschaft erhalten oder wiederhergestellt werden. Das gilt nicht nur für die oberflächlich sichtbaren Bestandteile der Landschaft, wie Bewuchs und Gestalt, sondern auch für das Wasser, das sich in Flüssen und im Untergrund bewegt.

Ein weiterer Vorteil der landschaftsbezogenen Trassierung ist das beschauliche Bild, das sich dem Fahrer bietet und so dazu beiträgt, daß das Fahren weniger anstrengend ist. Das wiederum trägt nicht unwesentlich zur Verkehrssicherheit bei, und auch der Fahrkomfort wird verbessert.

4.7.1 Schutz und Erhaltung des vorhandenen Bewuchses

Die Eingliederung einer Straße in die Landschaft beginnt damit, daß man schon bei den ersten Trassensuchen auf die Erhaltung des Bestehenden Rücksicht nimmt. Wenn man denkt, der Schutz des Bewuchses sei selbstverständlich und keiner weiteren Erörterung wert, so wird man leider in der Praxis oft vom Gegenteil überzeugt. Gewiß erfordert eine rationell organisierte Baustelle mit dem Einsatz moderner Großgeräte mehr Arbeitsraum, als das früher bei überwiegendem Handbetrieb der Fall war. Aber auch hier läßt sich durch sorgfältige Überlegung manches erhalten, ohne den Baubetrieb wesentlich zu behindern.

Der Schutz vorhandenen Bewuchses beginnt damit, daß man in die für die Trassierung benutzten Pläne die Bodenbedeckungsart einträgt, d. h., ob es sich um Wald- oder Feldflächen handelt, ob monotone Forstkultur oder natürlicher Mischwald usw. Ganz besonders sind Landschaftsschutzgebiete und einzelne unter Naturschutz stehende Bäume in den Planunterlagen anzugeben. Das gleiche trifft für Bewuchs mit besonderer Zweckbestimmung zu, wie Wind- und Schneeschutzpflanzungen. Auch Vogelschutzgebiete und andere für die Tierwelt wichtige Areale sind zu beachten.

Die Erfassung ist aber nicht mit der Eintragung in den Lageplan abgetan, es gehört auch eine Höhenaufnahme dazu, weil die Höhe von Dämmen und Einschnitten Einfluß auf den seitlichen Bewuchs haben kann. Andererseits kann der Bewuchs wegen der Wind- und Schattenwirkung Einfluß auf die Straße haben. Dadurch können Schneeverwehungen begünstigt werden, oder im Schatten wird das Abtauen von Glatteis verzögert.

Ist durch die Einmessung und Eintragung des Bewuchses in die Pläne die Voraussetzung zur Berücksichtigung bei der Trassierung gegeben, so wird sich trotzdem in vielen Fällen eine anschließende Ortsbesichtigung nicht umgehen lassen. Besonders bei schwierigen Problemen ist es ratsam, Fachleute aus der Land- oder Forstwirtschaft hinzuzuziehen.

Wie leicht man dadurch getäuscht werden kann, daß man den Bewuchs nur im Lageplan berücksichtigt, soll an einem Beispiel gezeigt werden. Für die Trassierung sind in einer Talaue ein geschlossenes Waldstück und eine unter Naturschutz stehende Baumgruppe eingetragen. Die Trasse 1 würde beides schonen. Legt man aber Querschnitte an, dann stellt man fest, daß die Baumgruppe trotzdem gefährdet ist, weil durch die Straßenführung auf einem flachen Damm die Wurzeln überschüttet werden und dadurch ersticken.

Der geschlossene Nadelwald wird zwar nicht von der Trasse beeinträchtigt, aber umgekehrt. Durch die nahe Führung am Wald wird ein Teilstück der Straße im Winter immer im Schatten liegen. Wegen mangelnder Erwärmung wird sich dort leicht Glatteis bilden, und bestehendes Glatteis wird schwer abtauen.

Die Trasse 2 wird dagegen weder die Wurzeln der Baumgruppe in Mitleidenschaft ziehen, noch verläuft sie im Schatten des geschlossenen Waldes (Abb. 123).

Auch die Führung einer zweibahnigen Straße am Hang kann nicht allein vom Lageplan aus entschieden werden, weil die Höhenlage we-

Entwurfselemente			Straßen der Kategoriengruppe	maßgebende Geschwindigkeit	Grenzwerte für V [km/h] nach Spalte 3							
		1	2	3	40	50	60	70	80	90	100	120
					4	5	6	7	8	9	10	11
Höchstlänge der Geraden	max L	[m]	A	V_e	–	–	1200	1400	1600	1800	2000	2400
Mindestlänge der Geraden bei gleichgerichteten Kurven	min L	[m]	A	V_e	–	–	360	420	480	540	600	720
Kurvenmindestradius	min R	[m]	A	V_e	–	–	135	200	280	380	500	800
			B	V_e	–	80	125	190	260	–	–	–
			C	V_e	40	70	120	175	–	–	–	–
Klothoidenmindestparameter	min A	[m]	A, B, C	V_e	30	50	70	90	110	140	170	270
Kurvenmindestradius bei Anlage der Querneigung zur Kurvenaußenseite	min R	[m]	A	V_{85}	–	–	–	–	–	1750	2500	5000
			B	V_{85}	–	250	450	700	1100	–	–	–
			C	V_{85}	80	150	250	400	–	–	–	–
Höchstlängsneigung	max s	[%]	A	V_e	–	–	8,0	7,0	6,0	5,0	4,5	4,0
			B	V_e	–	8,0	7,0	6,0	5,0	–	–	–
			C	V_e	8,0	7,0	6,0	5,0	–	–	–	–
Mindestlängsneigung im Verwindungsbereich	min s	[%]	A, B	–	$0,7; s - \Delta s \geq 0,0 \dots 0,2$ % (ohne Hochbord)							
			C	–	$0,5; s - \Delta s \geq 0,5$ % (mit Hochbord)							
Kuppenmindesthalbmesser	min H_k	[m]	A	V_e	–	–	2750	3500	5000	7000	10 000	20 000
			B, C	V_e	450	900	1800	2200	3500	–	–	–
Wannenmindesthalbmesser	min H_w	[m]	A	V_e	–	–	1500	2000	2500	3500	5 000	10 000
			B, C	V_e	250	500	900	1200	2000	–	–	–

Lageplan — Höhenplan

210

Entwurfselemente				Straßen der Kategoriengruppe	maßgebende Geschwindigkeit	Grenzwerte für V [km/h] nach Spalte 3							
						40	50	60	70	80	90	100	120
1				2	3	4	5	6	7	8	9	10	11
Querschnitt	Mindestquerneigung	min q	[%]	A, B, C	–				2,5				
	Höchstquerneigung in Kurven	max q_K	[%]	A	–				7,0 (8,0)				
				B	–				5,0 (7,0)				
				C	–				5,0				
	Anrampungshöchstneigung	max Δs	[%]	A, B	V_e	0,50 · a		0,40 · a		0,25 · a		0,20 · a	
						2,0 ($a \geqq$ 4,0 m)		1,6 ($a \geqq$ 4,0 m)		1,0 ($a \geqq$ 4,0 m)		0,8 ($a \geqq$ 4,0 m)	
	Anrampungsmindestneigung	min Δs	[%]	A, B, C	–			0,1 · a — a [m] = Abstand des Fahrbahnrandes von der Drehachse					
Sicht	Mindesthaltesichtweite für s = 0 %	min S_h	[m]	A	V_{85}	–	–	69	91	118	150	188	280
				B, C	V_{85}	30	43	60	81	107	–	–	–
	Mindestüberholsichtweite	min $S_{\ddot{u}}$	[m]	A	V_e	–	–	400	450	500	575	650	–
	Mindeststreckenanteil mit Überholsichtweite		[%]	A	–				25				

Abb. 122 Zusammenstellung der Grenz- und Richtwerte der Entwurfselemente nach RAS-Q

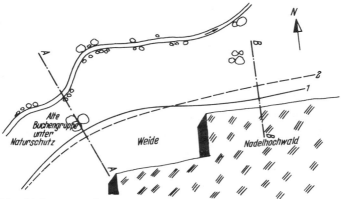

Betrachtet man nur den Lageplan, sieht die Trasse 1 möglich aus. Sie ist genügend weit von den Bäumen entfernt. Die Querschnitte zeigen, daß einmal die Baumgruppe gefährdet ist und zum anderen die Straße durch den nahen Wald.

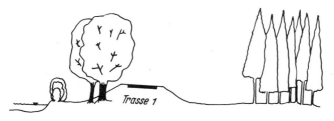

Im Schnitt A–A erkennt man, daß durch die Anschüttung der auf einem flachen Damm verlaufenden Trasse 1 die Baumgruppe eingeschüttet und damit gefährdet wird.

Der Schnitt B–B zeigt, daß die Trasse 1 während der Wintermonate im Schatten liegt und somit Vereisungsgefahr besteht.

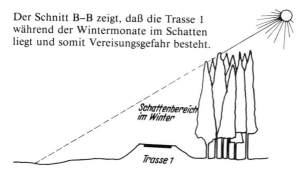

Abb. 123 Auswirkungen der Trassierung auf den Bewuchs und umgekehrt

sentlichen Einfluß auf die Einfügung der Straße in die Landschaft hat. Wird wegen der Hangneigung eine Stützmauer erforderlich, so kann diese oberhalb oder unterhalb der Straße angeordnet werden. Der Freischlag des Bewuchses ist in beiden Fällen etwa gleich, jedoch muß nach Abb. 124 befürchtet werden, daß der Bewuchs oberhalb der Stützmauer unter Austrocknung leidet. Weiter hat der Fahrer keinen Blick in die vielleicht reizvolle Tallandschaft. Dafür wird die Straße vom Tal her fast unsichtbar, und der talseitige Wald dämpft den Verkehrslärm (Abb. 124 und 125).

Im Fall der unterhalb der Straße angeordneten Stützmauer ist dem Fahrer der Blick ins Tal nicht verwehrt. Auch ist oft der Bau der Stützmauer einfacher, da sie frei betoniert werden kann, im Gegensatz zu oberhalb vor dem angeschnittenen, evtl. rutschgefährdeten Hang. An der Stützmauer sind Sicherungen gegen abkommende Fahrzeuge anzubringen (Schutzplanken).

Eine Staffelung der beiden Fahrbahnen nach Abb. 126 erfordert zwar einen breiteren Freischlag im Wald, kann dafür aber je nach Situation die Stützmauer überflüssig machen. Nach Rekultivierung bestehen dann zwei schmale Schneisen im Wald, die je nachdem einen besseren Windschutz oder aber eine stärkere Beschattung im Winter ergeben können (Abb. 126).

Für die Antwort auf die Frage, in welchem Ausmaß vorhandener Bewuchs durch Freigraben für Einschnitte oder durch Auffüllung gefährdet wird, ist die Kenntnis über die Wachstumseigenschaften der Pflanzen von größter Bedeutung. Flachwurzler sind schon bei geringsten Bodenabtragungen gefährdet, weil so die oberen Bodenschichten zu stark austrocknen. Auch unter Einschüttungen leiden viele Bäume und Sträucher, weil dann den Wurzeln die notwendige Luft fehlt. In allen diesen Fällen ist es zweckmäßig, einen Forstfachmann zu Rate zu ziehen.

Die für die Straße und die Baudurchführung notwendigen Freischläge müssen auf das unbedingt notwendige Maß beschränkt werden. Oft glaubt man, eine großzügige Abholzung durchführen zu können, weil man hinterher eine umfassende Rekultivierung vornehmen wird. Das ist ein Fehlschluß. Außer den zusätzlichen Kosten, die vermehrter Einschlag und größere Rekultivierung erfordern, hat der erhaltene Bewuchs mit seiner Wirkung auf Landschaft und Straße einen meist jahrzehntelangen Vorsprung gegenüber einer Neupflanzung (Abschnitt 4.7.5). Junger Bewuchs kann in manchen Fällen durch Umpflanzen an anderer Stelle Verwendung finden. In diesem Fall ist eine rechtzeitige Abstimmung erforderlich, damit das Umpflanzen in der dafür günstigsten Jahreszeit erfolgen kann.

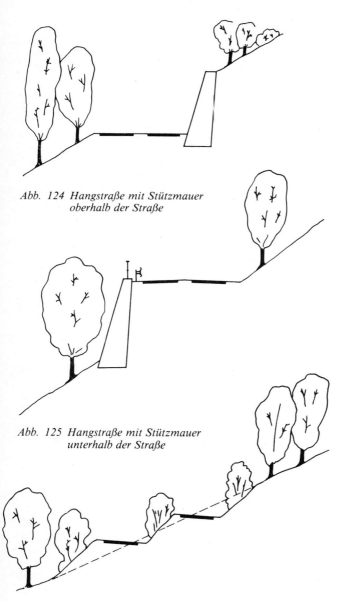

Abb. 124 Hangstraße mit Stützmauer oberhalb der Straße

Abb. 125 Hangstraße mit Stützmauer unterhalb der Straße

Abb. 126 Gestaffelte Anlage einer Hangstraße

214

Die Harmonie von Straße und Landschaft erfordert, schon bei der Trassierung an die spätere Straßenbepflanzung und Rekultivierung zu denken. Dabei muß auf die verschiedenen Landschaftsformen geachtet werden. Eine Talaue wird eine andere Bepflanzung erfordern als eine Berglandschaft oder ein Siedlungsbereich.

4.7.2 Einbeziehung vorhandenen Bewuchses in die Planung

Ist der vorhandene Bewuchs in die Pläne eingemessen und hat man ihn ganz oder überwiegend erhalten können, so ist der nächste Schritt, diesen Bewuchs in die Planung einzubeziehen und durch Neupflanzungen zu erweitern. Bei einer Straßenverbreiterung braucht eine Allee nicht gänzlich beseitigt werden. Erhalt einer Reihe, ausreichendes Abrücken der neuen Fahrbahn und dann Neupflanzung der anderen Reihe lassen das schöne Bild der Allee bald wieder entstehen.

Bei Bäumen an Straßen und besonders bei Alleen ist der richtige Abstand der Bäume für die Sicherheit des Verkehrs von großer Bedeutung. Nach Untersuchungen, die in Süddeutschland durchgeführt wurden, ist bei einem Abstand von 2 m die Unfallhäufigkeit nicht größer als auf baumlosen Straßen. Andererseits geht bei zu großem Abstand der Alleebäume von der Fahrbahn die optische Begrenzung derselben verloren.

Übereinstimmend sind alle in- und ausländischen Untersuchungen über die Unfallgefahr von Straßenbäumen zu folgendem Ergebnis gekommen: Bäume erhöhen und verschärfen die Unfälle nur, wenn sie zu nahe am Fahrbahnrand stehen. Bei ausreichendem Abstand der Bäume treten weniger Unfälle auf als bei Straßen ohne Bäume.

Große Aufmerksamkeit ist erforderlich, wenn eine Straßenplanung durch geschlossenen Wald verläuft. Landschaftlich wie für den Verkehr am schlechtesten ist es, die Durchfahrt in eine Gerade zu legen. Der Blick des Fahrers würde von Anfang an auf das Ende des Waldes gerichtet sein, und dieser Sog wird zu überhöhter Geschwindigkeit verleiten. Bei geschwungener Linienführung im Wald wird der Blick immer vom Bestand an der Außenseite aufgefangen (Abb. 127).

Im Gegensatz zu den Randbäumen ist der Innenbestand eines Nadelwaldes nicht widerstandsfähig genug gegen Windangriffe. Diese Tatsache muß man berücksichtigen, wenn Waldparzellen für den Straßenbau in Anspruch genommen werden. Auf keinen Fall soll der Waldrand freigeschlagen werden, um die Straße an den Waldrand zu legen. Ihrer Randbäume beraubt, würden die schwächeren Innenbäume bei Sturm brechen und den Verkehr gefährden. Sehr breite Freischläge für Auto-

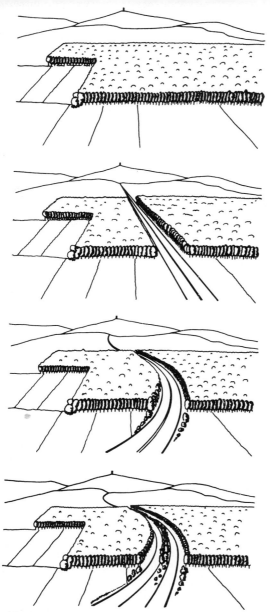

Abb. 127 Straßenführung durch geschlossenes Waldstück

bahnen können vermieden werden, wenn man den Mittelstreifen wesentlich verbreitert und dort den Bewuchs erhält. Dies ist allerdings nur bei noch jüngerem Bestand angebracht, weil hohe ältere Bäume aus dem Innenbestand zu windanfällig sind.

4.7.3 Bewuchs zur Sicherung des Verkehrs

Nicht nur die Eingliederung der Straße in die Vegetation der Landschaft und die Rekultivierung der Baustellen erfordern eine Bepflanzung, sondern auch die Sicherheit des Verkehrs. Eine durch Bäume und Sträucher erreichte optische Führung ist besser als noch so viele und gute Hinweisschilder. Ein dichter Bewuchs als Windschutz erfüllt seine Aufgabe immer, während auf Warneinrichtungen der Fahrer erst nach deren Erkennung reagiert.

Der optisch stark wirkende Bewuchs ist in der Lage, den Verlauf der Fahrbahn weiträumiger darzustellen, als es die Straße mit noch so guten Leiteinrichtungen selbst kann. Darüber hinaus erhält der Straßenraum eine Tiefengliederung, was die Entfernungen besser begreifbar macht. Bei schlechten Sichtverhältnissen, wie Dunkelheit und Nebel, sind die Straßenführung und Straßenbegrenzung durch den Bewuchs für den Fahrer besser und weiter erfaßbar. Und im Winter, wenn Schnee alle Fahrbahnmarkierungen verdeckt, zeigt der Bewuchs die Straßenführung sicher an. Auch am Tage kann an unübersichtlichen Stellen eine Pflanzung zur optischen Führung wesentlich zur Verkehrssicherheit beitragen.

Die Bepflanzung als optische Führung darf aber nicht nur als kosmetisches Mittel für eine schlechtgeplante Straße dienen, wenn auch damit mancher Fehler zu verschleiern ist. Sie muß vielmehr auf die Trassenführung abgestimmt werden. In der Geraden genügt zur Raumbildung eine lockere, auseinanderstehende Gruppenpflanzung oder die Anlage einer Allee. Dabei muß die Pflanzung dem Landschaftscharakter angepaßt werden.

Wichtiger ist die optische Führung in Kurven. Hier soll sie dem Fahrer schon von weitem den Kurvenverlauf markieren, damit er sein Fahrverhalten danach einrichten kann. Zweckmäßig wird die Außenseite der Krümmung mit einer Baumreihe, Baumgruppe oder einem geschlossenen Gehölz bepflanzt, abhängig davon, wieviel Platz vorhanden ist.

Je enger die Kurve ist, um so dichter soll der Bewuchs angeordnet werden, während in sehr flachen Kurven eine weiter auseinanderge-

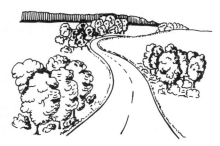

Abb. 128 Optische Führung durch Pflanzungen in der Kurve. So wird der Blick geführt, ohne die Übersicht zu beeinträchtigen.

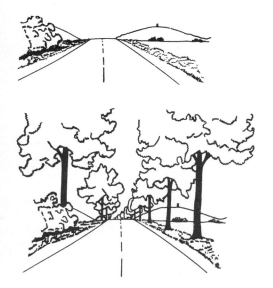

*Abb. 129
Straße über eine Kuppe ohne optische Führung*

*Abb. 130
Die Bepflanzung durch eine Baumreihe markiert den weiteren Straßenverlauf über die Kuppe hinweg*

setzte Bepflanzung noch ausreichend den Fahrbahnrand markiert, aber genügend Durchblicke in die Landschaft läßt (Abb. 128).
Die größte Bedeutung hat die Bepflanzung zur optischen Führung im Bereich von Kuppen. Auch wenn die Ausrundung der Kuppe mit einem Halbmesser erfolgt ist, der die Forderungen der RAS-L erfüllt, so kann der Fahrer trotzdem die Straße nur ein bestimmtes Stück einsehen. Eine hochaufragende Bepflanzung zeichnet praktisch den weiteren Verlauf der Straße an den Himmel. Das ist besonders dann wichtig, wenn die Straße im Bereich der Kuppe oder dahinter ihre Richtung ändert (Abb. 129 und 130).

218

Abb. 131
Beispiel für die
Bepflanzung einer Wegeinmündung. Die Baumgruppe,
die den Blick aus dem einmündenden Weg auffängt, ist
durch Gebüschpflanzung
verstärkt worden. Bei den
anderen Baumgruppen ist
zur Freihaltung des Sichtfeldes
das Unterholz entfernt worden.

Nach den Grundsätzen der räumlichen Linienführung soll niemals
eine Kurve im Bereich der Kuppe beginnen, sondern schon ausreichend vorher, damit der Fahrer rechtzeitig den weiteren Verlauf der
Straße erkennen kann. Aber auch bei den nach diesen Grundsätzen
trassierten Straßen kann ein Bewuchs die optische Führung wesentlich
verbessern.

An Straßenkreuzungen und -einmündungen ist sehr gewissenhaft die
Bedeutung von optischer Führung und guter Übersicht gegeneinander
abzuwägen. Mit hohen Bäumen ohne jeglichen Unterwuchs kann man
meist beiden Forderungen am nächsten kommen. Die Planung zur
Bepflanzung eines Knotenpunktes wird tunlichst vor der Ausführung
nochmals überprüft, indem man die Wirkung aus allen Zufahrten kontrolliert (Abb. 131).

Eine falsche Bepflanzung kann sogar zur optischen Verführung werden. Das wird der Fall sein, wenn eine Straßenabzweigung angelegt
und die bisherige Straße gesperrt wird. Die gesperrte Straße darf nicht
nur durch Schilder markiert werden, während die optische Führung
für das Auge in die bisherige Richtung weist. Der alte Straßenzug muß
unterbrochen werden, und eine Bepflanzung muß den Verkehr zwingend in die neue Richtung lenken (Abb. 132).

Eine weitere Möglichkeit, durch Bepflanzung zur Verkehrssicherheit
beizutragen, besteht darin, Sträucher und Büsche als Blendschutz zu
pflanzen. Das ist besonders auf dem Mittelstreifen zweibahniger Straßen gegeben, aber auch bei Kurve und Gegenkurve einbahniger Straßen. Solcher Blendschutz muß besonders im Winter seine Funktion
erfüllen können, weil sich in dieser Zeit der Verkehr viel häufiger bei
künstlichem Licht abwickelt. Aus diesem Grunde sind als Blendschutz
besonders Hecken und Bäume mit Unterwuchs geeignet, die auch im
Winter ihr Laub zumindest in abgedörrtem Zustand behalten, z. B.
Eiche, Hainbuche, Ilex usw.

Abb. 132 Eine Straße mit Baumreihe führt über einen schienengleichen Bahnübergang. Zur Beseitigung dieses Überganges erfolgt eine Straßenumlegung. Die ungenügende Abriegelung der alten Straße, die fehlende Neupflanzung an der Umgehung und der Erhalt der Baumreihe bilden die „Optische Verführung". Durch eine dichte Bepflanzung im Bereich des Abzweiges erfolgt eine richtige optische Führung.

Im Mittelstreifen zweibahniger Straßen sind solche Pflanzen zu setzen, die wenig Pflege (Schnitt, Abholzung) erfordern, einmal um Kosten zu sparen, aber auch, weil diese Arbeiten im Verkehr schwierig auszuführen sind. Bei der Auswahl der Pflanzenarten sind, weil diese widerstandsfähig gegen Autoabgase und Tausalze sein müssen, Fachleute heranzuziehen.

Die Blendschutzpflanzung auf dem Mittelstreifen braucht bei geraden Strecken nicht dicht zu sein, weil bei dem flachen Lichtauffall auch bei lückenhaftem Bestand ausreichender Blendschutz erreicht wird. Je enger die Kurve, desto dichter muß der Bewuchs sein. Verläuft eine Gerade durch eine Wanne, so ist ein ausreichender Blendschutz nur bei hochwachsender Mittelstreifenbepflanzung gegeben.

Die Bepflanzung der Böschungen an Straßen ist nicht nur nötig, um diese Flächen standfester zu machen und in das Landschaftsbild einzugliedern, sondern sie erfüllt auch Sicherungsaufgaben. Bei Dammböschungen führt man die Bepflanzung bis zur Dammkrone hoch, während man bei Einschnittsböschungen erst in etwas Abstand von der Fahrbahn mit der Pflanzung von Bäumen und Sträuchern beginnt.

Junger, elastischer Bewuchs mit Unterholz und rankenden Arten ist ein guter Auffangschutz für von der Fahrbahn abkommende Fahrzeuge. Die Wirkung ist um so besser, je breiter diese Bepflanzung ist, sie hängt darüber hinaus auch von dem Auffahrwinkel ab. Brombeerhekken sind hierfür besonders günstig, jedoch sind sie in größerer Zahl aus anderen Gründen an der Straße nicht immer erwünscht.

Neben der optischen Führung sind Bäume auf hohen Dämmen ein hervorragender Windschutz. Darauf ist besonders zu achten, wenn eine Straße aus einem Einschnitt auf einen Damm führt. Auch beim Übergang vom dichten Wald in offenes Gelände muß ein die Straße begleitender Bewuchs einen plötzlichen Seitenwindangriff auf das Fahrzeug vermeiden.

Außerdem ist eine Bepflanzung ein gutes Mittel, einen Sichtschutz zu bieten. Erstens kann das notwendig sein, um den Fahrer nicht durch Geschehnisse außerhalb des Straßenraumes abzulenken, z. B. an Sportplätzen oder Flughäfen. Zweitens will man aber auch Siedlungen durch Sichtkulissen vor dem Verkehr abschirmen. Je umfangreicher im letzteren Falle eine derartige Bepflanzung ist, um so mehr wird sie zusätzlich als Lärmschutz dienen (Abschnitt 4.7.5).

In Gebieten mit der Gefahr von Schneeverwehungen ist der Bewuchs zusätzlich in dieser Richtung hin zu prüfen. Eine am oberen Rand eines flachen Einschnittes stehende Buschreihe kann den Wind so weit bremsen, daß sich hinter ihr und damit bis auf die Fahrbahn der Schnee ablagert.

Wird aber nach genügender Orts- und Windkenntnis eine Bepflanzung so weit von der Straße entfernt angeordnet, daß die Schneewehen nicht bis zur Fahrbahn reichen, dann hat man einen besseren Schneeschutz geschaffen, als es Schneezäune erreichen können. Über die zweckmä-

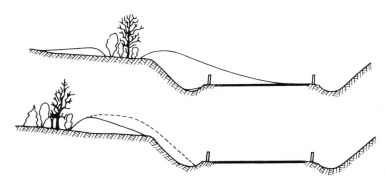

Abb. 133 Falsche und richtige Pflanzung eines Schneeschutzwalles an einer Straße

221

ßigste Entfernung der Schneeschutzpflanzung von der Straße in Abhängigkeit von der Höhenlage gibt es verschiedene Hinweise. Besser sind aber jahrelange Beobachtungen der Anlieger und darauf festgelegte Standorte der Pflanzungen (Abb. 133).

Wichtig ist, diese Schneeschutzpflanzungen aus verschiedenen Gehölzarten anzulegen, damit ein bis unten hin dichter Bestand entsteht. Aufgebrochene Lücken sind baldigst wieder zuzupflanzen. Leider scheitert die Anlage ausreichender Schneeschutzpflanzungen meist am Grunderwerb.

4.7.4 Anpassung der Trasse an das Gelände

Bei der Trassierung bieten sich im allgemeinen drei Möglichkeiten an. Erstens kann die Straße im Talgrund verlaufen und damit meist einem Wasserlauf folgen. Zweitens kann die Linie auf den Höhenrücken des Berglandes geführt werden, und drittens ist eine Hangstraße als Mittellösung zwischen Tal- und Höhenstraße möglich.

Da eine bewohnte Siedlung auf das Vorhandensein von Wasser angewiesen ist und Wasserläufe die ersten Verkehrswege waren, sind die meisten Orte an den Flüssen entstanden. Folgerichtig entwickelten sich auch die ersten festen Landverbindungen von Ort zu Ort an den Wasserläufen entlang und sind damit Talstraßen. Typische Beispiele dafür sind die Bundesstraßen 9 und 42 entlang des Rheines.

Die Talstraße hat fast immer den Vorteil gleichmäßiger Steigungen. Auch sind die Gefahren aus Witterungsunbilden, wie Wind und Schnee, meist geringer als bei einer Höhenstraße. Dafür ist evtl. öfter mit Talnebel zu rechnen. Wichtig ist bei der Trassierung die Beachtung der Hochwasserführung des Flusses. Gerade bei Hochwasser ist Hilfe nur über sichere Zufahrtsstraßen möglich. Da die Täler wichtig für die Wasserversorgung sind, muß die Trassenführung auch darauf Rücksicht nehmen.

Eine Höhenstraße bietet in den meisten Fällen die Möglichkeit, weniger besiedeltes Gelände für die Trassierung ausnutzen zu können und damit die Frage des Grunderwerbs und der Entschädigung einfacher zu haben. Dafür sind bei der Kreuzung von Tälern meist große Talbrücken notwendig. Die Führung einer Straße über die Höhen kann für die Fahrer viele landschaftliche Reize bieten und somit die Straße für den Ausflugsverkehr besonders attraktiv machen. Die Autobahn A 45 „Sauerlandlinie" ist ein treffendes Beispiel dafür.

Die beiden vorgenannten Arten erfordern zusätzlich die Hangstraße, denn die Verbindung zweier Talstraßen muß die dazwischenliegende Höhe überwinden, und dazu wird sie zweckmäßig am Hang hinaufgeführt, genau wie bei der Verbindung von Tal- und Höhenstraße. Auch wenn die Tallage zu eng ist, um noch die Straße aufzunehmen, bietet sich eine Hangführung an. Dies ist teilweise bei der Brenner-Autobahn der Fall.

Bei der Hangstraße ist die Entscheidung, an welchem Hang die Straße geführt werden soll, von größter Bedeutung. Steilhänge sind von Natur aus ungünstig, weil ständig mit Steinschlag zu rechnen ist. Überhaupt spielt die Beschaffenheit des Hanguntergrundes eine wichtige Rolle. Ein unberührter, standfester Hang kann durch die Erdarbeiten in seinem Gefüge gestört werden. Bei entsprechender Schichtung wird es dann zum Hangrutsch kommen. Im Hochgebirge ist zusätzlich auf Lawinengefahr zu achten.

Auf jeden Fall ist ein Südhang einem Nordhang vorzuziehen, weil die Sonne die Straße im Winter sicherer macht. Am Sonnenhang erwärmt sich die Fahrbahn schneller, und so wird sich nicht gleich beim ersten Frost Rauhreif bilden und erster Schnee liegenbleiben. Auch besteht am Südhang viel weniger die Gefahr als am Schattenhang, daß tagsüber erweichter Schnee nachts zu Eis und Harsch gefriert oder Regen auf kalter Fahrbahn Glatteis bildet.

Über einen solchen Fall wird von der Autobahn bei Aschaffenburg berichtet. Beim Trassieren der Autobahn Frankfurt – Nürnberg am Aufstieg von Aschaffenburg zum Spessart war es der Geländeform nach günstig, die Kuppe des Berges Kauppen auf der Nordseite zu umgehen, besonders für die Brücke über das Aschafftal ergab sich dabei eine recht günstige Stelle. Das öftere Begehen und Befahren der beabsichtigten Linienführung zeigte aber, daß dort noch Schnee lag, wenn die Südflanke des Berges schon wieder schneefrei war und daß gegen das Frühjahr zu auf der Südseite das erste Grün sproß, wenn auf der Nordseite der zerfurchte Feldweg noch gefroren war [17].

Das führte zur Entscheidung, die Trasse auf die Südflanke zu legen. Dadurch wurde die Talbrücke ein wenig länger, und es kostete später auch noch eine Rutschung beim Geländeanschnitt sowie den Bau einer Stützmauer als Folge davon. Die Vorteile für die Verkehrssicherheit und den Winterdienst wiegen die Mehrkosten für den Bau reichlich auf.

Die Tatsache, daß sich der Sonne zugeneigte Hänge und Böschungen wegen des steileren Strahleneinfalles schneller und stärker erwärmen, weil eine Reflektion eintritt, kommt auch der Fahrbahn zugute.

Die Anpassung der Trasse an das Gelände bestimmt auch weitgehend die Wahl der Entwurfselemente. In einem weiten Flachland mit großflächigen, geradlinigen Flurstücken und vielleicht schnurgeraden Kanälen bietet sich die Verwendung der Gerade als Entwurfselement an, und sie wirkt hier auch keinesfalls störend.

Dagegen ist in einer Mittelgebirgslandschaft die Gerade als Entwurfselement kaum zu gebrauchen. Hier paßt sich die geschwungene Linienführung den bewegten Geländeformen sehr gut an. Aber bei Straßen mit Gegenverkehr sollte auf die Gerade nicht ganz verzichtet werden, um Überholvorgänge zu ermöglichen. Selbst sehr große Bogen geben einem Fahrer oft nicht das Sichtfeld frei, das er zum Überholen braucht, besonders nicht für einen Pkw-Fahrer hinter einem Lastzug. Kolonnenfahrten, deren Tempo das erste Fahrzeug bestimmt, sind die Folge.

Wird bei der Führung der Trasse von Hang zu Hang durch das Tal ein hoher Damm geschüttet, so kann das zur Unterbindung der Bodenluftbewegung führen. Die von den Hängen herabströmende kalte Luft wird sich dann in dem abgeriegelten Tal stauen und einen Kaltluftsee bilden. Nicht nur Wachstumsschäden im Tal, sondern auch Nebelbildung können die Folge sein. Ein ausreichend großer Durchlaß oder eine Talbrücke schaffen Abhilfe.

4.7.5 Straßenverkehr und Umweltschutz

Der ständig zunehmende Verkehr einerseits und die immer größere Siedlungsdichte in den Ballungsräumen andererseits haben dazu geführt, daß die Duldungsschwelle des Menschen für Umweltbelastungen überschritten wurde und in zunehmendem Maße Abwehrreaktionen auftreten. Deshalb verlangt das Bundes-Immissionsschutzgesetz (BImSchG), daß Menschen, Tiere, Pflanzen und andere Sachen vor schädlichen Luftverunreinigungen, Lärm, Erschütterungen u. ä. zu schützen sind.

Diese Abwehrreaktionen richten sich gegen die Gefahren für die Gesundheit, die vom Verkehr, besonders durch Abgase und Lärm entstehen. Die Abgase der Verbrennungsmotoren tragen zu einem erheblichen Teil zur Verschmutzung der Luft bei. Abhilfe dagegen kann im wesentlichen nur von der Kraftfahrzeugindustrie und der Treibstoffherstellung kommen.

Trotzdem soll nicht übersehen werden, daß ein dichter und artenreicher Bewuchs im Straßenbereich nicht nur die Ausbreitung der Abgase in Wohngebiete vermindert, sondern auch zur Reinigung der Luft beiträgt. So filtert zum Beispiel eine einzige ausgewachsene Buche stündlich 4 800 m^3 Luft und verarbeitet dabei 2,35 kg des aus den Abgasen stammenden giftigen Kohlenoxyds. Sie gibt außerdem stündlich 1,7 kg Sauerstoff ab, als Tagesproduktion entspricht das dem Bedarf von 64 Menschen. Wird ein derartiger Baum gefällt, so müßten 2500 junge Bäume gepflanzt werden, um sofort die gleiche Wirkung zu erreichen. Da der Bewuchs auch zur Lärmminderung beiträgt, kommt einer guten Bepflanzung im Straßenbereich besondere Bedeutung zu (Abschnitt 4.7.1 bis 4.7.3).

4.7.5.1 Lärm – Schallpegel

Die Zunahme des Straßenverkehrs macht die Straße zu einer immer stärker werdenden Lärmquelle für die Umgebung. Der Mensch als Anlieger der Verkehrsstraßen wird so einer ständig wachsenden Geräuschbelastung ausgesetzt. Dieser wachsenden Geräuschbelastung kann sich der Mensch nicht nur anpassen, sondern er wird lärmbewußter und reagiert zunehmend lärmempfindlicher.

Da rein physikalisch der Begriff „Lärm" nicht zu definieren ist, sei hier die Alltagssprache zitiert, in der es heißt: „Lärm ist jede Form von Schall, der als unerwünscht, störend, belästigend oder gesundheitsgefährdend empfunden wird." Strenggenommen sind die vom Verkehr ausgehenden Geräusche noch kein Lärm. Korrekt muß man deshalb von Schallemissionen sprechen. Da im Alltag die Unterscheidung von Schall und Lärm meist Probleme bereitet, wird im weiteren auf eine strenge Unterscheidung verzichtet.

Die Stärke des Schalls, seine Amplitude, wird als Schalldruck bezeichnet, wobei der Schalldruck den durch Schwingungen erzeugten Wechseldruck in einem elastischen Medium darstellt. Das Ohr empfindet Töne gleichen Schalldruckes, aber verschiedener Frequenzen, verschieden laut. Ein hoher Ton eines gegebenen Schalldruckpegels wird lauter empfunden als ein tiefer. Die empfundene Lautstärke ist also von dem Schalldruckpegel und der Frequenz abhängig.

In Anpassung an die internationale Normung wird heute für die Messung des Schallpegels anstelle von DIN-Phon die Bezeichnung „Dezibel", abgekürzt „dB", verwendet. Damit wird der Schalldruckpegel gemessen. Durch in den Schallpegelmesser eingebaute Filter wird die Frequenz berücksichtigt. International wird das frequenzabhängige Empfinden des menschlichen Ohres mit dem A-Filter gemäß DIN 45 633 bewertet. Man spricht vom A-bewerteten Schallpegel mit der Bezeichnung dB(A).

Für verschiedene Werte dB(A) hat man die Geräusche in Lärmstufen unterteilt, um Vergleichsmöglichkeiten zu bieten und das Empfinden und die Reaktion des menschlichen Körpers darzustellen (Abb. 134).

4.7.5.2 Einfluß des Verkehrs auf den Lärm

Auf die weiteren physikalischen Grundlagen zum Thema „Schall" kann hier nicht eingegangen werden, dazu wird auf die Fachliteratur verwiesen. Es werden lediglich die speziellen Probleme des Verkehrslärmes und Maßnahmen zu dessen Minderung behandelt.

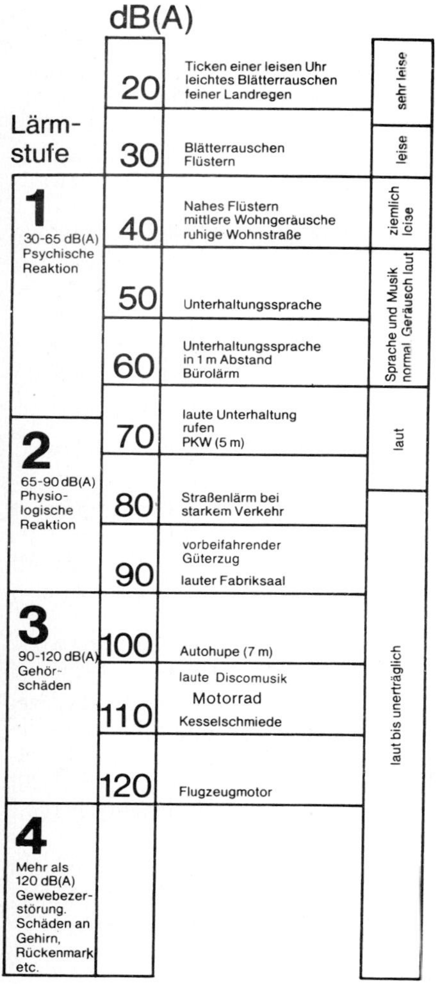

dB(A)

Lärmstufe	dB(A)		
	20	Ticken einer leisen Uhr leichtes Blätterrauschen feiner Landregen	sehr leise
	30	Blätterrauschen Flüstern	leise
1 30-65 dB(A) Psychische Reaktion	40	Nahes Flüstern mittlere Wohngeräusche ruhige Wohnstraße	ziemlich leise
	50	Unterhaltungssprache	Sprache und Musik normal Geräusch laut
	60	Unterhaltungssprache in 1 m Abstand Bürolärm	
2 65-90 dB(A) Physiologische Reaktion	70	laute Unterhaltung rufen PKW (5 m)	laut
	80	Straßenlärm bei starkem Verkehr	
	90	vorbeifahrender Güterzug lauter Fabriksaal	
3 90-120 dB(A) Gehörschäden	100	Autohupe (7 m)	laut bis unerträglich
	110	laute Discomusik Motorrad Kesselschmiede	
	120	Flugzeugmotor	
4 Mehr als 120 dB(A) Gewebezerstörung. Schäden an Gehirn, Rückenmark etc.			

Abb. 134 Lautstärkeskala

Vorab einige wissenswerte Tatsachen:
1. Der Pegelunterschied eines Geräusches von 10 dB(A) wird vom menschlichen Ohr als eine Verdoppelung bzw. Halbierung der Lautstärke empfunden.

2. Bei Pkw-Verkehr bedeutet eine Erhöhung der Durchschnittsgeschwindigkeit von 80 km/h auf 100 km/h eine mittlere Pegelerhöhung um 4 dB(A) und von 80 km/h auf 120 km/h eine Pegelerhöhung um 7 dB(A). Dagegen sind zwischen 60 km/h und 80 km/h die mittleren Pegel praktisch gleich. Aus diesem Grund bringt eine Geschwindigkeitsbeschränkung in Städten auf unter 50 km/h keine spürbare Lärmminderung.

3. Eine Verdoppelung der Verkehrsstärke führt zu einer Zunahme des mittleren Pegelwertes um 3 dB(A), eine Halbierung der Verkehrsstärke zu einer Abnahme um 3 dB(A).

4. Das Hinzukommen einer gleichlauten Schallquelle zu einer schon vorhandenen erhöht den Lärmpegel nur um 3 dB(A), es gilt also: 65 dB(A) + 65 dB(A) + 68 dB(A) (Abb. 148).

5. Der 20 %ige Lkw-Anteil bewirkt eine mittlere Pegelerhöhung gegenüber reinem Pkw-Verkehr um 6 dB(A), steigt bei 50 % Lkw-Anteil auf 8 dB(A) und erreicht bei reinem Lkw-Verkehr eine Erhöhung um 10 dB(A) gegenüber reinem Pkw-Verkehr.

6. An dichtbefahrenen Straßen nimmt der mittlere Pegel um 3,5dB(A) je Entfernungsverdopplung ab. Bei Entfernungen über 200 m werden die Pegelwerte wesentlich durch Witterungseinflüsse bestimmt. Durch Wind und Temperatur können Schwankungen bis zu 20 dB(A) auftreten (Abb. 146).

7. Der Straßenbelag hat nur bei trockener Fahrbahn einen Einfluß auf den Pegelwert (Abb. 140).

8. An bebauten Straßen liegen die Pegelwerte wegen der an den Häuserfronten auftretenden Reflexionen höher als im freien Gelände. Je nach Abstand können sich Pegelerhöhungen von 2 bis 3 dB(A) gegenüber den Verhältnissen bei freier Schallausbreitung ergeben. Bei beidseitiger Bebauung können zwischen den Häuserzeilen Mehrfachreflexionen auftreten, die, je nach Abstand, zu einer Pegelerhöhung von 3 bis 6 dB(A) führen können.

9. Eine Bepflanzung an der Straße kann abhängig von der Dichte des Bewuchses für je 100 m Tiefe des bewachsenen Streifens eine Regelminderung von 5 bis 10 dB(A) ergeben.

Der Verkehrslärm geht im wesentlichen von folgenden drei Quellen aus: den Antriebs- und Bremsaggregaten, den Fahr- oder Rollgeräuschen und dem Klappern von Fahrzeugteilen. Demzufolge müssen alle Anstrengungen zur Minderung der Lärmemissionen auf diese drei Ursachen gerichtet werden.

Leisere Antriebs- und Bremsaggregate zu entwickeln ist eine Aufgabe der Kfz-Hersteller, und deshalb soll dieses Problem hier nicht ausführlich erörtert werden. Nach Untersuchungen ist eine Herabsetzung der

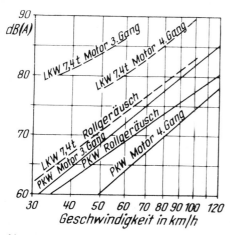

Abb. 135 Beispiele für das Verhalten von Motor- und Rollgeräusch für Vorbeifahrt in 7,5 m Entfernung mit Normalreifen auf Betondecke

Grenzwerte der Motorgeräusche bei Pkw um 5 dB(A), bei Lkw um 8 dB(A), bei Omnibussen um 10 dB(A) technisch machbar und wirtschaftlich vertretbar, denn die Fahrzeugkosten sollen sich dadurch nur um 2 bis 5 % erhöhen. Da die Motorräder ähnlich laut wie Lastkraftwagen sind, ist eine Verringerung der Motorengeräusche bei Motorrädern nötig. Noch vordringlicher ist aber die Verhinderung von lärmerhöhenden Manipulationen.

Es sei aber die Frage erlaubt, ob es sinnvoll ist, die Motorgeräusche unter die Fahr- und Rollgeräusche zu senken. Schon jetzt liegen die Motorgeräusche bei Pkw niedriger, und außerdem bringt die Gemeinsamkeit zweier Geräuschquellen nur eine Pegelerhöhung um 3 dB(A) gegenüber einer einzelnen Geräuschquelle. Anders sieht es bei Lastwagen und Bussen aus, hier liegen die Motor- und Bremsgeräusche wesentlich höher (Abb. 135).

Die Fahr- und Rollgeräusche sind bis auf die geringen Strömungsgeräusche identisch mit dem Reifenablaufgeräusch. Dieses entsteht an der Kontaktfläche zwischen Reifen und Fahrbahnoberfläche und wird in der Höhe von der Eigenart der beiden bestimmt. Außerdem ist die Geschwindigkeit ein wichtiger Faktor.

Der Einfluß der Reifen soll hier nicht näher untersucht werden, da dies ein Problem der Gummi- und Reifenindustrie ist.

Dagegen haben Messungen auf verschiedenen Fahrbahndecken Pegelunterschiede bis zu 5 dB(A) ergeben. Niedrigere Werte weisen die

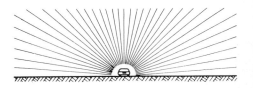

Abb. 136 Wenn keine Hindernisse vorhanden sind, verteilt sich der Schall von einer Straße (oder Bahn) etwa gleichmäßig nach allen Richtungen

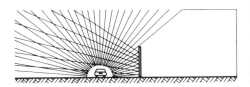

Abb. 137 Ein schallundurchlässiges Hindernis, z. B. eine Mauer, reflektiert den Schall. Dadurch bildet sich hinter ihm ein Schallschatten. Vor dem Hindernis wird durch Reflexion die Wirkung des Schalls erhöht.

Abb. 138 Aber auch in den Schallschatten gelangt durch Beugung an den Kanten des Hindernisses ein Teil des Schalls.

glatten Fahrbahndecken auf, die aber weniger Griffigkeit haben. Hier ist es Aufgabe des Straßenbaues, Decken zu verlegen, die bei ausreichender Griffigkeit und damit Sicherheit möglichst niedrige Werte bei den Rollgeräuschen ergeben (Abb. 140).

Alle Bemühungen der Technik haben nur einen Sinn, wenn sie vom Fahrer unterstützt werden. Dazu gehören einwandfreie Wartung, um klappernde Teile am Fahrzeug auszuschließen, und gute Motoreinstellung. Besonders der Ausbau von Schalldämpfern und das Frisieren der Motoren verursachen Lärm, der nicht nötig ist. Schließlich hat die Fahrweise wesentlichen Einfluß (kein Kavalierstart, kein hochtouriges Fahren, kein Reifenquietschen bei Kurvenfahrt, kein unnötiges scharfes Bremsen usw.) Weiter muß das Türenschlagen erwähnt werden.

Die genannten Möglichkeiten der Minderung des entstehenden Lärmes sind viel wirkungsvoller als Lärmschutz. Weniger Lärm kommt allen Menschen zugute, während die Schutzmaßnahmen nur den Menschen in ihrem Bereich nützen.

Alle Maßnahmen des Lärmschutzes müssen auf den Kenntnissen über die Schallausbreitung aufbauen. Sie erfolgt gleichmäßig nach allen Seiten. An einem schallundurchlässigen Hindernis wird der Schall reflektiert, aber durch Beugung an den Kanten des Hindernisses gelangt auch ein Teil des Schalles in den Schallschatten. Durch die Reflexion wird vor dem Hindernis der Schallpegel erhöht (Abb. 136 bis 138).

4.7.5.3 Berechnung des Mittelungspegels aus Verkehrsgeräuschen

Alle Lärmschutzmaßnahmen setzen voraus, daß der auftretende Lärm genauso berechnet wird wie die Wirkung der verschiedenen Schutzmaßnahmen. Dazu wird der A-bewertete Schallpegel L_A in dB bzw. L in dB(A) benutzt, wobei die A-Bewertung die frequenzabhängige Empfindlichkeit des Gehörs berücksichtigt. (Siehe dazu auch WIT 45 „Straßenverkehrstechnik" von W. Mensebach) [18].

Beim Verkehrslärm stellt man starke Pegelschwankungen fest. Zur Beurteilung braucht man sowohl Angaben über das mittlere Lärmniveau als auch über die Pegelspitzen. Das mittlere Lärmniveau wird im allgemeinen durch den Mittelungspegel angegeben. Unter dem Mittelungspegel L_m in dB(A) (früher als energieäquivalenter Dauerschallpegel L_{eq} bezeichnet) wird der in DIN 45 641 definierte zeitliche Mittelwert des A-Schallpegels verstanden.

$$L_m = 10 \cdot \lg \left[\frac{1}{T_r} \int\limits_{T_r} 10^{0,1 L(t)} dt \right]$$

Darin bedeuten: T_r = die Beurteilungszeit, wobei zwischen Tag (6 bis 22 Uhr) und Nacht (22 bis 6 Uhr) unterschieden wird. $L_{(t)}$ = Schallpegel in dB(A) zur Zeit t.

Der Mittelungspegel dient zur einfachen Kennzeichnung von Geräuschen mit zeitlich veränderlichen Schallpegeln ohne Berücksichtigung von auffälligen Einzeltönen oder Impulsen. Dabei darf der Mittelungspegel nicht mit dem arithmetischen Mittelwert verwechselt werden. Er berücksichtigt die kurzzeitig auftretenden hohen Pegel besonders stark (z. B. die Pegelspitze, die bei der Vorbeifahrt eines Lkw entsteht).

Wegen des logarithmischen Zusammenhanges geht ein um 10 dB höherer Pegel mit dem zehnfachen Gewicht, ein um 20 dB höherer Pegel mit dem hundertfachen Gewicht in die Ermittlung des Mittelungspegels ein. Würden beispielsweise während 10 % der Meßzeit 80 dB gemessen und in 90 % der Meßzeit 30 dB, so errechnet sich der arithmetische Mittelwert zu 35 dB, aber der Mittelungspegel zu 70 dB.

Die *Schallemission* ist die Abstrahlung von Schall aus einer oder mehreren Schallquellen. Die vom Verkehr auf einer Straße ausgehende Schallemission wird durch den Emissionspegel $L_{m,E}$ gekennzeichnet. Das ist der Mittelungspegel, der sich in 25 m Abstand von der Mitte der nächstgelegenen Fahrbahn und in 4,0 m Höhe über Straßenniveau bei ungehinderter Schallausbreitung ergibt. Bei vier- oder mehrstreifigen Straßen wird er auf die Mitte der nächstgelegenen Fahrbahn bezogen. Weiter wird eine lange und gerade Straße zugrunde gelegt.

Der Mittelungspegel kann durch Reflexion, z. B. an Hauswänden und Stützmauern, erhöht oder durch Hindernisse, wie Wände, Wälle, Bodenerhebungen, dichten Bewuchs abgemindert werden (Abb. 136 bis 138).

Die vom Straßenverkehr ausgehende Schallemission kann gemessen, aber auch berechnet werden. Sie hängt ab von der Verkehrsstärke, der Verkehrszusammensetzung (Lkw-Anteil), vom Verkehrsablauf (Verkehrsfluß, mittlere Geschwindigkeit usw.), dem Störeinfluß an signalgesteuerten Kreuzungen und Einmündungen, der Steigung des betrachteten Straßenabschnittes und der Straßenoberfläche. Die veränderte (größere) Schallemission bei nasser Straße bleibt unberücksichtigt.

Unter *Schallimmission* versteht man die Einwirkung von Schall auf ein Gebiet oder einen Punkt eines Gebietes, den Immissionsort. Darauf haben Einfluß die Entfernung von der Schallquelle, die Ausbreitungsmöglichkeit (Geländeverlauf, Bebauung, Bewuchs usw.) sowie Wetter und Windrichtung. Die Angabe des Mittelungspegels erfolgt bei Gebäuden 0,50 m außen vor der Mitte des geöffneten Fensters.

Zum Schutz der zulässigen baulichen Nutzung der Grundstücke in der Nachbarschaft öffentlicher Straßen vor Verkehrslärm wird im Entwurf des Verkehrslärmschutzgesetzes (VLärmSchuG) der Immissionsgrenzwert IGW als höchstzulässiger Wert für den Mittelungspegel angegeben (Abb. 139). Er gilt als Richtgröße für die Entscheidung, ob und welche Schutzmaßnahmen erforderlich sind.

Nicht zu vergessen ist die Einstellung des Menschen zur Schallquelle und darüber, ob diese als belästigend empfunden wird. Für viele Fahrer schneller Autos gilt das Dröhnen und Pfeifen ihres Autos [85 bis 90 dB(A)] als erfreulich, während sie als Straßenanlieger gegen wesentlich geringeren Verkehrslärm wegen Belästigung protestieren.

	Straße		Schienenverkehrs-weg	
	Tag	Nacht	Tag	Nacht
an Krankenhäusern, Schulen, Kur- und Altenheimen	60	50	65	55
in reinen und allgemeinen Wohn- und Kleinsiedlungs-gebieten	62	52	67	57
in Kerngebieten, Dorf- und Mischgebieten	67	57	72	62
in Gewerbe- und Industriegebieten	72	62	77	67

Abb. 139 Immissionsgrenzwerte in dB(A)

Die Berechnung erfolgt für den Mittelungspegel der Emission $L_{m,E}$ getrennt für Tag und Nacht.

$$L_{m,E} = L_m^{(25)} + \Delta_{StrO} + \Delta L_v + \Delta L_K + \Delta L_{Stg}$$

mit
$$L_m^{(25)} = 36{,}8 + 10 \lg [M \cdot (1 + 0{,}082 \cdot p)]$$

$L_m^{(25)}$ Mittelungspegel an einer langen, geraden Straße im Abstand $S_{\perp,0} = 25$ m von der Mitte der nächstgelegenen Fahrbahn und in 4,0 m Höhe über Straße; bei nichtgeriffeltem Gußasphalt bei einer zulässigen Höchstgeschwindigkeit von 100 km/h und bei freier Schallausbreitung. Dieser Wert kann nach der Gleichung oder aus Abb. 141 ermittelt werden. Dabei werden die maßgebende stündliche Verkehrsstärke M und der Lkw-Anteil p nach Abb. 142 bestimmt.

ΔL_{StrO} Korrektur für unterschiedliche Straßenoberflächen nach Abb. 140.

ΔL_K Zuschlag für erhöhte Störwirkungen an signalgesteuerten Kreuzungen und Einmündungen, Abb. 144. Bei mehreren derartigen Anlagen im Einflußbereich ist nur der Zuschlag für die nächstgelegene zu berücksichtigen.

ΔL_{Stg} Zuschlag für Steigungen nach Abb. 145.

ΔL_v Korrektur für unterschiedliche zulässige Höchstgeschwindigkeiten nach Abb. 143.

Ausgangsgröße ist die maßgebende stündliche Verkehrsstärke M in Kfz/h. Das ist der Jahresmittelwert der stündlichen Verkehrsstärken des jeweiligen Bewertungszeitraumes im Planungszieljahr, d. h., der zu erwartende Verkehrszuwachs im Planungszeitraum wird berücksichtigt. Dabei wird eine besonders lärmerzeugende Verkehrszusammensetzung zugrunde gelegt. Es wird also der Lkw-Anteil (Kfz über 2,8 t) nicht auf alle Tage des Jahres bezogen, sondern der üblicherweise höhere Lkw-Anteil an Werktagen.

Die maßgebenden stündlichen Verkehrsstärken und die Lkw-Anteile liegen für die meisten Straßenabschnitte unseres Straßennetzes vor. Sie werden für die Berechnung für vorhandene Straßen benutzt. Bei Neubau oder wesentlicher Änderung von Straßen ist von den prognostizierten Werten auszugehen. Liegen diese nicht vor, können die Werte einer Tabelle entnommen werden (Abb. 142). Ausgangsgröße ist der „Durchschnittliche Tägliche Verkehr (DTV)". Das ist die Summe aller in beiden Richtungen einen Straßenquerschnitt passierenden Fahrzeuge, dividiert durch die Anzahl der Tage des Jahres.

Mit dieser Verkehrsstärke kann jetzt der Standard-Emissionspegel $L_\mathrm{m}^{(25)}$ errechnet werden. Er wird aber meist unter Beachtung der angegebenen Ausgangsdaten einem Diagramm entnommen (Abb. 141).

Sofern die Straße, die Verkehrs- und andere Bedingungen nicht den Ausgangsdaten entsprechen, muß eine Berücksichtigung durch Korrekturwerte erfolgen, die addiert werden. Für diese Werte gibt es Tabellen und Diagramme (Abb. 140, 143 bis 145).

	Straßenoberfläche	L_StrO in dB(A)
1	nicht geriffelter Gußasphalt	0
2	Asphaltbeton	− 0,5
3	Beton od. geriffelter/gewalzter Gußasphalt	+ 1,0
4	Pflaster mit ebener Oberfläche	+ 2,0
5	Pflaster mit nicht ebener Oberfläche	+ 4,0

Abb. 140 Korrektur ΔL_StrO in dB(A) für unterschiedliche Straßenoberflächen

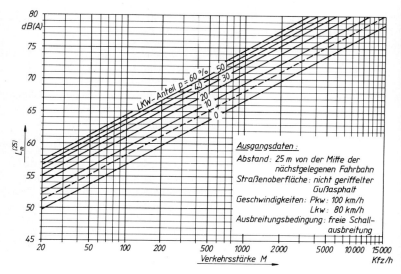

Abb. 141 Mittelungspegel $L_m^{(25)}$ in dB(A)

	Straßengattung	tags (6–22 Uhr)		nachts (22–6 Uhr)	
		M	*p*	*M*	*p*
		Kfz/h	%	Kfz/h	%
1	Bundesautobahnen	0,06 DTV	25	0,014 DTV	45
2	Bundesstraßen	0,06 DTV	20	0,011 DTV	20
3	Landes- Kreis- und Gemeindever- bindungsstraßen	0,06 DTV	20	0,008 DTV	10
4	Gemeindestraßen	0,06 DTV	10	0,011 DTV	3

Abb. 142 Maßgebende Verkehrsstärken M in Kfz/h und maßgebende Lkw-Anteile p (über 2,8 t zul. Gesamtgewicht) in %

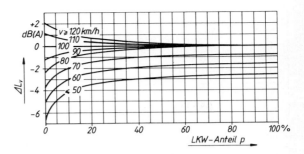

Abb. 143 Korrektur ΔL_v in dB(A) zur Berücksichtigung unterschiedlicher zulässiger Höchstgeschwindigkeiten

	Abstand in m zwischen der zu schützenden baulichen Anlage und dem Schnittpunkt der Achsen der beiden zusammentreffenden Straßen, gemessen in Achsrichtung	ΔL_K in dB(A)
1	0 bis 40 m	+ 3,0
2	über 40 bis 70 m	+ 2,0
3	über 70 bis 100 m	+ 1,0

Abb. 144 Zuschlag ΔL_K in dB(A) für erhöhte Störwirkungen an signalgesteuerten Kreuzungen und Einmündungen

Diese Berechung geht von einer Entfernung von 25 m zwischen Schallquelle und zu schützendem Objekt aus, das wiederum 4,00 m über Straßenniveau liegt. Für eine genaue Ermittlung sind aber der wirkliche Abstand und die Höhe zu berücksichtigen. Auch dürfen topographische und bauliche Gegebenheiten nicht außer acht gelassen werden. Deshalb wird aus dem Emissionspegel $L_{m,E}$ der Mittelungspegel L_m wie folgt berechnet:

$$L_m = L_{m,E} + \Delta L_{s\perp} + \Delta L_B$$

Der Korrekturwert L_s für die unterschiedliche horizontale Entfernung und für die Höhe zwischen der zu schützenden baulichen Anlage und

235

	Steigung in %	ΔL_{Stg} in dB(A)
1	$\leqq$ 5	0
2	6	+ 0,6
3	7	+ 1,2
4	8	+ 1,8
5	9	+ 2,4
6	10	+ 3,0
7	für jedes zusätzliche Prozent	+ 0,6

Abb. 145 Zuschlag ΔL_{Stg} *in dB(A) für Steigungen*

dem Straßenniveau werden einem Diagramm entnommen (Abb. 146). Der Korrekturwert für die topographischen und baulichen Gegebenheiten erfaßt die Pegelminderung durch Abschirmungen und Gehölz sowie die Pegelerhöhungen durch Reflexion an Häuserzeilen, Wänden und Stützmauern auf der gegenüberliegenden Straßenseite. Er ist durch Berechnung zu ermitteln.

$$\Delta L_B = - \Delta L_{LS} - \Delta L_{Geh} + \Delta L_{Refl}$$

ΔL_{LS} Pegelminderung nach Abschnitt 4.7.5.8 bis 4.7.5.10 durch Abschirmung (Wand, Wall, Einschnitt, lange Hauszeile usw., ggf. auch durch den Straßenrand, wenn $H < 0$)

ΔL_{Geh} Pegelminderung nach Abschnitt 4.7.5.7 durch Gehölz

L_{Refl} Pegelerhöhungen durch Reflexion oder Mehrfachreflexion an Häuserzeilen, Stützmauern oder Wänden auf der gegenüberliegenden Straßenseite

Trifft für eine Straße die Annahme nicht zu, daß diese lang und gerade ist, oder sind die Emissions- und Ausbreitungsbedingungen nicht auf der ganzen Länge konstant, dann muß die Straße in einzelne Abschnitte unterteilt und jeweils getrennt berechnet werden. Dazu muß ein Wert für die Längenkorrektur aus dem Diagramm entnommen werden (Abb. 147).

236

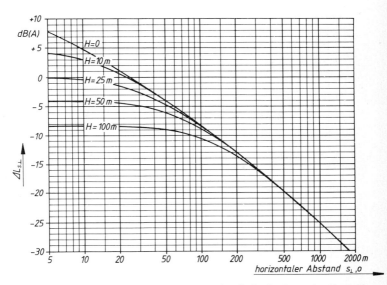

Abb. 146 Korrektur $\Delta L_{s\perp}$ in db(A) für unterschiedliche horizontale Abstände $s_{\perp 0}$ und Höhenunterschiede H zwischen der zu schützenden baulichen Anlage und der Straße

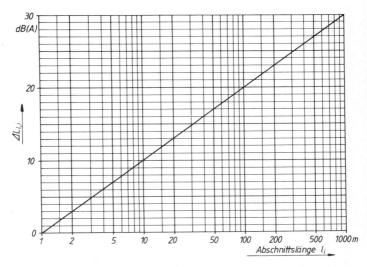

Abb. 147 Korrektur $\Delta L_{l,i}$ in dB(A) für unterschiedliche Abschnittslängen l_i

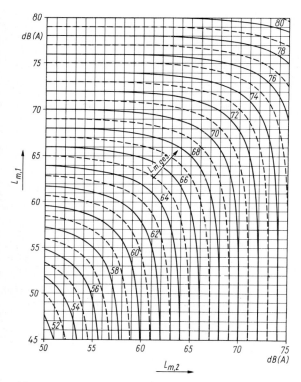

Abb. 148 Resultierender Mittelungspegel L_{mges} aus zwei Mittelungspegeln: $L_{m,1}$ und $L_{m,2}$

Liegt ein Immissionsort im Einwirkungsbereich von mehreren Straßen oder von Straße und Eisenbahn, so sind getrennte Berechnungen für alle Straßen bzw. Eisenbahnlinien erforderlich. Diese so ermittelten Werte dürfen keinesfalls addiert oder das arithmetische Mittel gebildet werden. Die berechneten einzelnen Mittelungspegel werden nach einem Diagramm zum resultierenden Mittelungspegel zusammengefaßt (Abb. 148). Der so ermittelte resultierende Mittelungspegel wird dem Immissionsgrenzwert des Verkehrslärmschutzgesetzes gegenübergestellt. Danach entscheidet sich, ob und in welchem Umfang Lärmschutzmaßnahmen erforderlich sind. Nach dieser rein rechnerischen Feststellung gilt es sodann, die für den jeweiligen Fall optimale Lösung zu finden (Abschnitt 4.7.5.4 bis 4.7.5.12).

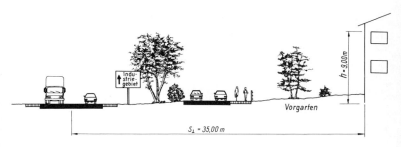

Abb. 149

Beispiel

An einer hochbelasteten Bundesstraße, die im Stadtrandbereich entlang eines Wohngebietes verläuft, befinden sich zwischen den Wohnhäusern auch zwei Schulen. Es ist zu ermitteln, wie hoch die Lärmbelastung ist, und danach zu prüfen, ob und welcher Art Schutzmaßnahmen erfolgen sollen. Aus Verkehrserhebungen wurde ein DTV von 5000 Kfz ermittelt, der Lkw-Anteil beträgt am Tage 30 % und bei Nacht 20 %. Die Verkehrsbelastung der Anliegerstraße ist sehr gering (Abb. 149).

Mit den Werten aus der Abbildung 142 errechnen sich

für den Tag: $M_t = 0,06 \cdot DTV = 0,06 \cdot 5000 = 300$ Kfz/h
für die Nacht: $M_n = 0,011 \cdot DTV = 0,011 \cdot 5000 = 55$ Kfz/h

Für diese Verkehrsstärke M werden die Mittelungspegel $L_m^{(25)}$ aus dem Diagramm der Abbildung 141 entnommen.

$L_{m,t}^{(25)} = 67,0$ dB(A) $L_{m,n}^{(25)} = 58,0$ dB(A)

Wegen anderer Ausgangsdaten und für besondere Bedingungen sind noch zu berücksichtigen:

Fahrbahn aus gewalztem Gußasphalt (Abb. 140) $\Delta L_{StrO} = + 1,0$ dB(A)
Höchstgeschwindigkeit = 100 km/h (Abb. 143) $\Delta L_v = 0,0$ dB(A)
Signalgesteuerter Knotenpunkt
  in 50 m Entfernung (Abb. 144) $\Delta L_K = + 2,0$ dB(A)
Steigung 2,00 % (Abb. 145) $\Delta L_{Stg} = 0,0$ dB(A)
Entfernung 35,0 m, Höhe 9,00 m (Abb. 146) $\Delta L_S = - 2,0$ dB(A)

zusammen + 1,0 dB(A)

Damit ergeben sich die Mittelungspegel L_m

für den Tag: $67,0 + 1,0 = 68,0$ dB(A)
für die Nacht: $58,0 + 1,0 = 59,0$ dB(A)

Diese Werte sind den Immissionsgrenzwerten des Verkehrslärmschutzgesetzes gegenüberzustellen (Abb. 139).

4.7.5.4 Lärmminderung durch Verkehrsregelungen

Darunter werden verkehrstechnische und verkehrsrechtliche Maßnahmen verstanden. Zur ersteren werden Einrichtung, Veränderung und Abschaltung von Lichtsignalanlagen verstanden, zu den anderen gehören Verkehrsbeschränkungen und -verbote. Alle diese Maßnahmen kommen in Frage, wenn es darum geht, sofort eine lärmmindernde Wirkung zu erzielen, sei es als Dauerlösung oder bis zur Fertigstellung von baulichen Lärmschutzanlagen.
Die allgemeinen Bestrebungen, den Verkehr in Hauptverkehrs- und Durchgangsstraßen durch Einrichtung von „Grünen Wellen" flüssig ablaufen zu lassen, sind auch im Interesse der Lärmminderung zu befürworten. Auch Sonderprogramme und verkehrsabhängige Steuerungen von Lichtsignalanlagen tragen zur Verringerung der Brems- und Anfahrgeräusche bei.
Auf jeden Fall soll die Lichtsignalregelung an Knotenpunkten in mehreren Phasen so erfolgen, daß auch kurzzeitige Zwischenphasen völliger Verkehrsruhe (Fahrsignale auf Rot, Fußgängersignale auf Grün) nicht vorkommen. Damit entfallen die besonders störend wirkenden plötzlichen Pegelanstiege beim Anfahren. Lärmmäßig am günstigsten sind planfreie Knotenpunkte.
Es ist auch zu prüfen, ob zu Zeiten besonders schwachen Verkehrs (z. B. nachts), Lichtsignalanlagen abgeschaltet werden können, um Anhaltevorgänge zu verringern. Das ist aber grundsätzlich nur dann zu verantworten, wenn vorher eingehend geprüft ist, daß auch ohne Lichtsignale ein sicherer Verkehrsablauf gewährleistet ist.
Untersuchungen haben bestätigt, daß besonders die vom Lkw-Verkehr und Motorrädern ausgehenden Brems- und Anfahrgeräusche als ausgesprochen lästig empfunden werden. Die dabei auftretenden Pegelspitzen liegen z. T. um 10 dB(A) höher als bei reinem Pkw-Verkehr. Es ist deshalb in vielen Fällen allein durch die Umleitung dieses Verkehrs um Wohngebiete herum mit einer wesentlichen Abschwächung des Lärmpegels in den Wohngebieten zu rechnen.
Nach der Straßenverkehrsordnung (StVO) können aus Gründen des Lärmschutzes Verkehrsverbote und -beschränkungen ausgesprochen

werden. Sie kommen besonders für Kur- und Erholungsgebiete, im Bereich von Krankenhäusern und nachts in Wohngebieten in Frage. Da diese zu einer Einengung der Freizügigkeit des Verkehrs führen, sollen die Vor- und Nachteile stets sorgfältig gegeneinander abgewogen werden. Oft reicht es aus, nicht jeglichen Lkw-Verkehr zu beschränken, sondern nur schwere Lkw und Lastzüge, dazu die Motorräder, um eine ausreichende Senkung des Lärms zu erreichen.

Für den betroffenen Verkehr sind zumutbare Umleitungen anzubieten oder ausreichend Parkmöglichkeiten zu schaffen. Diese Umleitungen müssen nicht nur für den Verkehr, sondern auch für die an der Umleitungsstrecke wohnenden Bürger hinsichtlich der zu erwartenden Lärmbelästigung zumutbar sein.

Wie bereits ausgeführt, bringen niedrigere Geschwindigkeiten des Pkw-Verkehrs eine Reduzierung des Schallpegels. Jedoch schon ein 20%iger Lkw-Anteil hebt diese Reduzierung fast wieder auf. Die Geschwindigkeitsbegrenzung ist also nur wirkungsvoll, wenn auch die mittlere Geschwindigkeit der Lkw herabgesetzt wird. Die Grenzwerte für eine optimale Lärmemission liegen für Pkw etwa bei 80 km/h und für Lkw etwa bei 60 km/h. Natürlich hängt der Erfolg von der Bereitschaft der Fahrer ab, die Geschwindigkeitsbegrenzung einzuhalten.

Richtig angeordnete Geschwindigkeitsbeschränkungen vermindern die Geräusche vorbeifahrender Fahrzeuge ganz erheblich. Zusätzlich werden Lärmminderungen durch Geschwindigkeitsbeschränkungen subjektiv positiver bewertet, als sich aus Messungen und Berechnungen ergibt. Sie werden angewendet, wenn Außerortsstraßen zu dicht an Wohngebieten vorbeiführen und bauliche Lärmschutzmaßnahmen nicht möglich sind.

Geschwindigkeitsbeschränkungen in Ortschaften unter 50 km/h bringen keine spürbare Lärmminderung, können im Gegenteil sogar zu einer Erhöhung führen, wenn aus diesem Grund in niedrigeren Gängen gefahren wird. Außerhalb geschlossener Ortschaften ist eine ähnlich negative Auswirkung zu erwarten, wenn eine Geschwindigkeitsbeschränkung zu tief angesetzt wird (unter 60 km/h).

4.7.5.5 Lärmminderung durch Straßenplanung

Bei der Planung neuer oder wesentlicher Änderung bestehender Straßen müssen schon bei der Voruntersuchung Lärmschutzüberlegungen einsetzen. Die auch aus anderen Gründen notwendige Untersuchung mehrerer Trassenvarianten ist deshalb auf die Belange des Lärmschutzes auszudehnen. Dabei geht es oft darum, ob es besser ist, vielen Menschen Lärm geringerer Lautstärke oder wenigen Menschen Lärm hoher Lautstärke zuzumuten. Generell dürfte es zweckmäßiger sein, die Trasse so zu führen, daß nur wenige vom Lärm beeinträchtigt werden und diesen dann durch Lärmschutzbauten geholfen wird.

Zur Erzielung einer geringeren Lärmbelästigung hat die Straßenplanung mehrere Möglichkeiten, die einzeln oder auch kombiniert genutzt werden können:

1. Bündelung lärmerzeugenden Verkehrs
2. Vergrößerung des Abstandes zwischen Straße und zu schützender Bebauung
3. Hoch- oder Tieflage der Straße, je nach den Gegebenheiten
4. Anlage planfreier Knotenpunkte, wo immer möglich
5. Berücksichtigung bestehender schallabschirmender Hindernisse

Die Bündelung von Verkehrswegen, z. B. Straße neben Schienenstrang, bringt immer Vorteile. Verursachen getrennte Verkehrswege in ihrer Umgebung jeweils Emissionen von 60 dB(A), so sind es bei der Bündelung 63 dB(A), also kaum spürbar mehr (Abb. 148). Kommt ein Verkehrsweg mit 45 dB(A) zu einem anderen mit 65 dB(A), so bleibt es sogar bei 65 dB(A). Durch die Bündelung können bauliche Lärmschutzmaßnahmen, da nur an einer Stelle nötig, wirtschaftlicher werden.

Ein möglichst großer Abstand zwischen Straße und lärmschutzbedürftiger Bebauung ist immer anzustreben. Allerdings bringt eine Verdoppelung des Abstandes nur eine Minderung von etwa 3,5 dB(A). Zur Minderung um 10 dB(A) ist eine Vergrößerung des Abstandes von 25 m auf 130 m notwendig. In Ballungsräumen stößt die Abstandsvergrößerung auf enorme Schwierigkeiten, bei Innerortsstraßen scheidet sie aus. Auf keinen Fall ist aber die psychologische Wirkung zu unterschätzen, wenn eine Lärmquelle weiter entfernt ist.

Parallel zur Abwägung der Trassenführung spielt die Gradiente der Straße eine wichtige Rolle für die Lärmbeeinflussung. Deshalb muß bei der Bearbeitung des Höhenplanes neben der Beachtung anderer Kriterien auch die Möglichkeit besseren Lärmschutzes bedacht werden. Bei größerem Abstand zwischen Straße und Bebauung sind Tieflagen günstiger, weil die Einschnittsböschungen oder Stützmauern abschirmend und schallschluckend wirken. Zudem hat dies den enormen Vorteil, daß die Straße als Lärmquelle unsichtbar ist oder leicht gemacht werden kann. Allerdings bringen Tieflagen oft Schwierigkeiten mit dem Grundwasserschutz und der Entwässerung. Bei Trogstraßen ist auch die Durchführung des Winterdienstes zu berücksichtigen (Abb. 150).

Bei dicht an der Straße stehender Bebauung ist die Hochlage – Damm oder Brücke – vorteilhafter. Der vom Verkehr ausgehende Lärm kann

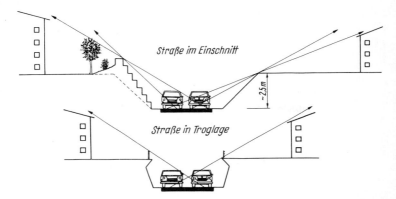

Abb. 150 Lärmschutz durch Tieflage einer Straße; links jeweils eine Verbesserung beim Einschnitt durch Böschungserhöhung mit Steilwandbautei-
len und bei der Trogführung durch Geländeausbildung als Schall-
schirm

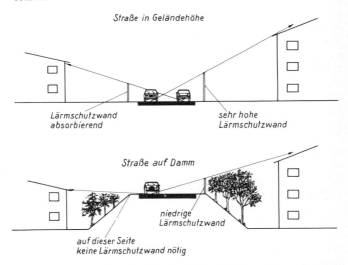

Abb. 151 Geringerer Lärmschutz für eine Straße in Hochlage (Damm) gegenüber Straße in Geländehöhe, wenn die Bebauung nahe der Straße
steht

so über die Bebauung hinweggelenkt werden. Noch zusätzlich notwendige Lärmschutzbauten können niedriger sein als bei einer geländenah
geführten Straße (Abb. 151).

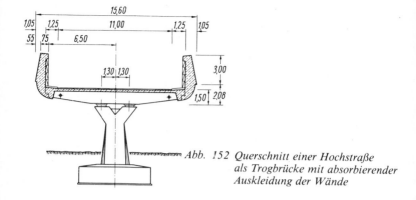

Abb. 152 Querschnitt einer Hochstraße als Trogbrücke mit absorbierender Auskleidung der Wände

Bei jeder Straßenführung in Hochlage muß geprüft werden, ob diese mit dem Ortsbild verträglich ist. Anlieger können sich in ihrer Privatsphäre beeinträchtigt fühlen, wenn von der Hochstraße Einblicke in Räume oder auf Terrassen möglich sind. Bei Brücken ist die Schattenwirkung auf die Fenster zu beachten, während Dämme trennend wirken und Kaltluftstau hervorrufen können.

Die Hochlage einer Straße auf der Brücke vermeidet den Nachteil einer Zerschneidung der Bebauung, weil unter der Brücke alle Verkehrsbeziehungen aufrechterhalten bleiben können. Auch ist die Nutzung des Raumes darunter möglich (Parkplatz). Wird das Geländer durch eine dichte Wand ersetzt, läßt sich die Lärmschutzwirkung wesentlich verbessern. Noch besser ist es, wenn Lärmschirm und Tragkonstruktion kombiniert werden, wodurch eine Trogbrücke entsteht. Auf diese Weise wirkt die Brücke weniger „schwer", und ästhetische Belange sind am zweckmäßigsten zu befriedigen (Abb. 152).

Bremsende und anfahrende Fahrzeuge sowie Schaltvorgänge ergeben besonders störende Pegelanstiege. Deshalb ist anzustreben, Knotenpunkte nicht unmittelbar neben schutzwürdige Bebauung zu legen. Kreuzungsfreie Straßen begünstigen einen gleichmäßigen Verkehrsfluß, aus diesem Grunde sind planfreie Knotenpunkte vorzuziehen. Bei diesen ist zusätzlich zur Topographie zu prüfen, in welcher Ebene die stärker belasteten Verkehrsbeziehungen weniger störend untergebracht werden können. Auch können Rampen abschirmend gegenüber stärker belasteten Hauptfahrbahnen wirken.

Den größten Vorteil bringt die Ausnutzung vorhandener natürlicher Hindernisse (Erhebungen, Waldgürtel usw.). Auch Zweckbauten, deren Nutzung weniger lärmempfindlich ist, gehören dazu. Durch gezielte zusätzliche Pflanzung oder Erweiterung der Bauten läßt sich die Wirkung noch verbessern.

4.7.5.6 Lärmminderung beim Fahrbahndeckenbau

Da die Rollgeräusche eine wesentliche Quelle des Verkehrslärmes sind, machen sich hier Gegenmaßnahmen besonders bemerkbar. Das um so mehr, als bei hohen Geschwindigkeiten die Rollgeräusche wesentlich stärker sind als die Motorgeräusche. Zwar sind die Ursachen der Rollgeräusche noch nicht genügend erforscht, aber aus Messungen ist bekannt, daß die Fahrbahnoberfläche darauf Einfluß hat (Abb. 135 und 140).

Aus den bisher durchgeführten Untersuchungen ist bekannt, daß Fahrbahndecken, die „weicher" und offenporiger sind, für den Lärmschutz günstigere Werte ergeben. Allerdings werfen solche Decken wegen der Verformung und ihres Wasserhaltevermögens Sicherheitsprobleme auf, die gravierender sind als die Minderung der Lärmentwicklung.

Unbestritten ist, daß ebene und glatte, aber trotzdem ausreichend griffige Fahrbahndecken den günstigsten Einfluß auf die Minderung der Rollgeräusche haben. Deshalb sollen im Bereich schutzbedürftiger Nutzungen unbeschadet anderer Gesichtspunkte, wie Gestaltung des Ortsbildes oder von Maßnahmen der Verkehrsberuhigung, folgende Punkte beachtet werden:

1. Fugenlose Fahrbahndecken sind anderen vorzuziehen, besonders bei schnell befahrenen Straßen.
2. Auf Fahrbahnen für den Kraftverkehr ist möglichst nur ebenes Pflaster einzubauen. Pflasterdecken und Plattenbeläge gelten als eben, wenn die Bauteile geringstrukturierte oder feinbearbeitete Oberflächen haben, sie profilgerecht verlegt sind und die Fugenfüllung bündig mit den Steinkanten abschließt. Dagegen rechnet Kopfsteinpflaster, Rauhpflaster, Betonverbundsteinpflaster mit abgefasten Steinkanten und Beläge mit fehlender Fugenfüllung bei Fugenbreiten über 5 mm zu Pflaster mit nicht ebener Oberfläche.
3. Es sind möglichst keine regelmäßig profilierten Oberflächen zu schaffen und keine Querrillen einzuschneiden.
4. Der Straßenoberbau ist standfest auszubilden, damit Unebenheiten, Verformungen und Stufen vermieden werden.
5. Schachtabdeckungen und sonstige Einbauten sind möglichst außerhalb der Rollspuren anzuordnen und bei Brücken geräuscharme Fahrbahnübergänge anzustreben.

4.7.5.7 Lärmminderung durch Bepflanzung

Die Wirkung von Bepflanzungen als Schallschutz wird häufig über-
schätzt, denn sie wird erst bei Bewuchstiefen ab 50 m spürbar. Allgemein nimmt die Schutzwirkung mit der Tiefe eines Bewuchsstreifens
zwischen Straße und Wohnsiedlung zu. Da von der Bepflanzung eines
Bewuchsstreifens bis zur vollen Wirksamkeit mit einem Zeitraum von
vielen Jahren gerechnet werden muß, läßt sich ein baldiger Erfolg nur
erreichen, wenn vorhandener Bewuchs ausgenutzt und evtl. durch Zu-
pflanzung verdichtet wird.
Von großer Bedeutung ist auch die Gestaltung der Bepflanzung. Offener Bewuchs ist ungünstig, genau wie ein einförmiger Bewuchs, der
keinen geschlossenen Lärmschirm ergibt. Dagegen bringt ein dichter
Aufbau bis auf den Boden herab, möglichst in mehreren Riegeln, die
beste Wirkung (Abb. 153 bis 155).
Eine oder mehrere Reihen dichter Büsche längs der Straße werden
keine spürbare Pegelminderung ergeben. Jedoch ist dadurch u. U. eine
Verwischung des Richtungseffektes erzielbar. Auch ist die psychologische Wirkung nicht zu unterschätzen, wenn die Lärmquelle dem Sichtfeld entzogen ist.
Untersuchungen über die Wirksamkeit von Bewuchs auf die Schall-
minderung haben folgendes ergeben. Junge, dichte Pflanzungen von
Tanne, Fichte und Douglasie sind günstiger als ältere Bestände dieser
Arten. Kiefer und Lärche sind insgesamt, auch bei jungem Wuchs,
ungünstiger. Laubbäume mit großen Blättern (z. B. Eiche) sind wirksamer als andere Laubbäume. Hochwald mit dickem Stammholz zeigt
wenig Effekt. Eine Durchforstung mindert den Lärmschutz kaum, aber
ein Kahlschlag muß unterlassen werden.
Oft wird eingewandt, daß durch Laubbäume im allgemeinen nur während der Sommermonate eine ausreichende Pegelminderung erreicht
werden kann. Dem ist jedoch entgegenzuhalten, daß ja gerade während
der Sommermonate der vom Straßenverkehr herrührende Lärm von
Anwohnern als besonders lästig empfunden wird, da sich die Betroffenen in dieser Jahreszeit mehr im Freien aufhalten bzw. meist die
Fenster geöffnet haben.
Für dichte Waldbestände mit bleibender Unterholzausbildung beträgt
die Schallpegelminderung je 100 m Waldtiefe 5 bis 6 dB(A), aber nicht
mehr als 10 dB(A). Dichter Bodenbewuchs im Wald durch Gras und
Buschwerk verbessert den Wert um 1 bis 2 dB(A).
Über die Bepflanzung von Lärmschutzwällen und -wänden finden sich
Angaben in den Abschnitten 4.7.5.8 bis 4.7.5.10.

Abb. 153 Offener Bewuchs, ungünstig als Lärmschutz

Abb. 154 Geschlossener Bewuchs, der aber keinen dichten Lärmschirm bis zum Boden ergibt und deshalb auch ungünstig ist

Abb. 155 Mehrere dichtgepflanzte Riegel aus Laubgehölzen oder Mischwald sind für den Lärmschutz am günstigsten

4.7.5.8 Lärmminderung durch Lärmschutzwälle

Die Errichtung von Lärmschutzwällen soll die gleiche lärmmindernde Wirkung erbringen, die von Böschungen an im Einschnitt verlaufenden Straßen her bekannt ist. Der Mittelungspegel kann dadurch um mehr als 10 dB(A) gesenkt werden. Gegenüber Lärmschutzwänden haben Wälle mehrere bedeutende Vorteile, aber auch einige Nachteile. Die wichtigsten Vorteile sind:

1. Zur Schüttung des Walles können alle anfallenden Bodenmassen benutzt werden, die sonst zu einer Deponie abgefahren werden müßten. Dazu zählen auch Ausbruchstoffe alter Fahrbahnbefestigungen, sofern diese nicht zur Wiederverwendung aufbereitet werden (Recycling). Auch der Abbau bestehender Abraumhalden (Bergbau) oder alter Seitenkippen ist möglich.
2. Bei guter Formgebung und Anpassung an die Topographie stören sie das Landschaftsbild kaum oder überhaupt nicht und wirken von der Straße her wie eine Einschnittböschung. Anfang und Ende lassen sich besser im Gelände verziehen als bei Wänden.
3. Durch Abdeckung mit Mutterboden und standortgerechte Bepflanzung beider Böschungen ist die landschaftliche Einpassung optimal.
4. Die Bepflanzung mit Strauch- und Buschwerk wirkt sich günstig auf die Schadstoffimmissionen aus. Für die Bepflanzung fallen kaum Unterhaltungsarbeiten an.
5. Die Masse dämmt bei dichter Schüttung den Schall praktisch vollständig ab. Schallreflexionen zur Gegenseite sind unbedeutend.
6. Die Wirkung als optisch wirksames Hindernis und dementsprechend die Auswirkung auf das Verhalten der Fahrer ist gering.
7. Für Fahrzeuge, die von der Straße abkommen, ist die Böschung 1 : 1,5 wenig gefährlich, der Bewuchs ist ein zusätzlicher Auffangschutz. Aus diesem Grunde sind Schutzplanken vor Lärmschutzwällen nicht erforderlich.
8. Die Unfallfolgen durch abgekommene Fahrzeuge sind gering und erfordern meist keine Schadensbehebungen, weil der Bewuchs von selbst wieder nachwächst.
9. Für böswillige Zerstörung (Frevel) bietet sich kaum eine Möglichkeit.
10. Die Schattenwirkung auf die Fahrbahn ist gering, und deshalb gibt es auch weniger Gefahren durch Wasser- und Eisglätte als bei Lärmschutzwänden.
11. Die Schneezaunwirkung führt bei geringer Schneeablagerung nicht so leicht zu Schneeverwehungen auf der Fahrbahn.

12. Im Winterdienst kann der Schnee auf der Böschung abgelagert werden (Schneeschleuder).

Dem stehen nur drei Nachteile gegenüber:

1. Der Flächenbedarf ist groß, und in Siedlungsgebieten sind diese Flächen meistens nicht vorhanden.
2. Die Oberkante des Walles liegt weiter von der Straße weg, und deshalb muß zur Erzielung einer gleichen Abschirmwirkung der Wall höher sein als eine Wand.
3. So hohe Wälle können sich ungünstig auf den Kaltluftstau auswirken.

Stehen ausreichend Erdmassen durch Auskofferung und Verbreiterung einer im Einschnitt geführten Straße zur Verfügung, so entstehen für die Errichtung des Lärmschutzwalles keine zusätzlichen Kosten, weil der Abtransport der sonst überschüssigen Erdmassen nicht billiger ist als der Einbau in den Wall. So wurden bei Autobahnen im Raum Köln bei verhältnismäßig hohen Grunderwerbskosten noch wirtschaftlichere Lösungen erzielt als mit Lärmschutzwänden.

Der Wall soll einen trapezförmigen Querschnitt erhalten mit einer Kronenbreite von mindestens 1,0 m. Für das übliche Schüttmaterial ist eine Böschungsneigung von 1 : 1,5 erforderlich, und damit errechnet sich die Grundbreite eines Walles ohne Entwässerungsrinne zu $b = 3 \cdot h + 1,0$ m.

Flachere Böschungsneigungen werden erforderlich bei wenig standfestem Schüttmaterial. Zur besseren Einbindung in das Landschaftsbild ist es in vielen Fällen ratsam, die anliegerseitige Böschung flacher und unregelmäßiger auszubilden.

Damit die für den Wall benötigte Fläche wenigstens teilweise genutzt werden kann, ist der Vorschlag gemacht worden, Garagen zu bauen und diese zum Wall zu überschütten (Abb. 156).

Um Lärmabschirmungen – Wälle und Wände – in ihrer Anordnung und Gestaltung den Bedingungen des Straßenquerschnittes und der Entwässerung zweckmäßig anzupassen, sind „Richtzeichnungen für Lärmschirme außerhalb von Kunstbauten" aufgestellt worden, die allen Planungen zugrunde zu legen sind [11]. Beispiele daraus zeigen die Abbildungen 157 und 158.

Zur Gewährleistung der Standsicherheit sind die erdstatischen Bedingungen für Untergrund und Schüttung zu beachten. Wird bei einer Straße in Dammlage gleichzeitig ein Lärmschutzwall geschüttet, so ist dieser Bereich in gleicher Weise zu verdichten wie der Damm (Abb. 157). Wälle, auf die noch eine Lärmschutzwand gesetzt werden soll,

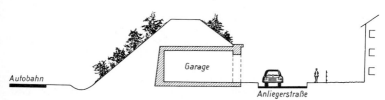

Abb. 156 Wallnutzung durch Einbau von Garagen

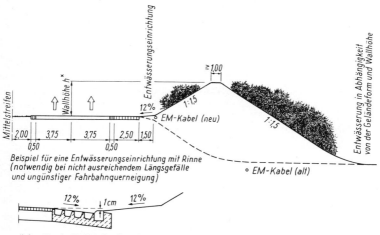

Beispiel für eine Entwässerungseinrichtung mit Rinne
(notwendig bei nicht ausreichendem Längsgefälle
und ungünstiger Fahrbahnquerneigung)

× Gemäß schalltechnischer Berechnung

Abb. 157 Lärmschutzwall an einer Straße in Dammlage bei beengten Platz-
verhältnissen, deshalb Entwässerungseinrichtung mit Rinne

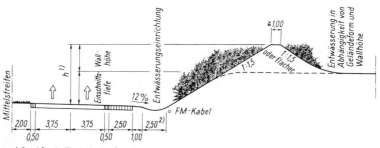

1) Gemäß schalltechnischer Berechnung
2) bei anderen Straßen auch geringere Muldenbreite

Abb. 158 Lärmschutzwall an einer Straße im Einschnitt und ausreichenden
Platzverhältnissen und mit Entwässerungsmulde

250

müssen ebenfalls ausreichend verdichtet werden. Einzelheiten dazu sind der Ergänzung zur ZTVE-StB 76/78 zu entnehmen [11].

Der Lärmschutzwall wird begrünt. Gras ist in der Anlage billiger, aber in der Unterhaltung teurer als Gehölz. An der Straßenseite wird bis etwa 1,50 m über Gradiente nur Gras gesät, um die Sichtweite zu behalten. Außerhalb der notwendigen Sichtbereiche werden pflegearme Gehölze angepflanzt.

Diese Gehölze sollen landschafts- und standortgerecht sein und zur Böschungssicherung beitragen. Die von den Kraftfahrzeugen herrührenden Schadstoffe sollen möglichst ganzjährig abgebaut werden. Außerdem müssen die Gehölze im unteren Bereich der Böschung resistent gegen Tausalz sein. Auf den der Sonne zugewandten Böschungen können nur solche Arten angepflanzt werden, die Trockenheit ausreichend vertragen. Über die Auswirkungen von Gehölz, welches die schalltechnisch wirksame Beugungskante wesentlich überragt, bestehen derzeit unterschiedliche Meinungen. Hin und wieder wird behauptet, daß die den Wall überragende Bepflanzung den Schall teilweise ablenkt und hinter den Wall leitet (Schalleinstreuung), wodurch die Dämmwirkung gemindert wird. Diese Behauptung ist nicht eindeutig bewiesen. Bis zur eindeutigen Klärung wird folgendes empfohlen: Wo geringfügige Erhöhungen des Immissionspegels durch Schalleinstreuung nicht hingenommen werden können, ist darauf zu achten, daß Bepflanzungen die obere Begrenzung von Lärmschutzwällen und -wänden nicht wesentlich überragen (Abb. 157 und 158).

Für die Bepflanzung sind die RAS-LG zu beachten, wo im Abschnitt „Landschaftsgestaltung im Straßenbau" entsprechende Hinweise zu finden sind [11].

4.7.5.9 Lärmminderung durch Steilwälle

Die oft vorhandene Schwierigkeit, daß die benötigten Flächen für einen Lärmschutzwall kaum zu beschaffen oder überhaupt nicht vorhanden sind und Lärmschutzwände die Landschaft verunstalten, hat zur Entwicklung von Steilwällen geführt. Neben dem geringen Platzbedarf besteht der Vorteil darin, daß der Steilwall bei gleicher Höhe wie ein Erdwall näher an der Straße liegt und damit wirksamer ist.

Der Steilwall besteht aus Betonfertigteilen mit Erdeinfüllung, wodurch eine Begrünung möglich ist und die Betonteile die steile Böschungsneigung gestatten. Dadurch wird die Sohlbreite auf 20 % oder weniger gegenüber einem geschütteten Wall verringert. Hinsichtlich der Schall-

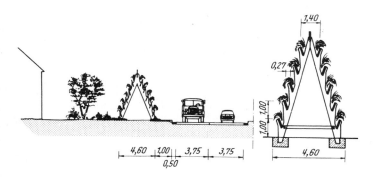

Abb. 159 Steilwall aus Stahlbetonrahmen und Platten an einer Straße

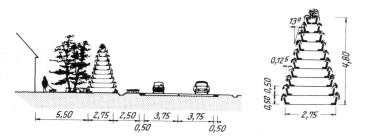

*Abb. 160 Konstruktion und Ausführungsbeispiel für einen Lärmschutzwall aus
Konsolen und winkelförmigen Längselementen*

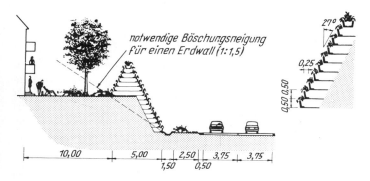

Abb. 161 Steile Böschung mit aufgesetztem Steilwall als Lärmschutz

252

dämmung werden die gleichen Werte erreicht wie bei einem Wall, nämlich 6 bis 12 dB(A).

Das Hauptanwendungsgebiet für Steilwälle besteht an Straßen in Geländehöhe, die dicht an der Wohnbebauung vorbeiführen. Bei naheliegender Bebauung fehlt fast immer der Platz für einen Erdwall, und Lärmschutzwand wird aus optischen Gründen abgelehnt. Als Vorteil für die Anwohner bietet sich so die individuelle Bepflanzungsmöglichkeit auf der den Wohnungen zugewandten Seite an (Abb. 159 und 160).

Beim Einsatz von Steilwällen an Straßen im Einschnitt ist es wegen der steileren Neigung meist möglich, ohne zusätzlichen Grunderwerb auszukommen. Zur Straße hin kann die große Höhe des Steilwalles unschön wirken. Auch sind die statischen Bedingungen bei der unterschiedlichen Höhe von Straßen- und Gartenseite genau zu beachten (Abb. 161).

Bei Straßen in Dammlage gibt es zwei Möglichkeiten. Zum einen kann ein Steilwall auf die Verbreiterung des Dammes aufgesetzt werden, und zum anderen kann der Steilwall am Böschungsfuß beginnen, wodurch weniger Platz benötigt wird. Beim ersten Fall sind die Lasten für den Damm und die Setzungsgefahr für den Steilwall zu beachten. Für den zweiten Fall zeigt die hohe Seite des Steilwalles zur Bebauung. Beim Aufsetzen einer Lärmschutzwand auf einen Damm ist im allgemeinen keine Verbreiterung nötig (Abb. 162 und 163).

Steilwälle sind gegenüber Lärmschutzwällen empfindlicher bei Fahrzeuganprall. Einmal ist zu berücksichtigen, daß durch den Aufprall die Verformung der Fahrzeugkarosserie größer ist, und außerdem ist ein möglicher Bruch der Steilwallkonstruktion zu bedenken. Auf jeden Fall werden die Reparaturkosten höher sein als bei einer Kollision am Erdwall. Wegen der größeren Gefahr bei Fahrzeuganprall empfiehlt es sich, den unteren Teil von nahe der Fahrbahn stehenden Steilwällen als Betongleitwand auszubilden. Sie ist so zu bemessen, daß sie von Fahrzeugen nicht durchbrochen werden kann (Abb. 163). In anderen Fällen wird es notwendig, Schutzplanken vor dem Steilwall anzuordnen.

Gegenüber dem Erdwall kommt der Bepflanzung größere Bedeutung zu. Die zur Verfügung stehende Bodenmasse ist geringer, und deshalb muß ein optimaler, speicherfähiger Nährboden für die Füllung des Steilwalles benutzt werden. Die Verwendung von Aushub und Straßenaufbruchmaterial kommt deshalb nicht in Betracht. Zur Zeit fehlt es noch an Erfahrung, ob Müll-Klärschlamm-Kompost in größeren Mengen verwendet werden kann.

Der hohe, schmale Steilwall hat eine geringe Grundfläche als Auffangfläche für Niederschläge, und er ist durch Wind und Sonne stärker der Austrocknungsgefahr ausgesetzt. Bei Steilwällen mit Neigungen von

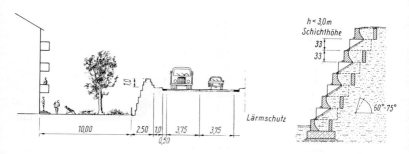

Abb. 162 Steilwall aus Betonrahmen als Lärmschutz in Verbindung mit der
Dammböschung

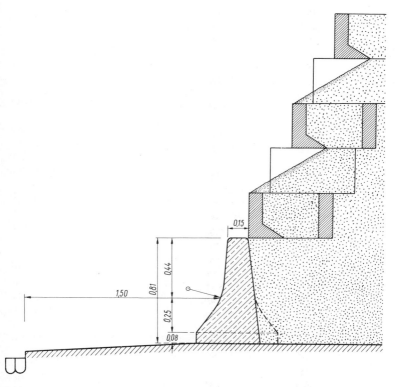

Abb. 163 Betongleitwand am Fuß eines Steilwalles

254

3 : 1 bis 5 : 1 wird man im allgemeinen noch ohne künstliche Bewässerung auskommen. Wichtig hierbei ist die Windbeeinflussung, die an einer Höhenstraße größer sein wird als an einer Talstraße. Wenn eine dauernde Bewässerung erfolgen muß, werden die Folgekosten eines Steilwalles sehr hoch. Dann ist zu überlegen, ob eine Lärmschutzwand mit beidseitiger dichter Vorpflanzung nicht besser ist.

Das Füllmaterial für den Steilwall hat nicht nur wesentlichen Einfluß auf die Wachstumsbedingungen der Pflanzen, sondern auch auf die Schallreflexion. Humus, evtl. mit Zusätzen, ist günstig für die Pflanzen, und lockerer Humus absorbiert Schall eher als fest verdichteter Boden. Er ist aber auch anfälliger gegen Erosion bei Wind und Starkregen.

Wichtig ist bei allen Systemen die Art der Einfüllung. Diese muß dicht, aber nicht fest sein. Besondere Bedeutung hat das Wasserhaltevermögen, weil der Steilwall der Austrocknung stark ausgesetzt ist. Deshalb kommt im allgemeinen nur Oberboden in Frage, und der äußere Bereich soll noch mit Bodenverbesserern (Torf, Kompost o. ä.) gemischt sein. Eine Abdeckung mit Mulchmaterial verbessert das Wasserhaltevermögen und hemmt Unkrautwuchs.

Die Reflexions- oder Absorptionseigenschaften sind unterschiedlich, je nachdem, ob der Schall auf den Humus oder die Stützkonstruktion aus den Betonteilen trifft. Nach den bisher vorliegenden Erfahrungen hat der Bewuchs wenig Einfluß darauf. Die Eigenschaften sind um so günstiger, je größer der Humusanteil gegenüber dem Betonanteil in der Schallauffangfläche ist. Durch Vorsatz absorbierender Schalen an den Betonfertigteilen ist eine Besserung erreichbar.

Durch umfangreiche Messungen an reflektierenden Schallschutzwänden mit vorgesetzter Bepflanzung konnte festgestellt werden, daß die Reflexion unter 1 dB(A) gehalten wird. Bei den Steilwallsystemen, wo in der Ansicht nur ein Teil Beton ist, wird damit der Reflexionsanteil unbedeutend.

Von der Betonfertigteilindustrie, aber auch anderen Betrieben werden eine Vielzahl von Steilwallsystemen angeboten. Mit einer unterschiedlichen Anzahl von Teilen werden auch Anpassungen an das Gelände und unterschiedliche Höhen sowie Krümmungen in der Achse des Steilwalles ermöglicht. Nach dem Stützsystem lassen sich vier Arten unterscheiden (Abb. 164).

Stützregal oder Stützwabe. Bei diesem System liegt das Füllmaterial auf horizontalen oder fast horizontalen Tragebenen. Das können Stahlbetonböden am Rand eines Steilwalles (Regal) sein oder schalldicht aufeinandergesetzte Rohre mit rechteckiger oder sechseckiger Außenform (Wabe). Zur ausreichenden Schalldämmung ist eine Mindestdicke der Füllung erforderlich, und der natürliche Böschungswinkel

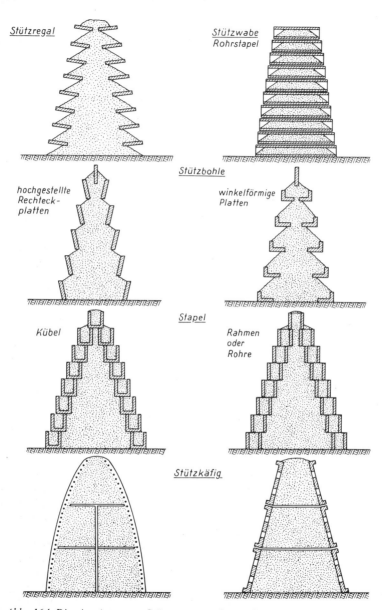

Abb. 164 Die vier Arten von Stützsystemen für Steilwälle

bestimmt die Mindesttiefe der Tragebenen (Abb. 164).

Bei diesem System sind die reflektierenden Flächen relativ klein, und nach Laboruntersuchungen kann es als hochabsorbierend [$\Delta L_x \geq 8$ dB(A)] bezeichnet werden.

Stützbohle. Die hochgestellten oder winkelförmigen Stützbohlen halten das Füllmaterial wesentlich besser als die Regalböden. Dadurch verringert sich zwangsläufig die in der Ansicht liegende schallschluckende Humusfläche, und die Betonfläche wird entsprechend größer. Steilwälle dieses Systems gelten als absorbierend [$\Delta L_x = 4$ bis 8 dB(A)].

Stapel aus Kübeln oder Kästen. Durch Übereinandersetzen der aus der Gartengestaltung bekannten (Blumen-)Kübel oder Kästen ohne Boden (Rahmen) lassen sich bepflanzbare Steilwälle bilden. Auch senkrecht gestellte Rohre sind schon benutzt worden. Rahmen und Rohre haben den Vorteil, daß der eingefüllte Oberboden über die ganze Höhe miteinander in Verbindung ist. So kann sich darin die für den Bewuchs wichtige Kapillarwirkung ausbilden. Werden die Teile dicht übereinandergebaut, trifft der Schall nur auf die Betonflächen, und somit entsteht eine reflektierende Fläche wie bei schallharten Lärmschutzwänden. Die Pegelminderung ΔL_x ist kleiner als 4 dB(A).

Zum besseren Aussehen werden die außenliegenden Flächen durch Waschbeton, Farbgebung, Strukturierung o. ä. gestaltet. Um aber eine Schallabsorption zu erreichen, sind Vorsätze (Einkornbeton, offenporige Platten usw.) notwendig. Eine weitere Gestaltungsmöglichkeit bietet sich durch unregelmäßige, schachbrettartige o. ä. Aufstellung der Teile (Abb. 164 und 165). Auch lassen die kleinformatigen Elemente eine gute Anpassung an das Gelände zu.

Stützkäfig. Dieses System gibt es in zwei Ausführungen. Der mit Hilfe eines Bimsbetongerüstes aufgeschichtete Humus wird von einer Drahtgitterumhüllung gehalten, ähnelt in der Form einer Hecke und kann mit der Gabione verglichen werden. Da das Gitter nicht flächenhaft in Erscheinung tritt, trifft der Schall nur auf den Humus. Nach durchgeführten Messungen kann das System als absorbierend mit $\Delta L_x = 4$ bis 8 dB(A) eingestuft werden (Abb. 164).

Beim Stützkäfig aus Betonplatten ist die reflektierende Fläche erheblich, und so ist diese Art nur als reflektierend mit $\Delta L_x < 4$ dB(A) zu bewerten, wenn keine absorbierenden Vorsätze an den Platten angebracht werden. Mit dem gleichen Ziel ist schon der Vorschlag gemacht worden, alte Autoreifen unterschiedlicher Größe übereinanderzustapeln und die Hohlräume mit Oberboden zu füllen und zu bepflanzen. Aus ästhetischen Gründen wird dies abgelehnt, weil eine Art „Schuttplatzatmosphäre" entsteht. Wenn der Bewuchs nach einiger Wachstumszeit alles überdeckt, dürfte die Ablehnung aber gegenstandslos sein.

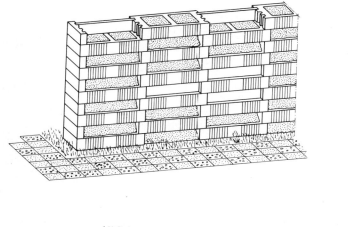

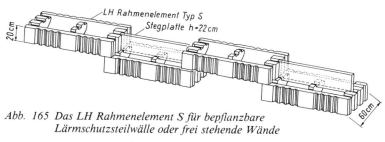

LH Rahmenelement Typ S

Stegplatte h = 22 cm

20 cm

60 cm

*Abb. 165 Das LH Rahmenelement S für bepflanzbare
Lärmschutzsteilwälle oder frei stehende Wände*

Der Übergang von Steilwall auf Erdwall ist unproblematisch, beim
Anschluß an eine Lärmschutzwand sind immer Sonderbauteile oder
Ortbeton notwendig.

Aus der Vielzahl der auf dem Markt befindlichen Betonfertigteile für
Steilwälle sei hier das „LH Rahmenelement S" ausgewählt und kurz
beschrieben. Es ist sehr vielseitig zu verwenden, vom Steilwall mit
unterschiedlichen Neigungen bis zur senkrechten Wand, außerdem als
Hang- und Böschungssicherung und schließlich als Stützmauer.

Das Rahmenelement hat zwei Kammern und nur teilweise einen Boden, um den Schüttkegel des eingefüllten Bodens gering zu halten.
Trotzdem besteht eine durchgehende Bodenfüllung. Die Seitenwände
haben drei Nuten zur Aufnahme einer Stegplatte. Bei einer Rahmen-
höhe von 20 cm ist die Stegplatte 22 cm hoch und verbindet dadurch
sowohl die Rahmen als auch die Schichten (Abb. 165).

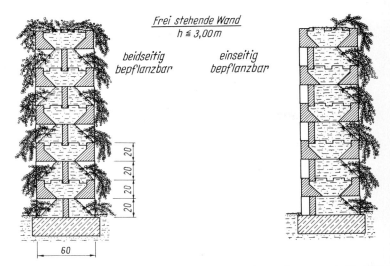

Abb. 166 Senkrechte Lärmschutzwand aus LH Rahmenelementen, beidseitig oder einseitig begrünbar

Als senkrechte Wand ist diese 0,60 m dick und kann ohne zusätzliche Armierung bis 3,00 m hoch errichtet werden. Größere Höhen sind möglich, wenn die unteren Schichten mit Beton und evtl. Armierung versehen werden. Wird die Stegplatte in die mittlere Nut eingeschoben, ergibt sich eine beiderseits bepflanzbare Wand. Bei seitlicher Anordnung der Stegplatten ist nur eine Seite bepflanzbar, die Gegenseite ist geschlossen (Abb. 165 und 166).

Beim Aufbau werden die einzelnen Rahmen schachbrettartig versetzt und jeweils mit einer Stegplatte verbunden. Gleichlaufend wird der Mutterboden eingefüllt und leicht festgestampft, wodurch Setzungen vermieden werden. Der Füllboden steht zwischen den einzelnen Rahmen und auch mit der Hinterfüllung in Verbindung, so entstehen günstige Voraussetzungen für die Bepflanzung (Abb. 165 bis 168).

Ganz gleich, mit welcher Neigung der Steilwall angelegt wird, in der senkrechten Ansicht sind nur 55 % Beton, die anderen 45 % der Fläche sind Mutterboden. Damit ist der reflektierende Teil des Walles von Anfang an gering und wird bald vom Bewuchs vollständig überdeckt. Auf diese Weise hat der Steilwall ein gutes Schallabsorptionsvermögen. Nach einer ausreichenden Wachstumszeit bietet sich dem Betrachter der Anblick einer lebendgrünen Wand.

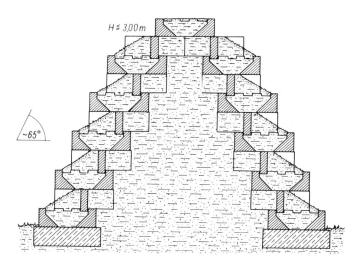

Abb. 167 Bepflanzbarer Steilwall aus LH Rahmenelementen

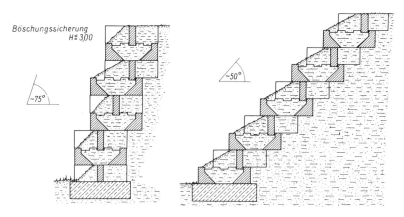

Abb. 168 Verwendung von LH Rahmenelementen zur Böschungssicherung bei unterschiedlichen Böschungsneigungen

Nach der Straßenseite sind widerstandsfähige Pflanzen einzusetzen, die resistent gegen Tausalz, Abgase und gelegentliche Trockenperioden sind. Außerdem sollen sie wenig oder keine Unterhaltungsarbeiten erfordern. Die Rückseite, besonders wenn sie an Gärten grenzt, kann je

260

nach Wunsch bepflanzt werden, da auch in diesem Fall ein Bewässern bei Trockenheit leicht möglich ist.

4.7.5.10 Lärmminderung durch Wände

Die Lärmschutzwände sind eine Abschirmmöglichkeit, die sich auch dann noch anwenden läßt, wenn andere Möglichkeiten aus Platzgründen (Bepflanzung, Wälle) oder Nichtbeachtung (Verkehrsregelungen) versagen. Jedoch haben sie den Nachteil, daß sie zwar eine Umweltbeeinträchtigung mildern, dafür aber die Landschaft in höchstem Maße verunstalten. Bei dem Ausmaß der heute notwendigen Lärmschutzmaßnahmen würde die ausschließliche Schallquelleneinzäunung mit Lärmschutzwänden große Teile der Umwelt zu einem unerträglichen optischen Gefängnis machen. Dies betrifft sowohl die Monotonie auf der Fahrbahnseite als auch die optische Verschandelung auf der den Wohngebieten zugewandten Seite.
Beispiele derartiger Umweltschädigungen durch Lärmschutzwände gibt es schon genug. Es ist an der Zeit, alles aufzubieten, um die betroffenen Anlieger durch andere Möglichkeiten vor dem Verkehrslärm zu schützen. Auch ist festgestellt worden, daß die Kraftfahrer an den Straßen, an denen die Lärmschutzwände dicht neben der Fahrbahn stehen, ihr Fahrzeug weiter nach links zum Mittelstreifen steuern, was keinesfalls die Verkehrssicherheit erhöht.
Das Bundes-Immissionsschutzgesetz gibt zwar den Lärmabschirmungen am Verkehrsweg (aktiver Lärmschutz) Vorrang vor Lärmschutzfenstern (passiver Lärmschutz). Trotzdem sollten die betroffenen Anwohner bei der Bürgeranhörung gefragt werden, ob sie nicht Lärmschutzfenster (Abschnitt 4.7.5.12) vorziehen, um die genannten Nachteile der Lärmschutzwände in ihrer Umgebung zu vermeiden. Dabei ist auch darauf zu verweisen, daß man die störende Wirkung derartiger Wände auf die Dauer zunehmend stärker empfindet.
Die Lärmabschirmung schafft einen Raum, in den weniger Schallwellen gelangen können. Dabei kann der auf die Abschirmung treffende Schall reflektiert oder absorbiert werden, d. h., er wird zurückgeworfen oder mehr oder weniger „geschluckt". Je nach der Ausbildung der Wand bzw. Wandverkleidung unterscheidet man drei Gruppen:

1. reflektierende Wände mit $\quad \Delta L_{\alpha} < 4 \text{ dB(A)}$
2. absorbierende Wände mit $\quad \Delta L_{\alpha} = 4 \text{ dB(A)}$ bis 8 dB(A)
3. hochabsorbierende Wände mit $\Delta L_{\alpha} \geq 8 \text{ dB(A)}$

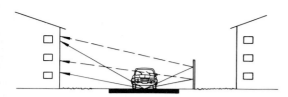

Abb. 169 Auswirkungen einer reflektierenden Schallschutzwand auf die gegenüberliegende Bebauung

Die Schallabsorption oder Schallschluckung beruht darauf, daß in porösen Stoffen die aufprallende Schallwelle die Luft in den Poren zum Mitschwingen anregt. Dadurch wird an den Porenwänden Reibung erzeugt und die Schallwellenenergie in Wärme umgewandelt. Der Strömungswiderstand darf nicht zu groß sein, weil sonst die Welle abprallt und reflektiert wird. Er darf auch nicht zu klein sein, weil sonst der Schallwelle keine Energie durch Reibung entzogen wird. Maßstab ist der Schallabsorptionsgrad a in dB(A). Das ist der Anteil des auf ein Hindernis auftreffenden Schalles, der nicht zurückgeworfen (reflektiert) wird.

Dazu ist noch zu bedenken, daß nach dem derzeitigen Stand der Technik absorbierende und besonders hochabsorbierende Lärmschutzwände im allgemeinen empfindlicher und kurzlebiger als reflektierende Wände sind. Die bei Erneuerungsarbeiten auftretenden Störungen und Kosten müssen bei der Entscheidung mit berücksichtigt werden.

Der reflektierte Schall erhöht den Mittelungspegel vor der Wand, und deshalb ist zu prüfen, ob dadurch andere Bebauung (gegenüberliegende Straßenseite) einer stärkeren Belastung ausgesetzt wird (Abb. 169). Aber auch an schallharten Wänden aus Beton o. ä. wird durch Streuung der Schall um etwa 1 dB(A) gemindert. Da außerdem durch das Auftreffen von Schall aus zwei Quellen nur eine Erhöhung um 3 dB(A) erfolgt (Abb. 148), was vom menschlichen Ohr kaum wahrgenommen wird, ist der Reflexion keine zu große Bedeutung zuzumessen.

Muß bei breiten zweibahnigen Straßen die Lärmschutzwand sehr hoch werden, um einen ausreichenden Schutz der Bebauung zu erreichen, kann es erforderlich werden, zusätzliche Wände im Mittelstreifen anzuordnen. Das soll aber nur in Ausnahmefällen geschehen. Diese Wände müssen dann beidseitig hochabsorbierend sein (Abb. 170). Bei neuen Straßen soll dann der Mittelstreifen mindestens 5,00 m breit sein. Auf jeden Fall sind in Kurven die erforderlichen Sichtweiten zu gewährleisten.

Lärmschutzwände können den Luftstrom unterbrechen. Um die Verkehrsteilnehmer vor gefährlichen Veränderungen durch Seitenwindbe-

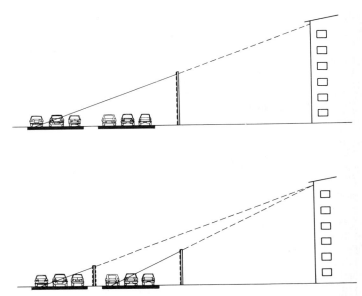

Abb. 170 Zweite Lärmschutzwand im Mittelstreifen zur Vermeidung einer sehr hohen Wand vor der Bebauung

lastung zu schützen, sollen die Wände nicht abrupt beginnen oder enden, sondern eine Anpassungsstrecke mit allmählich zunehmender bzw. abnehmender Wandhöhe erhalten.

Eine Lärmschutzwand besteht aus den Wandträgern, die in Fundamenten bzw. auf Brücken mit besonderen Anschlußkonstruktionen befestigt sind, und den Wandelementen. Die Standsicherheit muß nachgewiesen werden, wobei zum Eigengewicht noch die Windbelastung und u. U. Stoßbelastung hinzukommen. Konstruktiv muß eine Sicherung gegen Abstürzen der Wandteile von Brücken auf darunterliegende Verkehrsflächen infolge Fahrzeuganprall getroffen werden.

Ästhetische Gesichtspunkte spielen bei der Planung einer Lärmschutzwand eine wichtige Rolle. Das gilt besonders für die Wahl der Wandelemente und ihrer Farbe, aber auch für die Anpassung der Wandoberkante an das Längsgefälle der Fahrbahn. In letzter Zeit hat man mit zum Teil erheblichem Aufwand versucht, Lärmschutzwände „künstlerisch" zu gestalten. Aber auch die größten Anstrengungen können nicht darüber hinwegtäuschen, daß diese Wände ein Störfaktor für die Landschaft sind. Eine beiderseitige dichte Bepflanzung ist immer noch die beste Lösung, denn dadurch werden sie dem Blickfeld entzogen.

Bei im Erdreich gegründeten Lärmschutzwänden ist zur Ableitung des Fahrbahnoberflächenwassers zwischen Fundamentoberkante und Unterkante Wandelemente ein 10 cm breiter Spalt auszubilden, der mit Filterkies zugeschüttet wird. Das verhindert gleichzeitig eine starke Verschmutzung des unteren Wandbereiches durch aufspritzendes Regenwasser.

In langen Lärmschutzwänden Fluchttüren anzuordnen hat sich in der Praxis als nicht notwendig erwiesen, weil Hilfsdienste längs der Straße immer schneller am Einsatzort sein können. Für den Straßenunterhaltungsdienst sind jedoch Service-Türen mit einem Höchstabstand von 500 m anzuordnen, und zwar zweckmäßig dort, wo sie von einem anderen Verkehrsweg aus erreicht werden können, z. B. bei Brücken.

Übernimmt auf Brücken die Lärmschutzwand gleichzeitig die Funktion des Geländers, so ist ein Drahtseil in einem geschlossenen Stahlprofil als Absturzsicherung vorzusehen, wenn dies nach den geltenden Vorschriften gefordert wird.

Für die Funktion der Lärmschutzwand ist es wichtig, daß die Wand keine undichten Stellen hat. Deshalb müssen die Bauteile so beschaffen sein, daß durch Verwerfung, Schrumpfung oder ähnliche Langzeiteffekte keine Undichtigkeiten entstehen. Auch dürfen evtl. verwendete Füllmaterialien nicht verrutschen. Durch Dehnungsfugen ist das unterschiedliche Verhalten von Wand und Unterbau bzw. Anschlußbauwerken zu berücksichtigen.

Die Lärmschutzwand darf den Unterhaltungsdienst nicht behindern, das trifft besonders für die Schneeräumung zu. Je nach den örtlichen Verhältnissen ist auch zu prüfen, ob durch Schallschutzwände für die Straße die Gefahr von Schneeverwehungen erhöht wird (Abb. 133).

Alle Einzelteile der Lärmschutzwand müssen witterungsbeständig sein, bei geringem Unterhaltungsaufwand eine lange Lebensdauer besitzen und keine Möglichkeiten bieten, daß Schäden durch Frevel auftreten können. Weiter müssen sie schwer entflammbar, unempfindlich und beständig gegen Feuchtigkeit, Kfz-Abgase, Tausalze in Verbindung mit Wasser, Detergentien und Motorenöl sowie gegen Lichteinwirkung stabilisiert sein. Metallteile sind vor Korrosion zu schützen. Eventuell erforderliche Reparaturen, z. B. durch Unfälle, müssen einfach ausgeführt werden können.

Die von den verschiedenen Herstellern angebotenen Konstruktionen für Lärmschutzwände bestehen aus Pfosten und Wandelementen. Für die Pfosten werden überwiegend Stahlträger IPB 160 oder IPBl 160, aber auch Stahlbetonfertigpfosten oder Bongossi-Holzpfosten verwendet. Die Wandelemente bestehen aus Stahlbetonfertigteilen, Kunststoff, Stahlblech, Aluminiumblech, Glas oder Bongossiholz. Es werden auch Stahlbetonfertigteile angeboten, bei denen Pfosten und Wand aus

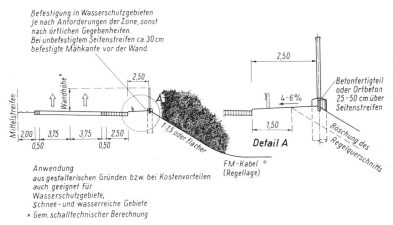

Befestigung in Wasserschutzgebieten
je nach Anforderungen der Zone, sonst
nach örtlichen Gegebenheiten.
Bei unbefestigtem Seitenstreifen ca. 30 cm
befestigte Mähkante vor der Wand.

2,50

Betonfertigteil
oder Ortbeton
25-50 cm über
Seitenstreifen

Wandhöhe×

2,50

4-6%

Mittelstreifen

2,00   3,75   3,75   2,50
0,50   0,50

1:1,5 oder flacher

Böschung des
Regelquerschnitts

1,50

Detail A

A

Anwendung
aus gestalterischen Gründen bzw. bei Kostenvorteilen
auch geeignet für
Wasserschutzgebiete,
Schnee- und wasserreiche Gebiete

FM-Kabel °
(Regellage)

× Gem. schalltechnischer Berechnung

Abb. 171 Beispiel für eine Lärmschutzwand an einer Dammstrecke; aus den Richtzeichnungen für Lärmschirme

einem Stück bestehen. Um standardisierte Elemente verwenden zu können, soll der Pfostenabstand 4,00 m betragen, auf Kunstbauten 2,00 m.

Um eine möglichst hohe Schallabsorption zu erreichen, werden die Elemente mit schallschluckenden Materialien versehen. Dafür sind nur solche mit offenen Poren geeignet. Aufgeschäumte Kunststoffe mit geschlossenen Poren (Styropor) sind zur Absorption von Luftschall nicht geeignet, da an der geschlossenen Oberfläche ein hoher Reflexionsanteil entsteht. Als Schallschluckstofte werden mineralische Fasern (Steinwolle, Glaswolle) benutzt. Steinwolleplatten mit einem Gewicht von etwa 100 kg/m^3 bei einer Dicke von 30 bis 50 mm haben gute Ergebnisse erbracht. In letzter Zeit werden die Elemente auch mit Schnitzeln von Altreifen gefüllt. Der Vorteil besteht darin, daß der Altgummi gegen alle hier auftretenden Einflüsse beständig ist und gleichzeitig ein sonst nicht verwertbarer Altrohstoff benutzt wird.

Für die Anordnung und Errichtung von Lärmschutzwänden sind die „Richtzeichnungen für Lärmschirme außerhalb von Kunstbauten" (Abb. 171) zu beachten [11].

Vielfach wird gefordert, Lärmschutzwände dadurch „unsichtbar" zu machen, daß Glas oder durchsichtiger Kunststoff eingesetzt wird. Von nicht verschmutzten Glaswänden erwartet man, daß sie das Ortsbild nicht stören und dem Fahrer weiterhin den Ausblick in die Landschaft gestatten. Solche unsichtbaren Wände stellen aber eine erhebliche Gefahr für Menschen und Tiere dar, die gegen sie laufen oder fliegen. Sie sollen deshalb nur nach sorgfältiger Abwägung aller Vor- und Nachteile angebracht werden.

Als Nachteile für Lärmschutzwände aus Glas sind zu nennen:

1. Die Wand reflektiert den Schall.
2. Der Verkehr bleibt sichtbar und wird von den Anliegern weiterhin als Ärgernis empfunden.
3. Je nach Lichteinfall (Sonne, Autoscheinwerfer) entsteht Blendgefahr für den Fahrer.
4. Vögel sind gefährdet, wenn sie gegen die Glaswand fliegen.
5. Gefährdung durch Scheiben oder Scheibenteile, die bei Anfahrten herausgerissen werden.
6. Glas ist gegen Bauwerkssetzungen und Steinwürfe empfindlich.
7. Die Kosten für die Reinigung sind erheblich.

4.7.5.11 Lärmminderung durch Tunnel und Einhausungen

Um einen möglichst vollkommenen Schutz vor den Umwelteinflüssen einer Straße zu erreichen, wird oft die gänzliche Einhüllung gefordert. Dafür sprechen einige bestechende Vorteile, denen aber so schwerwiegende Nachteile gegenüberstehen, daß eine sorgfältige Abwägung aller Argumente unbedingt erforderlich ist.

Eine Minderung des Schallpegels ist nur bei genügendem Abstand vom Tunnel gegeben. Im Tunnel selbst erhöht sich durch Mehrfachreflexion der Pegelwert um 10 bis 15 dB(A). Die Fahrzeuginsassen sind dieser erhöhten Lärmbelastung ausgesetzt, was man aber bei begrenzter Tunnellänge nicht hoch zu bewerten braucht. Aber Anlieger im Bereich des Tunnelmundes sind ständig einer erhöhten Lärmbelastung gegenüber einer in Geländehöhe geführten Straße ausgesetzt.

Zur Verbesserung der Emissionsminderung einer tiefliegenden Straße (Einschnitt, Troglage) kann eine Abdeckung vorgenommen werden. Das ist ein deckelartiger Baukörper, der zusammen mit der Böschung oder Trogwand verhindert, daß der Schall auf direktem Weg nach einer oder beiden Seiten in zu schützende Bebauung gelangt. Durch eine teilweise offene Abdeckung kann meist auf eine künstliche Beleuchtung und Belüftung verzichtet werden (Abb. 172).

Die Abdeckung kann einseitig offen sein, wenn der dort austretende Schall auf keine zu schützende Bebauung trifft. Eine oder mehrere obere Schlitzöffnungen in Längsrichtung sollen einerseits so groß sein, daß Luftaustausch und Lichteinfall ausreichend sind, aber dennoch

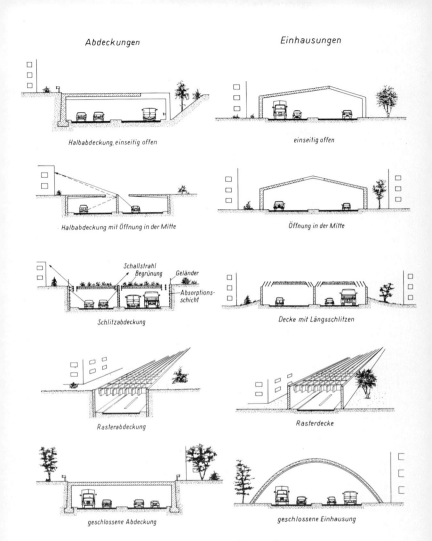

Abb. 172 Abdeckungen und Einhausungen für Straßen

der Schallaustritt in Grenzen bleibt. Auch kann eine kassettenartige Abdeckung erfolgen, durch die der Lärm überwiegend direkt nach oben oder nur durch mehrfache Reflexion zur Seite gelangen kann. Die geschlossene Abdeckung ist die einfache Bauart eines Tunnels. Offene Abdeckungen ermöglichen eine Minderung des Mittelungspegels um über 12 dB(A) und geschlossene Bauten sogar um mehr als 20 dB(A).

Die Einhausung ist ein hallenartiges Bauwerk über einer in Geländehöhe liegenden Straße. Genau wie bei der Abdeckung ist eine vollkommene oder teilweise Umhüllung der Straße möglich. Die Einhausung ist für die Umgebung meist störender als eine Abdeckung. Über eine Abdeckung kann verhältnismäßig einfach bei Bedarf ein Fußweg errichtet werden, bei einer Einhausung geht das nicht.

Die Verwendung von Glas oder durchsichtigen Kunststoffen bei Umhüllungen von Straßen bringt ähnliche Probleme wie bei Lärmschutzwänden. Besonders die hohen Reinigungskosten wegen der Abgasniederschläge und die Reparaturkosten (Vandalismus) sind zu beachten. Die Gefahren, daß Menschen oder Tiere durchbrechen, daß Bruchstücke abstürzen und das Verhalten bei Feuer werfen Sicherheitsfragen auf, die nicht unterschätzt werden dürfen.

Im Winter ist die Durchsichtigkeit nur zu erhalten, wenn der Schnee laufend beseitigt wird. An den Öffnungen offener Abdeckungen können sich Eiszapfen bilden, die eine Gefahr für den Verkehr bedeuten und deshalb entfernt werden müssen. Damit wird der Winterdienst erheblich aufwendiger.

Tunnel liegen meist tiefer im Boden und lassen eine uneingeschränkte Nutzung der Geländeoberfläche zu. Da sie meist auch bergmännisch gebaut werden, entfällt weitgehend die Beeinträchtigung während der Bauarbeiten.

Gegenüber der offen geführten Straße entstehen bei einer Umbauung folgende Probleme, die genau bedacht werden müssen:

1. Die Investitionskosten einer Straße mit Abdeckung oder im Tunnel sind etwa 2- bis 3mal so hoch wie bei einer in Geländehöhe geführten Straße. Der Tunnel ist noch teurer als die Abdeckung, dafür entfällt über dem Tunnel der Grunderwerb.

2. Viel schwerwiegender als die Investitionskosten sind die Betriebskosten, die ja jedes Jahr anfallen und dazu noch ansteigen. Die größten Kosten verursachen die Tag und Nacht notwendige Beleuchtung und Belüftung, weiter sind zu nennen Entwässerung, Reinigung und die schwierigen Unterhaltungs- und Erneuerungsarbeiten. Für Beleuchtung, Belüftung und Entwässerung schlagen besonders die Energiekosten zu Buche. Für Betriebskosten rechnet man derzeit pro Jahr und Kilometer mit 0,8 bis 1,2 Millionen DM.

3. Da bei Gefahren im Tunnel (Unfälle, Stau) meistens nicht zur Seite ausgewichen werden kann, benötigen Straßentunnel besondere Einrichtungen und Notdienste. Abhilfe kann auch ein durchgehender Standstreifen bringen, der aber einen größeren Querschnitt erfordert, was die Investitionskosten weiter ansteigen läßt.
4. Tunnel lösen bei Fahrern nicht spurgebundener Fahrzeuge psychische Reaktionen aus, und deshalb stellt man fest, daß die Fahrzeuge etwas von der Tunnelwand weg zum Mittelstreifen gelenkt werden.
5. Tieferliegende Tunnel brauchen längere Rampen, und die verlorene Steigung bedingt einen höheren Fahrenergieaufwand.
6. Die Schadstoffemissionen (Kohlenmonoxyd u. a.) sind an den Tunneleinfahrten und den Auslaßöffnungen der künstlichen Belüftung besonders hoch, was für die Anlieger zu berücksichtigen ist. Je nach Windrichtung können verschiedene Gebiete beeinträchtigt werden.

Unter Würdigung dieser Argumente kommt ein Tunnel oder eine andere Abkapselung allein aus Gründen des Lärmschutzes nicht in Betracht. Liegen noch andere Begründungen vor, dann kann das Hinzukommen des Lärmschutzes die Befürwortung eines Tunnels erbringen. Andere Gründe für Tunnel sind:

1. Die topographischen Verhältnisse lassen andere Lösungen unzweckmäßig erscheinen, oder der Natur werden durch eine offen geführte Straße unerträgliche Wunden geschlagen.
2. Die Tunnelführung bringt eine erhebliche Wegverkürzung, so daß die eingesparte Fahrenergie den Energieverbrauch für den Tunnelbetrieb mehr oder minder aufwiegt.
3. Der Städtebau oder der Schutz von Denkmälern macht eine sinnvolle oberirdische Straßenführung unmöglich.
4. Bei schwierigen Situationen sind andere notwendige Schutzmaßnahmen so teuer, daß ein Tunnel auch aus Kostengründen auf lange Sicht akzeptabel wird.

4.7.5.12 Lärmminderung in und an Gebäuden

Durch die Grundrißgestaltung eines Wohngebäudes kann die Lärmbeeinflussung auf die Bewohner auch reduziert werden. Dabei sind die Schlaf- und Wohnzimmer nach der der Straße abgewandten Seite zu legen, während die weniger empfindlichen Räume, wie Bad, WC, Küche, Hobbyraum, Abstellraum usw., zur Straßenseite liegen können. Allerdings treffen diese Forderungen auf andere Wünsche (Ausrichtung nach der Sonnenseite u. ä.). Schließlich lassen sie sich auch nur bei Neubauten, aber nicht bei bestehenden Häusern erfüllen.

Wenn bei vorhandener Bebauung an der Straße Lärmschutzbauten nicht möglich sind oder in keinem Verhältnis zum angestrebten Schutzzweck stehen, müssen solche am Gebäude vorgenommen werden (passiver Lärmschutz).

Da die Schalldämmung der meisten Gebäudewände auch höheren Anforderungen hinsichtlich Schallschutz genügt, bleiben praktisch nur die Fenster für den Schalldurchgang. Durch den Einbau entsprechender Fensterkonstruktionen ist eine Pegelminderung in geschlossenen Räumen möglich. Die dafür aufzuwendenden Kosten sind niedrig, wenn solche Fenster bei Neubauten von Anfang an eingebaut werden. Bei späterem Umbau sind die Kosten wesentlich höher. Sie lassen sich aber in Grenzen halten, wenn nur die Fenster für Schlaf- und Wohnräume ausgewechselt werden. Dickere Scheiben und größerer Abstand zwischen mehreren Scheiben bewirken höhere Schalldämmung.

Mit den verschiedenen Fensterarten lassen sich folgende Schalldämmaße erreichen:

Einfachfenster mit Normalverglasung	etwa 24 dB(A)
Einfachfenster mit Isolierverglasung	etwa 36 dB(A)
Verbundfenster	40 bis 45 dB(A)
Kastenfenster	45 bis 50 dB(A)
Besondere Schallschutzfenster	bis 55 dB(A)

4.7.5.13 Bemessung von Lärmschutzbauwerken

Für die in Abschnitt 4.7.5.3 errechneten Mittelungspegel L_m sind mögliche Lärmschutzbauten zu bemessen. Errechnet wurden

$L_{m(T)} = 68,0$ dB(A) und $L_{m(N)} = 59,0$ dB(A)

Als obere Grenze für die Belastung der Anwohner werden 62,0 bzw. 52,0 dB(A) gefordert, also muß eine Pegelminderung $\Delta L_{Ls} = 7,0$ dB(A) erreicht werden.

Für den Straßenquerschnitt und die Höhe 9,0 m des Immissionsortes wird die Höhe einer Lärmschutzwand bzw. eines Steilwalles aus dem Diagramm 7b (Abb. 173) abgelesen, sie beträgt 3,80 m.

Mit den gleichen Ausgangswerten wird die Höhe eines Erdwalles aus dem Diagramm 11a (Abb. 174) mit $h = 6,50$ m entnommen. Die Sohlbreite dieses Erdwalles beträgt $b = 3 \cdot h + 1,00$ m $= 20,50$ m. Dafür steht der Platz nicht zur Verfügung (Abb. 149).

Wenn aus optischen Gründen unter den gleichen Bedingungen eine Lärmschutzwand nicht höher als 3,00 m sein soll, läßt sich aus dem

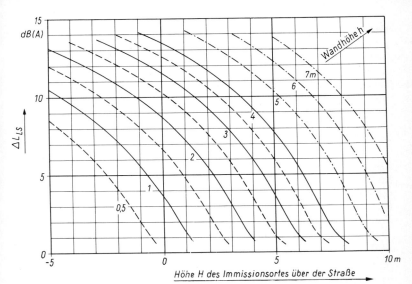

Abb. 173 Pegelminderung ΔL_{LS} *in dB(A) durch eine Lärmschutzwand*
Querschnitt: *RQ 15* Horizontaler Abstand: $s_{\perp,0} = 35\ m$

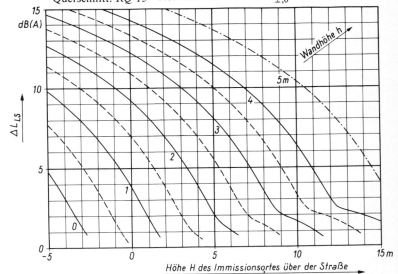

Abb. 174 Pegelminderung ΔL_{LS} *in dB(A) durch einen Lärmschutzwall*
Querschnitt: RQ 15 Horizontaler Abstand: $s_{\perp,0} = 35\ m$

Diagramm 7b eine Pegelminderung von nur 2,0 dB(A) ablesen. Damit ist keine spürbare Wirkung bei hohem Aufwand zu erzielen.
Für andere Straßenquerschnitte und andere horizontale Abstände zwischen Straße und schutzbedürftiger Bebauung (Immissionsort) sind in der RLS-81 weitere Bemessungsdiagramme enthalten [11].

4.7.6 Berücksichtigung der Geologie

Mit seinen Einschnitten, Dämmen, Brücken und Tunneln greift der Straßenbau in den Untergrund ein, und deshalb ist eine genaue Kenntnis der Geologie schon bei Planungsbeginn erforderlich. Den ersten Einblick bieten geologische Karten und vorhandene Aufschlüsse in Form von Kies- oder Lehmentnahmen, Steinbrüchen oder Baugruben. Auch Auskünfte bei Bohrfirmen, die in dem Gelände gearbeitet haben, sind nützlich. Farbige Luftbilder können ebenfalls Informationen der Bodenbeschaffenheit liefern. Ratsam ist die Einschaltung von Fachbehörden, z. B. Geologische Landesämter.
Ein weiteres einfaches Mittel, Hinweise auf die Bodenbeschaffenheit zu erhalten, ist eine Geländebegehung mit genauer Beobachtung des Pflanzenwachstums. Das Vorhandensein (oder auch Fehlen) bestimmter Pflanzen, deren Wuchsfreudigkeit und die Blattfarbe können Rückschlüsse auf den Boden und das Grundwasser geben. Wenn dem Ingenieur dazu die Erfahrung fehlt, sollte er sich einen entsprechenden Forstfachmann als Begleiter für die Geländebegehung suchen.
In verschiedenen Fachbüchern sind standortkennzeichnende Pflanzen zusammengestellt, und auch damit kann sich der Ingenieur bei Begehungen helfen. Streifenförmig am Hang, etwa an der Höhenlinie entlang auftretender üppiger Pflanzenwuchs, besonders der Schilf- und Binsenarten, ist ein sicherer Hinweis für eine wasserführende Schicht über undurchlässigem Boden. Noch vor weiteren Untersuchungen wird man hier mit Böschungssicherungen rechnen müssen, wenn ein Einschnitt angelegt werden soll.
Ist man auf der Suche nach einer Sand- oder Kiesentnahme und findet in dem vermuteten Bereich Huflattich, so deutet dies auf Lehmanteile hin, weil der Huflattich auf reinem Sand keine annehmbaren Wachstumsbedingungen findet. Also dürfte der dort gefundene Sand und Kies für viele Bauzwecke ungeeignet sein. Genauso gibt es verschiedene andere Pflanzen, die bestimmte Bodenarten und -beschaffenheiten anzeigen.
Nun sollen keinesfalls die aus einer Geländebegehung gewonnenen Kenntnisse intensivere Bodenuntersuchungen durch Schürfen und

Bohrungen überflüssig machen. Jedoch können dann diese weitergehenden Untersuchungen gezielter angesetzt und zahlenmäßig eingeschränkt werden.

Wenn aus der Voruntersuchung die Trassenführung im wesentlichen festliegt, müssen entlang der Trasse in mehr oder minder regelmäßigen Abständen Bohrungen angesetzt werden. Je ungleichmäßiger die Beschaffenheit ist, desto dichter müssen die Bohrungen angesetzt werden. Für Stützmauern und Durchlässe sind zusätzliche, für Brücken an jedem Widerlager und Pfeiler Bohrungen notwendig.

Die genaue Kenntnis des Untergrundes ermöglicht es, die Trasse aus ungünstigen Bodenbereichen herauszulegen, z. B. kann ein Moorgebiet umgangen werden, oder man kreuzt es an einer Stelle, an der die Mächtigkeit geringer ist. Man wird die Trasse nicht in einen Hang legen, wenn die Schichtung Rutschgefahr befürchten läßt. Auch über die Brauchbarkeit des Aushubmaterials für Dammschüttungen gewinnt man Angaben.

Eine eingesparte Bohrung hat später bei der Bauausführung oft schon erhebliche Mehrkosten verursacht. Das richtige Maß für die Zahl der notwendigen Bohrungen zu finden ist eine wichtige und nicht leichte Aufgabe des Ingenieurs.

Neben der Geologie muß auch die Hydrogeologie beachtet werden. Hierbei spielt besonders die Trinkwassergewinnung mit ihren Schutzgebieten eine wichtige Rolle. Wenn schon die Erdarbeiten beim Bau der Straße die Grundwasserverhältnisse stören können, so gehen doch die größten Gefahren für die Trinkwasserversorgung vom Fahrzeugverkehr aus. Die Straßenplanung muß im Zusammenwirken mit Wasserwirtschaftsämtern und Wasserversorgungsunternehmen Gefährdungen der Trinkwasserversorgung ausschließen.

Die vom Regenwasser abgespülten Rückstände auf der Fahrbahn gelangen in das Grundwasser oder in Vorfluter. Bei Unfällen von Tankfahrzeugen können Gefahren größten Ausmaßes entstehen. Das sicherste Mittel, solche Gefahren auszuschließen, besteht darin, die Straße nicht durch das Trinkwasserschutzgebiet zu legen. Wenn sich das nicht erreichen läßt, sind entsprechende Sicherheitsmaßnahmen vorzusehen.

Zu diesem Problem hat die Forschungsgesellschaft für das Straßen- und Verkehrswesen in Köln das „Merkblatt für bautechnische Maßnahmen an Straßen in Wassergewinnungsgebieten" herausgegeben.

Die Autobahn „Sauerlandlinie" kreuzt im Ruhrtal die Wassergewinnungsanlagen der Stadt Dortmund. Im gesamten Bereich ist die Autobahn mit einer dichten Befestigung des Mittelstreifens versehen worden, und das gesamte Niederschlagswasser läuft über Rückhaltebekken, die gleichzeitig als Ölabscheider konstruiert sind und im Gefahrenfall abgesperrt werden können. Dadurch kann kein Wasser versickern oder unkontrolliert in die Ruhr gelangen. Zusätzlich sind neben dem befestigten Seitenstreifen Betonmauern angeordnet worden, die ein Überstürzen von Tankwagen in die Talniederung der Ruhr verhindern sollen.

4.7.7 Geländegestaltung im Zuge der Trassierung

Der Bau einer neuen Straße ist ein bedeutender Eingriff in die Natur. Es läßt sich dabei nicht verhindern, daß in der Landschaft Schäden verschiedenster Art entstehen. Aufgabe eines gewissenhaften Ingenieurs ist es, diese Schäden durch eine wohldurchdachte Planung und Bauvorbereitung so gering wie möglich zu halten und auch ihre Beseitigung von Anfang an in der Planung zu berücksichtigen.

Wie wenig Augenmerk man früher auf dieses Problem gelegt hat, zeigen heute noch viele wilde Kippen aus der Zeit des Eisenbahnbaues, die inzwischen meist von der Pflanzenwelt überwuchert, aber trotzdem nur Ödland sind. Ähnlich sieht es bei manchem verlassenen Steinbruch oder Baggerloch aus. Erst in den letzten Jahrzehnten hat man Kippen und Entnahmen, die für den Straßenbau notwendig wurden, in die Gesamtplanung einbezogen.

Möglichkeiten, derartige Areale zweckmäßig zu gestalten, gibt es viele. Auf Entnahmeflächen oder Kippen unmittelbar neben der Straße lassen sich oft Rastplätze gut unterbringen. Aber auch eine Rekultivierung und Übergabe in fremde Nutzung kann erfolgen. Darüber hinaus kann durch die Einbeziehung alter Kippen oder Baggerlöcher in die Planung die Beseitigung früherer Mißstände erreicht werden (Abb. 175 und 176).

Oft fallen beim Abtrag für den Dammbau unbrauchbare Bodenmassen an. Neben der Möglichkeit, diese in Deponien abzulagern und zu bepflanzen, können sie auch auf die konstruktiv notwendigen Dammböschungen aufgebracht und dadurch flachere Neigungen erreicht werden. Umgekehrt ist es möglich, wenn Schüttmassen fehlen, die Einschnittböschungen flacher zu gestalten.

Kleinere Senken, die durch den Dammbau einer Straße im Gelände entstehen, lassen sich gut mit überschüssigen oder unbrauchbaren Bodenmassen auffüllen. Auf diese Weise werden meist unschöne und nasse Löcher neben der Straße vermieden. Alle diese Maßnahmen müssen von Anfang an in die Erdmassenberechnung einbezogen werden, und dadurch läßt sich in vielen Fällen ein vorher nicht gegebener Massenausgleich noch erreichen.

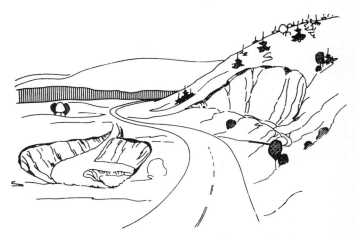

Abb. 175 Alte, verlassene Bodenentnahme neben einer Straße

Abb. 176 Einbeziehung der alten Entnahmen in die Rekultivierung mit Anlage von Wanderwegen

4.8 Erarbeiten der Trasse

Haben die Voruntersuchung und die Verkehrserhebung ergeben, durch welche Räume die neue Straße führen soll, so kann das Aufsuchen der Linienführung, nämlich die Trassierung, beginnen. Dieser Vorgang verläuft von ersten Strichen in Plänen großen Maßstabes bis zur koordinatenmäßig eingerechneten endgültigen Linie im Bauentwurf nach RE [11].

Voraussetzung für diese Arbeiten ist die Kenntnis aller Grundlagen und Zwangsbedingungen. Zu den Grundlagen gehören die Entwurfsgeschwindigkeit V_e und die Bedeutung der Trasse innerhalb des Netzes. Die Entwurfsgeschwindigkeit legt die Grenzwerte der Trassierung fest. Die Bedeutung im Netz bestimmt den Querschnitt, entscheidet die Frage ein- oder zweibahnige Straße und die Knotenpunktsart: plangleich oder planfrei.

Die Zwangspunkte können wirtschaftlicher, baulicher und topographischer Art sein. In wirtschaftlicher Hinsicht ist auf Entwicklungspläne Rücksicht zu nehmen, bzw. die Trasse muß bewußt in Entwicklungspläne einbezogen werden. Andererseits kann eine neue Trasse auch in wirtschaftlich wenig erschlossenes Gebiet gelegt werden, um in diesem Zusammenhang eine wirtschaftliche Entwicklung einzuleiten oder zu fördern.

Die baulichen Bedingungen sind im wesentlichen durch Städte und Dörfer gegeben, aber auch durch andere Anlagen der Infrastruktur. Die topographischen Hindernisse, wie Flüsse, Gebirge usw., beeinflussen stark die Realisierungsmöglichkeit der Trasse bzw. die Höhe der Baukosten.

4.8.1 Aufsuchen einer Trasse im Lageplan mit Höhenangaben

Die Arbeitsgrundlage für die Trassierung bilden Karten mit eingetragenen Höhenlinien. Der Maßstab richtet sich danach, welche Karten zur Verfügung stehen, da für die erste Trassensuche niemals Pläne aufgemessen werden. Weiter richtet er sich nach der Schwierigkeit des Geländes und der Bebauung. Im wenig bebauten weiträumigen Flachland kommt man mit großmaßstäblichen Karten aus, während man im Bergland oder in Gebieten dichter Besiedlung genauere Karten benötigt.

Die erste Arbeit besteht darin, Anfangs- und Endpunkt sowie evtl. notwendige Zwischenpunkte der gesuchten Trasse zu markieren. Beim Anfangs- und Endpunkt wird man entweder an eine vorhandene Straße anschließen, oder man muß die spätere Verlängerung der neuen Trasse bereits berücksichtigen. Weiter muß man die Stellen kennzeichnen, an denen topographische Hindernisse mit einem wirtschaftlich vertretbaren Aufwand überwunden werden können. Dazu gehören mögliche Brückenbaustellen bei Wasserläufen oder Paßstellen bei Höhenzügen.

Für den späteren verkehrlichen Wert ist es von größter Bedeutung, wo und wie die neue Straße mit dem vorhandenen Straßennetz verknüpft wird. Besonders bei Autobahnen entscheidet die Lage der Anschluß-stellen über den Ausbau bzw. Neubau von Zubringern. Die Frage, ob plangleiche oder planfreie Knotenpunkte ausgebildet werden sollen, hat Einfluß auf die Höhenlage, weil dann die Trasse angehoben oder abgesenkt werden muß. Bei der Kreuzung von Eisenbahnlinien ist grundsätzlich eine Über- oder Unterführung der Trasse vorzunehmen.
Sind alle diese Punkte im Lageplan markiert, muß man noch die Hö-henlinien betrachten. Zeigt der Abstand der Höhenlinien eine gerin-gere Geländeneigung an, als Steigungen für die Trasse zulässig sind, so könnte man die Höhenlinien vernachlässigen. Aber eine gute Trassie-rung wird sich auch im wenig geneigten Gelände der Topographie anpassen, um eine weitgehende Einfügung des Straßenzuges in die Landschaft zu erreichen.
Bei engen Höhenlinien, also steilerem Gelände, muß die Trasse entlang oder flachschneidend zu den Höhenlinien verlaufen, um unzulässige Längsneigungen oder zu große Erdbewegungen anzuschließen. In ex-tremen Fällen müssen die Höhenlinien verlassen werden, um einen steilen Geländeeinschnitt auf einer Talbrücke zu überwinden oder eine Bergkuppe mit einem Tunnel zu unterfahren.

4.8.2 Freihandlinie der Trasse

Bei der Betrachtung aller eingetragenen Punkte deuten sich meist meh-rere mögliche Linienführungen für die Trasse an. Alle diese Möglich-keiten wird man als Freihandlinien eintragen. Oft erkennt man schon auf den ersten Blick eine besonders günstig liegende Trasse. Man darf sich aber nicht vom ersten Eindruck täuschen lassen.
Die Gerade ist zwar die kürzeste Verbindung zweier Punkte, aber sie kommt im Straßenbau nicht zu oft vor, und in manchen Fällen können flache Bögen oder Wendelinien zwischen Zwangspunkten effektiv kür-zer sein (Abb. 177 und 178).
Unbedingt ist außer dem Linienzug im Lageplan auch der Höhenplan mit in die Entscheidung einzubeziehen. Eine etwas längere Strecke kann gegenüber einer kürzeren doch den Vorzug erhalten, weil sie weniger Höhenunterschiede aufweist. Damit wird sie wirtschaftlicher auszubauen sein. Auch kann sie für den Verkehr einen größeren Nut-zen haben, weil sie keine oder geringere Steigungsstrecken hat. So besteht die Möglichkeit, daß eine kürzere Strecke mit Langsamfahrt in der Steigung zu längerer Fahrzeit führt als die streckenmäßig längere, aber flachere Trasse. Auch kann die kürzere und steilere Strecke einen

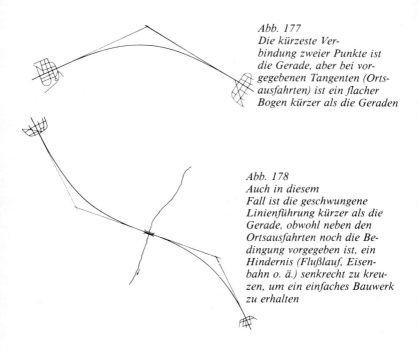

Abb. 177
Die kürzeste Ver-
bindung zweier Punkte ist
die Gerade, aber bei vor-
gegebenen Tangenten (Orts-
ausfahrten) ist ein flacher
Bogen kürzer als die Geraden

Abb. 178
Auch in diesem
Fall ist die geschwungene
Linienführung kürzer als die
Gerade, obwohl neben den
Ortsausfahrten noch die Be-
dingung vorgegeben ist, ein
Hindernis (Flußlauf, Eisen-
bahn o. ä.) senkrecht zu kreu-
zen, um ein einfaches Bauwerk
zu erhalten

breiteren Querschnitt (Langsamfahrstreifen) erfordern, weil sonst die Leistungsfähigkeit der Straße zu sehr absinkt. Abgesehen davon, daß Steigungsstrecken vom Schwerverkehr oft gemieden werden.
Um einen Überblick über die Höhenlage der als Freihandlinie einge- tragenen Trasse zu erhalten, zeichnet man mit abgegriffenen Längen- und Höhenwerten einen ersten Höhenplan ebenfalls freihand. Darin untersucht man dann die günstigste Lage der Gradiente und prüft, ob Trasse und Gradiente den Grundsätzen der räumlichen Linienführung entsprechen.
Ein hervorragendes Hilfsmittel zum Zeichnen einer Freihandlinie ist der Biegestab. Dies ist ein schmaler Streifen eines elastischen Mate- rials, meistens wird Plexiglas verwendet. Die Dicke des Stabes hängt von den Krümmungen ab, die man auftragen will. So wird man für die flachen Bogen der mit hohen Entwurfsgeschwindigkeiten trassierten Straßen einen dickeren Stab wählen. Dagegen braucht man für enge Kurven, z. B. bei einer Gebirgsstraße, einen dünneren Stab. Zweck- mäßig sind mehrere Stäbe von 2 bis 4 mm Dicke und 6 bis 8 mm Höhe.

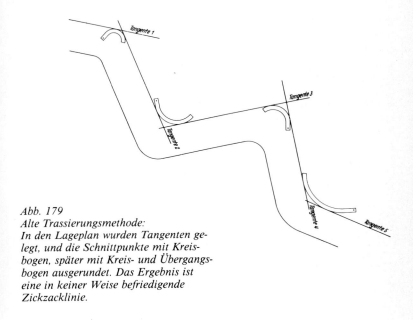

Abb. 179
Alte Trassierungsmethode:
In den Lageplan wurden Tangenten ge-
legt, und die Schnittpunkte mit Kreis-
bogen, später mit Kreis- und Übergangs-
bogen ausgerundet. Das Ergebnis ist
eine in keiner Weise befriedigende
Zickzacklinie.

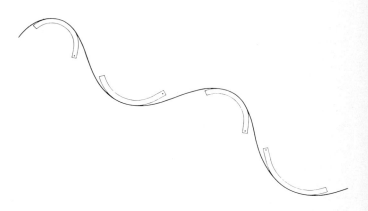

Abb. 180 Trassierung mit dem Biegestab: In die Bogen der Biegestablinie wer-
den Kurvenlineale eingelegt. Die dazwischen befindliche S-Kurve kann
als Wendelinie mit Klothoiden eingerechnet werden. Das Ergebnis ist
eine geschwungene Trasse ohne Unstetigkeiten in der Krümmung.

Der Biegestab wird auf den Lageplan gelegt und an den Zwangspunkten durch Gewichte festgelegt. Auf diese Weise kann man ihn über gewünschte Punkte führen, zwischen denen er wegen seiner Elastizität von selbst die Form einer stetig gekrümmten Kurve annimmt.

Neben dem Vorteil einer besseren Stetigkeit der Krümmungen des Biegestabes gegenüber der Freihandlinie besteht die Möglichkeit, leichter Variationen vorzunehmen. Durch Verschieben der Gewichte kann die Biegestablinie beliebig verändert werden, was sonst nur durch Radieren geschehen könnte. Erst wenn die Biegestablinie den gewünschten Verlauf markiert, wird der Biegestab als Lineal benutzt und an ihm entlang der Bleistiftstrich in den Lageplan gezogen.

Da man vom Biegestab die Werte für die Trassierungselemente nicht ablesen kann, muß durch Einlegen der Lineale für die Mindestkrümmung in den engen Bogen geprüft werden, ob diese eingehalten werden.

Von großem Nutzen ist, daß die Abweichungen der Biegestablinie gegenüber einem Linienzug aus Kreisbogen und Klothoiden kaum feststellbar sind. Zu dieser Feststellung hat man zwei verschieden große Kreisbogen mit einer dazwischenliegenden Wendelinie exakt kartiert. Darauf hat man den Biegestab gelegt und im Bereich der Kreisbogen fixiert, so daß er dazwischen frei einen eigenen S-Bogen bilden konnte. Das Resultat war eine verblüffend haargenaue Übereinstimmung der Biegestablinie mit der nach der Berechnung kartierten Wendelinie.

Statt dieser Freihandlinie oder Biegestablinie benutzte man früher einen Tangentenzug. Mit Linealen, Reißschienen oder Zwirnsfäden legte man Gerade im Lageplan fest, benutzte diese als Tangenten und rundete die Schnittpunkte mit Kreisbogen und später mit Kreis- und Übergangsbogen aus. Die Folge ist eine Zickzacklinie, die in keiner Hinsicht die heutigen Erfordernisse erfüllt (Abb. 179 und 180).

4.8.3 Einpassen der Elemente in die Freihandlinie

Zur Vorbereitung der mathematischen Fixierung der Trasse legt man in die Biegestablinie die Kurvenlineale für Kreisbogen oder Klothoiden ein. Da Lineale für unrunde Werte von R bzw. A nicht zur Verfügung stehen, obwohl diese natürlich bei der Biegestablinie oft vorkommen, verwendet man die vorhandenen Lineale der nächstgelegenen Werte, oder man variiert geringfügig die Biegestablinie, um eine vollkommene Übereinstimmung zu erreichen. Liegen zwingende Gründe vor, muß man für die unrunden Kurven die Werte ermitteln und kartieren.

Ist die Biegestablinie überall mit den Kurvenlinealen ausgelegt, kann die mathematische Einrechnung der Trasse erfolgen. Dies geschieht entweder manuell mit Hilfe der Tabellenbücher, wie in Abschnitt 4.2 behandelt, oder über Rechenprogramme der elektronischen Datenverarbeitung. Im letzteren Fall werden die Eingabeformulare für das zu benutzende Programm ausgefüllt.

Neben der Ermittlung der Elementwerte der Trasse sind noch die Werte für die Absteckung zu errechnen. Diese baut man auf Koordinaten auf, damit man mit Hilfe des Polygonzuges die Trasse genau in die Natur übertragen kann. Liegt der Polygonzug für die Absteckung günstig, kann man auch von da aus verlorene Absteckpunkte wiederherstellen. Die Einzelheiten der Absteckungsberechnung über Koordinaten gehören in den Bereich der Vermessungskunde.

4.8.4 Entwicklung einer räumlichen Linienführung

Die Straße ist ein im Raum, d. h. in allen drei Dimensionen geführtes Band. Als solches wird es auch in der Natur vom Kraftfahrer empfunden. Trotzdem wird der Straßenentwurf in getrennter Bearbeitung und Darstellung im Lageplan, Höhenplan und Querprofil gezeichnet. Ein räumliches Bild ist mit Hilfe der Perspektive möglich, wobei für die Straßenplanung nur die Perspektive aus der Sicht des Fahrers in Frage kommt, weil jeder andere Blickpunkt nicht zur Betrachtung aus Verkehrssicht benutzt werden kann.

Die Entwurfselemente werden für Lageplan, Höhenplan und Querprofil entsprechend der Entwurfsgeschwindigkeit aus der RAS-L, Abschnitt 1, entnommen. Je nach der Kombination dieser Elemente und den topographischen Verhältnissen ergeben sich Überlagerungen, die nur bei einer gezielten Betrachtung der drei Pläne richtig erkannt werden können. Das Erkennen und Beurteilen dieser Überlagerungen ist aber äußerst wichtig, da die räumliche Gestaltung maßgebenden Einfluß auf die Verkehrssicherheit, besonders im Hinblick auf die Sichtverhältnisse, hat (Abb. 122).

Bei der dreidimensionalen Trassierung entstehen durch die Überlagerung von Geraden und Bogen sowie des Querschnittes verschiedene Raumelemente, die sich auf Zeichenebenen in ihren Projektionen (Lageplan) und Abwicklungen (Höhenplan), aber auch als Perspektivskizzen wiedergeben lassen. Diese Raumelemente sind in ihrer Aufeinanderfolge so abzustimmen, daß ein räumlich stetiges Band entsteht (Abb. 181).

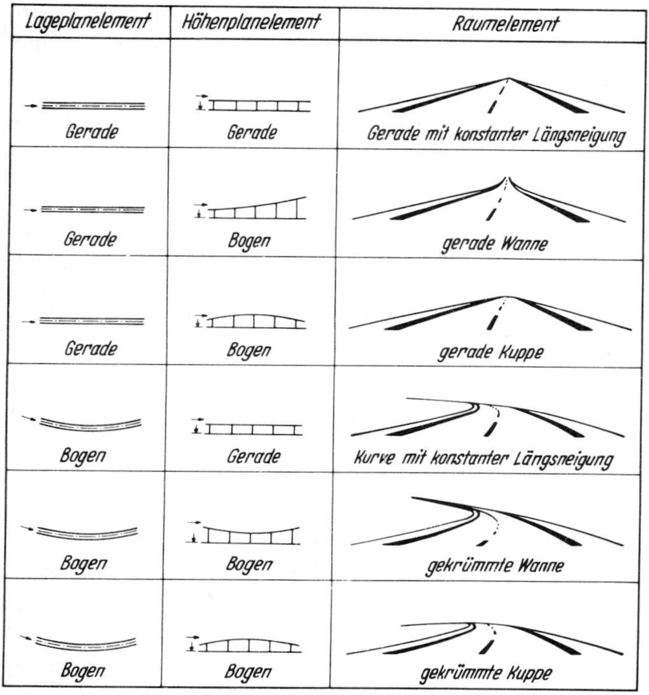

Lageplanelement	Höhenplanelement	Raumelement
Gerade	Gerade	Gerade mit konstanter Längsneigung
Gerade	Bogen	gerade Wanne
Gerade	Bogen	gerade Kuppe
Bogen	Gerade	Kurve mit konstanter Längsneigung
Bogen	Bogen	gekrümmte Wanne
Bogen	Bogen	gekrümmte Kuppe

Abb. 181 Durch Überlagerung von Geraden und Bogen sowie des Querschnittes entstehende Raumelemente

Neben der Folge der einzelnen Elemente spielt besonders das Verhältnis der Elemente zueinander eine entscheidende Rolle für die gute räumliche Wirkung einer Straße. Während lange Gerade ermüdend auf den Fahrer wirken und zu einer überhöhten Geschwindigkeit verleiten, lassen zu kurze Gerade den Eindruck von Unstetigkeiten entstehen. Während im bergigen Gelände die Gerade zugunsten einer geschwungenen Trasse vermieden werden soll, kann sie im Flachland benutzt werden, wenn die Grenzwerte der RAS-L, Abschnitt 1 (Abb. 122), eingehalten werden [11].

Zwei Gerade sind bei Richtungsänderungen mit Übergangsbogen und Kreisbogen großer Parameter und Radien zu verbinden. Die Verwendung zu kleiner Radien läßt aus der Sicht des Fahrers den Eindruck eines Knickes entstehen. Das gilt ganz besonders, wenn die beiden Geraden nur einen kleinen Winkel untereinander bilden (Abb. 179).

Was für die Verbindung der Geraden im Lageplan gilt, trifft genauso für den Höhenplan zu. Lange Strecken gleicher Neigung sind mit großen Halbmessern für Kuppen- und Wannenausrundung zu verbinden. Während Wannen immer eine ausreichende Sicht zulassen, sind die Kuppenausrundungen zur Erzielung guter Sichtverhältisse stets so groß wie nur irgend möglich zu wählen. Darüber hinaus kann die optische Führung über Kuppen hinweg noch durch entsprechende Bepflanzung verbessert werden (siehe auch Abschnitt 4.7.3).

Die Elemente im Lageplan und im Höhenplan müssen in einem bestimmten Verhältnis zueinanderstehen, d. h., zu großen Radien im Lageplan gehören große Halbmesser im Höhenplan. Andererseits kann eine kurvenreiche und unübersichtliche Trasse bei engen Talstraßen durch eine zügige Gradientenführung wesentlich verbessert werden.

Wenn die Gerade als Entwurfselement im Lageplan benutzt wird, so dürfen keinesfalls im Höhenplan mehrere mit knappen Halbmessern ausgerundete Neigungswechsel auftreten. Für den Fahrer entsteht dann das optische Bild des Flatterns (Abb. 182).

Von besonderer Bedeutung ist die Lage der Wendepunkte zueinander. Eine optisch, entwässerungstechnisch und fahrdynamisch vorteilhafte Führung der Straße ist im allgemeinen dann gewährleistet, wenn die Wendepunkte der Krümmungen im Lage- und Höhenplan ungefähr an der gleichen Stelle liegen (Abb. 183).

Damit beginnen die Kurven deutlich erkennbar in dem aus der Fahrerperspektive übersehbaren Kuppenbereich. In den Bereichen mit geringer Querneigung (Wendepunkte im Lageplan) ist eine ausreichende Längsneigung, und in den Abschnitten mit geringer Längsneigung (Kuppen und Wannen) eine ausreichende Querneigung vorhanden. Damit wird eine optimale Entwässerung erreicht. Außerdem läßt sich die Querneigung fahrdynamisch so gestalten, daß der Seitenkraftverlauf stetig ist.

Große Bedeutung kommt den Knotenpunkten zu, sie müssen für jede Fahrtrichtung eine stetige Führung aufweisen und aus jeder Richtung gut erkennbar und übersichtlich sein. Die Übersicht ist am besten, wenn der Knotenpunkt in einer Wanne liegt. Gelingt diese nicht für beide Straßen, so soll es wenigstens für eine, möglichst die mit der untergeordneten Verkehrsbedeutung, erreicht werden (Abb. 184).

Knotenpunkte auf Kuppen sind für den Fahrer sehr schlecht und sehr spät zu erkennen. Wenn solche Knotenpunkte nicht zu vermeiden sind, muß durch Beschilderung, Markierung und Bepflanzung eine Besserung erreicht werden. Durch Verlängerung der Abbiegestreifen kann der Fahrer frühzeitig auf den Knotenpunkt aufmerksam gemacht werden.

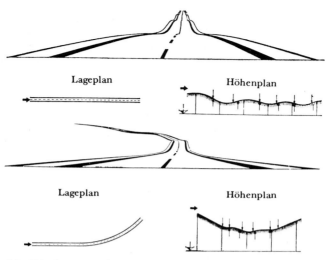

Abb. 182 Flattern in der Geraden und in der Kurve

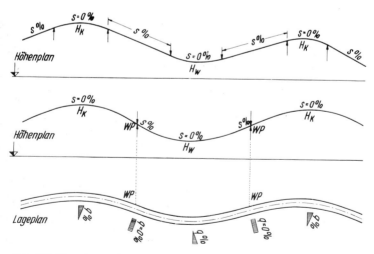

Abb. 183 Zuordnung der Wendepunkte in den Lage- und den Höhenplänen zur Erzielung einer optisch, fahrdynamisch und entwässerungstechnisch vorteilhaften Führung der Straße

284

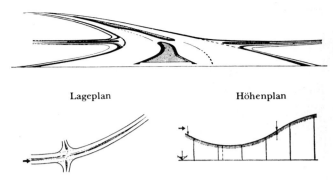

Lageplan   Höhenplan

Abb. 184 Knoten in der Wanne

In allen Fällen, in denen aus Lage- und Höhenplan die räumliche Führung der Straße nicht eindeutig beurteilt werden kann, sind perspektivische oder andere Untersuchungen notwendig.

Ein einfaches Mittel sind Gradientenmodelle. Sie lassen zwar einen Überblick über die Straßenführung zu, es fehlt aber der Zusammenhang mit dem Gelände. Zur Anfertigung der Gradientenmodelle werden Lage- und Höhenplan auf Karton aufgeklebt, wobei zur besseren Übersicht der Höhenplan in der üblichen Überhöhung 1 : 10 verwendet wird. Der Höhenplan wird ausgeschnitten und auf der Achse des Lageplanes befestigt. Zweckmäßig wird für die Fahrbahn noch ein Papierstreifen angeklebt.

Um den Arbeits- und Zeitaufwand bei der Zeichnung von Perspektiven zu verringern, benutzt man den Perspektivautomat. Die einzelnen Punkte werden vom Plan abgetastet und mit Hilfe eines Lichtstrahles auf eine Zeichenebene projiziert. Durch Verbindung der Punkte kann die Perspektive rasch gezeichnet werden.

Die beste, wenn auch nicht billigste Methode ist die elektronische Berechnung und Darstellung der Perspektiven. Sie kann in regelmäßigen Abständen entlang der Trasse erfolgen (z. B. bei jedem Querprofil). Somit ist man in der Lage, viele Perspektiven aus verschiedenen Blickpunkten entlang der Fahrbahn anzufertigen, was von Hand wegen des großen Arbeitsaufwandes unmöglich wäre.

Die dargestellten Perspektiven können dann fotografiert werden. Es ist auch möglich, durch Aneinanderreihung der Perspektivbilder einen Film herzustellen, der den Eindruck des Betrachters beim Fahren der

Abb. 185 Perspektivische Darstellung der Werratalbrücke vor dem Krieg mit der deutlichen Brettwirkung und nach dem Wiederaufbau mit Einfügung der Brücke in die geschwungene Führung der Autobahn

berechneten Straße wiedergibt. Von verschiedenen Autobahnabschnitten sind im Zuge der Planung solche Filme angefertigt worden.

Brückenbauwerke müssen sich in den geschwungenen Verlauf der Straße einpassen. Die früher übliche Art, besonders große Talbrücken in eine Gerade im Lageplan und gleichmäßige Neigung im Höhenplan zu legen, ergab eine Brettwirkung in der Trasse, die optisch in keiner Weise befriedigt. Der Unterschied läßt sich sehr deutlich an der Autobahnbrücke über die Werra zeigen. Vor dem Kriege lag diese in einer gleichmäßigen Längsneigung zwischen Ausrundungen. Beim Wiederaufbau nach dem Kriege hat man die Brücke in die Wannenausrundung einbezogen (Abb. 185)

Nach Möglichkeit sollen größere Brücken für den Fahrer frühzeitig erkennbar sein, um ihn auf die unter Umständen veränderten Fahrverhältnisse (Seitenwind, Glatteis) hinzuweisen.

Wegen der Bedeutung, die die räumliche Linienführung für den Straßenbau hat, wird dieses Problem in der RAS-L, Abschnitt 2, ausführlich behandelt. Diese Richtlinie ist bei allen Neu- und Umplanungen zu beachten [11].

4.9 Elektronische Rechenanlagen als Hilfsmittel der Straßenplanung

Der enorm gestiegene Arbeitsaufwand im gesamten Bereich des Straßenbaues einerseits und die hohen Personalkosten von Fachkräften andererseits haben dazu geführt, in großem Umfang die elektronische Datenverarbeitung im Straßenbau anzuwenden.

Das für die Durchführung notwendige Programm ist eine Übersetzung der Gedanken des Ingenieurs in die Sprache der Maschine. Sämtliche Daten und Werte müssen vor einer Berechnung manuell auf Karten oder Streifen (Datenträger) abgelocht werden. Diese aufwendige Arbeit läßt sich nicht umgehen und muß auch kontrolliert werden, um von hier aus Fehlrechnungen auszuschließen.

Die Anwendungsbereiche der elektronischen Datenverarbeitung umfassen fast alle Gebiete des Straßenbaues und der Straßenverkehrstechnik. Schon bei den Vorbereitungen durch Vermessungen können die Meßwerte so aufgenommen werden, daß sie entsprechend dem Programm für die verschiedenen Berechnungen in der Reihenfolge auf die Datenträger übernommen werden. Es sind dann alle Berechnungen über die Koordinaten, zweckmäßig über das Landeskoordinatensystem, möglich.

Darauf aufbauend können alle mathematisch notwendigen Einrechnungen des Lageplanes bis hin zur Absteckung ausgeführt werden. Mit Hilfe der Höhenangaben wird der Höhenplan berechnet, evtl. unter Beachtung von vorgegebenen Bedingungen, z. B. Massenausgleich. Aus beiden lassen sich die Werte der Profile ermitteln und tabellieren.

Die Berechnung des Lage- und Höhenplanes sowie der Querprofile kann dazu benutzt werden, um Perspektiven elektronisch zu ermitteln, darzustellen und Bild für Bild zu filmen, um mit Hilfe dieses Perspektivfilmes die optische Wirkung der neuen Straße prüfen zu können (siehe Abschnitt 4.8.4).

Alle Ergebnisse können für die Massenberechnung, die Ausschreibung und Abrechnung mit Hilfe der elektronischen Rechenanlagen eingesetzt werden. Auch die Bauvorbereitungen, z. B. Arbeitsablauf, Maschineneinsatz, Terminplanung usw., können mit diesen Angaben berechnet und später kontrolliert werden.

Da alle Eingabewerte und Ergebnisse gespeichert werden können, stehen sie beliebig oft wieder zur Verfügung. So können Ergebnisse der Vermessung als Ausgangswerte für die Planung und die Ergebnisse der Planung als Ausgangswerte für die Absteckung, die Bauvorbereitung und -durchführung benutzt werden. Aufbewahrte Datenträger lassen sich sogar später für Reparaturen oder Umbauten verwenden und erleichtern damit auch diese Arbeiten.

Der Hauptvorteil besteht aber darin, daß beliebig viele Vergleichsrechnungen durchgeführt werden können, wenn einmal die Werte im Rechner sind. So lassen sich in kurzer Zeit alle möglichen Varianten durchrechnen und die verkehrlich und wirtschaftlich beste finden, was manuell weder zeitlich noch personell auszuführen wäre.

Die Anwendungsbereiche der elektronischen Datenverarbeitung im Straßenbau sind so umfangreich, daß eine umfassende Behandlung mit Beispielen den Rahmen dieses Buches sprengen würde. Andererseits ist die Kenntnis aller Möglichkeiten für jeden Ingenieur, der im Straßenbau oder der Straßenverkehrstechnik tätig ist, so wichtig, daß eine ausführliche Bearbeitung in einem speziellen Buch erfolgen muß.

5 Knotenpunkte

Die Verbindung der Straßen untereinander zu einem Straßennetz ergibt die Straßenknoten. Trifft eine Straße auf eine andere, so entsteht eine Einmündung, kreuzen sich zwei Straßen, dann ist das eine Kreuzung. Auch die Kreuzung von mehr als zwei Straßen in einem Knoten ist möglich, hat aber erhebliche Nachteile und sollte deshalb nicht gebaut werden (Abb. 203 und 204).

5.1 Allgemeine Gesichtspunkte der Knotenpunktsgestaltung

Die Knotenpunktsart wird besonders durch die Verkehrsbelastung und die Eingliederung ins Straßennetz bestimmt. Dabei können sich ergeben

plangleiche Knotenpunkte mit oder ohne Lichtsignalregelung
planfreie Knotenpunkte

Von größter Bedeutung für das gesamte Straßennetz ist die Entscheidung, ob die Knotenpunkte plangleich oder planfrei ausgebildet werden sollen. Diese Entscheidung spielt in die Sicherheit, die Leistungsfähigkeit und die Wirtschaftlichkeit des Knotenpunktes und darüber hinaus des gesamten Straßennetzes hinein und muß deshalb sehr gewissenhaft überlegt werden. Diese Überlegungen müssen auf die Festlegung der RAS-K-1 entsprechend der Einordnung in die Straßenkategorie aufbauen (Abb. 186).

Für einige Straßenkategorien gibt es die Möglichkeit, plangleiche und planfreie Knotenpunkte anzuordnen. Die Entscheidung für die eine oder andere Art soll auf einem möglichst langen Abschnitt gleich ausfallen. Ein einzelner planfreier Knotenpunkt in einem Straßenzug mit sonst plangleichen Knotenpunkten führt kaum zu Problemen bei den Verkehrsteilnehmern.

Dagegen dürfen niemals in einer Straße mit plangleichen Knoten mehrere planfreie Knotenpunkte hintereinander angeordnet werden, um beim Verkehrsteilnehmer nicht den Eindruck einer völlig niveaufreien Straße zu erwecken und entsprechendes Fahrverhalten auszulösen.

Straßenfunktion			Entwurfs-
Kategoriengruppe	Straßenkategorie	Verkehrsart	Querschnitt
1	2	3	4
A anbaufreie Straßen außerhalb bebauter Gebiete mit maßgebender Verbindungsfunktion	**A I** großräumige Verbindung	Kfz Kfz	zweibahnig einbahnig
	A II regionale Verbindung	Kfz (Kfz) Allg.	zweibahnig einbahnig

	A III zwischengemeindliche Verbindung	Kfz
		    Allg
			zweibahnig
			    einbahnig

	A IV flächenerschließende Verbindung	Allg	einbahnig
	A V untergeordnete Verbindung	Allg.	einbahnig
B anbaufreie Straßen im Vorfeld und innerhalb bebauter Gebiete mit maßgebender Verbindungsfunktion	**B II** Schnellverkehrsstraße	Kfz	zweibahnig
	B III Hauptverkehrsstraße	Allg Allg	zweibahnig einbahnig
	B IV Hauptsammelstraße	Allg	einbahnig
C angebaute Straßen innerhalb bebauter Gebiete mit maßgebender Verbindungsfunktion	**C III** Hauptverkehrsstraße	Allg Allg	zweibahnig einbahnig
	C IV Hauptsammelstraße	Allg	einbahnig

Abb. 186 Angestrebte Geschwindigkeiten in übergeordneten Knotenpunktarmen plangleicher Knotenpunkte

Gänzlich unmöglich ist ein plangleicher Knotenpunkt in einem Straßenzug mit sonst planfreien Knoten.

Wird beim Teilausbau (Abschnitt 2.5) zuerst ein plangleicher Knotenpunkt vorgesehen, so ist dieser derart anzulegen, daß bei einem späteren Vollausbau die Umgestaltung zum planfreien Knotenpunkt ohne großen verlorenen Bauaufwand möglich ist. Auf jeden Fall sollte das dafür benötigte Gelände sofort erworben oder zumindest mit einem Baustopp belegt werden.

Eine günstige Lösung ist für diesen Fall eine teilplanfreie Kreuzung nach Grundform IV der RAS-K-1. Bei starken, kreuzenden Verkehrsströmen und geringen Abbiegeströmen bringt sie eine hohe Leistungs-

und Betriebsmerkmale

Knotenpunkt			Bemessung der Elemente
Art	V_{zul} [km/h]	Geschwindigkeit V_k [km/h]	
5	6	7	8
planfrei (planfrei) plangleich	(keine plangleichen Knotenpunkte) 100 (80)	90 (80)	fahrdynamisch
planfrei (plangleich) plangleich	70 (100) 80	70 (90) 80	
(planfrei) plangleich plangleich	70 (100) 70	70 70	
plangleich	70	70	
plangleich	60	60 (50)	fahrgeometrisch
planfrei (plangleich)	70	70	
plangleich plangleich	70 70	70 70	fahrdynamisch
plangleich	(60) 50	50	
plangleich plangleich	50 50	50 50	fahrgeometrisch
plangleich	50	50	

(. . .) = Ausnahme

Abb. 186 (Fortsetzung)

fähigkeit und Sicherheit. Ein Umbau zum planfreien Knotenpunkt ist mit verhältnismäßig geringem Aufwand möglich (Abb. 198).

5.1.1 Planungsgrundsätze für Knotenpunkte

Knotenpunkte haben einen Einfluß auf den Verkehrsablauf und sollen deshalb an Straßen der Funktionsstufen I und II einen möglichst großen Abstand voneinander haben. Außerhalb bebauter Gebiete sind die Knotenpunktsabstände, wenn irgendwie möglich, so festzulegen, daß die nach RAS-L-1 erforderlichen Mindestüberholsichtweiten unter Beachtung der Mindeststreckenanteile mit ausreichenden Überholsichtweiten zwischen möglichst vielen Knotenpunkten vorhanden sind. Ist das nicht zwischen allen Knotenpunkten erreichbar, so ist zu versuchen, einige Knoten zusammenzulegen, damit auf den anderen Strecken überholt werden kann.

Innerhalb bebauter Gebiete ist ein Überholen zwischen Knotenpunkten zweistreifiger Straßen meist weder notwendig noch wünschenswert. Bei Straßen der Kategoriengruppen B und C können erwünschte Koordinierungen von Lichtsignalanlagen und die Schaffung ausreichender Stauräume oder Spurwechsellängen den Knotenpunktsabstand bestimmen.

Zur Regelung der Vorfahrtberechtigung wird beim Zusammentreffen mehrerer Straßen eine Festlegung in übergeordnete und untergeordnete (nachgeordnete) Straßen getroffen. Als übergeordnete Straße wird bei Einmündungen die durchgehende Straße, bei Kreuzungen die Straße mit der höherwertigen Streckencharakteristik bezeichnet. Dabei wird die Streckencharakteristik besonders durch die Straßenkategorie, die Verkehrsbelastung, die Führung von öffentlichen Personennahverkehrsmitteln und die Vorfahrtregelung an benachbarten Knotenpunkten beeinflußt. Die Klassifizierung (Baulast) ist für die Festlegung der übergeordneten Straße zweitrangig.

Ein Knotenpunkt gilt als verkehrsgerecht angelegt, wenn er sicher, leistungsfähig, umweltverträglich und wirtschaftlich ist. Für die Beurteilung ist statt einer formalen Bewertung meistens die Abwägung aller Vor- und Nachteile zweckmäßiger.

Die **Sicherheit** eines Knotenpunktes hängt neben den Trassierungselementen besonders davon ab, ob sich auch ortsunkundige Fahrer zwangsläufig richtig verhalten. Das letztere setzt voraus, daß Knotenpunkte als Ganzes oder in Teilbereichen

- (rechtzeitig) erkennbar
- übersichtlich
- begreifbar und
- (ausreichend) befahrbar bzw. begehbar sind

Aus jeder Knotenpunktszufahrt muß der Knotenpunkt rechtzeitig erkennbar sein, damit der Fahrer seine Fahrweise entsprechend einrichten kann. Dazu gehören Einordnen, Bremsen, Abbiegen und Kreuzen. Für Fahrer in der untergeordneten Straße ist das besonders wichtig, damit sie den bevorrechtigten Verkehr beachten können.

Ausreichende **Erkennbarkeit** kann erreicht werden durch

- Anlage des Knotens oder mindestens der untergeordneten Straße in einer Wanne

- frühzeitiges Aufweiten der Knotenpunktszufahrten für Aufstellstreifen und Sperrflächen
- Bau von Tropfeninseln in die untergeordnete Straße zur Verdeutlichung der Wartepflicht
- rechtzeitige und deutliche Vorwegweisung mit Zielangaben
- Veränderung der Umgebung der Straße durch Bepflanzung oder Unterbrechung der Bepflanzung, durch andere Beleuchtung usw.

Knotenpunkte müssen so übersichtlich sein, daß zumindest alle Wartepflichtigen bei der Annäherung an einen Gefahrenpunkt die bevorrechtigten Verkehrsteilnehmer rechtzeitig sehen können. Dafür muß der engere Knotenpunktsbereich für alle Verkehrsteilnehmer ausreichende Sichtflächen aufweisen.

Ausreichende **Übersichtlichkeit** kann erreicht werden durch

- Anlage des Knotenpunktes in einer Wanne
- Beseitigung von Sichthindernissen
- Anschluß untergeordneter Knotenpunktsarme unter einem rechten Winkel
- einstreifige Ausführung der untergeordneten Knotenpunktszufahrt neben dem Tropfen, um gegenseitige Sichtbehinderungen nebeneinander wartender Fahrzeuge zu vermeiden.

Damit sich die Verkehrsteilnehmer zwangsläufig richtig verhalten, müssen der Knotenpunkt und der Verkehrsablauf begreifbar sein. Das ist der Fall, wenn deutlich ist, an welchen Stellen abzubiegen ist, wo man sich einordnen soll, wo Konflikte mit anderen Verkehrsteilnehmern auftreten können und wer Vorfahrt hat.

Ausreichende **Begreifbarkeit** kann erreicht werden durch

- Verwendung einfacher und allgemein bekannter Knotenpunktsformen oder Knotenpunktsteilbereiche
- bauliche Gestaltung des Knotens, die die Vorfahrtsregelung unterstreicht
- gute optische Führung der einzelnen Verkehrsströme durch Fahrbahnmarkierungen und Leiteinrichtungen
- klare Führung der im Knotenpunkt vorgegebenen Wege, auch für die anderen Verkehrsteilnehmer wie Fußgänger und Radfahrer

Soll ein Knotenpunkt gut und sicher befahr- und begehbar sein, muß seine Gestaltung den fahrdynamischen und fahrgeometrischen Eigenschaften der Fahrzeuge und den Anforderungen der nichtmotorisierten Verkehrsteilnehmer entsprechen.

Gute **Befahr- und Begehbarkeit** können erreicht werden durch

- ausreichende, den Bewegungsvorgängen entsprechend geführte und jenseits des Knotenpunktes fortgesetzte Fahrstreifen
- deutlich markierte Begrenzungen der Fahrstreifen
- Inselkanten und Fahrbahnränder, die der Fahrgeometrie auch schwerer Fahrzeuge angepaßt sind und nicht in die Fahrwege hineinragen
- klar geführte und gut einsehbare Überquerbarkeit der Knotenpunktsarme für Fußgänger und Radfahrer
- einwandfreie Entwässerung

Innerhalb bebauter Gebiete ist eine ausreichende Verkehrssicherheit besonders für schwächere Verkehrsteilnehmer (Radfahrer, Fußgänger, ältere Menschen, Behinderte und Kinder) zu gewährleisten, da von diesen oft keine ständige Aufmerksamkeit, Reaktionsfähigkeit und Regelbeachtung erwartet werden kann und ihr Verhalten schwer berechenbar ist.

Eine gute **Leistungfähigkeit** wird durch die Qualität des Verkehrsablaufes in Knotenpunkten bestimmt. Sie orientiert sich an der Netzfunktion, der straßenräumlichen Situation und der Nutzungsvielfalt in den angeschlossenen Knotenpunktsarmen.

An Straßen der Kategoriengruppen A, B und C sind die Knotenpunkte so leistungsfähig zu entwerfen, daß in den untergeordneten Knotenpunktszufahrten und für abbiegende Verkehrsströme ständig oder in Spitzenstunden keine unzumutbar langen Wartezeiten entstehen. Bei Lichtsignalregelung kann durch Koordinierung der Signalprogramme benachbarter Knotenpunkte der Verkehrsablauf bei gleichzeitiger Verminderung der Immissionsbelastung wesentlich verbessert werden. Wegen Ausfall oder Abschaltung ist darauf zu achten, daß auch ohne Lichtsignalanlage die Verkehrsregelung sicher und verständlich ist.

Die **Umweltverträglichkeit** eines Knotenpunktes ist gegeben, wenn das Landschafts- und Stadtbild wenig beeinträchtigt sowie der Flächenbedarf und die Trennwirkung so klein wie irgend möglich gehalten werden. Auch auf minimalen Verkehrslärm und geringe Luftverunreinigungen ist zu achten.

Gutes Einpassen des Knotenpunktes in das Umfeld und ausreichende Bepflanzung, wo immer es möglich ist, sind ein wichtiger Entwurfsgrundsatz. Innerhalb der Bebauung ist der Knotenpunkt schonend für Stadtbild, Denkmalpflege und Freiraumfunktion einzufügen.

Der Verkehrsfluß soll so sein, daß Staubildungen, Brems- und Anfahrvorgänge reduziert oder vermieden werden, weil dadurch wenig Lärm- und Abluftbelästigungen auftreten. Koordinierte und verkehrsabhängig gesteuerte Lichtsignalanlagen tragen auch dazu bei.

Die **Wirtschaftlichkeit** einer Knotenpunktslösung liegt dann vor, wenn unter Beachtung der Sicherheit, Leistungsfähigkeit und Umfeldverträglichkeit die Bau-, Unterhaltungs-, Zeit-, Betriebs- und Unfallkosten ein Minimum ergeben.

5.1.2 Geschwindigkeiten im Knotenpunkt

Von großer Bedeutung für die Sicherheit sind die Geschwindigkeiten des Kfz-Verkehrs, von denen u. a. das Verzögerungsverhalten, die Ausweichmöglichkeiten und die Aufprallwucht im Kollisionsfall abhängen.

Um bei gleicher Streckencharakteristik im Zuge einer Straße möglichst einheitlich gestaltete Knotenpunkte zu erreichen, sollen für die Bemessung der Entwurfselemente in übergeordneten Knotenpunktsarmen die in der RAS-K-1 angegebenen Geschwindigkeiten benutzt werden (Abb. 186). Dabei ist zu entscheiden, ob die zulässige Höchstgeschwindigkeit durch Verkehrszeichen generell beschränkt werden soll oder nicht.

Bei Geschwindigkeitsbeschränkung sind vorzugsweise die für V_{zul} angegebenen Werte anzuwenden (Spalte 6 der Abb. 186). Damit gilt

$$V_k = V_{zul} \quad [km/h]$$

Dies gilt innerhalb bebauter Gebiete und im Übergangsbereich in der Regel für alle Knotenpunkte der Kategoriengruppen B und C sowie außerhalb bebauter Gebiete bei Kategoriengruppe A zumindest für Knotenpunkte mit Lichtsignalanlage.

Wird die zulässige Höchstgeschwindigkeit nicht generell beschränkt, sollen vorzugsweise die Werte für V_k benutzt werden (Spalte 7 der Abb. 186). Je nach angestrebter Qualität des Verkehrsablaufes und den anderen Randbedingungen (Topographie, Umfeld usw.) sind für V_k die höheren oder niedrigeren Werte zu wählen.

Außerhalb bebauter Gebiete (Kategoriengruppe A) kann für V_k besonders bei Um- und Ausbau vorhandener Knotenpunkte nicht immer erreicht werden, daß in den übergeordneten Knotenpunktsarmen am Beginn des Knotenpunktsbereiches die Geschwindigkeit V_k und die Geschwindigkeit V_{85} (unbehindert fahrender Pkw bei sauberer, nasser Fahrbahn) in einem ausgewogenen Verhältnis zueinander stehen. Für die fahrdynamische Bemessung ist das aus Sicherheitsgründen notwendig. Ist die Differenz

$$V_{85} - V_k > 20 \, km/h$$

ist zu prüfen, ob die Geschwindigkeit V_{85} durch die Veränderung von Linienführung und/oder Querschnitt gesenkt werden kann. Ist dies nicht möglich, so ist die zulässige Höchstgeschwindigkeit auf V_k zu beschränken oder die Geschwindigkeit V_k entsprechend zu erhöhen. Bei Erhöhung der Geschwindigkeit sind die Knotenpunktselemente entsprechend zu wählen.

Die Sichtbemessung erfolgt immer nach der Geschwindigkeit V_{85} (Abschnitt 2.4.2). Alle anderen geschwindigkeitsabhängig zu bemessenden Knotenpunktselemente werden nach der Geschwindigkeit V_k bestimmt (Abb. 186).

5.1.3 Ausbauelemente der Knotenpunkte

Für die sichere und leistungsfähige Gestaltung eines Knotenpunktes sind zusätzlich zu den Streifen der freien Strecke noch Abbiege- und Einfädelungsstreifen notwendig. Diese Streifen sind erforderlich, um die gegenseitige Behinderung von durchgehendem Verkehr einerseits und Aus- und Einbiegern andererseits so gering wie möglich zu halten.

Bei den Abbiegestreifen unterscheidet man Links- und Rechtsabbiegestreifen. Sie werden nach dieser Definition links bzw. rechts der durchgehenden Streifen in der übergeordneten Knotenpunktszufahrt angeordnet. Sind an einer Kreuzung die Platzverhältnisse in einer Knotenpunktszufahrt so beengt, daß nur ein Abbiegestreifen untergebracht werden kann, dann ist im allgemeinen dem Linksabbiegestreifen vor dem Rechtsabbiegestreifen der Vorzug zu geben.

Wenn nur ein Streifen in einer Knotenpunktszufahrt besteht, also keine Abbiegestreifen vorhanden sind, so kann bereits ein einziger Linksabbieger, der nach der StVO den Gegenverkehr passieren lassen muß, einen Verkehrsstau hervorrufen. Deshalb sind außerhalb bebauter Gebiete Linksabbiegestreifen in der Regel an allen pungleichen Knotenpunkten anzulegen (Abb. 187 und 188).

Lediglich im Zuge zweistreifiger Straßen mit geringer Verkehrsbelastung ist an den Knotenpunkten, die nur mit geringer Geschwindigkeit befahren werden, ein Verzicht auf Linksabbiegestreifen vertretbar. In diesem Falle ist zu prüfen, ob das Linksabbiegen an dieser Stelle verboten werden kann; sonst sind Überholverbot und Geschwindigkeitsbeschränkung zu erwägen.

Linksabbiegestreifen sind grundsätzlich anzuordnen an allen Knotenpunkten, an denen aus Straßen mit vier oder mehr Streifen nach links abgebogen werden kann, sowie an allen Knotenpunkten, die sofort oder später Lichtsignalregelung erhalten sollen.

Für Rechtsabbiegestreifen sind die Erfordernisse nicht so oft gegeben wie für Linksabbiegestreifen. Notwendig sind Rechtsabbiegestreifen,

Abb. 187 Knotenpunktszufahrt ohne Links- und Rechtsabbiege- streifen

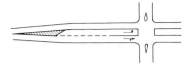

Abb. 188 Knotenpunktszufahrt mit Linksabbiegestreifen in der über- geordneten Straße

Abb. 189 Ausfahrt aus einer Rich- tungsfahrbahn ohne Abbiege-(Verzö- gerungs-)Streifen

Abb. 190 Ausfahrt aus einer Rich- tungsfahrbahn mit Rechtsabbiege- streifen (Verzögerungsstreifen)

wenn auf der übergeordneten Straße hohe Geschwindigkeiten gefahren werden. Außerdem, wenn es die Erkennbarkeit des Knotenpunktes erfordert, sind Rechtsabbiegestreifen anzulegen [11].

Genau wie bei den Linksabbiegestreifen erfordern Knotenpunkte im Zuge von Straßen mit vier und mehr Streifen und bei Signalregelung Rechtsabbiegestreifen. Werden die Rechtsabbieger infolge überque- render Fußgänger am zügigen Abbiegen gehindert, so ist zur Vermei- dung von Rückstau in den durchgehenden Streifen grundsätzlich ein Rechtsabbiegestreifen anzuordnen. Die Einheitlichkeit gebietet, wenn bereits mehr als 50 % der Knotenpunkte eines Straßenzuges Rechtsab- biegestreifen haben, auch die anderen Knotenpunkte damit zu verse- hen (Abb. 189 und 190).

Sind in einem stark belasteten Knotenpunkt viele Rechtseinbieger vor- handen, wird ein Einfädelungsstreifen notwendig. Dieser wird in der übergeordneten Straße rechts von dem Streifen für den durchgehenden Verkehr angeordnet. Auf ihm soll der einbiegende Verkehrsteilnehmer die Möglichkeit erhalten, sich zügig in den Durchgangsverkehr einzu- ordnen. Der Einfädelungsstreifen dient auch zur Beschleunigung ein- biegender Fahrzeuge und wird deshalb als Beschleunigungsstreifen be- zeichnet (Abb. 191 und 192).

Abb. 191
Einfahrt in eine Richtungsfahrbahn
ohne Einbiegestreifen (Beschleuni-
gungsstreifen)

Abb. 192
Einfahrt in eine Richtungsfahrbahn
mit Einbiegestreifen (Beschleuni-
gungsstreifen)

Einfädelungsstreifen sind, von Ausnahmen abgesehen, nur in Straßen mit vier oder mehr Fahrstreifen und Mittelstreifen zu verwenden. An planfreien Knotenpunkten werden immer Einfädelungsstreifen angelegt.

Im Knotenpunktsbereich oder bei dicht aufeinanderfolgenden Knotenpunkten tritt ein Verkehrsvorgang auf, bei dem sich gleichgerichtete Fahrzeugströme auf parallelen Fahrstreifen verflechten. Damit dies sicher und zügig erfolgen kann, muß entsprechend der Belastung die Länge einer solchen Verflechtungsstrecke ausreichend sein. Bei hochbelasteten Knotenpunkten (Autobahn-Kleeblatt) wird die Verflech-

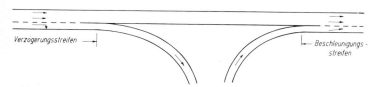

Abb. 193 Günstige Anordnung von Ein- und Ausfahrt. Erst die Ausfahrt mit Verzögerungsstreifen und dann die Einfahrt mit Beschleunigungsstreifen vermeiden eine Verflechtung des aus- und einfahrenden Verkehrs.

Abb. 194 Liegt die Einfahrt vor der Ausfahrt, ergibt sich eine Verflechtung dieser Verkehrsströme. Diese Ausbildung tritt innerhalb der Parallelfahrbahn der Knotenpunkte in Kleeblattform auf.

tung auf eine Parallelfahrbahn außerhalb der durchgehenden Fahrbahn verlegt (Abb. 194, 229 und 242).

Werden an einem Knotenpunkt die Aus- und Einfahrten auf getrennten Streifen geführt, so sollen erst die Abfahrten erfolgen und die Einfahrten dahinter liegen. Dadurch werden Konfliktpunkte vermieden, weil keine Verflechtung zwischen Aus- und Einfahrt notwendig ist (Abb. 193 und 194).

Die Über- oder Unterführung einzelner Verkehrsströme über andere erfolgt bei planfreien Knotenpunkten auf Brücken und Rampen, deren Mindestlänge durch die zu überwindende Höhendifferenz bestimmt wird. Die Führung der Rampen kann direkt, halbdirekt oder indirekt sein (Abb. 195 bis 197).

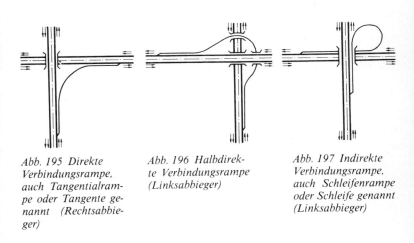

Abb. 195 Direkte
Verbindungsrampe,
auch Tangentialrampe oder Tangente genannt (Rechtsabbieger)

Abb. 196 Halbdirekte Verbindungsrampe
(Linksabbieger)

Abb. 197 Indirekte
Verbindungsrampe,
auch Schleifenrampe
oder Schleife genannt
(Linksabbieger)

5.2 Plangleiche Knotenpunkte

Mehr als 75 % der Streckenlänge unseres überörtlichen Straßennetzes sind Landes- und Kreisstraßen, die zweistreifig gebaut sind, und knapp 20 % sind Bundesstraßen, von denen der größte Teil ebenfalls zweistreifig ist. Da nach der RAS-K-1 die Knotenpunkte im Zuge zweistreifiger Straßen in der Regel plangleich oder teilplanfrei auszubilden sind, ergibt sich, daß die überwiegende Anzahl aller Knotenpunkte hierher gehören (Abb. 186).

Nur in begründeten Ausnahmefällen werden an zweistreifigen Straßen planfreie Knotenpunkte angeordnet, und diese sind dann nach RAL-K-2 zu entwerfen (Abschnitt 5.3).

Nach der Zahl der im Knotenpunkt zu verbindenden Straßen unterscheidet man Einmündungen und Kreuzungen (Abb. 198). Die Einmündung ist ein Knotenpunkt mit drei Anschlußarmen, wobei die übergeordnete Straße durchgeführt wird, während die untergeordnete Straße gegenüber keine Fortsetzung findet. Die Kreuzung mit vier Zufahrten zum Knotenpunkt ist eine klare Lösung, während mehr als vier Zufahrten zu Schwierigkeiten in vieler Hinsicht führen. Aus diesem Grunde ist es ratsam, einen Knoten mit mehr als vier Zufahrten in mehrere Knotenpunkte aufzulösen oder aber einige Zufahrten abzubinden (Abb. 203 und 204).

5.2.1 Grundformen der Knotenpunkte

Die große Zahl der plangleichen Knotenpunkte führt zwangsläufig zu einer möglichst gleichartigen Gestaltung. Das ist auch notwendig, weil das zu wirtschaftlicheren und verkehrssicheren Lösungen führt. Die RAS-K-1 gibt dafür die Grundformen I bis VII an (Abb. 198). Die Entscheidung, welche Grundform der Knotenpunkt haben soll, ergibt sich aus den Vorgaben der Netzplanung. Dabei geht es zuerst um die geometrische Form, während die Entwurfsdetails wie Abbiegestreifen, Inseln, Eckausrundungen usw. erst später festgelegt werden (Abschnitt 5.2.4).

Die **Grundform I,** mit oder ohne Linksabbiegestreifen, entsteht, wenn in einem Knotenpunkt zwei zweistreifige Straßen zusammentreffen. Außerhalb bebauter Gebiete sollen die untergeordneten Knotenpunktsarme Fahrbahnteiler (Tropfeninseln) erhalten, um Kraftfahrern die Wartepflicht besonders bei fehlender Beleuchtung zusätzlich zu verdeutlichen.

Die **Grundform II** entsteht, wenn in einem plangleichen Knotenpunkt eine untergeordnete zweistreifige Straße und eine übergeordnete zweibahnige Straße mit vier oder mehr durchgehenden Fahrstreifen zusammentreffen.

Derartige Knotenpunkte erfordern in der Regel eine Lichtsignalanlage mit Beschränkung der zulässigen Höchstgeschwindigkeit auf $V_{zul} \leqslant 70$ km/h. Innerhalb bebauter Gebiete ($V_k \leqslant 50$ km/h) ist der Verzicht auf eine Lichtsignalanlage in begründeten Ausnahmefällen möglich.

Zumindest außerhalb bebauter Gebiete sind Linksabbiegestreifen in den übergeordneten Knotenpunktsarmen immer und Fahrbahnteiler in den untergeordneten Knotenpunktsarmen in der Regel erforderlich. Innerhalb bebauter Gebiete kann es dagegen notwendig sein, zur Begrenzung des Flächenbedarfs und zur Minimierung von Eingriffen in das Umfeld nur die aus Sicherheits- und Leistungsfähigkeitgründen unabdingbaren Entwurfselemente anzuwenden oder sie mit Mindestwerten zu bemessen.

Die **Grundform III** entsteht, wenn in einem plangleichen Knotenpunkt zwei zweibahnige Straßen mit vier oder mehr durchgehenden Fahrstreifen zusammentreffen. Dies ist insbesondere in städtischen Hauptverkehrsstraßennetzen (Kategoriengruppe C) der Fall, da außerhalb bebauter Gebiete für Kreuzungen von Straßen mit vier oder mehr Fahrstreifen vorrangig teilplanfreie und planfreie Knotenpunkte angewendet werden.
Auch Knotenpunkte der Grundform III erfordern eine Lichtsignalanlage mit Beschränkung der zulässigen Höchstgeschwindigkeiten auf $V_{zul} \leq 70$ km/h sowie Linksabbiegestreifen und Fahrbahnteiler in allen Knotenpunktsarmen. Außerdem muß die Festlegung der Entwurfselemente auf stark belasteten städtischen Hauptverkehrsstraßen (Kategoriengruppe C) eine angemessene Qualität des Verkehrsablaufes sicherstellen.

Die **Grundform IV** entsteht, wenn die durchgehenden Fahrstreifen einer Kreuzung in unterschiedlicher Höhenlage mit einem Bauwerk planfrei geführt und mit einer Schleifenrampe für abbiegende Fahrzeugströme verbunden werden. Die an den Anschlüssen der Verbindungsrampe entstehenden Einmündungen erhalten in der Regel Linksabbiegestreifen und werden nach den Grundformen I oder II entworfen.
Die größeren Kosten und der höhere Flächenbedarf für Grundform IV müssen durch andere Vorteile aufgewogen werden. Günstig ist die Grundform IV, wenn die beiden kreuzenden Straßen verschieden hoch liegen und nur durch erhebliche Erdarbeiten ein plangleicher Knotenpunkt geschaffen werden könnte. Auch bei Ortsumgehungen bietet sich diese Form an, wenn dadurch andere Einmündungen entfallen können.
Besondere Vorteile bieten sich bei der Verkehrssicherheit, weil die Wartepflicht an Einmündungen besser erkennbar ist als an Kreuzungen und Konflikte zwischen kreuzendem Fahrzeug- und Fußgängerverkehr entfallen. Dann kann auch eine nur aus Sicherheitsgründen erforderliche Lichtsignalanlage und deren Unterhaltungskosten entbehrlich werden.

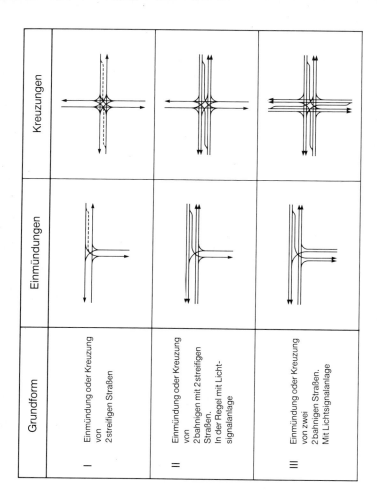

Abb. 198 Grundformen plangleicher Knotenpunkte

Grundform	Einmündungen	Kreuzungen
I — Einmündung oder Kreuzung von 2streifigen Straßen		
II = Einmündung oder Kreuzung von 2bahnigen mit 2streifigen Straßen. In der Regel mit Lichtsignalanlage.		
III ≡ Einmündung oder Kreuzung von zwei 2bahnigen Straßen. Mit Lichtsignalanlage		

Weiter läßt sich mit der Grundform IV eine höhere Leistungsfähigkeit erreichen; so, wenn der kreuzende Verkehr bei starker Gesamtbelastung überwiegt oder die Verkehrsstärke eine Kreuzung mit Lichtsignalanlage erfordert, die aber der Streckencharakteristik widerspricht bzw. wenn die Leistungsfähigkeit einer Kreuzung selbst mit Lichtsignalanlage nicht ausreicht.

Wenn es die Topographie und die Bebauung zulassen, ist die Verbindungsrampe nach Möglichkeit in den Quadranten zu legen, für den die

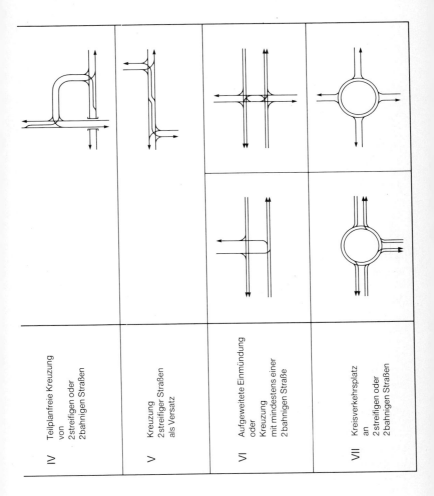

| IV | Teilplanfreie Kreuzung von 2streifigen oder 2bahnigen Straßen | V | Kreuzung 2streifiger Straßen als Versatz | VI | Aufgeweitete Einmündung oder Kreuzung mit mindestens einer 2bahnigen Straße | VII | Kreisverkehrsplatz an 2streifigen oder 2bahnigen Straßen |

Eckströme die einfachsten und verkehrssichersten Fahrwege erhalten (Abb. 199).

Die **Grundform V** entsteht, wenn eine Kreuzung als Versatz so gestaltet wird, daß die untergeordneten Knotenpunktsarme in geringer Entfernung voneinander auf verschiedenen Seiten in die übergeordnete Straße einmünden.

Ein Versatz besteht aus zwei Einmündungen der Grundform I. Je nach der Lage der Einmündungen entsteht ein Rechts- oder Linksversatz.

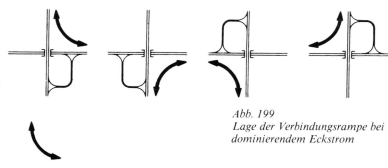

Abb. 199
Lage der Verbindungsrampe bei dominierendem Eckstrom

dominierender Eckstrom

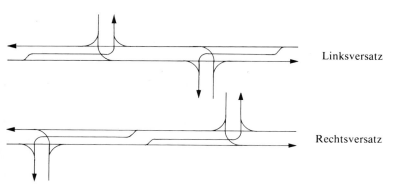

Linksversatz

Rechtsversatz

Abb. 200 Links- und Rechtsversatz

Der Linksversatz ist ungünstiger, da der kreuzende Verkehrsstrom der untergeordneten Straße als Linkseinbieger auftritt, er muß also auf zwei Verkehrsströme der übergeordneten Straße gleichzeitig achten. Anders beim Rechtsversatz, da tritt der kreuzende Verkehr erst als Rechtseinbieger und danach als Linkseinbieger auf. Der Verkehrsteilnehmer hat also immer nur auf einen Verkehrsstrom zu achten (Abb. 200).

Ein Versatz ergibt sich sehr oft bei Anschlußstellen der Autobahnen, nämlich dann, wenn die Anschlußarme eines halben Kleeblattes in entgegengesetzten Quadranten liegen (unsymmetrisches halbes Kleeblatt). Der Zubringer gilt dann als übergeordnete Straße und die Anschlußrampen als die Einmündungen (Abb. 259 und 260).

Auch der Ersatz einer Kreuzung durch einen Rechtsversatz bringt häufig Vorteile, weil die Verkehrssicherheit des Rechtsversatzes der zweier Einmündungen gleichzusetzen ist und die Wartepflicht in den untergeordneten Knotenpunktsarmen einfacher verdeutlicht werden kann. Darüber hinaus ist die Qualität des Verkehrsablaufes beim Rechtsversatz wegen erheblich geringerer Wartezeiten besser als an einer Kreuzung.

Je nach der Entfernung der Einmündungen müssen beim Rechtsversatz die Linksabbiegestreifen hinter- oder nebeneinandergelegt werden. Bei nebeneinanderliegenden Linksabbiegestreifen muß die erforderliche Fahrbahnbreite zur Verfügung stehen, und es ergeben sich breite Sperrflächen (Abb. 259 und 260).

Der Ersatz einer Kreuzung durch einen Linksversatz ist möglich, wenn im Verlauf der untergeordneten Straße nur wenig kreuzender Verkehr vorhanden ist und die übergeordnete Straße die zusätzliche Belastung aufnehmen kann.

Die **Grundform VI** entsteht, wenn an einer Kreuzung zweier zweibahniger oder einer zweibahnigen mit einer zweistreifigen Straße durch Spreizung der durchgehenden Fahrstreifen um mehr als eine Fahrzeuglänge innenliegende Aufstellflächen für Linksabbieger und Linkseinbieger geschaffen werden. Durch die Spreizung kann sich eine Mittelinsel ergeben.

Die Aufweitungen vereinfachen auch das Kreuzen stark belasteter übergeordneter Straßen mit bis zu vier Fahrstreifen, verschieben damit die Einsatzgrenzen für eine Lichtsignalanlage in höhere Belastungsbereiche und vereinfachen das Wenden für große Fahrzeuge. Bei zweibahnigen Straßen mit Alleen in Straßenmitte bietet sich die Anwendung dieser Grundform an.

Sind nur drei Knotenpunktsarme vorhanden, so entsteht eine aufgeweitete Einmündung. Aufgeweitete Einmündungen und Kreuzungen sollen nur an Straßen mit $V_k \leqslant 70$ km/h und vorzugsweise an Knotenpunkten innerhalb bebauter Gebiete angewendet werden.

Die **Grundform VII** entsteht, wenn drei oder mehr Knotenpunktsarme über einen im Richtungsverkehr befahrenen Kreisverkehrsplatz gleichrangig und in der Regel ohne Lichtsignale miteinander verknüpft werden. Knotenpunkte dieser Grundform erfordern in der Regel eine Beschränkung der zulässigen Höchstgeschwindigkeit auf $V_{zul} \leqslant 70$ km/h.

Kreisverkehrsplätze sind nach Möglichkeit zu vermeiden, wenn über sie auch Stadt- oder Straßenbahnen geführt werden müssen.

Kleine Kreisverkehrsplätze mit Mittelinseln von 10 bis 30 m Durchmesser und senkrecht auf die Mittelinsel geführten Knotenpunktszufahrten gewährleisten wegen der Beschränkung auf Rechtseinbieger und Rechtsabbieger einen verhältnismäßig sicheren Verkehrsablauf. Sie eignen sich auch zur Verdeutlichung beim Wechsel der Straßencharakteristik und der damit notwendigen Geschwindigkeitsminderung. Große Kreisverkehrsplätze können zur Unterbrechung der Streckencharakteristik an Schnellverkehrsstraßen und anbaufreien Hauptverkehrsstraßen (Kategoriegruppe B) angelegt werden. Hierbei werden die Knotenpunktszufahrten mit oder ohne Verflechtungsstreifen an die Kreisfahrbahnen angeschlossen. Das bekannteste Beispiel dafür ist der Europaplatz an der Einbindung der A 544 in Aachen.

5.2.2 Von den Grundformen abweichende Knotenpunkte

Innerhalb bebauter Gebiete müssen gelegentlich auch Knotenpunkte angelegt werden, bei denen einzelne Fahrbeziehungen fehlen oder unmöglich sind. Das ist bei Einbahnstraßensystemen, bei baulichen Sperren zur Verkehrsberuhigung und an untergeordneten Knotenpunkten oder Grundstückszufahrten an Straßen mit Richtungstrennung der Fall.

Kennzeichen dieser Knotenpunktsformen sind die Anpassung der Fahrflächen an die möglichen Fahrbeziehungen und die Berücksichtigung von Fahrtausschlüssen im Entwurf (Abb. 201).

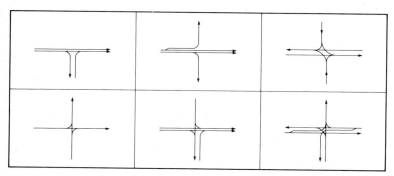

Abb. 201 Beispiele für Knotenpunktsformen mit fehlenden Fahrbeziehungen

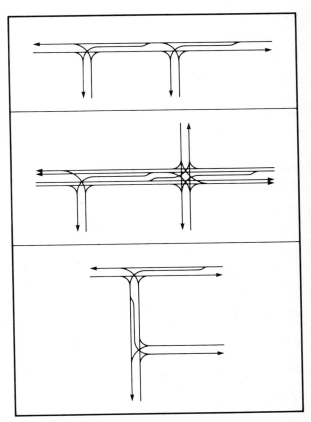

Abb. 202 Beispiele für Formen benachbarter Knotenpunkte

Knotenpunkte gelten als benachbart, wenn Straßen von der gleichen Seite in so geringer Entfernung voneinander in die übergeordnete Straße einmünden, daß sie sich bei normalen Verkehrsverhältnissen in der Verkehrsabwicklung gegenseitig beeinflussen. Bei Knotenpunkten mit Zusatzstreifen trifft das im allgemeinen zu, wenn auf der zwischen ihnen liegenden Strecke der Regelquerschnitt nicht auftritt (Abb. 202).

Zwei Einmündungen auf einer Seite der durchgehenden Fahrbahn (Zubringer) treten bei Autobahnanschlußstellen in Form eines symmetrischen halben Kleeblattes auf (Abb. 261).

5.2.3 Knotenpunkte mit zusätzlichen Knotenpunktsarmen

Ein solcher Knotenpunkt liegt vor, wenn im Knotenpunktsbereich bei Kreuzungen mehr als vier und bei Einmündungen mehr als drei Knotenpunktsarme zusammentreffen. Diese Knotenpunkte sind schwierig auszubilden und bedenklich für die Sicherheit und Leistungsfähigkeit. Deshalb ist eine Umgestaltung auf eine Grundform anzustreben.

An Straßen der Kategoriengruppe A und B können solche Knotenpunkte erforderlichenfalls durch Verlegung untergeordneter Knotenpunktsarme übersichtlicher und begreifbarer gestaltet werden. Zu beachten ist eine ausreichende Staulänge in den Zufahrten, damit niemals durch Rückstau eine Behinderung anderer Verkehrsströme entsteht (Abb. 203).

An Straßen der Kategoriengruppe C sind zur Vermeidung von Eingriffen in die Bausubstanz Umgestaltungen vorzuziehen, bei denen untergeordnete Knotenpunktsarme abgebunden oder zu Einbahnstraßen in abgehender Richtung erklärt werden (Abb. 204).

5.2.4 Konstruktion der Knotenpunkte

Im engeren Knotenpunktsbereich bleibt die übergeordnete Straße im Lage- und Höhenplan sowie die Querneigung im allgemeinen unverändert. Die untergeordneten Knotenpunktsarme werden daran angepaßt.

5.2.4.1 Linienführung

Erkennbarkeit und Übersichtlichkeit im Knotenpunktsbereich haben beim Entwurf absoluten Vorrang. Bei Straßen außerhalb bebauter Gebiete sollen Knotenpunkte aus einer Entfernung wahrnehmbar sein, die der erforderlichen Überholsichtweite (Abschnitt 4.5) nach RAS-L-1 entspricht (Abb. 117 bis 119). Deshalb sind die zulässigen Grenzwerte für die Linienführung nach RAS-L-1 für die im Knotenpunkt zusammentreffenden Straßen nach Möglichkeit nicht anzuwenden (Abb. 122).

Innerhalb bebauter Gebiete lassen sich Unstetigkeiten und Mindestwerte in der Linienführung nicht immer vermeiden oder sind zur Geschwindigkeitsdämpfung sogar zweckmäßig. Die Erkennbarkeit ist sicherzustellen und gegebenenfalls durch Markierungen, Leiteinrichtungen, Beleuchtung usw. zu verbessern. Die Haltesicht ist eine Mindestanforderung (Abb. 111, 114 und 121).

in Grundformen aufgelöste Systeme

System

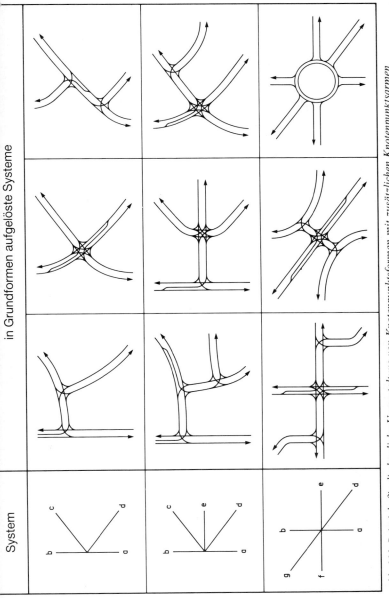

Abb. 203 Beispiele für die bauliche Umgestaltung von Knotenpunktsformen mit zusätzlichen Knotenpunktsarmen

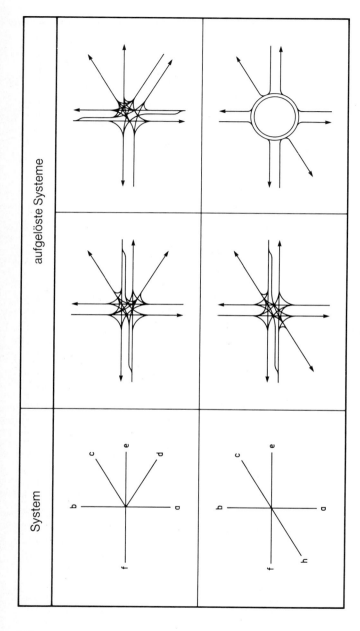

Abb. 204 Beispiele für die Umgestaltung von Knotenpunktsformen durch Einbahnstraßen in wegführender Richtung

310

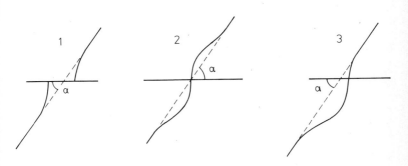

Abb. 205 Möglichkeiten für die Abkröpfung der untergeordneten Straße bei schiefwinkligen Kreuzungen

Am günstigsten ist es immer, wenn sich die Achsen der im Knotenpunkt kreuzenden Straßen unter einem Winkel von $\alpha = 100$ gon schneiden. Liegt bei den Knotenpunktsgrundformen I bis III der Winkel unter 80 oder über 120 gon, so ist zu überprüfen, ob die Achse der untergeordneten Straße abgekröpft oder nach Grundform V als Versatz ausgebildet werden kann (Abb. 205). Durch Versatz nach Möglichkeit 1 kann die Wartepflicht in den untergeordneten Knotenpunktsarmen verdeutlicht werden, und bei Rechtsversatz ergibt sich bei Knotenpunkten ohne Lichtsignalanlage eine höhere Leistungsfähigkeit gegenüber einer Kreuzung.

Innerhalb bebauter Gebiete läßt sich besonders bei Um- und Ausbauten der günstige Winkelbereich nicht immer erreichen. Auch sprechen hier oft städtebauliche Gesichtspunkte gegen ein Abkröpfen. Je nachdem ob städtebaulich-gestalterische oder verkehrliche Belange den Vorrang haben, ergeben sich unterschiedliche Lösungsmöglichkeiten für eine schiefwinklige Kreuzung im Stadtbereich (Abb. 206).
Einmündungen in Außenkurven sind im allgemeinen günstiger als in Innenkurven, weil besonders bei engen Innenkurven die Sichtverhältnisse für die Wartepflichtigen schlecht sind. Außerhalb bebauter Gebiete können aber auch Einmündungen in Außenkurven ungünstige Situationen für die Wartepflichtigen ergeben. Wegen der einseitigen Querneigung in der übergeordneten Straße ist die Fahrbahnfläche durch den Wartepflichtigen schlecht erkennbar, und die Geschwindigkeiten der bevorrechtigten Fahrzeuge sind kaum abzuschätzen. Dadurch kann eine Lichtsignalanlage erforderlich werden.
Die Erkennbarkeit eines Knotenpunktes und die Sichtverhältnisse sind am besten, wenn die im Knotenpunkt zusammentreffenden Straßen in einer Wanne verlaufen (Abschnitt 5.1.1). Auf jeden Fall sollten

a) 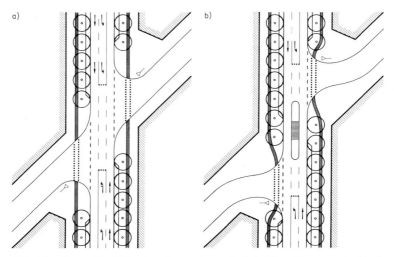 b)

Abb. 206 Unterschiedliche Gestaltung einer schiefwinkligen Kreuzung im Stadtbereich

Knotenpunkte nicht so angelegt werden, daß beide Straßen im Knotenpunktsbereich eine Kuppe bilden.
Ist es nicht zu vermeiden, daß eine der kreuzenden Straßen auf einer
Kuppe verläuft, so muß die Erkennbarkeit durch gestalterische Maßnahmen (vorgezogene Rechtsabbiegestreifen, verlängerte Fahrbahnteiler usw.) oder im Umfeld (Bäume, Bebauung usw.) verbessert werden.
Außerhalb bebauter Gebiete soll an schnellbefahrenen Straßen die
Längsneigung der übergeordneten Straße im Knotenpunktsbereich
etwa 4 % nicht überschreiten, weil sonst für die Abbieger große entge-
gengesetzte Querneigungen auftreten können. Wegen der Erkennbarkeit des Knotenpunktes und der Anfahr- und Bremsvorgänge sollte die
Längsneigung der untergeordneten Knotenpunktsarme auf einer
Strecke von etwa 25 m vom übergeordneten Fahrbahnrand keine Ma-
ximalwerte aufweisen. Anzustreben ist für untergeordnete Straßen
eine Längsneigung von maximal 2,5 %.
Innerhalb bebauter Gebiete werden sich diese Werte bei Um- und
Ausbaumaßnahmen jedoch nicht immer realisieren lassen.
Ist bei großer Längsneigung der übergeordneten Straße keine befriedi-
gende Lösung mit der Querneigung der untergeordneten Straße zu

312

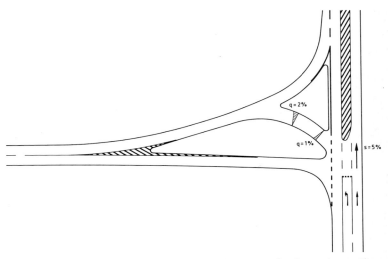

Abb. 207 Vergrößerung eines Tropfens zur Verbesserung der Querneigungsüber-
gänge

erreichen, so kann ein vergrößerter Tropfen die Querneigungsüber-
gänge verbessern (Abb. 207).

Die Gradiente der untergeordneten Knotenpunktsarme kann unterschiedlich an die Querneigung der übergeordneten Straße angeschlossen werden (Abb. 208). Außerhalb bebauter Gebiete ist ein tangential
ausgerundeter Anschluß ohne Knick anzustreben (Fall 1 der
Abb. 208). Innerhalb bebauter Gebiete werden die untergeordneten
Knotenpunktsarme in der Regel mit einem Knick, der gegebenenfalls
ausgerundet werden kann, an die übergeordnete Straße angeschlossen
(Fall 2).

Ein starker Knick (z. B. 5 %) sollte immer dann ausgerundet werden,
wenn – wie beispielsweise an Knotenpunkten mit Lichtsignalanlagen –
mit einem schnellen Überfahren gerechnet werden muß.

Für eine einwandfreie Abführung des Oberflächenwassers auf mög-
lichst kurzen Wegen müssen die Querneigungen, Schrägneigungen und
Neigungsübergänge entsprechend ausgebildet werden. Das in einem
Knotenpunktsarm anfallende Oberflächenwasser darf nicht in andere
Knotenpunktsarme ablaufen.

In plangleichen Knotenpunkten mit geringen Ein- und Abbiegege-
schwindigkeiten hat die einwandfreie Entwässerung Vorrang gegen-

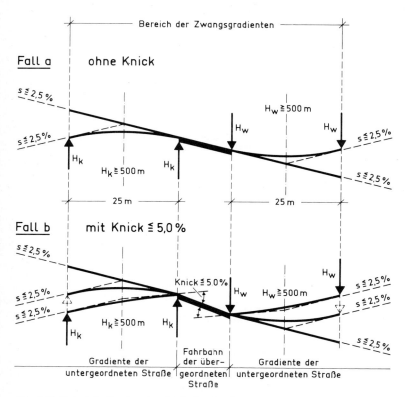

Abb. 208 Beispiele für den Anschluß der Gradienten der untergeordneten Knotenpunktsarme außerhalb bebauter Gebiete

über fahrdynamischen Belangen. Tiefpunkte von Wannen und Hochpunkte von Kuppen sollen in untergeordneten Knotenpunktsarmen nur in Bereichen liegen, in denen eine für die Entwässerung ausreichende Querneigung ($q \geqslant 2,5\,\%$) erreicht ist. Inseln können die Entwässerung erleichtern, da sie die Knotenpunktsflächen entwässerungstechnisch in einzelne Bereiche unterteilen. Auch ist die Anordnung von Tiefpunkten mit Straßenabläufen an den Inselrändern möglich.

Die Konstruktion der Neigungsübergänge ist die Grundlage für die Ermittlung von Deckenhöhenplänen und gegebenenfalls erforderlichen Höhenschichtlinienplänen. Höhenschichtlinienpläne mit Falllinien können auch mit Datenverarbeitungsanlagen konstruiert werden und dienen neben der Kontrolle der Deckenhöhenpläne auch der

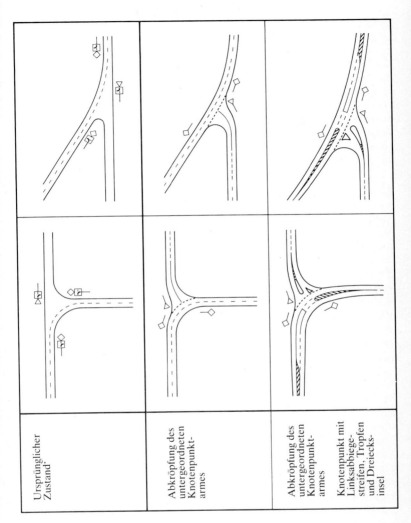

Abb. 209 Anwendungsformen für Einmündungen bei abgeknickter, übergeordneter Straße an zweistreifigen Straßen der Kategoriengruppe A

315

Ermittlung der Tiefpunkte für die Entwässerung. Die Abführung des Oberflächenwassers und die richtige Lage der Straßenabläufe kann durch eine Abwicklung des Fahrbahnrandes überprüft werden.

Bei Einmündungen der Grundformen I, II und III ist anzustreben, daß die übergeordnete Straße im Lageplan geradlinig geführt wird. Ist das nicht möglich, ergibt sich eine Einmündung mit abgeknickter, übergeordneter Straße (abgeknickte Vorfahrt). In diesem Fall ist der untergeordnete Knotenpunktsarm mit baulichen Maßnahmen und Markierungen so umzugestalten, daß die Wartepflicht und die Vorfahrt klar verdeutlicht werden. Die Klassifizierung der Straßen ist hierbei von untergeordneter Bedeutung (Abb. 209).

5.2.4.2 Fahrstreifen

Außer den durchgehenden Fahrstreifen können im Knotenpunktsbereich auch Linksabbiegestreifen, Rechtsabbiegestreifen, Einfädelungsstreifen für Rechtseinbieger, Verflechtungsstreifen und Fahrstreifen für den öffentlichen Personennahverkehr erforderlich sein. Welche Zusatzstreifen und evtl. wie viele notwendig sind, richtet sich nach der Verkehrsbelastung, der Stärke der einzelnen Ströme, der Qualität des Verkehrsablaufes und den Anforderungen des Fußgänger-, Rad- und öffentlichen Personennahverkehrs. Verkehrlich sind außerhalb bebauter Gebiete Sicherheitsgründe und innerhalb bebauter Gebiete Gründe der Leistungsfähigkeit bestimmend. Innerhalb bebauter Gebiete sind auch Belange des Umfeldes zu beachten. Die Bemessung der Zusatzfahrstreifen erfolgt außerhalb bebauter Gebiete nach der Fahrdynamik, innerhalb bebauter Gebiete nach der Fahrgeometrie.

Bei Knotenpunkten ohne Lichtsignalregelung soll die Anzahl der durchgehenden Fahrstreifen im Knotenpunktsbereich denen in der knotenpunktsfreien Strecke entsprechen.

Dagegen kann es an Knoten mit Lichtsignalregelung wegen der Leistungsfähigkeit notwendig sein, die Anzahl der durchgehenden Fahrstreifen zu erhöhen. Die Fahrbahnaufweitung erfolgt auf der Länge l_z, und die Aufstellstrecke l_A muß so lang sein, daß die laut Programmberechnung in einer Phase ankommenden Fahrzeuge aufgenommen werden können (Abb. 210).

Die Fahrstreifenbreite b ergibt sich aus der RAS-Q und soll auch im Knotenpunkt beibehalten werden. Bei beengten Verhältnissen kann die Breite b_1 um 0,25 m verringert werden; bis auf 3,00 m und in Ausnahmefällen sogar bis auf 2,75 m, wenn es nur dadurch möglich ist, die erforderlichen Abbiegestreifen anzulegen.

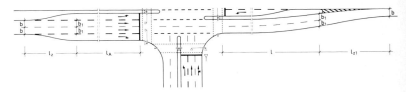

Abb. 210 Veränderung der Fahrstreifenanzahl und -breiten in Knotenpunkts-
zu- und -ausfahrten

Die Verminderung der gleichzeitig freigegebenen Fahrstreifen darf erst in ausreichender Länge l (mindestens 40 m) hinter der Kreuzung erfolgen. Zur Ermöglichung eines flüssigen Verkehrsablaufes nach dem Reißverschlußprinzip ist eine langgestreckte Verziehung l_{z1} (40 bis 60 m) notwendig (Abb. 210).
Bei Aufweitungen wird die Verziehungslänge mit

$$l_z = V_k \cdot \sqrt{i/3}$$

berechnet. Das Verbreiterungsmaß i [m] ist bei einseitiger Aufweitung gleich der Verbreiterung b und bei Aufweitung nach beiden Seiten gleich $b/2$.
Fahrbahnaufweitungen sollen in Bereichen gestreckter Linienführung nach beiden Seiten und in Krümmungen einseitig nach innen erfolgen. Liegen diese Aufweitungen im Bogen, so lassen sich Gegenkrümmungen am Fahrbahnrand vermeiden, wenn im ganzen Verziehungsbereich die Bedingung

$$R < \frac{l_z^2}{4 \cdot i}$$

erfüllt ist. Wird ein optisch befriedigender Verlauf des Fahrbahnrandes erwünscht, so ist eine Verlängerung der Verziehung oder ein selbständiges Trassieren der Fahrbahnränder zu empfehlen.
Werden die Fahrbahnränder nicht selbständig trassiert, so benutzt man für die Verziehung zwei als S-Bogen zusammengesetzte quadratische Parabeln. Zur Konstruktion der Fahrbahnränder werden für die Längen l_n die zugehörigen Werte i_n nach einer Tabelle ermittelt (Abb. 211).
Zur Eckausrundung der Fahrbahnränder wird seltener der einfache Kreisbogen benutzt, sondern überwiegend eine dreiteilige Kreisbogen-

$a = \dfrac{l_n}{l_z}$	e_n	Δe_n	$a = \dfrac{l_n}{l_z}$	e_n	Δe_n
0,00	0,000		0,50	0,500	
		0,005			0,095
0,05	0,005		0,55	0,595	
		0,015			0,085
0,10	0,020		0,60	0,680	
		0,025			0,075
0,15	0,045		0,65	0,755	
		0,035			0,065
0,20	0,080		0,70	0,820	
		0,045			0,055
0,25	0,125		0,75	0,875	
		0,055			0,045
0,30	0,180		0,80	0,920	
		0,065			0,035
0,35	0,245		0,85	0,955	
		0,075			0,025
0,40	0,320		0,90	0,980	
		0,085			0,015
0,45	0,405		0,95	0,995	
		0,095			0,005
0,50	0,500		1,00	1,000	

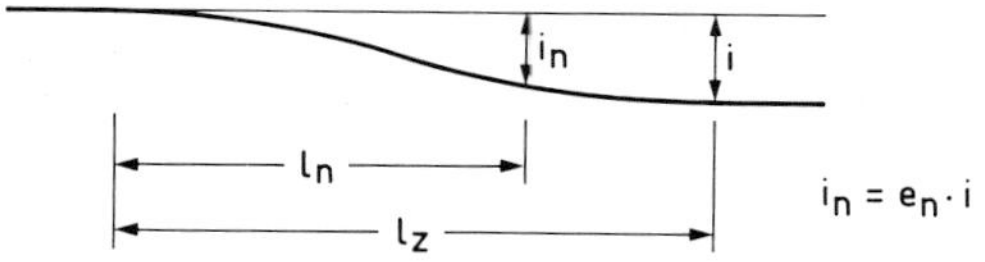

$$i_n = e_n \cdot i$$

Abb. 211 Zwischenordinaten für die Einheitsverziehung bei Fahrbahnverbreiterungen

folge (Korbbogen). Die dreiteilige Kreisbogenfolge hat besonders bei größeren Eckausrundungen die Vorteile, daß sie der Schleppkurve der Kraftfahrzeuge besser angepaßt ist und bei vergleichbarer Qualität der Befahrbarkeit einen geringeren Flächenanspruch ergibt. Benutzt wird das Radienverhältnis

$$R_1 : R_2 : R_3 = 2 : 1 : 3$$

Dabei haben der Vorbogen R_1 und der Auslaufbogen R_3 unabhängig vom gesamten Richtungsänderungswinkel immer konstante Öffnungswinkel

$$\alpha_1 = 17{,}5 \text{ gon} \quad \text{und} \quad \alpha_3 = 22{,}5 \text{ gon (Abb. 212)}$$

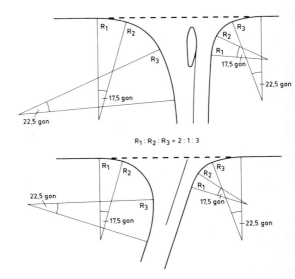

$$R_1 : R_2 : R_3 = 2 : 1 : 3$$

Abb. 212 Beispiele für die Eckausrundung der Fahrbahnränder

Die Bemessung der Eckausrundung muß so erfolgen, daß das situationsabhängig gewählte Bemessungsfahrzeug die Eckausrundung zügig befahren kann. Auch bei Eckausrundungen, die nicht mit dem größten nach der StVZO zugelassenem Fahrzeug bemessen sind, muß es möglich sein, daß dieses Fahrzeug den Knotenpunkt zumindest mit geringer Geschwindigkeit und gegebenenfalls unter Mitbenutzung von Gegenfahrstreifen befahren kann. Die RAS-K-1 gibt in einer Tabelle Empfehlungen für das maßgebende Bemessungsfahrzeug für Knotenpunkte entsprechend der kreuzenden Straßen (Abb. 213).

Die Tabelle enthält Empfehlungen, inwieweit das Mitbenutzen von Gegenfahrstreifen beim Ein- und Abbiegen im Entwurf in Kauf genommen werden kann. Es richtet sich nach der Häufigkeit und dem Maß der Mitbenutzung sowie den dadurch verursachten Behinderungen auf der durchgehenden Fahrbahn.
Bei jeder Kurvenfahrt eines Fahrzeuges beschreibt das kurveninnere Hinterrad einen engeren Bogen als das entsprechende Vorderrad. Da-

Straßenkategorie	übergeordnete Straße	A I	A II	A III	A IV	A V	B III	B IV	C III	C IV	D IV	D V	E V	E VI
												untergeordnete Straße		
A I	großräumige Verbindung	Lz 0	Lz 0	Lz 0	Lz 0	Lz 1a	Lz 0	Lz 0	—	—	—	—	—	—
A II	regionale Verbindung	—	Lz 0	Lz 0	Lz 1a	Lz 1a	Lz 0	Lz 1a	—	—	—	—	—	—
A III	zwischengemeindliche Verbindung	—	—	Lz 0	Lz 1	Lz 2	—	Lz 1	—	—	—	—	—	—
A IV	flächenerschließende Verbindung	—	—	—	Lz 1	Lz 2	—	Lz 1	—	—	—	—	—	—
A V	untergeordnete Verbindung	—	—	—	—	Lz 2	—	—	—	—	—	—	—	—
B III	Hauptverkehrsstraße	—	—	—	—	—	Lz 0	Lz 1 Bus 0	Lz 0	Lz 1 Bus 0	—	—	—	—
B IV	Hauptsammelstraße	—	—	—	—	—	—	Lz 1 Bus 0	—	Lz 1 Bus 0	—	—	—	—
C III	Hauptverkehrsstraße	—	—	—	—	—	Lz 0	—	Lz 0	Lz 1 Bus 0	Lz 1 Bus 0	3 Mü 2 Mü 0 Bus 1	3 Mü 1 2 Mü 0	3 Mü 1 2 Mü 0
C IV	Hauptsammelstraße	—	—	—	—	—	—	—	—	Lz 1 Bus 0	Lz 1 Bus 0	3 Mü 2 Mü 0 Bus 1	3 Mü 1 2 Mü 0	3 Mü 1 2 Mü 0

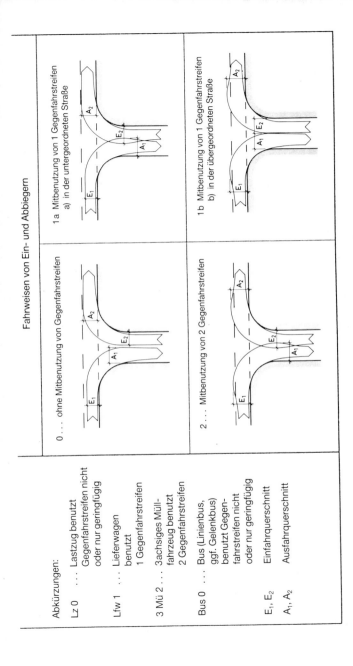

Abb. 213 *Empfehlungen für die Wahl der Fahrweisen maßgebender Bemessungsfahrzeuge zur Bestimmung von Eckausrundungen*

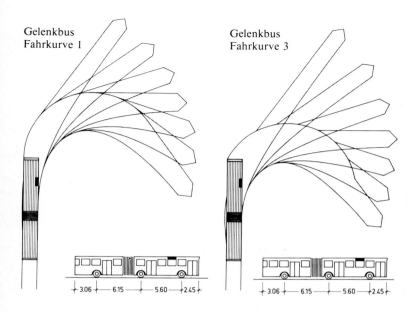

Gelenkbus
Fahrkurve 1

Gelenkbus
Fahrkurve 3

Abb. 214 Kurvenbilder, Beispiele für einen Gelenkbus
Fahrkurve 1 für „stetig zunehmenden" Lenkradeinschlag
Fahrkurve 3 für „sehr schnell zunehmenden" Lenkradeinschlag

durch entsteht die Schleppkurve und eine sichelförmige Verbreiterung der überfahrenen Fläche. Die Schleppkurve ist vom Abstand zwischen Vorderachse und hinterster Achse abhängig. Bei der Fahrzeugbewegung ist sie weiter davon abhängig, ob der Lenkradeinschlag „stetig zunehmend" oder „sehr schnell zunehmend" erfolgt. Die RAS-K-1 enthält dafür zu den wichtigsten Fahrzeugarten die entsprechenden Kurvenbilder. Diese lassen sich gut zur Überprüfung der Befahrbarkeit von Eckausrundungen benutzen (Abb. 214).

Für die abbiegenden Verkehrsströme erhalten die Knotenpunkte Links- und Rechtsabbiegestreifen. Kann bei beengten Platzverhältnissen in einer Knotenpunktszufahrt nur ein Abbiegestreifen angelegt werden, so ist im allgemeinen dem Linksabbiegestreifen der Vorzug gegenüber dem Rechtsabbiegestreifen zu geben.

322

Für Knotenpunkte an Straßen mit vier oder mehr Fahrstreifen und solchen mit Lichtsignalregelung sind in der Regel Linksabbiegestreifen erforderlich. Bei zweistreifigen Straßen richtet sich die Ausstattung der Knotenpunkte mit Linksabbiegestreifen nach der Netzfunktion der übergeordneten Straße, der Lage des Knotenpunktes und der Stärke des Abbiegestromes. Auch die bessere Erkennbarkeit des Knotenpunktes und Belange des öffentlichen Personennahverkehrs können Linksabbiegestreifen erfordern.

Der Linksabbiegestreifen kann 0,25 m schmaler sein als der durchgehende Fahrstreifen bis zu einer Breite von 3,00 m. Bei keinem oder sehr geringem Schwerlast- und Busverkehr ist auch eine Breite von 2,75 m vertretbar, anstatt auf den Linksabbiegestreifen ganz zu verzichten.

Grundsätzlich gilt, daß ein schmalerer und kürzerer Linksabbiegestreifen immer besser ist als gar keiner.

Kann trotz dieser Einsatzgrenzen kein Linksabbiegestreifen untergebracht werden, ist zu prüfen, ob das Linksabbiegen an dieser Stelle verboten werden kann. Für diesen Verkehrsbedarf ist dann an anderer Stelle eine Möglichkeit zu schaffen (Blockumfahrung oder Wendefahrbahn) (Abb. 221 und 222).

Linksabbiegestreifen und Aufstellbereiche setzen sich aus der Verziehungsstrecke l_z, gegebenenfalls der Verzögerungsstrecke l_v und der Aufstellstrecke l_A zusammen. Abhängig von der Verkehrsbelastung und der Geschwindigkeit V_k ergeben sich vier verschiedene Formen für die Führung der Linksabbieger (Abb. 215).

Die Länge der Verziehungsstrecke l_z wird aus dem notwendigen Verbreiterungsmaß i und der Geschwindigkeit V_k errechnet (Seite 317). Bei beengten Platzverhältnissen ist eine Mindestlänge von etwa 20 m möglich. Größere Längen können zur besseren Erkennbarkeit eines Knotenpunktes benutzt werden.

Die Länge der Verzögerungsstrecke l_v ist von der Geschwindigkeit V_k und der Längsneigung im Knotenpunkt abhängig. Sie wird aus einer Tabelle entnommen (Abb. 216).

Die Länge der Aufstellstrecke l_A entspricht der erforderlichen Länge des Stauraumes. Bei Knotenpunkten mit Lichtsignalanlage ergibt sie sich aus der Signalprogrammberechnung. An Knotenpunkten ohne Lichtsignalregelung reicht im allgemeinen eine Länge von 20 m aus. Bei einer kürzeren Strecke soll die Aufstellmöglichkeit von 2 Pkw (etwa 10 m) gegeben sein.

Für die Führung von Rechtsabbiegern lassen sich drei verschiedene Formen unterscheiden (Abb. 217). Die Anwendung richtet sich haupt-

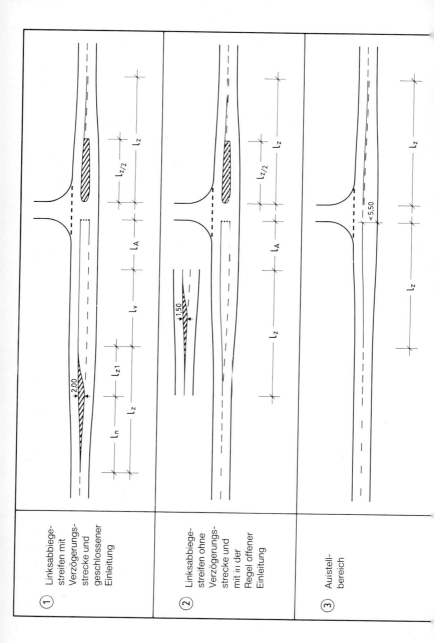

① Linksabbiege-
streifen mit
Verzögerungs-
strecke und
geschlossener
Einleitung

② Linksabbiege-
streifen ohne
Verzögerungs-
strecke und
mit in der
Regel offener
Einleitung

③ Aufstell-
bereich

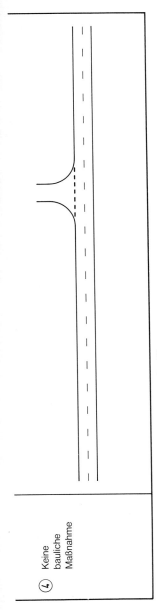

④ Keine
bauliche
Maßnahme

Abb. 215 Die vier Formen zur Führung von Linksabbiegern

Verkehrsstärke in der Richtung, aus der abgebogen wird	Längsneigung s [%] und Geschwindigkeit V_k [km/h]																	
	$s \leqq -4$						$-4 < s < 4$						$s \geqq 4$					
q [Kfz/h]	50	60	70	80	90	100	50	60	70	80	90	100	50	60	70	80	90	100
≦ 400	0	10	20	35	50	65	0	10	15	20	30	40	0	5	10	15	20	30
> 400	0	25	40	60	80	105	0	20	30	40	55	75	0	15	20	30	40	55

Abb. 216 Länge der Verzögerungsstrecke bei Linksabbiegestreifen

325

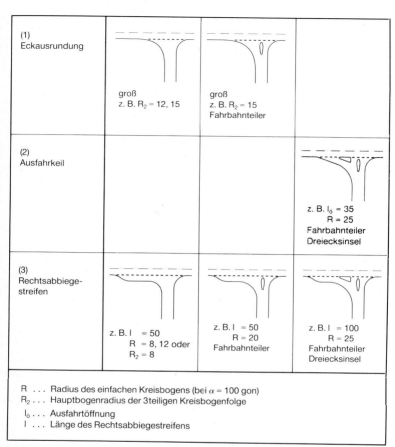

(1) Eckausrundung	groß z. B. $R_2 = 12, 15$	groß z. B. $R_2 = 15$ Fahrbahnteiler	
(2) Ausfahrkeil			z. B. $l_{\ddot{o}} = 35$ $R = 25$ Fahrbahnteiler Dreiecksinsel
(3) Rechtsabbiege- streifen	z. B. $l = 50$ $R = 8, 12$ oder $R_2 = 8$	z. B. $l = 50$ $R = 20$ Fahrbahnteiler	z. B. $l = 100$ $R = 25$ Fahrbahnteiler Dreiecksinsel

R ... Radius des einfachen Kreisbogens (bei $\alpha = 100$ gon)
R_2 ... Hauptbogenradius der 3teiligen Kreisbogenfolge
$l_{\ddot{o}}$ ... Ausfahrtöffnung
l ... Länge des Rechtsabbiegestreifens

Abb. 217 Die drei Formen zur Führung von Rechtsabbiegern

sächlich danach, ob aufgrund der hohen Geschwindigkeiten im Kraftfahrzeugverkehr fahrdynamische Gesichtspunkte berücksichtigt werden müssen oder ob fahrgeometrische Anforderungen ausreichen. Außerdem sind Belange von Fußgänger- und Radverkehr, Einsatz von Lichtsignalanlagen und Anforderungen des Umfeldes zu beachten.

Die Eckausrundungen müssen der Fahrgeometrie der Fahrzeuge entsprechen (Seite 319). Ausfahrkeile erhalten eine 35 m lange Ausfahrtöffnung, eine Tangentenabrückung $\Delta R = 3,5$ bis $5,0$ m und einen deut-

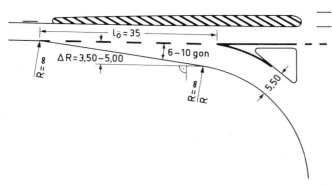

Abb. 218 Bemessung von Ausfahrkeilen an Knotenpunkten außerhalb bebauter Gebiete

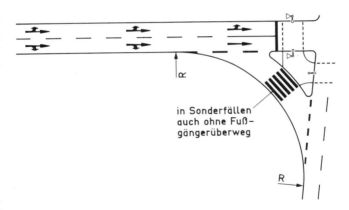

Abb. 219 Kurzer Ausfahrkeil mit Rechtsabbiegefahrbahn an Knotenpunkten innerhalb bebauter Gebiete

lichen Knick des Fahrbahnrandes am Beginn der Ausfahrt. Damit erfüllen sie hohe fahrdynamische Anforderungen (Abb. 218).

Innerhalb bebauter Gebiete werden kurze Ausfahrkeile ausgebildet, bei Notwendigkeit mit Fußgängerüberweg. Die Rechtsabbieger können nen freie Führung außerhalb der Lichtsignalregelung erhalten (Abb. 219).

Abb. 220 Bemessung von Rechtsabbiegestreifen

An schnellbefahrenen Straßen oder bei starkem Rechtsabbiegeverkehr werden gesonderte Rechtsabbiegestreifen angeordnet. Sie können den Verkehrsablauf des Kraftfahrzeugverkehrs verbessern und in Verbindung mit einer Lichtsignalanlage die Leistungsfähigkeit eines Knotenpunktes wesentlich erhöhen.

Für den Rechtsabbiegestreifen wird der Fahrbahnrand auf einer Länge von $l_z = 30$ m (bei beengten Verhältnissen auch mit 50 gon) verzogen. Die Länge der Verzögerungsstrecke ergibt sich aus der Abb. 216. Bei Lichtsignalanlagen wird die Länge der Aufstellstrecke aus der Signalprogrammberechnung maßgebend (Abb. 220).

Werden außerhalb bebauter Gebiete in der Knotenpunktszufahrt gleichzeitig ein Rechts- und ein Linksabbiegestreifen angeordnet, so sollen aus optischen Gründen die Verziehungen an der gleichen Stelle beginnen. Maßgebend ist dann der längere Abbiegestreifen.

Da Rechtseinbieger im Regelfall wartepflichtig gegenüber dem Verkehr auf der bevorrechtigten Straße sind, ist die Eckausbildung entsprechend vorzunehmen. Sie muß die fahrgeometrischen Anforderungen erfüllen, und dazu reicht der einfache Kreisbogen oder die dreiteilige Kreisbogenfolge ohne Dreiecksinsel aus. Auch für den Schwerverkehr genügt ein $R = 10$ m, wenn die Mitbenutzung des Gegenfahrstreifens in Kauf genommen werden kann (Abb. 213).

Ausgebaute Wendemöglichkeiten werden bei nicht überfahrbarem Mittelstreifen, besonderem Bahnkörper oder Busfahrstreifen notwendig. Sie sind auch als Ersatzweg für Linksabbieger geeignet, wenn das Linksabbiegen am Knotenpunkt nicht zugelassen werden kann. Über die Wendefahrbahn erreichen diese Verkehrsteilnehmer die andere Fahrbahn und treten dort als Rechtsabbieger auf. Für diesen Fall ist die Wendefahrbahn hinter dem Knotenpunkt zweckmäßiger.

Wendefahrbahnen sind nach dem regelmäßig vorkommenden größten wendenden Fahrzeug zu bemessen. Wendefahrbahnen vor Knotenpunkten mit Lichtsignalregelung benötigen einen genügend langen Aufstellstreifen (Abb. 221 und 222).

Linksabbiegende Radfahrer können in Knotenpunktsbereichen direkt oder indirekt geführt werden. Bei der indirekten Führung überqueren

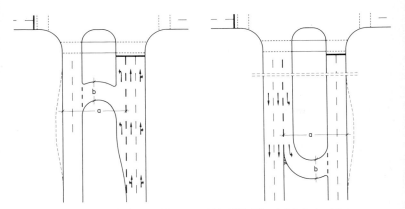

Abb. 221 *Wendefahrbahn vor Knoten-* Abb. 222 *Wendefahrbahn hinter*
  punkten   *oder zwischen Knotenpunkten*

Bemessungs-fahrzeug	*a* [m]	*b* [m]
Lz	≥ 25,00 (23,00)	≥ 7,50
Lfw	≥ 12,50	≥ 4,00

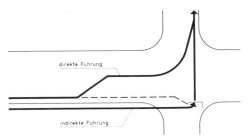

Abb. 223 *Direkte und indirekte Führung linksabbiegender Radfahrer*
  an Knotenpunkten

die Radfahrer zunächst den untergeordneten Knotenpunktsarm und
erst danach die übergeordnete Straße (Abb. 223).

Bei der direkten Führung ordnen sich die Radfahrer in den abbiegenden Kraftfahrzeugverkehr oder in für sie besonders markierte Linksabbiegestreifen ein. Zweckmäßig und verkehrssicherer ist eine lichtsi-
gnalgesteuerte Radfahrerschleuse (Abb. 224).

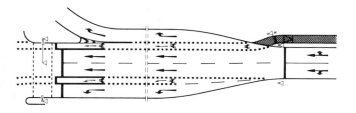

Abb. 224 *Beispiel einer Radfahrerschleuse an einem lichtsignalgesteuerten Knotenpunkt*

5.2.4.3 Inseln

Inseln dienen nicht nur zur Führung von Fahrzeugströmen und der Verdeutlichung der Wartepflicht. Sie nehmen auch Verkehrszeichen, Wegweiser und Masten für Lichtsignalgeber und Beleuchtung auf. Innerhalb der Bebauung erleichtern sie Fußgängern und Radfahrern das Überqueren der Fahrbahn. Schließlich können sie nicht die Sicht behindernde Bepflanzung aufnehmen.
Die Inseln müssen sich deutlich von der Fahrbahn abheben. Die Erkennbarkeit kann durch einleitende Markierungen, Verkehrszeichen, Poller, Beleuchtung, Bepflanzung usw. verbessert werden.
Entsprechend den unterschiedlichen Aufgaben werden Fahrbahnteiler (Tropfen) innerhalb und außerhalb bebauter Gebiete anders gestaltet. Außerhalb ist die Verkehrsführung maßgebend und innerhalb kommt die Überquerungshilfe für Fußgänger und Radfahrer hinzu (Abb. 225). Die Mindestbreite eines Tropfens wird durch die Länge von Rollstühlen, Fußgängern mit Kinderwagen oder Fahrrädern und den zusätzlichen seitlichen Sicherheitsräumen bestimmt. Deshalb muß die Wartefläche eine Breite von mindestens 2,50 m haben. Sind auf dem Tropfen nur Verkehrszeichen und Masten unterzubringen, genügt eine Breite von 1,60 m.

Die Tropfeninseln sind so weit vom Rand der übergeordneten Straße abzurücken, wie es die Kurvenradien der ab- und einbiegenden Fahrzeuge erfordern. An Kreuzungen muß das gleichzeitige Linksabbiegen aus der übergeordneten Straße möglich sein, ebenso auch das gleichzeitige Linkseinbiegen aus der untergeordneten Straße. Die Bewegungsräume der gewählten Bemessungsfahrzeuge dürfen sich deshalb nicht überschneiden (Abb. 226). Die Konstruktion ist mit den Schleppkurvenschablonen zu überprüfen (Abb. 214).
Dreiecksinseln dienen in Verbindung mit dem Ausfahrkeil oder Rechtsabbiegestreifen der zügigen und sicheren Führung der Rechts-

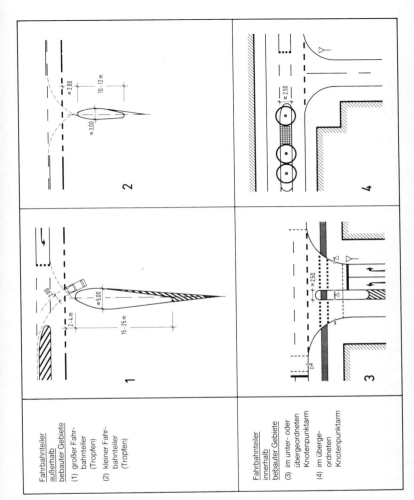

Abb. 225
Formen von Fahr-
bahnteilern innerhalb
und außerhalb bebau-
ter Gebiete

331

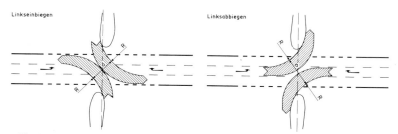

Abb. 226 *Bewegungsräume für gleichzeitiges Linkseinbiegen bzw. Linksabbiegen*

abbieger aus der übergeordneten Straße. Außerhalb bebauter Gebiete wird der Bord 0,5 m von der Außenkante des Randstreifens der durchgehenden Fahrbahn abgerückt. Bei vorhandenem Mehrzweckstreifen verläuft der Bord unmittelbar neben dem Mehrzweckstreifen (Abb. 218).

Innerhalb bebauter Gebiete ist das zügige Rechtsabbiegen nicht sinnvoll, weil diese Abbieger wartepflichtig gegenüber den Fußgängern und Radfahrern sind. Auch entfallen Dreiecksinseln meist aus Platzmangel. Bei großen Knotenpunkten ergeben sich Dreiecksinseln oft aus der Geometrie des Knotens und sind dann als Fußgängerfurten nützlich. Wird der Fußgängerverkehr an Knoten mit vier oder mehr Fahrstreifen und mit Lichtsignalanlage ohne Signalschutz über Dreiecksinseln geführt, so ist darauf zu achten, daß die Überquerungsstelle übersichtlich ist und die Rechtsabbiegefahrbahn nicht zügig gestaltet ist.

5.3 Planfreie Knotenpunkte

Die große Verkehrsbelastung, hohe Geschwindigkeiten und die Sicherheit erfordern bei Autobahnen Knotenpunkte in mehreren Ebenen. Als Autobahnen gelten, unabhängig von der Baulast und Klassifizierung, alle anbaufreien Kraftfahrzeugstraßen mit Richtungsfahrbahnen, mindestens zwei Fahrstreifen je Richtung, Zufahrtsbeschränkung und ausschließlich planfreien Knotenpunkten. Planfreie Knotenpunkte gibt es nicht nur bei allen Verknüpfungen von Autobahnen untereinander, die als Autobahnknotenpunkte bezeichnet werden, sondern auch bei der Verbindung von Autobahnen mit dem untergeordneten Straßennetz, das sind die Anschlußstellen.
Unabhängig von der Bezeichnung „Autobahn" richtet sich die Entscheidung, ob ein Knotenpunkt planfrei oder plangleich ausgebaut

werden muß, nach der Funktion der Straße und damit nach der Einordnung in eine Straßenkategorie (Abb. 7 und 186).

Planfreie Knotenpunkte bestehen aus einzelnen Teilbereichen (durchgehende Fahrbahnen, Ausfahrbereiche, Einfahrbereiche, Verbindungsrampen usw.), die räumlich aufeinanderfolgen und vom Fahrer spezielle Handlungsweisen erfordern. Einheitlichkeit in der konstruktiven Ausbildung gilt daher in erster Linie für diese Teilbereiche und weniger für den Gesamtknotenpunkt. Deshalb enthält die RAL-K-2 nur Prinzipskizzen für die Knotenpunktsysteme und dafür Entwurfseinheiten für die Teilbereiche [11].

Die Charakteristik der freien Strecke kann und soll in den Verbindungsrampen nicht beibehalten werden. Durch besondere Grenzwerte der Entwurfselemente für Verbindungsrampen soll vielmehr bewußt eine Einschränkung der Freizügigkeit und eine Homogenisierung des Verkehrsablaufes erreicht werden, um damit dem Fahrer das mit dem Trennen und Zusammenführen von Verkehrsströmen verbundene größere Sicherheitsrisiko zu verdeutlichen (Abb. 227 und 228).

Während die Richtlinien für die Anlage von Straßen (RAS) einheitlich den verkehrsrechtlichen Begriff „Fahrstreifen" bzw. „Streifen" verwenden, werden dafür in den RAL-K-2 die Begriffe „Fahrspur" bzw. „Spur" benutzt. Auch nach Einführung der RAS-K-1 „Plangleiche Knotenpunkte" bleibt die RAL-K-2 „Planfreie Knotenpunkte", Ausgabe 1976, noch weiter gültig (Abb. 2). Deshalb werden in Übereinstimmung mit der RAL-K-2 hier im Abschnitt 5.3 Planfreie Knotenpunkte die Begriffe „Fahrspur" bzw. „Spur" beibehalten.

5.3.1 Grundsätze der Knotenpunktsgestaltung

Sicherheit, Leistungsfähigkeit, Umweltverträglichkeit und Wirtschaftlichkeit sind in dieser Reihenfolge die obersten Grundsätze für Knotenpunkte. Bei der Erfüllung dieser Grundsätze ist ein sorgfältiges Abwägen in jedem Einzelfall erforderlich, um die optimalste Lösung zu finden.

Die in Abschnitt 5.1.1 aufgeführten Forderungen nach Erkennbarkeit, Übersichtlichkeit, Begreifbarkeit und Befahrbarkeit gelten auch für planfreie Knotenpunkte unter Beachtung zusätzlicher Bedingungen.

Die Erkennbarkeit wird durch rechtzeitige und auffällige Wegweisung sowie durch vertikale und horizontale Leiteinrichtungen an Trennungs- und Einmündungspunkten erreicht. Übersichtlichkeit über den ganzen planfreien Knotenpunkt ist nicht erforderlich und auch nicht

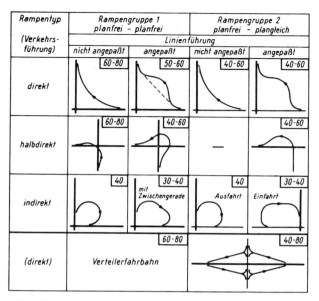

Rampentyp (Verkehrsführung)	Rampengruppe 1 planfrei – planfrei		Rampengruppe 2 planfrei – plangleich	
	Linienführung			
	nicht angepaßt	angepaßt	nicht angepaßt	angepaßt
direkt	60-80	50-60	40-60	40-60
halbdirekt	60-80	40-60	—	40-60
indirekt	40	30-40 mit Zwischengerade	40 Ausfahrt	30-40 Einfahrt
(direkt)	60-80 Verteilerfahrbahn			40-80

Abb. 227 Rampentypen und empfohlene Entwurfsgeschwindigkeiten

durchführbar. Es genügt, wenn in den einzelnen Teilbereichen ausreichende Sicht geschaffen und dem Fahrer das jeweils vor ihm liegende Entwurfselement deutlich gezeigt wird.

Die Übersichtlichkeit kann wesentlich gesteigert werden, wenn die Ausfahrten nach oben führen und die Einfahrten von oben kommen. Bei Ausfahrten sind dann die einzelnen Fahrtrichtungen besser zu erkennen, während bei einer Einfahrt von oben her der Fahrer einen guten Überblick über den Verkehr auf der durchgehenden Strecke hat. Für die Begreifbarkeit ist generell die einheitliche Ausbildung der Teilbereiche planfreier Knotenpunkte wichtiger als die Anwendung einheitlicher Knotenpunktsysteme. Zwischen Entscheidungspunkten sind ausreichende räumliche und zeitliche Abstände anzustreben. Durch gezielte optische Knicke in der Trassierung, auch wenn das der harmonischen Linienführung widerspricht, kann eine Geschwindigkeitsverringerung angezeigt werden. Für die Befahrbarkeit planfreier Knotenpunkte müssen zusätzlich die für notwendige Geschwindigkeitsänderungen erforderlichen Strecken zur Verfügung stehen.

Entwurfselement	Kurz-bezeich-nung	Grenzwerte der Entwurfselemente für Geschwindigkeit, V [km/h]					
		30	40	50	60	70	80
Kurvenmindest-radius	R [m]	25	50	80	130	190	280
Höchst-längs-neigung Steigung	$+ s$ [%]	5,0					
Höchst-längs-neigung Gefälle	$- s$ [%]	6,0					
Kuppenmindest-halbmesser	H_K [m]	500	1000	1500	2000	2800	4000
Wannenmindest-halbmesser	H_W [m]	250	500	750	1000	1400	2000
Mindestquerneigung	q [%]	2,5					
Höchstquerneigung in Kurven	q_K [%]	6,0					
Anrampungs-mindestneigung	Δs [%]	$0,1 \cdot a$ a = Abstand des Randes von der Drehachse [m]					
Mindesthalte-sichtweite	S_h [m]	25	35	50	65	85	105

Abb. 228 Grenzwerte der Entwurfselemente von Verbindungsrampen

Die Leistungfähigkeit einer durchgehenden Spur kann mit etwa 1800 Kfz/h angenommen werden. Wird diese Verkehrsstärke innerhalb einer Stunde in mehreren aufeinanderfolgenden Zeitintervallen erreicht, so ist in den Einfahr-, Ausfahr- und Verflechtungsbereichen mit Behinderungen im Verkehrsablauf zu rechnen.

Ein- und Ausfahrten sind an Autobahnen immer auf der rechten Seite der durchgehenden Fahrbahnen anzulegen. Innerhalb von Verbindungsrampen sind linksliegende Ein- und Ausfahrten in Form von Spuradditionen und -subtraktionen zugelassen. Grundsätzlich sollte in einem Knotenpunkt die Ausfahrt vor der Einfahrt angeordnet werden. Verflechtungsvorgänge sind möglichst außerhalb der durchgehenden Fahrbahn auf einer Verteilerfahrbahn abzuwickeln (Abb. 229).

Dicht aufeinanderfolgende Ausfahrten an durchgehenden Fahrbahnen bereiten Schwierigkeiten in der Wegweisung und sind aus Gründen der Leistungsfähigkeit selten erforderlich. Deshalb sollen die in einem Knotenpunkt ausfahrenden Verkehrsströme die durchgehende Fahrbahn gemeinsam verlassen. Zwischen aufeinanderfolgenden Ausfahr-

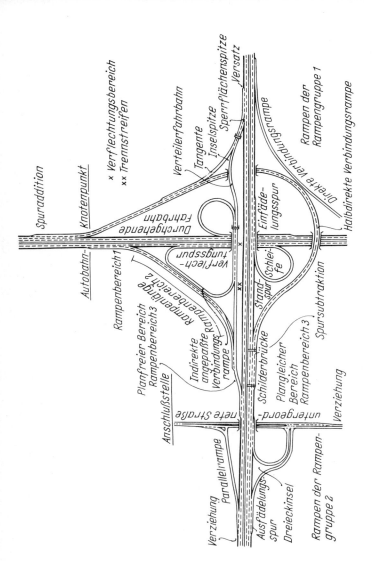

Abb. 229 Darstellung einiger wesentlicher Begriffe

ten innerhalb von Verbindungsrampen sind Mindestabstände einzuhalten.

Die in einem Knotenpunkt einfahrenden Verkehrsströme sollen innerhalb der Verbindungsrampen vereinigt und gemeinsam in die durchgehende Fahrbahn eingeführt werden. Die Rampen können jedoch auch einzeln in die durchgehende Fahrbahn eingeführt werden, wenn in einer Verteilerfahrbahn starke Verkehrsströme zusammentreffen oder Überwerfungsbauwerke eingespart werden können.

Werden Rampen zusammengeführt, so darf hinter der Zusammenführung in der Regel höchstens eine Spur weniger vorhanden sein als vor der Zusammenführung in beiden Rampen zusammen. Abweichungen davon sind vertretbar, wenn die Spitzenbelastungen in den durchgehenden Fahrbahnen und in den Rampen zu verschiedenen Zeiten auftreten oder wenn die Einbiegeströme ständig stärker sind als der Verkehrsstrom auf der durchgehenden Fahrbahn.

Aus wirtschaftlichen Gründen ist es nicht zu vertreten, die geometrischen Bedingungen der freien Strecke auch innerhalb der Rampen planfreier Knotenpunkte anzuwenden.

Die durchgehenden Fahrbahnen werden durch die Lage im Netz, die Streckencharakteristik und die Verkehrsbelastung bestimmt. Dominierende Eckströme erhalten nur dann durchgehende Fahrbahnen, wenn sie durch die Verkehrsprognose langfristig gesichert sind. An Anschlußstellen liegen die durchgehenden Fahrbahnen im Zuge der Autobahn.

Für die durchgehenden Fahrbahnen gelten in der Regel die gleichen Entwurfsgeschwindigkeiten wie auf der freien Strecke. Innerhalb der Rampen sind für die Trassierung kleinere Entwurfsgeschwindigkeiten zu benutzen (Abb. 227). Bei unübersichtlicher Trassierung oder wenn die freie Strecke in eine Rampe übergeht (Abb. 232 bis 234), sollten Geschwindigkeitsanzeigen erfolgen.

Der planerisch erwünschte Abstand zwischen planfreien Knotenpunkten ergibt sich aus der Netzfunktion. Für zweispurige Richtungsfahrbahnen sind die Werte der Spalten 1 und 2 aus Abb. 230 einzuhalten. Lassen sich in Einzelfällen diese Abstände nicht einhalten, so können unter Verzicht der Entfernungs- und Ankündigungstafel die Werte der Spalte 3 benutzt werden, jedoch nicht zwischen mehr als zwei aufeinanderfolgenden Knotenpunkten (Abb. 230).

Bei zu geringem Knotenpunktsabstand und Unveränderbarkeit der anzuschließenden Straßen kann eine andere Rampenanordnung zu einer Lösung führen (Abb. 231).

Bei der Führung der Rampen in planfreien Knotenpunkten unterscheidet man zwischen direkten, halbdirekten und indirekten Verbindungs-

Art des in Fahrt- richtung folgenden Knotenpunktes	Erwünschter Mindestabstand [m]*)		Zulässiger Minimal- abstand [m]
	stark belastete Strecken	schwach belastete Strecken	
	1	2	3
Autobahn- knotenpunkt	$2700 + l_E + l_A$**)	$2700 + l_E + l_A$	$600 + l_E + l_A$
Anschlußstelle	$2200 + l_E + l_A$	$1700 + l_E + l_A$	$600 + l_E + l_A$

*) Abstand der Inselspitzen aufeinanderfolgender Ein- und Ausfahrten
**) l_E Länge der Einfahrtöffnung
    l_A Länge der Ausfahrtöffnung

*Abb. 230 Mindestabstand der Inselspitzen aufeinanderfolgender Ein- und Aus-
fahrten an zweistreifigen Richtungsfahrbahnen aufgrund der wegwei-
senden Beschilderung*

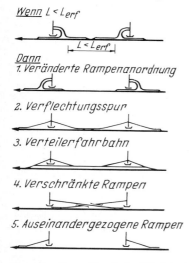

*Abb. 231
Möglichkeiten der Rampenanordnung bei zu geringem Knotenpunkt-
abstand*

rampen. Begreifbarkeit, Zügigkeit der Trassierung und Flüssigkeit des
Verkehrsablaufes nehmen in der angegebenen Reihenfolge ab
(Abb. 195 und 197).

5.3.2 Knotenpunktsysteme

Für die Knotenpunkte haben sich einige Systeme herausgebildet, die
bevorzugt angewandt werden sollen. Veränderungen und Kombinationen sind möglich, wenn die vorgenannten Grundsätze der Knoten-

338

punktgestaltung eingehalten werden. Wesentlicher Grundsatz muß sein, den Fahrer rechtzeitig auf das von ihm erwartete Fahrverhalten klar und eindeutig vorzubereiten. Daher ist die einheitliche Ausbildung der Teilbereiche wichtiger als die Anwendung einheitlicher Knotenpunktsysteme.

5.3.2.1 Dreiarmige Knotenpunkte

Die **Trompete** als Einmündung einer Autobahn in eine andere wurde in den Anfängen des deutschen Autobahnbaues sehr viel ausgeführt. Hinsichtlich der Baukosten ist sie die wirtschaftlichste Lösung. Es ist nur ein Bauwerk erforderlich. Die einmündende Autobahn geht von der freien Strecke unmittelbar in die Rampen über. Deshalb ist die Anwendung auf die Fälle zu beschränken, bei denen die Verzögerung auf die niedrigere Geschwindigkeit vertretbar ist. Zur Verdeutlichung empfiehlt es sich, den Rampenhauptbogen vor dem Bauwerk beginnen zu lassen, einen Gegenbogen vorzuschalten und die einmündende Autobahn zu überführen. Ist ein Abbiegestrom besonders schwach, ist es ratsam, diesen über die indirekte Rampe zu führen.

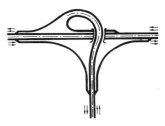

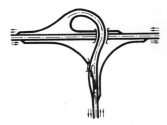

Abb. 232
Linksliegende Trompete (Regelform). In dieser Form ist u. a. das Autobahndreieck Nürnberg-Feucht (A 9/A 6) ausgeführt worden.

Abb. 233
Linksliegende Trompete mit Überwerfung einer schwach belasteten Verbindungsrampe, es ist ein zweites Bauwerk notwendig

Abb. 234
Rechtsliegende Trompete (Ausnahmefall). Diese Lösung ist u. a. an den Autobahndreiecken Berlin-Drewitz und Saarlouis zu finden.

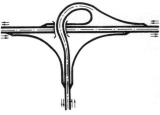

339

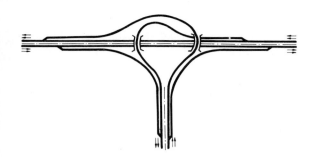

Abb. 235 Birne

Aus Gründen der Verkehrssicherheit ist die linksliegende Trompete die Regelform. Der schnelle Linkseinbieger wird aus der einmündenden Autobahn in einem Linksbogen mit konstantem Radius geführt. Bei stark dominierendem Eckverkehr A–C kann ein Überwerfungsbauwerk angewandt werden (Abb. 232 und 233).
Ist aufgrund örtlicher Gegebenheiten eine Linkstrompete nicht anwendbar, kann ausnahmsweise eine Rechtstrompete gewählt werden. Sie hat den Nachteil, daß Linkseinbieger aus der einmündenden Autobahn ohne Vorschaltung einer Ausfahrt eine Bogenfolge mit kleiner werdendem Radius befahren müssen (Abb. 234).

Die **Birne** vermeidet den Nachteil der Rechtstrompete. Es sind zwei Bauwerke notwendig. Diese Form wurde früher als Kaiserberg-Lösung bezeichnet, weil sie erstmals in Duisburg-Kaiserberg ausgeführt wurde, aber jetzt infolge Umbaues dort nicht mehr vorhanden ist (Abb. 235).

Beim **Dreieck** gibt es nur Direkt- und Halbdirektrampen, die nicht zu großzügig trassiert werden sollen, da die Streckencharakteristik der freien Strecke an den Einfahrten in die durchgehende Autobahn ohnehin unterbrochen werden muß. Der Flächenbedarf und der Bauwerksaufwand sind größer als bei der Trompete.
Es sind Ausführungen mit drei, zwei oder einem Bauwerk möglich, wobei letzteres ein Dreietagenbauwerk ist. Bei allen Dreiecklösungen ist ein vollkommener Umbau der einbindenden Rampen erforderlich, wenn eine Weiterführung erfolgen soll (Abb. 236 und 238).

Die Gabelung oder der Abzweig ist die einfachste Form einer Autobahneinmündung, bei der zwei schwachbelastete Eckverbindungen fehlen. Diese fehlenden Eckbeziehungen sind an einer nächstgelegenen anderen Stelle zu ermöglichen. Die Flächen für einen späteren Vollausbau sollten freigehalten werden (Abb. 239).

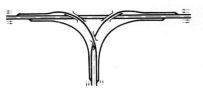

Abb. 236
Dreieck mit drei zweigeschossigen Kreuzungsbauwerken. Das Autobahndreieck Biebelried (A 3/A 7) war in der Form gebaut worden.

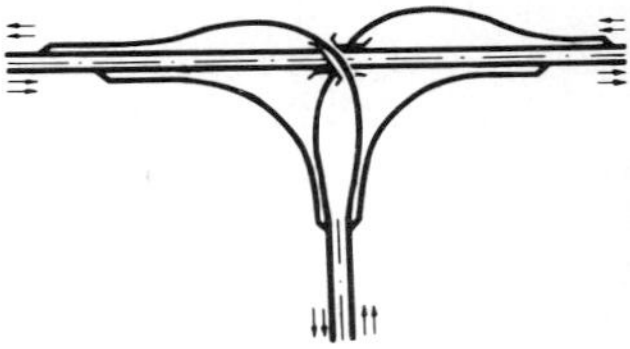

Abb. 237
Dreieck mit zwei zweigeschossigen Kreuzungsbauwerken

Abb. 238
Dreieck mit einem Dreietagenbauwerk

Abb. 239 Gabelung einer Autobahn. Sie ist u. a. an der A 7 nördlich und südlich Hannover zu finden.

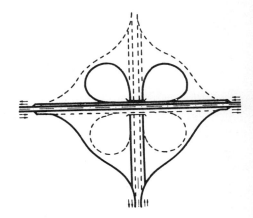

Abb. 240 Teilkleeblatt

Das **Teilkleeblatt** ist für solche Einmündungen zu empfehlen, die später zum vierarmigen Knotenpunkt erweitert werden sollen. Dann ist nur eine Erweiterung, aber kein Umbau notwendig. Die Einmündung der Autobahn Sauerlandlinie (A 45) in die Strecke Oberhausen – Hannover (A 2) nordwestlich Dortmund zeigt z. Z. diese Form (Abb. 240).

5.3.2.2 Vierarmige Knotenpunkte

Das **Kleeblatt** ist die im deutschen Autobahnnetz bekannteste Verbindung zweier sich kreuzender Strecken. Es wurde zu Anfang des deutschen Autobahnbaues entwickelt und geht auf die Idee eines jungen Mannes aus Basel zurück, der erst dadurch beruflich zum Straßenbau kam. Die beiden ältesten Kleeblätter in Deutschland liegen an der Autobahn Berlin – München bei Leipzig-Schkeuditz und Hermsdorf in Thüringen. Auch in vielen anderen Ländern wird das Kleeblatt für Knotenpunkte benutzt (Abb. 241 und 242).

Für das Kleeblatt ist nur ein Bauwerk erforderlich, und die Rampen können relativ kurz ausgebildet werden, deshalb ist es eine sehr wirtschaftliche Knotenpunktlösung. Sie ist anzuwenden, wenn in keiner der Verflechtungsstrecken Verkehrstärken von mehr als etwa 1500 Kfz/h zu erwarten sind. Die Verflechtungsvorgänge werden fast immer auf Verteilerfahrbahnen gelegt. Wendefahrten sind möglich.

Die verschiedenen Möglichkeiten für die Führung von Tangentialrampen, Schleifenrampen und Verteilerfahrbahnen in den Quadranten I bis IV eines Kleeblattes zeigt Abbildung 242.

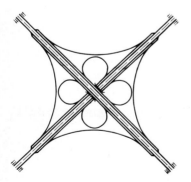

Abb. 241 Kleeblatt mit einer in allen Quadranten gleichen geometrischen Form. Fast genau in dieser Art ist das Kleeblatt Münster-Süd (A 1/A 43) ausgebildet.

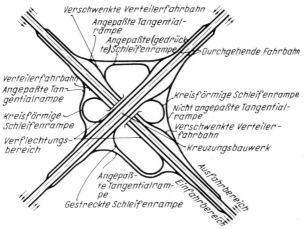

Abb. 242 Die verschiedenen Möglichkeiten für die Führung von Verteilerfahrbahnen, Schleifen- und Tangentialrampen im Kleeblatt

Abgewandelte Kleeblätter mit halbdirekt geführten Rampen sind zweckmäßig, wenn einzelne Abbiegeströme so stark sind, daß in Verflechtungsstrecken die vorgenannte Verkehrsstärke überschritten wird. Bei dieser Art sind zusätzlich zwei weitere Bauwerke erforderlich. Einige Wendefahrten entfallen. Besondere Sorgfalt hinsichtlich der sicheren Verkehrsführung muß dort angewandt werden, wo die Verteilerfahrbahn unmittelbar in die Schleifenrampe übergeht (Abb. 243 und 244).

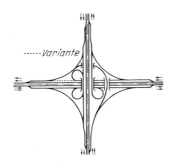

*Abb. 243
Abgewandeltes Kleeblatt mit halbdirekter Führung eines Linksabbiegestromes*

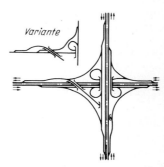

*Abb. 244
Abgewandeltes Kleeblatt mit zügiger halbdirekter Führung eines Linksabbiegestromes*

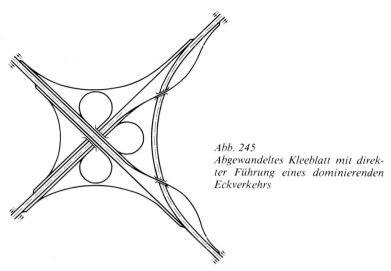

Abb. 245
Abgewandeltes Kleeblatt mit direkter Führung eines dominierenden Eckverkehrs

Ist bei einem Knotenpunkt ein Eckverkehr besonders dominierend, so ist ein Kleeblatt mit einer Direktrichtung möglich. Auch hier sind drei Bauwerke nötig, und einige Wendemöglichkeiten entfallen. Das Autobahnkreuz Nürnberg (A 3/A 9) bestand früher aus einem normalen Kleeblatt und wurde in den letzten Jahren so umgebaut, weil der Eckverkehr Würzburg – Nürnberg – München besonders stark ist (Abb. 245).

Der **Verteilerkreis** benötigt zwar nur wenig Fläche, aber es sind fünf Bauwerke nötig. Besonders nachteilig sind die sehr kurzen Verflechtungsstrecken und die vielen Gefällwechsel in der Kreisfahrt. Der Linksabbieger muß über drei Verflechtungsstrecken fahren. Deshalb wird diese Lösung nicht mehr ausgeführt. In Leverkusen am Knotenpunkt der A 1 und der A 3 ist 1938/39 ein Verteilerkreis gebaut worden, der aber 1960/61 zum Kleeblatt umgebaut wurde (Abb. 246).

Bei der **Turbine** wird eine Verkehrsrichtung in getrennt trassierte Richtungsfahrbahnen aufgelöst. Dem Schema nach treten vier Linksausfädelungen auf. Es sind vier Bauwerke erforderlich, und Wendefahrten sind nicht möglich. Eine Turbine ist im deutschen Straßennetz nicht vorhanden (Abb. 247).

Die **Windmühle** erfordert ein großes und vier kleinere Bauwerke. Es gibt keine Verflechtungen, und Wendefahrten sind nicht möglich. In den Verbindungsrampen ergeben sich oft große Längsneigungen und ungünstige Sichtverhältnisse in Kuppen. Die Windmühle ist bisher in Deutschland nicht gebaut worden (Abb. 248).

344

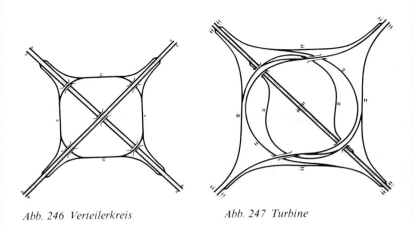

Abb. 246 Verteilerkreis

Abb. 247 Turbine

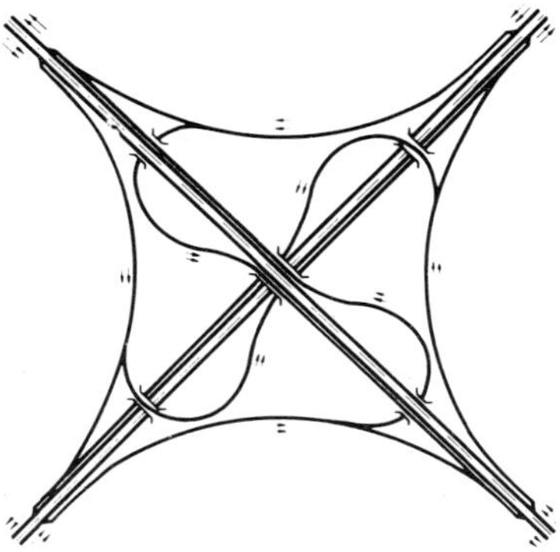

Abb. 248 Windmühle

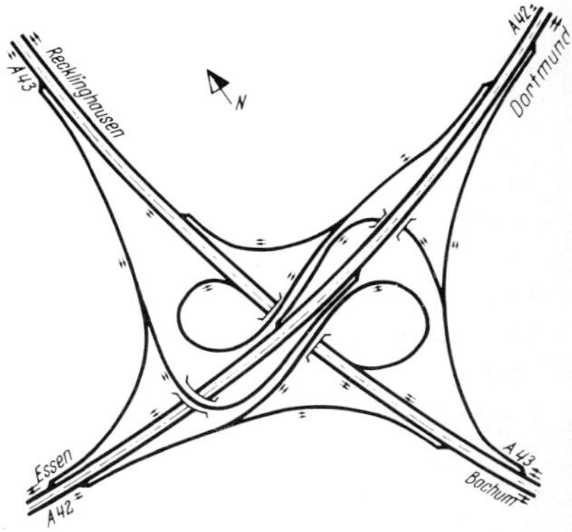

Abb. 249 Kombination aus Kleeblatt
und Windmühle

Eine Kombination aus Kleeblatt und Windmühle benötigt in zwei Quadranten weniger Fläche. Diese Knotenpunktform ist in Herne bei beengten Platzverhältnissen gebaut worden und verbindet die A 42 mit der A 43 (Abb. 249).

Das **Malteserkreuz,** auch Los-Angeles-Lösung genannt, weil zuerst in Los Angeles gebaut, hat nur direkte und halbdirekte Rampen. Es gibt keine Verflechtungen, Wendefahrten sind nicht möglich. In der rein geometrischen Form ist ein Vieretagenbauwerk erforderlich, jedoch

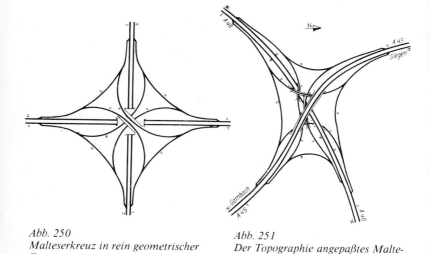

Abb. 250
Malteserkreuz in rein geometrischer
Form

Abb. 251
Der Topographie angepaßtes Malte-
serkreuz an der A 45 bei Wetzlar

lassen sich durch Verlagerung von Rampen in den äußeren Knotenpunktbereich Varianten entwickeln, die nur drei Ebenen erfordern. Ein
der Topographie angepaßtes Malteserkreuz ist an der Sauerlandlinie
(A 45) bei Wetzlar gebaut worden (Abb. 250 und 251).

Die **Linienlösung** kommt in Frage, wenn ein spitzer Kreuzungswinkel
auftritt. Eine Verkehrsrichtung wird in Richtungsfahrbahnen aufgelöst. Für alle Verkehrsbeziehungen sind sechs Bauwerke erforderlich.
Verflechtungsstrecken gibt es nicht, und Wendefahrten sind nicht möglich. Es treten zwei Linksausfädelungen auf, die konstruktiv dadurch
gelöst werden müssen, daß die durchgehende Richtung aus einem
Linksabbieger nach rechts ausgefädelt wird. In Deutschland gibt es
diese Form nicht (Abb. 252).
Die Linienlösung ohne Eckverbindungen im spitzen Winkel vereinfacht die Konstruktion und erfordert nur zwei Bauwerke. Das Autobahnkreuz Hamburg-Ost zwischen der A 1 und der A 24 ist so ausgebildet (Abb. 253).
Führen zwei Straßen in verschiedener Höhenlage aneinander vorbei
und ist der Abbiegeverkehr nicht übermäßig stark, so kann die von
Einmündungen bekannte Trompetenform doppelt verwendet werden.
Es sind zwei Bauwerke erforderlich. Auf der Verbindungsstrecke treten
Verflechtungen auf. Wendefahrten sind nicht möglich. Auf diese Art

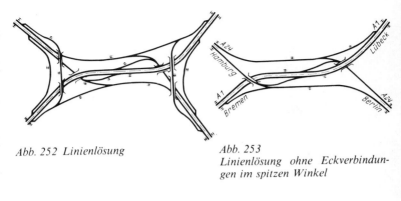

Abb. 252 Linienlösung

Abb. 253
Linienlösung ohne Eckverbindungen im spitzen Winkel

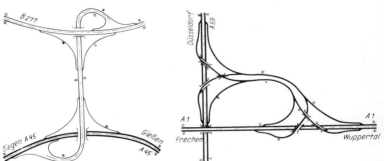

Abb. 254 Doppeltrompete

Abb. 255 Einquadrantenlösung

sind bei Dillenburg in Hessen die A 45 und die B 277 miteinander verbunden (Abb. 232).

Die **Einquadrantenlösung** oder eine Kombination zweier Dreiecklösungen wird notwendig, wenn die Bebauung oder Topographie Rampen nur in einem Quadranten ermöglicht. Sechs Brücken sind erforderlich. Auf den Verbindungsrampen treten Verflechtungen auf, aber Wendefahrten sind nicht möglich. Ein derartiger Knotenpunkt ist am Rhein bei Leverkusen zur Verbindung der A 1 mit der A 59 gebaut worden (Abb. 255).

5.3.2.3 Mehrarmige Knotenpunkte

Durch das immer dichter werdende Netz der Autobahnen und die ständig steigende Zahl ähnlich ausgebauter Straßen in den Ballungs-

347

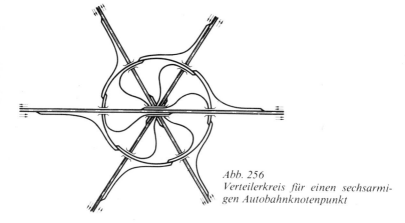

Abb. 256
Verteilerkreis für einen sechsarmi-
gen Autobahnknotenpunkt

räumen ergibt sich das Problem, auch drei Autobahnen miteinander zu verbinden. Das kann in drei getrennten Knotenpunkten üblicher Art oder nur einem gemeinsamen Knotenpunkt erfolgen.

Für einen gemeinsamen, also sechsarmigen Knotenpunkt sind mehrere Varianten in Form von Verteilerkreisen untersucht worden. Eine brauchbare Lösung läßt sich nur erreichen, wenn abweichend von den Grundregeln der Knotenpunktgestaltung auch Linksaus- oder -einbieger zugelassen werden. Der Flächenbedarf ist geringer als bei drei Einzelknotenpunkten. Es sind mindestens sieben Bauwerke, davon ein Dreietagenbauwerk erforderlich.

Die in Abbildung 256 dargestellte Lösung mit Verteilerkreis enthält von den durchgehenden Fahrbahnen nur Rechtsabbieger, während im Verteilerkreis die Ausfahrten Linksabbieger sind. Die Einfahrten sind in allen Fällen Rechtseinbieger (Abb. 256).

Um die Fahrer nicht durch zu komplizierte Knotenpunktlösungen zu irritieren, ist es ratsam, solche Verknüpfungen ähnlich wie bei plangleichen Knotenpunkten auf einfachere Lösungen zurückzuführen (Abb. 203). Auch lassen sich dann die bekannten Nachteile eines Verteilerkreises vermeiden (Abb. 256).

5.3.2.4 Dreiarmige Anschlußstellen

Die Regellösung ist die **Trompete.** Liegt die Tangentialrampe für den Rechtseinbieger vor der Ausfahrrampe, so werden Falschfahrten weitgehend vermieden. Bei zweispurigem Querschnitt der untergeordneten Straße ist die Ausfahrrampe rechtwinklig anzuschließen. Darüber hinaus sind die Grundsätze aus Abschnitt 5.3.2.1 zu beachten (Abb. 257).

Wird ausnahmsweise eine Anschlußstelle als **Dreieck** ausgebildet, so sind kleinere Entwurfselemente als bei Autobahnknotenpunkten anzuwenden. Daneben sind Sonderlösungen anwendbar, die in der untergeordneten Straße auch Kreuzungs- und Verflechtungsvorgänge enthalten können.

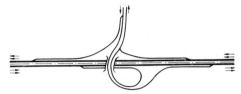

Abb. 257 Anschlußstelle in Trompetenform

5.3.2.5 Vierarmige Anschlußstellen

Die Regellösungen sind das halbe Kleeblatt und die Raute. In der untergeordneten Straße treten plangleiche Kreuzungsbereiche auf, die nach den Grundsätzen der RAS-K-1 zu gestalten sind. Die Leistungsfähigkeitsberechnung für diese Bereiche ist entscheidend für die Wahl des zweckmäßigsten Knotenpunktsystems. Rückstau in die Autobahn darf nicht auftreten, und für die Linksabbieger aus der untergeordneten Straße muß genügend Stauraum vorhanden sein.
Entscheidend für die Wahl der zweckmäßigsten Rampenanordnung, wenn keine Lichtsignalanlage installiert wird, sind örtliche Bindungen und die Forderung, daß die stärksten Abbiegeströme im plangleichen Bereich möglichst als Rechtsabbieger und Rechtseinbieger geführt werden. Auch sind Linksabbieger günstiger abzuwickeln als Linkseinbieger.
Bei **halben Kleeblättern** richten sich Lage und Form der Rampen nach verkehrstechnischen Gesichtspunkten, örtlichen Bedingungen und Höhenlage der zu verbindenden Straßen. Durch eine der Verkehrsbelastung angepaßte Anordnung der Rampen in den entsprechenden Quadranten ergeben sich relativ leistungsfähige Anschlußstellen.
Die Anordnung mit zügig geführten Ausfahrtrampen aus der Autobahn kann als zweckmäßigste Lösung gelten. Auch lassen sich die außerhalb liegenden Linksabbiegespuren bei Bedarf verlängern. Nachteilig in der untergeordneten Straße ist die lange Ausdehnung des Knotenpunktes (Abb. 258).
Bei der entgegengesetzten Anordnung unterscheidet man zwischen solchen mit hintereinander- und nebeneinanderliegenden Linksabbiege-

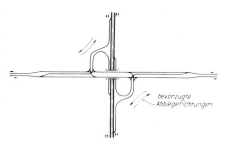

*Abb. 258 Unsymmetrisches halbes Kleeblatt mit außenliegenden Linksabbiege-
spuren*

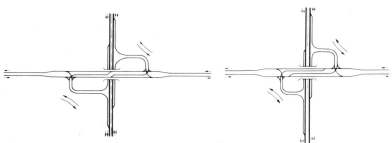

Abb. 259
*Unsymmetrisches halbes Kleeblatt
mit innen- und hintereinanderlie-
genden Linksabbiegespuren*

Abb. 260
*Unsymmetrisches halbes Kleeblatt
mit innen- und nebeneinanderliegenden Linksabbiegespuren*

spuren. Im ersten Fall müssen oft die Rampen gestreckt werden, um
die erforderliche Länge für die Linksabbiegespuren zu erhalten. Im
anderen Fall wird der Knotenpunktbereich kurz, aber dafür ist ein
größeres Bauwerk notwendig (Abb. 259 und 260).
Beim symmetrischen halben Kleeblatt gibt es keine bevorzugte Abbie-
gebeziehung. Es wird angewandt bei einem Hindernis (Fluß, Bahn
usw.) parallel zur untergeordneten Straße. Zu beachten ist eine sorgfältig angeordnete wegweisende Beschilderung wegen der beiden hinter-
einanderliegenden Linksabbiegespuren aus einer Richtung (Abb. 261).

Bei **Rauten** werden die beiden sich kreuzenden Straßenzüge in jedem
Quadranten durch eine im Einrichtungsverkehr befahrene Direktrampe verbunden. Geringer Flächenbedarf, geringe Ausdehnung in der
untergeordneten Straße und gute Steuerungsmöglichkeit mit Ampelan-
lagen machen die Raute für stark belastete Anschlußstellen und innerhalb bebauter Gebiete besonders geeignet.

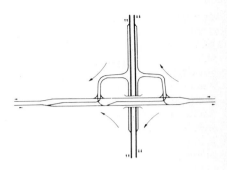

Abb. 261
Symmetrisches halbes Kleeblatt

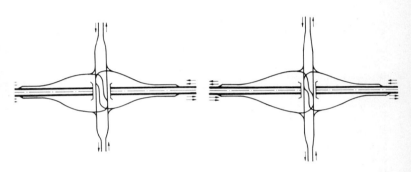

Abb. 262
Raute mit innen- und hintereinan-
derliegenden Linksabbiegespuren

Abb. 263
Raute mit innen- und nebeneinanderliegenden Linksabbiegespuren

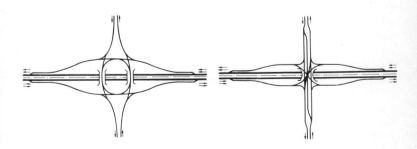

Abb. 264
Raute mit aufgeweiteter Kreuzung

Abb. 265
Raute mit außenliegenden Linksabbiegespuren

351

Je nach Anordnung der Linksabbiegespuren in der nachgeordneten Straße ergeben sich verschiedene Systeme, die auch Einfluß auf die Bauwerksgröße haben. Die aufgeweitete Kreuzung bringt ohne Ampelsteuerung zwar eine etwas höhere Leistungsfähigkeit, erfordert aber zwei Bauwerke. Diese Lösung kann innerhalb bebauter Gebiete bei einem im Einrichtungsverkehr betriebenen Straßenpaar Vorteile bringen (Abb. 262 bis 265).

Sondersysteme aus Teilen eines Kleeblattes und Rampen einer Raute sind bei beengten Platzverhältnissen angebracht. Auch zusätzliche Rampen für besondere Verkehrsströme können angeordnet werden, um die Leistungsfähigkeit in der untergeordneten Straße zu verbessern (Abb. 267).

5.3.3 Einige Beispiele zusammengesetzter Knotenpunkte

Soll im Bereich eines Knotenpunktes auch eine Anschlußstelle angeordnet werden, so ist es aus mehreren Gründen oft notwendig, die verschiedenen Rampen über gemeinsame Verteilerfahrbahnen anzuschließen.

Eine Kombination aus Kleeblatt und halbem Kleeblatt gestattet die Verbindung zweier Autobahnen und den Anschluß an eine Straße, die parallel zu einer Autobahn verläuft. Diese Lösung ist u. a. an der Autobahn-Nordumgehung Köln (A 1/A 57) zu finden (Abb. 266).

In unmittelbarer Nähe des Autobahnkreuzes Köln-West (A 1/A 4) mußten die Anschlußstellen an zwei Bundesstraßen (B 55 und B 264) hergestellt werden. Dabei wurden für beide Anschlußstellen Sondersysteme benutzt, die in den untergeordneten Straßen mit Signalanlagen ausgestattet sind (Abb. 267).

Die Verbindung von fünf Autobahnrichtungen (A 3/A 52/B 288) und der Anschluß an eine untergeordnete Straße (B 1) mit allen möglichen Verkehrsbeziehungen ist zwischen Düsseldorf und Essen geschaffen worden (Abb. 268).

Die Anschlußstelle Duisburg-Kaiserberg an der Autobahn Köln – Oberhausen (Abb. 235) mußte wegen des Baues der Autobahn Essen – Niederlande in den Jahren 1966–1969 umgebaut werden. Zwischen mehreren Gleisanlagen und neben einem Schiffahrtskanal mit Einmündung in die Ruhr wurde ein Autobahnknoten (A 2/A 3) mit einer Anschlußstelle (A 2/L 131) geschaffen. Im plangleichen Bereich der L 131 liegt noch die Zufahrt zu einer Autobahnmeisterei. Der Autobahnknoten ist ein Sondersystem eines dreigeschossigen Autobahnkreuzes mit weitgehend in einem Quadranten liegenden Rampen. Die Anschlußstelle ist ein symmetrisches halbes Kleeblatt (Abb. 269).

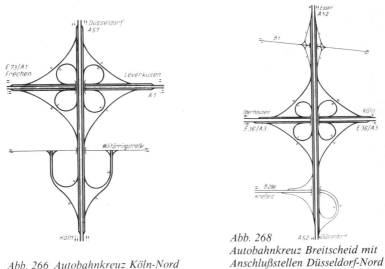

Abb. 266 Autobahnkreuz Köln-Nord
mit Anschlußstelle

Abb. 268
Autobahnkreuz Breitscheid mit
Anschlußstellen Düsseldorf-Nord
und Essen-Kettwig

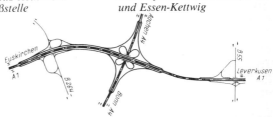

Abb. 267 Autobahnkreuz Köln-West mit Anschlußstellen Köln-Lövenich und
Frechen

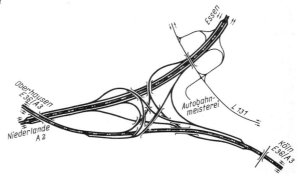

Abb. 269 Autobahnknotenpunkt und Anschlußstelle Duisburg-Kaiserberg

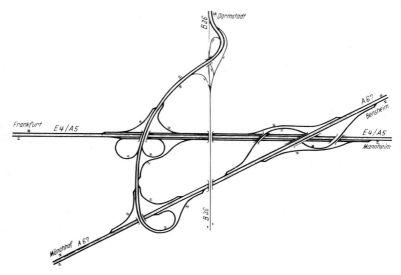

Abb. 270 Autobahnkreuz Darmstadt und Anschlußstellen Darmstadt und Griesheim

Eine vielfache Knotenpunktkombination wurde bei Darmstadt (A 5/A 67/B 26) gebaut. Dabei sind verschiedene Verkehrsbeziehungen mehrfach möglich (Abb. 270).

5.3.4 Bemessung und Konstruktion

Die Trassierung soll so erfolgen, daß die Linienführung im Lage- und Höhenplan beibehalten werden kann. Sind Anpassungen notwendig, so sollen diese in der untergeordneten Straße erfolgen.

5.3.4.1 Verbindungsrampen

Bei den Verbindungsrampen unterscheidet man zwei Rampengruppen in Abhängigkeit der zu verbindenden Straßen und Rampentypen entsprechend der Verkehrsführung. Diese sind zusammen mit den empfohlenen Entwurfsgeschwindigkeiten in einer Tabelle zusammengestellt (Abb. 227).

Damit in Ausfahrten möglichst frühzeitig eine breite und gut erkennbare Inselspitze entsteht und die Geschwindigkeit ausfahrender Fahrzeuge gedrosselt wird, soll der Abgangswinkel an der Inselspitze 6 bis

Querschnitt		Abmessungen [m]	Einsatzgrenzen
Kurz-bezeich-nung	Bezeichnung		
Q 1	einspuriger Querschnitt mit überbreiter Fahrspur	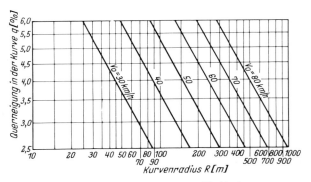	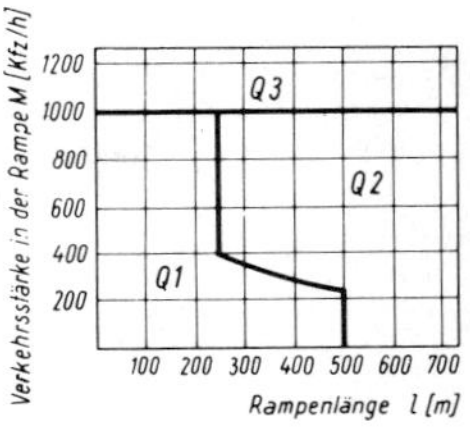
Q 2	zweispuriger Querschnitt		
Q 3	zweispuriger Querschnitt mit Standspur		
Q 4	zweispurige Gegenverkehrs-fahrbahn		Länge des Gegenverkehrsbereiches ≧ 125 m

¹) 1,0 möglich in Einschnitten und auf Dämmen, die keine Schutzplanken erfordern.
²) Bei $R \leqq$ 130 m ist eine Fahrbahnverbreiterung erforderlich.

Abb. 271 Querschnitte von Verbindungsrampen

Abb. 272 Querneigung in der Kurve von Verbindungsrampen

12 gon betragen. Dagegen sind die Einfahrrampen mit einem möglichst kleinen Einmündungswinkel von 3 bis 5 gon an die durchgehende Fahrbahn anzuschließen, weil dadurch die Leistungsfähigkeit erhöht wird, wenn die Fahrer bereits vor der Inselspitze beschleunigen können und ausreichende Sicht auf den durchgehenden Verkehr haben.

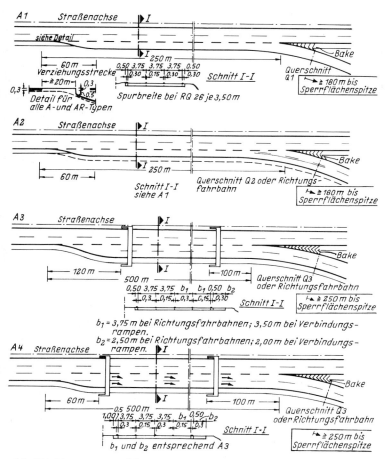

Abb. 273 Typen von Ausfahrten an durchgehenden Fahrbahnen

Die in den Rampen anzuwendenden Querschnitte in Abhängigkeit von Rampenlänge und Verkehrsstärke können einer Tabelle entnommen werden (Abb. 271).
Die Rampen erhalten stets eine einseitige Querneigung zwischen 2,5 % und 6,0 %, die einem Diagramm entnommen werden kann. Unabhängig davon ist bei Radien $R \leqslant 50$ m die Vergrößerung der Querneigung auf 6 % ohne Rücksicht auf die Entwurfsgeschwindigkeit möglich (Abb. 272).

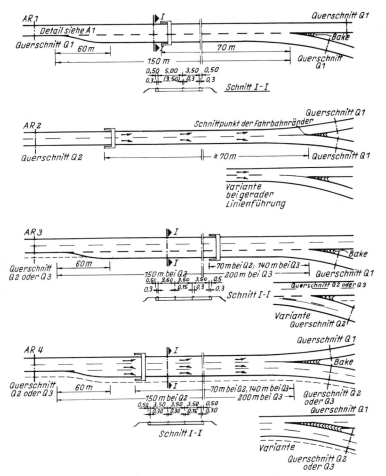

Abb. 274 Typen von Ausfahrten innerhalb von Verbindungsrampen

Bezugslinie für die Verwindung der Fahrbahnfläche ist in der Regel der in Fahrtrichtung rechte Fahrbahnrand. Nur wenn sich dadurch ein optisch wenig befriedigender Fahrbahnrandverlauf (Flattern) ergibt, kann als Bezugslinie für die Verwindung auch die Achse oder der linke Fahrbahnrand gewählt werden.

Abweichend von der generellen Regel, nach der eine Ausfädelungsspur die gleiche Querneigung erhält wie die durchgehende Fahrbahn, wird

357

im Endbereich der Ausfädelungsspur im Querschnitt ein Grat zugelassen, wenn die Unterbringung der Verwindung es erfordert. Die Querneigungsdifferenz zwischen durchgehender Fahrbahn und Ausfädelungsspur soll an der Sperrflächenspitze 5 % nicht überschreiten. Die Verwindungsstrecke darf so weit vorgezogen werden, daß am Beginn des Übergangsbogens in der Ausfädelungsspur bereits eine Querneigung $q = 0$ % erreicht ist. Für Einfahrten gelten diese Festlegungen sinngemäß.

Fahrbahnverbreiterungen sind nur bei im Gegenverkehr gefahrenen Rampen mit Querschnitt Q 4 erforderlich (Abschnitt 4.4.5).

5.3.4.2 Ausfahrten

Erkennbarkeit, Leistungsfähigkeit und Verzögerung spielen bei der Ausbildung des Ausfahrbereiches eine wichtige Rolle. Deshalb sind die Ausfahrten in der Regel mit parallelen Ausfädelungsspuren auszuführen.

Da eine einheitliche Gestaltung über bessere Erkennbarkeit Einfluß auf die Sicherheit hat, sind für die Ausfahrten an durchgehenden Fahrbahnen in der RAL-K-2 vier Standardtypen (A 1 bis A 4) dargestellt, weitere vier Standardtypen (AR 1 bis AR 4) betreffen die Ausfahrten innerhalb von Verbindungsrampen (Abb. 273 und 274).

5.3.4.3 Einfahrten

Die Geschwindigkeitsdifferenz zwischen einfahrenden und durchfahrenden Fahrzeugen soll möglichst gering sein, um eine hohe Leistungsfähigkeit zu erreichen. Deshalb sind in allen Einfahrten Einfädelungsspuren oder Spuradditionen vorzusehen.

Für die Einfahrten enthält die RAL-K-2 acht Standardtypen. Die Typen E 1 bis E 5 sind für gemeinsame Einfahrten aller Rampenströme in die durchgehende Fahrbahn bestimmt. Werden in Sonderfällen die Rampenströme einzeln in die durchgehende Fahrbahn eingeführt, so sind die Typen EE 1 bis EE 3 zu benutzen (Abb. 275 und 276).

Die Einsatzgrenzen der verschiedenen Typen der Einfahrten in Abhängigkeit von den Verkehrsstärken in der Einfahrrampe und in der durchgehenden Fahrbahn können einem Diagramm entnommen werden (Abb. 277).

Für die Einfahrten innerhalb von Verbindungsrampen sind die Typen ER 1 bis ER 3 bestimmt (Abb. 278).

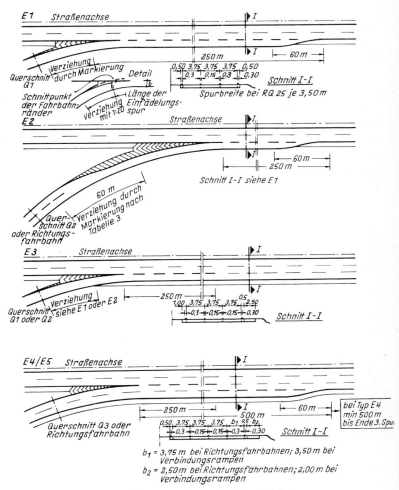

Abb. 275 Typen von Einfahrten an durchgehenden Fahrbahnen

5.3.4.4 Verflechtungsspuren

Treffen zwei Verkehrsströme verschiedener Zielrichtungen aufeinander, so treten Verflechtungsvorgänge auf. Zur Verbesserung der Sicherheit und Aufrechterhaltung der Leistungsfähigkeit der durchgehenden

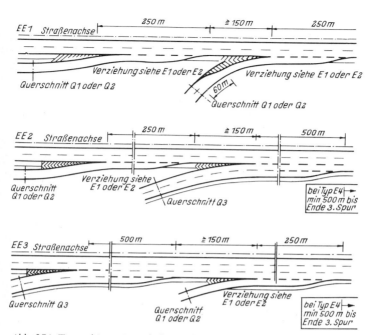

Abb. 276 Typen hintereinanderliegender Einfahrten bei getrennter Einführung von Rampenströmen in eine durchgehende Fahrbahn

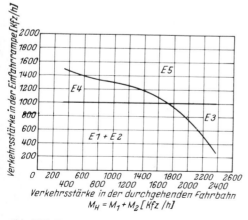

Abb. 277 Einsatzgrenzen für Einfahrten an durchgehenden Fahrbahnen

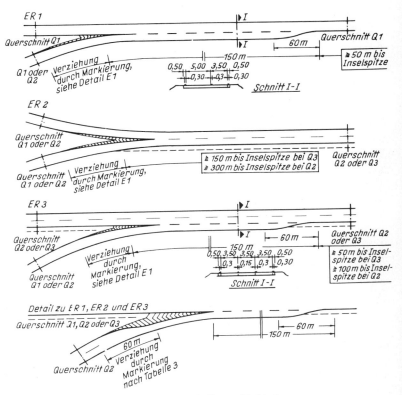

ER 1

Querschnitt Q1

Q1 oder Q2 Verziehung durch Markierung, siehe Detail E1

0,50 5,00 3,50 0,50
0,30   0,3   0,30

150 m

60 m

Querschnitt Q1

≥ 50 m bis Inselspitze

Schnitt I-I

ER 2

Querschnitt Q1 oder Q2

Querschnitt Q1 oder Q2 Verziehung durch Markierung, siehe Detail E1

≥ 150 m bis Inselspitze bei Q3
≥ 300 m bis Inselspitze bei Q2

Querschnitt Q2 oder Q3

ER 3

Querschnitt Q2 oder Q3

Querschnitt Q1 oder Q2 Verziehung durch Markierung, siehe Detail E1

150 m
0,50 3,50 3,50 0,50
0,3   0,15 0,3   0,30

60 m

Querschnitt Q2 oder Q3

≥ 50 m bis Inselspitze bei Q3
≥ 100 m bis Inselspitze bei Q2

Schnitt I-I

Detail zu ER 1, ER 2 und ER 3

Querschnitt Q1, Q2 oder Q3

60 m Verziehung durch Markierung nach Tabelle 3

Querschnitt Q2

60 m
150 m

Abb. 278 Typen von Einfahrten innerhalb von Verbindungsrampen

Fahrbahn werden diese Verflechtungsvorgänge auf gesonderten Spuren parallel zur durchgehenden Fahrbahn oder innerhalb von Rampen abgewickelt (Abb. 194).

Zusätzliche Verflechtungsspuren an durchgehenden Fahrbahnen können notwendig werden, wenn der nach Abb. 230 geforderte Mindestabstand zwischen den Inselspitzen aufeinanderfolgender Ein- und Ausfahrten nicht einzuhalten ist und eine Änderung der Rampen nach Abb. 231 nicht durchgeführt werden kann. Wird diese Verflechtungsspur kürzer als 500 m, ist die Geschwindigkeit auf 80 bis 100 km/h zu beschränken. Kürzer als 300 m soll die Verflechtungsspur nicht sein.

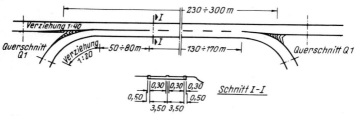

Abb. 279 Ausbildung des Verflechtungsbereiches beim Kleeblatt

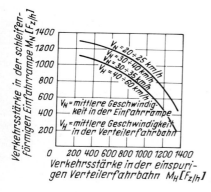

Abb. 280
Verkehrsqualität in Verflechtungs-
strecken von Kleeblättern in Abhän-
gigkeit von den Verkehrsstärken

Beim Kleeblatt werden die Verflechtungsvorgänge zwischen den Schleifenrampen fast immer auf eine Verteilerfahrbahn verlegt, um Konfliktpunkte in der durchgehenden Fahrbahn auszuschließen (Abb. 242).

Wichtig ist die konstruktive Ausbildung dieses Verflechtungsbereiches, damit der aus der Schleifenrampe kommende Verkehrsstrom zügig in die Verflechtungsstrecke einfahren kann und nicht vom Verkehr auf der Verteilerfahrbahn daran gehindert und deshalb gestaut wird. Abbildung 279 zeigt die Ausbildung der Verflechtungsstrecke unter Beachtung der zugehörigen Querschnitte (Abb. 271 und 279).

Eine derartige Verflechtungsstrecke ergibt bis zu Verkehrsstärken von etwa 1500 Kfz/h im Verflechtungsbereich eine ausreichende Verkehrsqualität. Aus einem Diagramm kann die Abminderung der Verkehrsqualität bei größeren Verkehrsstärken abgelesen werden (Abb. 280).

Aus Platzgründen können hier nicht alle Einzelheiten der Ausbildung der Knotenpunktbereiche planfreier Knotenpunkte behandelt werden. Diese können in der RAL-K-2 nachgeschlagen werden [11].

6 Anlagen des ruhenden Verkehrs

Genau wie jede Bahn Abstellgleise für nicht rollende Züge benötigt, sind auch ähnliche Einrichtungen für den Straßenverkehr erforderlich. An Quelle und Ziel einer Fahrt muß das benutzte Fahrzeug abgestellt werden können. Das kann sein ein Halten für eine kurzzeitige Besorgung, ein Parken für eine befristete Zeit oder eine Unterstellung während einer längeren Nichtbenutzung.

6.1 Abstellflächen für Kraftfahrzeuge

Die Bereitstellung ausreichender Flächen stößt bei dichter Bebauung auf erhebliche Schwierigkeiten, und andererseits stören große Freiflächen oftmals die Stadtplanung. Auf diese Zusammenhänge soll hier nicht weiter eingegangen werden, weil das in das Gebiet der Stadt- und Siedlungsplanung gehört. Deshalb werden nachfolgend nur die verkehrlichen Belange behandelt.

6.1.1 Flächenbedarf

Zur Aufteilung einer Fläche in Parkplätze und dazwischenliegende Fahrwege sind folgende Größen zu beachten:

1. Abmessungen und Bewegungsvorgänge (Lenkeinschläge) der Fahrzeuge
2. Aufstellarten nach Richtung und Winkel
3. Parkstandsabmessungen
4. Fahrgassenbreiten zur An- und Abfahrt von den Parkständen
5. Sonstiger Flächenbedarf für Begrünung, Fußwege, Lichtmasten und evtl. Einrichtungen zur Gebührenerhebung

Die wichtigsten Abmessungen der Fahrzeuge sind in einer Tabelle aufgeführt (Abb. 281). Sie gelten für nahezu alle hier zugelassenen Fahrzeugtypen. Ausnahmen bilden die größeren Abmessungen vieler amerikanischer Personenkraftwagen sowie die Gelenkomnibusse.

363

Fahrzeugart	Radstand	Über-hang-länge vorn	Länge	Breite	Wendekreis-halbmesser	
					außen R_a	innen R_i
	[cm]	[cm]	[cm]	[cm]	[cm]	[cm]
Pkw	270	85	470	175	575	280
Lkw	440	130	800	245	900	450
Omnibus	560	245	1 100	250	1 025	375
Lkz			1 800	250		

Abb. 281 Kenngrößen von Bemessungsfahrzeugen für Parkflächen

Bei den Aufstellarten werden drei Winkelbereiche unterschieden:
1. Längsaufstellung ($\alpha = 0$)
2. Schrägaufstellung ($45 \leqslant \alpha < 90$)
3. Senkrechtaufstellung ($\alpha = 90$)

Außerdem ist bei der Längs- und Senkrechtaufstellung zu unterscheiden, ob vorwärts oder rückwärts eingeparkt wird. Bei Rückwärtseinparken kann eine Fläche besser ausgenutzt werden.
Die Längsaufstellung wird nur am Fahrbahnrand benutzt, für Parkplätze ist sie zu flächenaufwendig. Bei Vorwärtseinparken lassen sich 14 Pkw, bei Rückwärtseinparken 17 Pkw auf 100 m Länge unterbringen (Abb. 282).

Vorwärtseinparken

Rückwärtseinparken

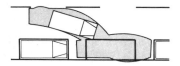 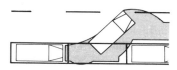

Abb. 282 Platzbedarf für das Einparken bei Längsaufstellung

Die Schrägaufstellung erlaubt ein zügiges und bequemes Einparken und unterstützt eine eindeutige Verkehrsführung. Auf Parkplätzen ist damit eine gute Flächenausnutzung zu erzielen. Unter Beachtung der Parkstandsabmessungen lassen sich je 100 m Länge in Abhängigkeit vom Aufstellwinkel etwa 36 Pkw unterbringen.
Bei Senkrechtaufstellung wird der geringste Flächenbedarf je Fahrzeug benötigt, besonders wenn Rückwärtseinparken vorgesehen wird. Aber

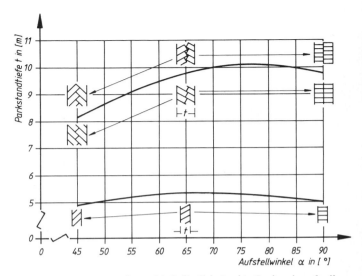

Abb. 283 Die Parkstandtiefe für Schräg- bis Senkrechtaufstellung

ein zügiges Ein- und Ausparken ist nicht immer möglich. Die bei dieser Aufstellung erforderlichen Fahrgassenbreiten erlauben wahlweise Ein- und Zweirichtungsverkehr. Auf 100 m Länge lassen sich mindestens 40 Pkw unterbringen.

Die Größe der Parkstände erfordert zu den Abmessungen der Fahrzeuge noch zusätzlichen Raum zwischen den Fahrzeugen und Abstand zu festen Bauwerken. Dies ist als Sicherheitsraum und für die Zugänglichkeit zum Fahrzeug (Öffnen von Türen und Kofferraum) notwendig. Der lichte seitliche Abstand sollte bei Pkw normal 0,75 m, mindestens jedoch 0,50 m sein. Damit ergeben sich Parkstandbreiten von 2,50 m bzw. 2,25 m. Für Lkw und Busse wird ein seitlicher Abstand von 1,00 m empfohlen, und so ergeben sich Parkstandbreiten von 3,50 m.

Die Parkstandlänge erfordert bei Längsaufstellung zusätzlich zum Fahrzeug Platz zum Rangieren bei Ein- und Ausparken. Dieser kann beim Rückwärtseinparken kürzer sein, weshalb sich dann mehr Pkw in je 100 m Länge unterbringen lassen (Abb. 282).

Die Parkstandtiefe wird immer senkrecht zur Fahrgassenachse gemessen, sie läßt sich für Schräg- bis Senkrechtaufstellung einem Diagramm entnehmen (Abb. 283).

Die Fahrgeometrie beim Einparken erfordert einen Sicherheitsabstand, der auf der Fahrerseite mindestens 0,20 m und auf der Beifah-

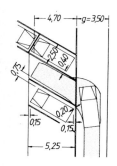

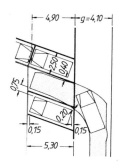

Beispiel: $\alpha = 70°$; $B = 2,50$ m
Lenkraddrehung im Bogenauslauf
während der Fahrt

Beispiel: $\alpha = 60°$; $B = 2,50$ m
Lenkraddrehung im Bogenauslauf
bei Fahrzeugstillstand

Abb. 284 Fahrgeometrie für das Einparken bei Schrägaufstellung

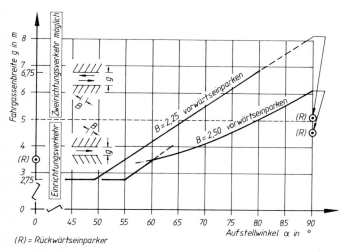

Abb. 285 Fahrgassenbreite g in Abhängigkeit von α und B

rerseite mindestens 0,40 m sein soll (Abb. 284). Danach bestimmt sich
die Fahrgassenbreite g. Die Mindestbreite bei Einrichtungsverkehr ist
$g = 2,75$ m und bei Zweirichtungsverkehr $g = 5,00$ m. Die Fahrgassenbreite darf $g = 6,75$ m nicht überschreiten, weil sonst Fahrzeuge ver-

kehrswidrig in der Fahrgasse abgestellt werden. Die Abhängigkeiten zwischen Parkstandbreite B, Aufstellwinkel α und Fahrgassenbreite g werden einem Diagramm entnommen (Abb. 285).

Zusätzlich zu den Parkständen ist ausreichend Platz zur Bepflanzung zu lassen, damit die Flächen nicht so eintönig aussehen. Außerdem unterstützt der Bewuchs die städtebauliche Eingliederung von Parkplätzen.

Schattenspendende Bäume werden in den Sommermonaten sehr geschätzt. Bei Grünstreifen sind genügend Fußgängerüberwege anzuordnen, um ein wildes Überqueren zu vermeiden (Abb. 288).

6.1.2 Parkmöglichkeiten am Straßenrand

Das Fahrzeug am Straßenrand abstellen zu können ist nach wie vor die beliebteste Art. Jedoch lassen sich damit nicht alle Wünsche erfüllen. Die Wahl der zweckmäßigsten Aufstellart wird von der zur Verfügung stehenden Breite und der Verkehrsbedeutung der Straße bestimmt.

Die Längsaufstellung mit Vorwärtseinparken ergibt die geringste Beeinflussung des fließenden Verkehrs auf der Fahrbahn. Deshalb ist dieser Art der Vorzug bei allen Geschäfts- und Hauptverkehrsstraßen zu geben. Wegen der geringen Zahl von Ständen am Fahrbahnrand und der bequemen Zu- und Abfahrmöglichkeit sollte diese Art besonders für kurzzeitiges Halten vorgesehen werden. In Straßen, in denen ein Rückwärtseinbiegen wenig stört, können dadurch mehr Plätze ausgewiesen werden.

Die Markierung der Parkstände kann als Einzelaufstellung mit oder ohne gekennzeichnete Zwischenräume oder als paarweise Aufstellung vorgenommen werden. Die Einzelaufstellung mit markierten Zwischenräumen gewährleistet eine exakte Aufstellung der Fahrzeuge und sollte deshalb bevorzugt erfolgen (Abb. 286).

Bei breiteren Parkstreifen wird die Schrägaufstellung angeordnet, der Aufstellwinkel soll nicht kleiner als 45 sein. Die Schrägaufstellung ermöglicht ein rasches Einparken ohne wesentliche Behinderung des nachfolgenden Verkehrs. Dagegen muß beim Ausparken das Fahrzeug zurückgesetzt werden. Die so zwangsläufig auftretenden Behinderungen des fließenden Verkehrs müssen auf den äußersten rechten Fahrstreifen beschränkt bleiben. Deshalb kommt die Schrägaufstellung nur an Straßen mit geringerer Verkehrsbelastung in Frage (Abb. 287).

Grenzen die Parkstände von Schräg- und Senkrechtaufstellung an einen Geh- oder Radweg mit Hochbord, so wird die Bordkante allge-

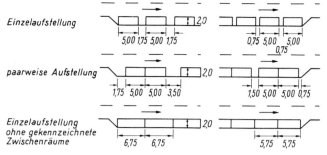

paarweise Aufstellung

Einzelaufstellung
ohne gekennzeichnete
Zwischenräume

Abb. 286 Markierte Pkw-Parkstände in Längsaufstellung

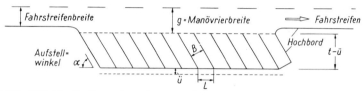

Fahrstreifenbreite

g = Manövrierbreite

Fahrstreifen

Aufstell=
winkel α

Hochbord

t–ü

ü
L

*Abb. 287 Pkw-Parkstände in Schrägstellung mit Rangierbewegungen auf dem
äußersten rechten Fahrstreifen*

mein als Anschlag für die Räder benutzt. Daraus ergibt sich ein Überhangmaß *ü*, das bei der Bemessung zu berücksichtigen ist. Es beträgt je
nach Aufstellwinkel zwischen 0,40 und 0,70 m.
Die Senkrechtaufstellung kann nur an Straßen mit sehr geringem Verkehr in Erwägung gezogen werden, weil zum Ein- und Ausparken viel
Manövrierfläche benötigt wird. Bei geringerer Fahrbahnbreite müssen
die Parkstreifen um das fehlende Maß von der Fahrbahn zurückgesetzt
werden.

6.1.3 Parkmöglichkeiten außerhalb der Straßen

Die Abstellflächen am Fahrbahnrand reichen innerhalb der Bebauung
nicht aus, und deshalb sind zusätzliche Parkflächen erforderlich. Je
nach Situation können diese ebenerdig oder mehrgeschossig in Tiefga-
ragen oder Parkhäusern untergebracht werden. Alle diese Möglichkeiten können hier nicht umfassend erläutert werden, weil sie die Straßenplanung nur hinsichtlich der Zu- und Abfahrten betreffen. Aus der
Vielzahl der Möglichkeiten soll hier nur ein Beispiel kurz aufgezeigt
werden.

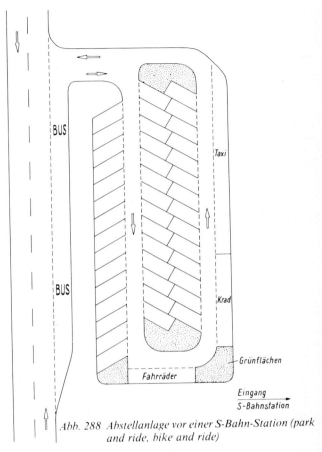

BUS

Taxi

BUS

Krad

Grünflächen

Fahrräder

Eingang
S-Bahnstation

*Abb. 288 Abstellanlage vor einer S-Bahn-Station (park
and ride, bike and ride)*

Zur Erfüllung der Forderung, in den Ballungsräumen einen Teil des
Personennahverkehrs auf öffentliche Verkehrsmittel zu verlagern,
müssen an den Nahtstellen Abstellplätze für Pkw und Zweiräder angelegt werden. An diesen Stellen am Rande der Ballungsgebiete lassen
sich die Abstellplätze anlegen, für die in der dichten Bebauung überhaupt kein Platz geschaffen werden kann.
Je nach Größe des Einzugsgebietes ist an den Stationen der S- und
U-Bahnen die erforderliche Anzahl Abstellplätze für Pkw und Zweiräder (park and ride, bike and ride) anzulegen. Sie sollen, genau wie die
Haltestellen der Busse und Taxen, mit möglichst kurzen Fußwegen zur
Bahn verbunden sein (Abb. 288).

369

6.2 Abstellanlagen für Fahrräder

Auf Abstellanlagen für Fahrräder kann ebensowenig verzichtet werden wie auf solche für Kraftfahrzeuge. Abstellanlagen sind notwendige Bestandteile von Radwegen und Radwegenetzen. Sie sind an allen für Radfahrer wichtigen Zielen wie Schulen, Einkaufsbereichen, Bädern, Freizeiteinrichtungen, Sportanlagen, am Rand von Fußgängerbereichen, Bahnhöfen und wichtigen Haltestellen des öffentlichen Personennahverkehrs (Abb. 288) und Wohnbereichen einzurichten. Diese sollen so gelegen sein, daß die verbleibenden Fußwege möglichst kurz sind.

Die Abstellmöglichkeiten müssen so beschaffen sein, daß Fahrräder mit allen Laufradgrößen und Reifenbreiten gleich gut aufgenommen und festgehalten werden, damit sie nicht umkippen. Die Fahrräder müssen mit den üblichen Kabelschlössern an den Haltevorrichtungen angeschlossen werden können, bei längerem Abstellen soll das auch am Rahmen und nicht nur am Laufrad möglich sein. Nur in den Boden eingelassene Rinnen (Betonfertigteile) sind völlig ungeeignet: Erstens kann daran kein Fahrrad angeschlossen werden, und zweitens verschmutzen die Rillen zu schnell und werden dadurch unbrauchbar. Klemmvorrichtungen für zweifache Halterung des Vorderrades oder schräg nach oben gerichtete Führungsschienen sind zweckmäßig (Abb. 289). Dabei sind diese wechselseitig um mindestens 0,40 m hö-

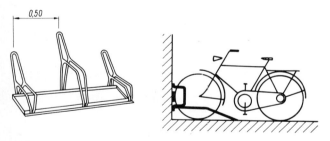

Abb. 289 Beispiele für Fahrradständer mit Vorderradhalterung

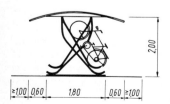

Abb. 290 Zweiseitig nutzbarer Fahrradständer mit Schutzdach

370

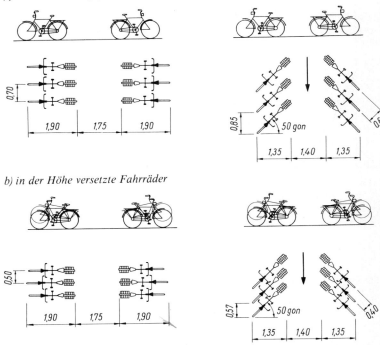

a) für Fahrräder auf gleicher Höhe

b) in der Höhe versetzte Fahrräder

Abb. 291 Abmessungen für Fahrradabstellplätze bei Senkrecht- und Schrägaufstellung

henversetzt auszuführen, weil dadurch die Zwischenräume verringert und somit mehr Fahrräder auf einer Fläche untergebracht werden können. Besonders wo Fahrräder länger abgestellt werden, an Betrieben, Schulen usw., empfehlen sich Überdachungen oder abschließbare Fahrradräume (Abb. 290). Das gilt auch an Bahnhöfen des öffentlichen Nahverkehrs (bike and ride).

Der nötige Aufstellplatz richtet sich nach der Anordnung (Abb. 291). Fahrradständer mit schräg nach oben gerichteter Führungsschiene eignen sich besonders an Wänden (Fabrikhalle o. ä.) und benötigen nur eine kurze Überdachung (Abb. 292). Es ist auch darauf zu achten, daß sich die Fahrradständer gut in die Umgebung einpassen. Schattenspendende Bäume sind auch hier sehr erwünscht (Abb. 293).

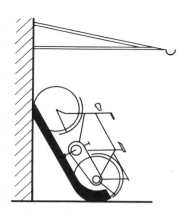

Abb. 292 Überdachter Fahrradständer mit schräg nach oben gerichteter Führungsschiene an einer Wand

Abb. 293 Rundabstellplatz um einen Baum, gleichzeitig als Schutz für den Baum

Wird statt eines Pkw-Parkstandes eine Abstellanlage für Fahrräder eingerichtet, so können auf dieser Fläche acht Fahrräder untergebracht werden.

7 Literaturangaben

7.1 Fachbücher

[1] Beyer, E., Thul, H., Hochstraßen, Betonverlag GmbH, Düsseldorf 1970

[2] Bitzl, F., Stahl im Straßenverkehr, Beratungsstelle für Stahlverwendung Düsseldorf

[3] Bongard u. a., Stahlhochstraßen, Beratungsstelle für Stahlverwendung Düsseldorf

[4] Bautabellen mit Berechnungshinweisen und Beispielen, WIT 40, Herausgeber Schneider, K.-J., Werner-Verlag, Düsseldorf 1988

[5] Bundesministerium für Verkehr, 30 Jahre Autobahnbau HAFRABA, Bauverlag, Wiesbaden, Berlin 1962

[6] Bundesministerium für Verkehr, Abt. Straßenwesen, Beispielesammlung, „Planfreie Knotenpunkte", bearbeitet von der Bundesanstalt für Straßenwesen 1975

[7] Bundesministerium für Verkehr, Eröffnungsschriften der Autobahnstrecken, Bundesanstalt für Straßenwesen, Köln

[8] Forschungsgesellschaft f. d. Straßen- und Verkehrswesen, Forschungsberichte und Richtlinien, Maastrichter Str. 45, 5000 Köln

[9] Gläser, H., VIA STRATA, Bauverlag, Wiesbaden, Berlin 1987

[10] Gläser, H., Trassieren ohne Mathematik, Bauverlag, Wiesbaden, Berlin 1967

[11] Goerner, E., Straßenbau A–Z, Sammlung der amtlichen Bestimmungen und technischen Richtlinien für Straßenplanung, Straßenbautechnik und Straßenverkehrstechnik (Loseblattsammlung in acht Ordnern). Erich Schmidt Verlag, Berlin, Bielefeld, München

[12] Knoll, E., Der Elsner, Handbuch für Straßenbau- und Straßenverkehrstechnik, Otto Elsner Verlagsgesellschaft, Darmstadt (erscheint jährlich)

[13] Höfer, M., Taschenbuch zum Abstecken von Kreisbögen, Springer Verlag, Berlin, Heidelberg 1972

[14] Kasper, H., Schürba, W., Lorenz, H., Die Klothoide als Trassierungselement, Ferd. Dümmlers Verlag, Bonn 1968

[15] Krenz, A., Osterloh, H., Klothoidentaschenbuch für Entwurf und Absteckung, Bauverlag, Wiesbaden, Berlin 1978

[16] Krenz, A., Osterloh, H., Die Bordsteinführung, Bauverlag, Wiesbaden, Berlin 1976

[17] Lorenz, H., Trassierung und Gestaltung von Straßen und Autobahnen, Bauverlag, Wiesbaden, Berlin 1971

[18] Mensebach, W., Straßenverkehrstechnik, WIT 45, Werner-Verlag, Düsseldorf 1983

[19] Oehm, E., Autobahnen und Schnellverkehrsstraßen in Städten und Ballungsgebieten, 1968

[20] Petrovic, P., Die Kehre im Gebirgsstraßenbau, Springer-Verlag, Wien 1967

[21] Pietzsch, W., Ingenieurbiologie, Verlag W. Ernst & Sohn, Berlin, München 1970

[22] Ranke/Niebler, Perspektive im Ingenieurbau, insbesondere im Straßenbau, 1961

[23] Sill, O., Stadtverkehr, gestern, heute und morgen, Hermann Kaiser Verlag, München 1968

[24] Velske, S., Straßenbautechnik, WIT 54, Werner-Verlag, Düsseldorf 1977

7.2 Fachzeitschriften

Straße und Autobahn, Kirschbaum Verlag, Siegfriedstraße 28, 5300 Bonn-Bad Godesberg (M)

Straßenverkehrstechnik, Kirschbaum Verlag (2M)

„Straßen- und Tiefbau", vereinigt mit „Straße – Brücke – Tunnel" und „Bitumen – Teere – Asphalte – Peche", Verlag für Publizität, Auf der Heide 20, 3001 Isernhagen (M)

Tiefbau Ingenieurbau Straßenbau, C. Bertelsmann-Verlag, Eickhoffstraße 14–16, 4830 Gütersloh (M)

Verkehr und Technik, Erich Schmidt Verlag, Herforder Str. 10, 4800 Bielefeld (M)

Zeitschrift für Verkehrssicherheit, TÜV Rheinland GmbH, Am Grauen Stein, 5000 Köln-Poll (VJ)

Natur und Landschaft, Verlag W. Kohlhammer, Postfach 80 04 30, 7000 Stuttgart 80 (M)

Straßenbau-Technik, Rudolf Müller Verlag, Stolberger Str. 84, 5000 Köln-Braunsfeld (14 T)

Der Bauingenieur, Springer Verlag, Heidelberger Platz 3, 1000 Berlin 31 (M)

Straße, Transpress VEB Verlag für Verkehrswesen, Französische Straße 13, DDR-1080 Berlin (M)

DDR-Verkehr, Transpress VEB Verlag für Verkehrswesen (M)

Österreichische Ingenieur-Zeitschrift, Springer Verlag, Mölkerbastei 5, A-1010 Wien (M)

Straße und Verkehr, Seefeldstr. 9, CH-8008 Zürich (M)

Wegen, Keizersgracht 18, Amsterdam-C, Holland

Revue Générale des Routes et des Aerodromes, 9, rue Magellan, Paris 8e (M)

Eine ausführliche Zusammenstellung der Fachzeitschriften in deutscher und in fremden Sprachen findet sich in „Der Elsner 1976", Seite 760 bis 806 [12]

Erscheinungsweise: wöchentlich (W), 14tägllich (14 T), monatlich (M), zweimonatlich (2 M), vierteljährlich (VJ)

7.3 Vorschriften, Richtlinien, Merkblätter und Erlasse

Richtlinien für die Anlage von Straßen RAS, Teil: Querschnitte RAS-Q, Ausgabe 1982

Richtlinien für die Anlage von Straßen RAS, Teil: Anlagen des öffentlichen Personennahverkehrs, RAS-Ö

Abschnitt 1: Straßenbahn RAS-Ö-1, Ausgabe 1978

Abschnitt 2: Omnibus und Obus RAS-Ö-2, Ausgabe 1979

Richtlinien für die Anlage von Straßen RAS, Teil: Landschaftsgestaltung RAS-LG

Abschnitt 1: Landschaftsgerechte Planung RAS-LG-1, Ausgabe 1980

Abschnitt 2: Grünflächen RAS-LG-2, Ausgabe 1980

Abschnitt 3: Lebendverbau RAS-LG-3, Ausgabe 1983

Abschnitt 4: Schutz von Bäumen und Sträuchern im Bereich von Baustellen RAS-LG-4, Ausgabe 1986

Abschnitt 5: Straßenbepflanzung in bebauten Gebieten RAS-LG-5 in Arbeit

Richtlinien für die Anlage von Straßen RAS, Teil: Straßennetzgestaltung RAS-N, Ausgabe 1988

Richtlinien für die Anlage von Straßen RAS, Teil: Wirtschaftlichkeitsuntersuchungen RAS-W, Ausgabe 1986

Richtlinien für die Anlage von Straßen RAS, Teil: Linienführung RAS-L

Abschnitt 1: Elemente der Linienführung RAS-L-1, Ausgabe 1984

Abschnitt 2: Räumliche Linienführung RAS-L-2, in Arbeit

Richtlinien für die Anlage von Straßen RAS, Teil: Knotenpunkte RAS-K

    Abschnitt 1: Plangleiche Knotenpunkte RAS-K-1, Ausgabe 1988

    Abschnitt 2: Planfreie Knotenpunkte RAS-K-2, in Arbeit

Empfehlungen für die Anlage von Erschließungsstraßen (EAE 85) Ausgabe 1985

Richtlinien für die Gestaltung von einheitlichen Entwurfsunterlagen im Straßenbau, RE 85, Ausgabe 1985

Richtlinien für den Lärmschutz an Straßen, RLS-81, Ausgabe 1981

Richtlinien für Anlagen des ruhenden Verkehrs, RAR, Ausgabe 1975

Richtlinien für Rastanlagen an Straßen, RR

    Teil 1: Allgemeine Planungsgrundsätze, Landschaftsgestaltung, RR-1, Ausgabe 1981

Empfehlungen für Planung, Entwurf und Betrieb von Radverkehrsanlagen, Ausgabe 1982

Bis zur vollständigen Einführung aller Teile der RAS gelten noch folgende Richtlinien (siehe auch Abb. 2):

Richtlinien für die Anlage von Landstraßen RAL, Teil: Knotenpunkte

RAL-K, Abschnitt 2: Planfreie Knotenpunkte RAL-K-2, Ausgabe 1976

Richtlinien für die Anlage von Landstraßen RAL, Teil: Linienführung

RAL-L, Abschnitt 2: Räumliche Linienführung RAL-L-2, Ausgabe 1970

Darüber hinaus ist von der Forschungsgesellschaft für Straßen- und Verkehrswesen noch eine große Anzahl von Vorschriften und Richtlinien herausgegeben worden. Eine Zusammenstellung erscheint jährlich in „Der Elsner, Handbuch für Straßenbau- und Straßenverkehrstechnik" [12].

Alle Vorschriften, Richtlinien, Merkblätter und Erlasse sind abgedruckt in: Straßenbau A–Z, Sammlung der amtlichen Bestimmungen und technischen Richtlinien für Straßenplanung, Straßenbautechnik und Straßenverkehrstechnik. Diese Loseblattsammlung in acht Ordnern mit Nachlieferungen von Fall zu Fall erscheint im Erich Schmidt Verlag, 4800 Bielefeld [11].

Stichwortverzeichnis

Abbiegespur 296
Abbiegestreifen 196, 283, 316
Abdeckung 266
Abgase 224
Abknickende Vorfahrt 315
Abkröpfung 311
Abmessungen Kfz 12
Absorption 255, 262
Absteckung 281
Absteckungsplan 49
Abstellanlagen für Fahrräder 369, 370
Abstellflächen 363, 369
Abzweig 340
Achslasten 13
Aktiver Lärmschutz 261
Allee 215, 305
Anfahrgeräusch 240
Anfahrsichtweite 202
Annäherungssichtweite 202
Anrampung 111, 129, 182, 189
Anrampungsformen 186
Anrampungsneigung 184
Anschlußstelle 332, 336, 348, 352
Aquaplaning 160
A-Schallpegel 225, 230
A-Tafel 106, 138
Aufenthaltsfunktion 20
Auffangschutz 221
Aufstellarten 363, 367
Aufstellstrecke 316, 323
Aufstellwinkel 364
Augpunkt 199
Ausfädelungsstreifen 181
Ausfahrbereich 333
Ausfahrkeil 326
Ausfahrt 356
Ausrundungshalbmesser 167
Außerortsstraßen 3, 241

Autobahnamt 6
Autobahnen 2, 92, 277, 332
Autobahnknotenpunkte 276, 280, 332, 336
Autobahnmeisterei 6, 352
Autobahnquerschnitte 57

Bahnübergang 160, 277
Bankett 73, 81
Bauentwurf 49, 276
Bauwerksplan 47
Bauwerksverzeichnis 47
Bauzeitplan 49
Befahrbarkeit 294, 333
Befestigter Seitenstreifen 73
Begegnungsfälle 193
Begehbarkeit 294
Begreifbarkeit 293, 333
Behelfsfahrstreifen 82
Bemessungsfahrzeug 62, 319
Bepflanzung 50, 246, 253, 367
Berme 80
Berührende Tangente 147
Beschleunigungsstreifen 159, 297
Bestandteile des Straßenquerschnittes 69, 71
Betongleitwand 253
Betriebsmerkmale der Straße 30, 290
Bewegungsspielraum 62
Bewuchs 208, 217
Bezugslinie 182, 201, 357
Biegestab 278
bike and ride 369, 371
Birne 340
Blendschutz 160, 219
Bodenentnahme 272
Bodenerkundung 46, 272
Böschungen 79

Bogenstich 167
Bremsgeräusch 228, 240
Bremsweg 198
Brettwirkung 286
Brücken 174, 242, 264, 286
Bürgerbeteiligung 50
Bundesanstalt für Straßenwesen
    BASt 5
Bundes-Immissionsschutzgesetz
    (BImSchG) 224, 261
Bundesstraßen 2
Bundesverkehrsministerium 5
Busfahrstreifen 84
Bushaltestellenbucht 84

C-Klothoide 114

Dachformneigung 177, 183
Damm 242, 272
Deckenhöhenplan 314
Deponie 274
Dezibel 225
Direktrampe 299, 336, 340, 344
Dreieck 340, 347, 349
Dreiecksinsel 330, 336
Dreietagenbauwerk 340, 348
Durchgehende Fahrbahn 333, 336,
    358
Durchschnittlicher täglicher Verkehr
    233

Eckausrundung 317
Eckstrom 337
Eilinie 113, 147
Einbahnstraße 306
Einfädelungsspur 358
Einfädelungsstreifen 181, 296, 316
Einfahrbereich 333
Einfahrrampen 355
Einfahrt 358
Einhausung 266
Einheitsklothoide 98, 100
Einmündung 289, 300
Einquadrantenlösung 347
Einsatzbereiche der Straßen 63
Einschnitt 272
Einseitneigung 177, 183
Elektronische Berechnung 287
Emissionspegel 231
Entwässerung 48

Entwässerungsmulde 80
Entwässerungsrinne 78
Entwurfselemente 89, 91, 210, 334
Entwurfsgeschwindigkeit V_e 31, 36,
    56, 63, 91, 199, 208, 276, 281,
    337
Entwurfsgrundsätze der Straßen 24
Entwurfsmerkmale der Straßen 30,
    290
Erkennbarkeit 292, 308, 333, 358
Erläuterungsbericht 44
Erlasse 375
Erörterungstermin 54
Erschließungsfunktion 20
Erschließungsstraßen 59
Europastraßen 3, 29

Fachbücher 373
Fachzeitschriften 374
Fahrbahnaufweitung 84, 196, 316
Fahrbahndecke 245
Fahrbahndeckenerneuerung 40
Fahrbahnstaffelung 214
Fahrbahnverbreiterung 192, 358
Fahrdynamische Grundlagen 13
Fahrgasse 363, 366
Fahrgeräusch 227
Fahrradständer 370
Fahrräder 370
Fahrspur 333
Fahrstreifen 69, 316, 333
Fahrstreifengrundbreite 62, 316
Fahrstreifenverbreiterung 158, 191
Fahrzeugabmessungen 363
Fahrzeuganprall 253
Flattern 283, 357
Fluchttüre 264
Freihandlinie 277, 280
Frequenz (Schall) 225
Frevel 248, 264
Fußgängerfurt 332

Gabelung 340
Gabione 257
Gebührenstraße 14
Gefälle 166, 169
Gegenbogen 339
Gegenverkehrszuschlag 66
Gehweg 74, 367
Geländegestaltung 274

Gelenkomnibus 363
Gemeindestraßen 2
Geologie 272
Gerade 92, 94, 223, 277, 282
Geräuschbelastung 225
Geschwindigkeit V_{85} 36, 56, 198,
  208, 296
Geschwindigkeitsbeschränkungen
  241, 296, 308, 361
Glaswand 265, 268
Gleisführung 85
Gradiente 159, 163, 242, 278, 314
Gradientenmodell 168, 285
Grenzwerte der Trassierungsele-
  mente 208
Grunderwerbsplan 48
Grundformen der Knotenpunkte
  300, 311

Halbdirektrampe 299, 336, 340
Halbes Kleeblatt 304, 349
Halten 363
Haltesichtweite 97, 167, 196, 202,
  207, 308
Hangstraße 214, 222
Hauptverkehrsstraße 306
Hilfskreis 149
Hilfstafeln 145, 155
Hochbord 78
Hochstraße 244
Höchstgeschwindigkeit 295, 305
Höchstlängsneigung 165
Höhenlinie 276
Höhenplan 46, 163, 277, 281
Höhenplanverbesserung 176
Höhenstraße 222, 255
Hydrogeologie 273

Indirektrampe 299, 336
Innerortsstraßen 3
Insel 159, 330, 354

Kaiserberg-Lösung 340
Kaltluftstau 224, 244, 249
Kategoriengruppen 21, 58
Kehre 195
Kennstelle der Klothoide 99
Kippe 274
Kleeblatt 298, 342, 352, 362
Klothoide 92, 98

Klothoidenlineal 106, 280
Knick 282, 313, 327, 334
Knotenpunkt 48, 159, 202, 283,
  289
Knotenpunktsabstand 291, 337
Knotenpunktsgeschwindigkeit V_k
  295, 323
Knotenpunktsgestaltung 289, 308,
  333, 354
Knotenpunktsgrundformen 300, 311
Knotenpunktssystem 333, 338
Knotenpunktszufahrt 296
Kombiwagen 8
Kommunikationsfunktion 20
Korbbogen 97
Korbklothoide 114, 156
Korrekturwerte 232
Kraftfahrzeuganhänger 8
Kraftfahrzeugbestand 9, 11
Kraftfahrzeugstraße 332
Kraftomnibus 8, 84
Kraftrad 7
Kraftschlußbeiwert 95
Kreisbogen 92, 95
Kreisstraßen 2
Kreisverkehrsplatz 305
Kreuzung 289, 300
Kriechspur, siehe Zusatzfahrstreifen
Krümmungsband 46, 92, 185
Kuppenausrundung 159, 166, 283
Kuppenhalbmesser 167
Kurvenbild 322
Kurvenlineal 106, 279
Kurvenquerneigung 179
Kurvigkeit 37

Längsaufstellung 364, 367
Längsneigung 159, 164, 170, 277,
  312, 323
Lärm 224
Lärmminderung 240, 269
Lärmschirme, Richtzeichnungen
  249, 265
Lärmschutzmaßnahmen 47, 230,
  242
Lärmschutzwall 248
Lärmschutzwand 248, 261
Lärmstufen 225
Lageplan 45, 92, 276, 281
Landesstraßen 2

Landschaft 208
Landschaftsplan 47
Lastkraftwagen 8
Lautstärkeskala 226
Leistungsfähigkeit 158, 196, 289, 294, 316, 355, 358
Leiteinrichtung 333
Lenkeinschlag 322, 363
LH-Rahmenelement „S" 258
Lichter Raum 68, 76
Lichtsignalregelung 240, 292, 296, 300, 311
Linienführung 91, 308
Linienlösung 346
Linksabbiegespur 349
Linksabbiegestreifen 159, 296, 316, 324
Linksausfädelung 346
Linkstrompete 339
Linksversatz 303
Literaturangaben 373
L-Tafel 106
Luftbildvermessung 164

Malteserkreuz 345
Markierungs- und Beschilderungsplan 49
Massenausgleich 166, 274
Massenverteilungsplan 49
Mehrfachreflexion 268
Mehrzweckstreifen 73, 332
Merkblätter 375
Mindestquerschnitt 82
Mittelinsel 305
Mittelstreifen 72, 262, 298, 328
Mittelungspegel L_m 230, 238, 262, 270
Modell 49
Motorgeräusch 228, 245

Naturschutz 208
Negative Querneigung 179
Neigungsänderung 166
Neigungsübergang 313
Neigungswechsel 166
Netzfunktion 36, 294
Netzgestaltung 18
Nordhang 223
Nothaltestreifen 81

Omnibus 8, 84
Optische Führung 94, 160, 162, 196, 217
Optische Verführung 219, 283
Ortsbesichtigung 209
Ortsdurchfahrten 31
Ortsumgehung 52, 301
O-Tafel 152

Parallelfahrbahn 299
Parameter A 98, 101, 106
park and ride 369
Parken 363
Parkflächen 368
Parkhaus 368
Parkplätze 363
Parkstände 363
Parkstandsabmessungen 364
Parkstreifen 73
Passiver Lärmschutz 261, 269
Paßkreise 137, 150
Pegelschwankungen (Schall) 227, 230
Pendelrinne 165
Personenkraftwagen 7
Perspektive 168, 185, 281, 285
Pfosten 264
Planfeststellungsverfahren 44, 51
Planfreie Knotenpunkte 242, 289, 332
Plangleiche Knotenpunkte 289, 299
Polygonzug 281
Prognose (Kfz) 9

Quadrant 302, 342, 349
Querneigung 97, 177, 180, 312, 355
Querneigungsdifferenz 358
Querneigungsnullpunkt 181, 184
Querprofile 48, 177, 285
Querschnitte 45, 56, 66, 281, 355
Querschnitte im Bauwerksbereich 81
Querschnittsgestaltung 56, 177
Querschnittsgruppen 58
Querschnittsveränderungen 82

Radfahrer 9, 294, 328
Radfahrerschleuse 329
Radienfolge 96
Radienverhältnis 38
Radweg 74, 367

Räumliche Linienführung 94, 167, 219, 278, 281
Rahmenelement 258
Rampe 299, 337, 342, 349
Rampenanordnung 299, 349
Rampengruppe 354
Rampentypen 334, 354
Randstreifen 71, 81
Rasterdecke 267
Rastplatz 48, 274
Raumelemente 281
Raute 349
Rechtsabbiegestreifen 296, 316, 326
Rechtstrompete 339
Rechtsversatz 303
Regelquerschnitte 59, 88
Reisegeschwindigkeit 31
Reißverschlußprinzip 317
Rekultivierung 213, 274
Resultierender Mittelungspegel 238
Richtlinien 15, 375
Richtungsfahrbahn 332, 346
Richtzeichnungen für Lärmschirme 250, 265
Rollgeräusche 227, 245
R-Tafel 106, 138
Rückstau 297, 362
Rückwärtseinparken 364
Ruhender Verkehr 363

Schallabsorbtion 255, 262
Schallausbreitung 230
Schalldruck 225
Schallemission 225, 230
Schallimmission 231
Schallpegel 225, 271
Schallquelle 231
Schallreflexion 227, 231, 255, 262
Schallschatten 229
Schallschutzfenster 261, 270
Scheitelklothoide 113, 125, 129, 185
Schleifenrampe 301, 342, 362
Schleppkurve 191, 318, 330
Schneeschutzpflanzung 209, 222
Schneeverwehung 221, 264
Schnellverkehrsstraße 306
Schnittpunkt zweier Längsneigungen 170
Schnittwinkel 311

Schrägaufstellung 364, 367
Schrägneigung 182, 313
Schrägverwindung 165, 185
Schutzplanken 79, 213, 248, 253
Seitentrennstreifen 72
Senkrechtaufstellung 364
Service-Türen 264
Sicherheit 158, 196, 208, 261, 281, 289, 292, 316, 332
Sicherheitsraum 67
Sicherheitsrisiko 333
Sicht 160, 196, 202, 281, 355
Sicht am Knotenpunkt 296, 311
Sichtbehinderung 202
Sichtfeld 196, 203, 207
Sichtschutz 221
Sichtweite 200, 262
S-Kurve 112, 136
Sonderkraftfahrzeug 8
Sonderpläne 48
Sperrfläche 305
Spur 333
Spuraddition 335, 358
Spursubtraktion 335
Spurwechselstrecke 292
Staatsstraßen 2
S-Tafel 138
Standstreifen 73
Stapel 257
Stationierung 163
Steigung 166, 236, 277
Steilwall 251
Stoßradius 129, 185
Straßenbahn 8, 84
Straßenentwässerung 160
Straßenfunktionen 19, 32, 290, 333
Straßenkategorie 19, 29, 34, 58, 63, 289, 292, 333
Straßenlängsneigung 164
Straßenmeisterei 6
Straßennetz 2, 18
Straßenneubauamt 6
Straßennummern 3
Straßenquerschnitte 45, 56, 66, 281, 355
Straßentyp 58
Straßenverkehrsmittel 7
Straßenverkehrsplanung 14, 39
Straßenverkehrstechnik 13
Straßenverwaltung 5

Streckencharakteristik 30, 36, 91,
    195, 292, 302, 305, 337, 340
Stützbohle 257
Stützkäfig 257
Stützregal 255
Stützwabe 255
Südhang 223
Symmetrischer Übergangsbogen 117

Talstraße 222, 255
Tangentenabrückung 102, 110
Tangentenlänge T 103, 117
Tangentialrampe 342, 348
Teilausbau 39, 290
Teilbereich 333, 339
Teilkleeblatt 341
Tiefgarage 368
Tiefpunkt 314
Trassenverbesserung 158
Trassierung 91, 274, 354
Trassierungselemente 208
Trennstreifen 72, 336
Trinkwasserschutzgebiet 273
Trogstraße 244
Trompete 339, 346, 348
Tropfeninsel 293, 300, 313, 330
Tunnel 164, 266, 272, 277
Turbine 344

Übergangsbogen 92, 98, 111, 115
Überhangmaß 368
Überholsichtweite 196, 291
Überörtliche Straße 2
Überquerbarkeit 294
Übersichtlichkeit 293, 333
Übersichtskarte 44
Umbaumaßnahme 163
Umleitung 163
Umweltschutz 224
Umweltverträglichkeit 294, 333
Unstetigkeit 282
Unsymmetrischer Übergangsbogen
    122
Unterstellen 363

Verbindungsarten 24
Verbindungsfunktion 20, 26
Verbindungsrampe 333, 335, 354
Verbundkurve 125

Verflechtung 298, 316, 335, 342,
    346, 359
Verkehrsbelastung 63
Verkehrsberuhigung 306
Verkehrscharakteristik 337
Verkehrslärmschutzgesetz 231
Verkehrsqualität 24
Verkehrsraum 66, 76
Verkehrsregelung zur Lärmminde-
    rung 240
Verkehrsschwerpunkte 28
Verkehrssicherheit 158, 196, 208,
    261, 281, 289, 292, 316, 332
Verkehrsstrom 308, 333
Verkehrsuntersuchung 41
Versatz 303
Verteilerfahrbahn 335, 342, 352,
    362
Verteilerkreis 344, 348
Verwindung 182, 189, 357
Verziehungslänge 194, 317, 323
Verzögerungsstrecke 323
Verzögerungsstreifen 159, 298
via lapidipus strata 1
Vieretagenbauwerk 345
Vollausbau 39, 290, 340
Vollmotorisierung 9
Vorentwurf 44
Vorpflanzung 255
Vorplanung 42
Vorschriften 375
Vorstudie 40
Vorwärtseinparken 364

Wall-Wand 246
Wandelement 264
Wannenausrundung 159, 166, 283
Wannenhalbmesser 167
Wendefahrten 342
Wendelinie 112, 136, 280
Wendemöglichkeit 328
Wendepunkt 283
Wendetangente 147
Windmühle 344
Windschutz 160, 209, 221
Winkelbeziehungen 117
Wirtschaftlichkeit 43, 289, 295,
    333

Zentrale Orte   24
Zielpunkt   119
Zufahrtsbeschränkung   332
Zugmaschine   8
Zulässige Geschwindigkeit   295

Zusammengesetzte Knotenpunkte
   352
Zusatzfahrstreifen   70, 158, 164
Zweistufige Eilinie   149
Zwischenausbau   39, 158

WERNER-INGENIEUR-TEXTE

Die Schriftenreihe für Studium und Praxis · Erhältlich im Buchhandel!

Becker, G.: **Tragkonstruktionen des Hochbaues – Planen – Entwerfen – Berechnen – Teil 1: Konstruktionsgrundlagen.** WIT Bd. 75. 1983. 324 S., kart. DM 46,80/öS 365,–/sFr 46,80. **Teil 2: Tragwerkselemente und Tragwerksformen.** WIT Bd. 84. 1987. 336 S., kart. DM 46,80/öS 365,–/sFr 46,80

Berthold, A.: **Grundlagen der Bauvergabe.** WIT Bd. 74. 2. Aufl. In Vorbereitung.

Falter, B.: **Statikprogramme für Personalcomputer.** WIT Bd. 58. 4. Aufl. 1992. 600 S., kart. DM 60,–/öS 468,–/sFr 60,–

Fiedler, J.: **Grundlagen der Bahntechnik – Eisenbahnen, S-, U- und Straßenbahnen.** WIT Bd. 38. 3. Aufl. 1991. 408 S., kart. DM 42,–/öS 328,–/sFr 42,–

Fleischmann, H. D.: **Bauorganisation.** WIT Bd. 77. 2. Aufl. 1993. 216 S., kart. DM 36,–/öS 281,–/sFr 36,–

Friemann, H.: **Schub und Torsion in geraden Stäben.** WIT Bd. 78. 2. Aufl. 1993. 192 S., kart. DM 36,–/öS 281,–/sFr 36,–

Gelhaus, R./Ehlebracht, H./Gelhaus, H.: **Kleine Ingenieurmathematik – Teil 1:** WIT Bd. 29. 2. Aufl. 1985. 228 S., kart. DM 29,80/öS 233,–/sFr 29,80. **Teil 2:** WIT Bd. 30. 2. Aufl. 1984. 216 S., kart. DM 29,80/öS 233,–/sFr 29,80

Herz, R./Schlichter, H. G./Siegener, W.: **Angewandte Statistik für Verkehrs- und Regionalplaner.** WIT Bd. 42. 2. Aufl. 1992. 264 S., kart. DM 48,–/öS 375,–/sFr 48,–

Herzog, M.: **Kurze baupraktische Festigkeitslehre.** WIT Bd. 89. 1995. 96 S., kart. DM 32,–/öS 250,–/sFr 32,–

Hüster, F.: **Leistungsberechnung der Baumaschinen.** WIT Bd. 86. 2. Aufl. 1992. 180 S., kart. DM 28,–/öS 219,–/sFr 28,–

Johé, H./Kraus, Ch.: **Einführung in den ökologischen Umweltschutz.** WIT Bd. 47. 2. Aufl. In Vorbereitung.

Kirchner, H.: **Spannbeton – Teil 1: Bauteile aus Normalbeton und Leichtbeton mit beschränkter und voller Vorspannung.** WIT Bd. 14. 4. Aufl. In Vorbereitung. **Teil 2: Teilweise Vorspannung – Segmentbauarten – Spannleichtbeton – Vorspannung ohne Verbund.** WIT Bd. 63. In Vorbereitung. **Teil 3: Berechnungsbeispiele.** WIT Bd. 43. 3. Aufl. In Vorbereitung.

Knublauch, E.: **Einführung in den baulichen Brandschutz.** WIT Bd. 59. 2. Aufl. In Vorbereitung.

Knublauch, E.: **Einführung in den Schallschutz im Hochbau.** WIT Bd. 64. 2. Aufl. In Vorbereitung.

Lewenton, G./Werner, E./Hollmann, P.: **Einführung in den Stahlhochbau.** WIT Bd. 13. 5. Aufl. 1993. 268 S., kart. DM 36,80/öS 287,–/sFr 36,80

Lohse, G.: **Beispiele für Stabilitätsberechnungen im Stahlbetonbau.** WIT Bd. 66. 2. Aufl. 1987. 216 S., kart. DM 40,–/ öS 312,–/sFr 40,–

Lohse, G.: **Einführung in das Knicken und Kippen mit praktischen Berechnungsbeispielen.** WIT Bd. 76. 2. Aufl. 1994. 180 S., kart. DM 46,–/ öS 359,–/sFr 46,–

Mantscheff, J.: **Einführung in die Baubetriebslehre – Teil 1: Bauvertrags- und Verdingungswesen.** ACHTUNG: Nicht mehr in der WIT-Reihe! **Teil 2: Baumarkt – Bewertungen – Preisermittlung.** WIT Bd. 24. 4. Aufl. 1994. 260 S., kart. DM 46,–/ öS 359,–/sFr 46,–

Martz, G.: **Siedlungswasserbau – Teil 1: Wasserversorgung.** WIT Bd. 17. 4. Aufl. 1993. 288 S., kart. DM 46,–/öS 359,–/ sFr 46,–. **Teil 2: Kanalisation.** WIT Bd. 18. 4. Aufl. 1995. In Vorbereitung. **Teil 3: Klärtechnik.** WIT Bd. 19. 3. Aufl. 1990. 288 S., kart. DM 42,–/ öS 328,–/sFr 42,–. **Teil 4: Aufgabensammlung zur Wasserversorgung.** WIT Bd. 72. 1985. 144 S., kart. DM 29,80/öS 233,–/sFr 29,80. **Teil 5: Aufgabensammlung zur Kanalisation und Klärtechnik.** WIT Bd. 73. 1988. 144 S., kart. DM 36,80/öS 287,–/sFr 36,80

Werner-Verlag · Düsseldorf